THÉORIE
DES NOMBRES.

DE L'IMPRIMERIE DE A. FIRMIN DIDOT,
IMPRIMEUR DU ROI ET DE L'INSTITUT, RUE JACOB, N° 24.

THÉORIE

DES NOMBRES.

TROISIÈME ÉDITION.

Par ADRIEN-MARIE LEGENDRE.

TOME II.

PARIS,
CHEZ FIRMIN DIDOT FRÈRES, LIBRAIRES,
RUE JACOB, N° 24.

1830.

TABLE DES MATIÈRES

DU TOME II.

QUATRIÈME PARTIE.

MÉTHODES ET RECHERCHES DIVERSES.

CINQUIÈME PARTIE.

SIXIÈME PARTIE.

DÉMONSTRATION DE DIVERS THÉORÈMES D'ANALYSE INDÉTERMINÉE.

APPENDICE.

ERRATA DU TOME I.

Pag.	14 *lign.*	12	jusqu'à P,	*lisez :*	jusqu'à *p*.
	18	16	il clair,		il est clair.
	59	6	jusqu'à 139,		jusqu'à 1003.
	77	6	$pr+q^2$,		$pr-q^2$.
	121	10	$\mp 2\sqrt{A}$,		$\pm 2\sqrt{A}$.
	125	7	de la fraction,		la fraction.
	132	6	139,		1003
	181	9	c'est ce qui pourrait,		c'est ce qui ne pourrait.
	199	16	$y=rp^x$,		$y=rp^{x-1}$.
	ibid.	19	$y=rp^x+qX$,		$y=rp^{x-1}+qX$.
	228	12	$(4^4+1)D$,		$(2^4+1)D$.
	278	12	$=$A un diviseur,		$=$ à un diviseur.
	299	1	suite des théorèmes,		suite de théorèmes.
	302	22	des nombres,		de nombres.
	304	7	$(-1)^{\frac{6-1}{2}}$,		$(-1)^{\frac{6+1}{2}}$.
	325	3	le cas,		les cas.

ERRATA DU TOME II.

Pag. 16	*lign.* dern.	plus petits que $\frac{n}{\theta}$,	*lisez :* plus petits que n.
18	2	on résoudra l'équation,	on résoudra d'abord l'équation.
41	dern.	$C^2 A$,	$C^2 D$.
64	18	cinquième,	sixième.
67	10	étant α,	étant x.
88	21	forme (b'),	formule (b').
99	24	valeurs de θ,	valeurs de θ°.
106	14	n° 70,	n° 78.
109	25	puissance donnée ω,	puissance donnée de ω.
111	18	n° 431,	n° 442.
139	21	$x^3 = aX^2Y$,	$X^3 + aX^2Y$.
142	12	or qu'on ait,	qu'on ait.
177	20	Proposons,	Proposons-nous.
178	17	par (m, g^{μ}),	par (m', g^{μ}).
216	16	$p^{IV} + p^{V}$,	$p^{IV} + p''$.
ibid.	25	$= 1$,	$= 0$.
217	2	$r = \cos. \frac{2\pi}{11} \ldots$	racine $r = 2\cos. \frac{2\pi}{11} \ldots$
241	13	$\alpha R^6 + \beta R^8$,	$\alpha R^6 + \varepsilon R^8$.
247	13	$T =$	$T' =$
251	5	$P + 2Q\cos.\mu$,	$P + 2Q\cos. 2\mu$.
ibid.	24	ci-dessus,	ci-dessus (524).
ibid.	25	Ep^{IV},	Cp^{IV}.
253	15	art. 563,	art. 557.
287	4	p^{IV}, p^{XIII},	p^{XIV}, p^{XIII}.
292	12	R^3 à la place de R^3,	R^3 à la place de R.
300	19	des deux lettres p,	de deux lettres p.
301	3	$+ 4R''$,	$+ 4R^{II}$.
305	6	$\sqrt{-1} \sin. \omega^{(m)}$,	$\sqrt{-1} \sin. \theta^{(m)}$.
341	21	plus grand,	plus grande.
353	19	$4m + 2$,	$4m' + 2$.
392	14	Elle contiendra,	L'autre partie contiendra,
406	7	ce qui donne k,	ce qui donne (k).
411	18	$\omega = \frac{E}{F} -$	$\omega = \frac{\varepsilon}{F} -$
417	27	$\varphi(x) = \int \frac{A}{a+x} =$	$(n+x) \int \frac{A}{a+x} =$
ibid.	29	$\psi x = \int \frac{B}{a+x} =$	$(a+x) \int \frac{B}{a+x} =$
437	dern.	$0 = x^2 -$	$0 = x^3 -$
456	dern	$T^5 = r^3 M^3 = r^3 ($.	$T^5 = r^3 M^3 = r^5 ($.

THÉORIE DES NOMBRES.

QUATRIÈME PARTIE.

MÉTHODES ET RECHERCHES DIVERSES.

§ I. *Théorèmes sur les puissances des nombres.*

La méthode dont nous allons donner diverses applications, mérite une attention particulière, en ce qu'elle est jusqu'à présent la seule par laquelle on ait pu démontrer certaines propositions négatives sur les puissances des nombres. Le but de cette méthode est de faire voir que si la propriété dont on nie l'existence avait lieu pour de grands nombres, elle aurait lieu également pour des nombres plus petits. Ce premier point étant établi, la proposition est démontrée; car pour que le contraire eût lieu, il faudrait qu'une suite de nombres entiers décroissants pût être prolongée à l'infini, ce qui implique contradiction. Fermat est le premier qui ait indiqué cette méthode dans une de ses notes sur Diophante, où il prouve que l'aire d'un triangle rectangle en nombres entiers (1) ne saurait

(1) Trois nombres tels que le carré du plus grand équivaut à la somme des carrés des deux autres, sont ce qu'on appelle un *triangle rectangle*. On peut donner pour exemple les nombres 3, 4, 5, les nombres 5, 12, 13, et une infinité d'autres.

être égale à un carré. Euler en a depuis étendu les applications, et l'a exposée avec beaucoup de clarté, dans le tom. II de ses Éléments d'Algèbre.

(324) Théorème I. « L'aire d'un triangle rectangle en nombres « entiers ne saurait être égale à un carré. »

Puisqu'on a $(a^2+b^2)^2=(a^2-b^2)^2+(2ab)^2$, il est clair que les trois côtés d'un triangle rectangle peuvent être représentés par les nombres $a^2+b^2, a^2-b^2, 2ab$; c'est aussi l'expression générale qu'on déduirait de la résolution directe de l'équation $x^2=y^2+z^2$ (n° 17). Ces trois nombres pourraient de plus être multipliés par un facteur commun θ; mais nous ferons abstraction de ce facteur, qui est inutile pour notre objet, et par la même raison, nous supposerons a et b premiers entre eux. En effet, si les trois côtés d'un triangle sont divisibles par θ, l'aire sera divisible par θ^2; donc si cette aire est un carré, elle le sera encore après avoir été divisée par son facteur θ^2.

Cela posé, appelons A l'aire du triangle dont il s'agit, nous aurons $A=ab(a^2-b^2)$; et comme les facteurs a et b sont premiers entre eux, ils le seront également avec a^2-b^2; donc pour que A soit un carré, il faut que chacun des facteurs a, b, a^2-b^2, en soit un. Soit donc $a=m^2$, $b=n^2$, il restera à faire en sorte que a^2-b^2 ou m^4-n^4 soit égal à un carré.

Cette quantité m^4-n^4 est le produit des deux facteurs m^2+n^2, m^2-n^2 : or m et n sont premiers entre eux, puisque a et b le sont. De plus, ils doivent être supposés l'un pair et l'autre impair; car s'ils étaient impairs tous deux, a et b le seraient aussi, et ainsi les trois côtés a^2+b^2, a^2-b^2, $2ab$ seraient divisibles par 2, ce qui est contre la supposition. Donc les facteurs m^2+n^2 et m^2-n^2 sont premiers entre eux, et puisque leur produit doit être un carré, il faudra que chacun d'eux en soit un.

Faisons en conséquence $m^2+n^2=p^2$, $m^2-n^2=q^2$, nous aurons $n^2+q^2=m^2$, et $2n^2+q^2=p^2$. Donc, « si l'aire d'un triangle rec- « tangle est un carré, on pourra trouver deux carrés q^2, n^2, tels que

« chacune des deux quantités q^2+n^2, q^2+2n^2 soit égale à un carré (1).

Puisqu'on a $p^2=q^2+2n^2$, il faut (n° 143) que p soit de la forme f^2+2g^2 : or on satisfait à l'équation $q^2+2n^2=(f^2+2g^2)^2$ en faisant $q+n\sqrt{-2}=(f+g\sqrt{-2})^2$, ce qui donne

$$q=f^2-2g^2$$
$$n=2fg;$$

et cette solution est d'ailleurs aussi complète qu'on peut le desirer, comme on peut s'en assurer par les formules du n° 17. Il reste donc à satisfaire à l'équation $q^2+n^2=m^2$, dans laquelle substituant les valeurs trouvées pour q et n, on aura $f^4+4g^4=m^2$.

Cette dernière équation, qui doit être possible si l'aire A est un carré, présente un nouveau triangle rectangle formé avec l'hypo-

---

(1) Voici le passage de Fermat que nous suivons assez strictement, en ajoutant seulement les développements nécessaires pour rendre la démonstration plus claire et plus complète :

« Si area trianguli esset quadratus darentur duo quadrato-quadrati quorum differentia esset quadratus : Unde sequitur dari duo quadrata quorum et summa et differentia esset quadratus. Datur itaque numerus compositus ex quadrato et duplo quadrati æqualis quadrato, eâ conditione ut quadrati eum componentes faciant quadratum. Sed si numerus quadratus componitur ex quadrato et duplo alterius quadrati, ejus latus similiter componitur ex quadrato et duplo quadrati, ut facillimè possumus demonstrare.

« Unde concludetur latus illud esse summam laterum circa rectum trianguli rectanguli et unum ex quadratis illud componentibus efficere basem et duplum quadratum æquari perpendiculo.

« Illud itaque triangulum rectangulum conficietur à duobus quadratis quorum summa et differentia erunt quadrati. At isti duo quadrati minores probabuntur primis quadratis suppositis quorum tàm summa quàm differentia faciunt quadratum. Ergo si dentur duo quadrata quorum summa et differentia faciunt quadratum, dabitur in integris summa duorum quadratorum ejusdem naturæ priore minor. Eodem ratiocinio dabitur et minor ista inventa per viam prioris et semper in infinitum minores invenientur numeri in integris idem præstantes : quod impossibile est, quia dato numero quovis integro non possunt dari infiniti in integris illo minores. » *Ed. cit. de Dioph., pag.* 339.

thénuse m et les deux côtés f^2, $2g^2$: or l'aire de ce triangle étant f^2g^2, et par conséquent égale à un carré, il s'ensuit que si l'aire A du triangle rectangle proposé est égale à un carré, on pourra, par le moyen de ce triangle, en découvrir un beaucoup plus petit, mais non pas nul, dont l'aire sera pareillement égale à un carré.

(325) Pour juger de la petitesse de ce second triangle rectangle en comparaison du premier, il faut exprimer la valeur de A en f et g : or on trouve

$$A=(m^4-n^4)m^2n^2=4f^2g^2(f^2-2g^2)^2(f^2+2g^2)^2(f^4+4g^4).$$

D'ailleurs f^2-2g^2 ne peut être moindre que 1, et on a toujours $(f^2+2g^2)^2>8f^2g^2$, $f^4+4g^4>4f^2g^2$; donc l'aire A est plus grande que $128f^6g^6$; donc f^2g^2, qui est l'aire du second triangle, étant nommée A', on aura $A'<\sqrt[3]{\frac{A}{128}}$.

De là on voit que s'il existe un triangle rectangle en nombres entiers, dont l'aire A soit égale à un carré, il existera en même temps un triangle rectangle dont l'aire A', plus petite que $\sqrt[3]{\frac{A}{128}}$, sera encore égale à un carré, et cependant ne sera pas nulle, car l'un des nombres f et g ne peut être nul sans rendre $A=0$.

Mais par la même raison, du triangle rectangle dont l'aire A' est égale à un carré, on pourra déduire un troisième triangle dont l'aire A'', plus petite que $\sqrt[3]{\frac{A'}{128}}$, sera égale à un carré, et ainsi à l'infini. Or il implique contradiction qu'une suite de nombres entiers A, A', A'', etc., quand même ils ne seraient pas carrés, soit décroissante et prolongée à l'infini. Donc il n'existe aucun triangle rectangle dont l'aire soit égale à un carré.

Corollaire. La même démonstration prouve que la formule m^4-n^4 ne peut être un carré, non plus que la formule f^4+4g^4, excepté seulement dans les cas évidents, l'un de $m=n$, ou $n=0$; l'autre de f ou $g=0$.

On peut aussi en conclure que l'équation $x^4+y^4=2p^2$ est impossible, hors le cas de $x=y$; car de cette équation on tirerait $p^4-x^4y^4=\left(\frac{x^4-y^4}{2}\right)^2$; or on vient de voir que le premier membre ne peut être un carré.

(326) **Théorème II.** « La somme de deux bicarrés ne peut être « égale à un carré, à moins que l'un d'eux ne soit nul. »

Soit, s'il est possible, $a^4+b^4=c^2$; il faudra d'abord qu'on ait $a^2=p^2-q^2$, $b^2=2pq$, $c=p^2+q^2$. J'observe ensuite que a et b pouvant être supposés premiers entre eux, p et q seront pareillement premiers entre eux, et même ils ne pourront être tous deux impairs; car s'ils l'étaient, a et b seraient tous deux pairs. On ne pourra non plus supposer p pair et q impair, parce qu'alors p^2-q^2 serait de la forme $4k-1$, laquelle ne peut convenir au carré a^2. Donc il faudra que p soit impair et q pair, et ainsi, pour satisfaire à l'équation $b^2=2pq$, on prendra $p=m^2$, $q=2n^2$, valeurs qui étant substituées dans l'autre équation $a^2=p^2-q^2$, donneront $m^4-4n^4=a^2$.

Cette dernière équation exprimant que le carré m^4 est égal à la somme de deux autres carrés $4n^4$, a^2, le seul moyen d'y satisfaire est de prendre $m^2=f^2+g^2$, $2n^2=2fg$, $a=f^2-g^2$. Or l'équation $n^2=fg$, où f et g doivent être premiers entre eux, donne $f=\alpha^2$, $g=6^2$, et par ces valeurs, l'équation $m^2=f^2+g^2$ devient $\alpha^4+6^4=m^2$.

D'où l'on voit que s'il existe deux bicarrés a^4, b^4 dont la somme soit égale à un carré c^2, il existera en même temps deux autres bicarrés beaucoup plus petits α^4, 6^4 dont la somme sera pareillement égale à un carré.

(327) Et pour rendre sensible la petitesse de ceux-ci en comparaison des premiers, on déduira des valeurs précédentes,

$$a=\alpha^4-6^4$$
$$b=2\alpha 6\sqrt{(\alpha^4+6^4)};$$

ce qui donne $\alpha^4+6^4=\sqrt{\left[\frac{1}{2}a^2+\frac{1}{2}\sqrt{(a^4+b^4)}\right]}$, et par conséquent $\alpha^4+6^4<\sqrt[4]{(a^4+b^4)}$. On remarquera d'ailleurs que α ne peut être zéro non plus que 6, parce qu'il s'ensuivrait $b=0$, cas exclu.

S'il existe donc un carré c^2 égal à la somme des deux bicarrés, on connaîtra par son moyen un second carré c'^2, pareillement égal à la somme de deux bicarrés, et dont le côté c' sera $<\sqrt[4]{c}$, sans être nul; mais par la même raison, le carré c'^2 en fera connaître un troisième c''^2 jouissant de la même propriété, et dont le côté c'' sera $<\sqrt[4]{c'}$, sans être nul; ainsi de suite. Or il implique contradiction qu'une suite de nombres entiers c, c', c'', etc. dont chacun est plus petit que la racine quatrième du précédent, sans être nul, puisse être prolongée à l'infini. Donc il est impossible qu'un carré se décompose en deux bicarrés.

Corollaire. La même démonstration prouve que la formule.. $m^4 - 4n^4$ ne peut être égale à un carré, si ce n'est lorsque $n = 0$.

(328) Théorème III. « La formule $x^4 + 2y^4$ ne peut être égale à « un carré, si ce n'est lorsque $y = 0$. »

Car si l'on fait $x^4 + 2y^4 = z^2$, il faudra d'abord supposer... $z = p^2 + 2q^2, x^2 = p^2 - 2q^2, y^2 = 2pq$; ensuite l'équation $x^2 = p^2 - 2q^2$ donnera $x = m^2 - 2n^2; p = m^2 + 2n^2, q = 2mn$. Ces valeurs étant substituées dans l'équation $y^2 = 2pq$, on aura $y^2 = 4mn(m^2 + 2n^2)$. Pour satisfaire à cette dernière équation, j'observe que les nombres m et n sont premiers entre eux; car s'ils avaient un commun diviseur, p et q en auraient un aussi, et par suite x et y, ce qu'on ne doit pas supposer. Donc si $mn(m^2 + 2n^2)$ est un carré, il faudra que ses trois facteurs $m, n, m^2 + 2n^2$ soient chacun un carré. Soit donc $m = f^2, n = g^2$, et il restera à faire en sorte que $f^4 + 2g^4$ soit égale à un carré.

Cette formule est semblable à la proposée, et il est visible qu'elle est exprimée en nombres beaucoup plus petits, car on a $x^4 + 2y^4 > p^4$, et par conséquent p ou $f^4 + 2g^4 < \sqrt[4]{(x^4 + 2y^4)}$; d'ailleurs les nombres f et g ne sont nuls, ni l'un ni l'autre, puisque s'ils l'étaient, ils rendraient y nul, ce qui est un cas dont on fait abstraction. De là il suit que si on a un carré A^2 qui soit de la forme $x^4 + 2y^4$, on pourra en déduire un second carré A'^2 qui sera de la même forme, et dont le côté A′ sera $<\sqrt[4]{A}$: mais par la même raison le carré A'^2 en fera connaître un troisième A''^2 de même forme, et ainsi de suite. Or il est impossible qu'une suite de nombres entiers A, A′, A″, etc. soit décroissante et prolongée à l'infini; donc il est impossible que la formule x^4+2y^4 soit un carré, à moins qu'on n'ait $y=0$.

Corollaire. Il suit de cette proposition, que la formule x^4-8y^4 ne peut non plus être égale à un carré; car si on avait $x^4-8y^4=z^2$, il s'ensuivrait que $z^4+2(2xy)^4$ est égale au carré $(x^4+8y^4)^2$, ce qui ne peut avoir lieu que lorsque $y=0$.

(329) THÉORÈME IV. « Aucun nombre triangulaire, excepté l'unité, « n'est égal à un bicarré. »

Soit, s'il est possible, $\frac{1}{2}x(x+1)=y^4$, ou $x(x+1)=2y^4$; si l'on fait $y=mn$, m et n étant deux indéterminées, cette équation ne pourra se décomposer que de l'une de ces deux manières :

$$\left.\begin{aligned} x&=2m^4\\ x+1&=n^4\end{aligned}\right\}\ (1)\qquad\qquad \left.\begin{aligned} x+1&=2m^4\\ x&=n^4\end{aligned}\right\}\ (2),$$

lesquelles donnent, soit $1=n^4-2m^4$, soit $1=2m^4-n^4$.

La seconde combinaison donnerait $m^8-n^4=(m^4-1)^2$, équation impossible, parce que le premier membre est de la forme p^4-q^4, laquelle ne peut être un carré, que dans le cas évident de $m=1=x$.

La première combinaison donne $1+2m^4=n^4$, équation également impossible, parce qu'en vertu du théorème précédent, le premier membre ne peut être un carré. Donc aucun nombre triangulaire, excepté 1, n'est égal à un bicarré.

(330) THÉORÈME V. « La somme ou la différence de deux cubes « ne peut être égale à un cube. »

Soit, s'il est possible, $x^3\pm y^3=z^3$, on pourra supposer à l'ordinaire que les deux nombres x et y sont premiers entre eux, et alors y et z seront également premiers entre eux, ainsi que x et z. Cela posé, des trois nombres x, y, z, il y en aura toujours deux impairs et un pair; soient x et y les deux impairs, qu'on peut toujours placer dans un même membre; si l'on fait $x \pm y = 2p$, $x \mp y = 2q$, ou bien $x = p + q$, $\pm y = p - q$, on aura par la substitution. . . $2p(p^2 + 3q^2) = z^3$; et on observera ultérieurement, que puisque $p + q$ et $p - q$ doivent être impairs, il faut que p et q soient l'un pair, l'autre impair; de sorte que $p^2 + 3q^2$ sera toujours impair. Mais $2p(p^2 + 3q^2)$ devant être un cube, il est clair que $2p$ sera divisible par 8, et ainsi p sera pair et q impair. Maintenant il y a deux cas à distinguer, selon que p est ou n'est pas divisible par 3.

(331) *Premier cas.* Si p n'est pas divisible par 3, les facteurs $2p$, $p^2 + 3q^2$ seront premiers entre eux, et si leur produit est un cube, il faudra que chacun d'eux en soit un. Soit donc $p^2 + 3q^2 = r^3$, alors r sera de la forme $m^2 + 3n^2$, et on pourra faire. . . . . $p + q\sqrt{-3} = (m + n\sqrt{-3})^3$, ce qui donnera

$$p = m^3 - 9mn^2$$
$$q = 3m^2n - 3n^3.$$

Ces valeurs satisfont à l'équation $p^2 + 3q^2 = r^3$, mais d'ailleurs elles ont toute la généralité nécessaire, ainsi qu'on peut s'en assurer par la résolution directe de cette équation. Il ne reste donc plus qu'à faire en sorte que $2p$ ou $2m(m + 3n)(m - 3n)$ soit un cube. Or il est aisé de voir que les trois facteurs de cette quantité sont premiers entre eux, et ainsi chacun d'eux doit être un cube; soit en conséquence $m + 3n = a^3$, $m - 3n = b^3$, $2m = c^3$, on aura $a^3 + b^3 = c^3$. De là on voit que si l'équation $x^3 \pm y^3 = z^3$ est possible en nombres entiers, l'équation $a^3 + b^3 = c^3$, semblable à la première et exprimée en nombres beaucoup plus petits, sera également possible.

Or par la substitution des valeurs précédentes, on a

$$z^3 = a^3b^3c^3\left(\frac{a^6 + a^3b^3 + b^6}{3}\right)^3,$$

ou $z = abc\left(\frac{a^6 + a^3b^3 + b^6}{3}\right)$, et par conséquent $z > a^4b^4c$; donc en passant de l'équation $x^3 \pm y^3 = z^3$ à sa transformée $a^3 + b^3 = c^3$, le nombre c qu'on peut représenter par z' sera beaucoup plus petit que z. Mais par la même raison on déduirait du cube c^3 ou z'^3 un troisième cube z''^3, tel que z'' serait beaucoup plus petit que z' et ainsi à l'infini ; or il est impossible qu'une suite de nombres entiers z, z', z'', etc. soit décroissante et prolongée à l'infini. Donc la formule $2p(p^2+3q^2)$ ne peut être un cube, lorsque p n'est pas divisible par 3.

(332) *Second cas.* Si p est divisible par 3, on fera $p=3r$, et la formule $2p(p^2+3q^2)$ deviendra $18r(q^2+3r^2)$. Maintenant comme les facteurs $18r$ et q^2+3r^2 sont premiers entre eux, il faudra que chacun d'eux soit un cube. Faisant donc $q^2+3r^2=(f^2+3g^2)^3$, ou $q+r\sqrt{-3}=(f+g\sqrt{-3})^3$, ce qui donne

$$q=f^3-9fg^2$$
$$r=3f^2g-3g^3,$$

il restera à faire en sorte que $18r$ ou $27.2g(f+g)(f-g)$ soit un cube. De là on déduira comme ci-dessus $f+g=a^3$, $f-g=b^3$, $2g=c^3$, et par conséquent $a^3-b^3=c^3$. Ainsi on voit que si le cube z^3 peut être la somme ou la différence de deux cubes $x^3\pm y^3$, il y aura un autre cube beaucoup plus petit c^3 qui sera pareillement la différence de deux cubes a^3-b^3; je dis que c^3 est beaucoup plus petit que z^3; en effet, les valeurs précédentes donnent...... $z=3abc(a^6-a^3b^3+b^6)$, et par conséquent $z>3a^4b^4c$. De là on conclut comme dans le premier cas que $2p(p^2+3q^2)$ ne peut devenir un cube lorsque p est divisible par 3. Donc dans tous les cas l'équation proposée $x^3\pm y^3=z^3$ est impossible, à moins que l'une des indéterminées ne soit zéro.

(333) Théorème VI. « L'équation $x^3+y^3=2^m z^3$ est impossible « pour toute valeur de m. »

Dans cette équation, où l'on suppose m non divisible par 3 pour ne pas rentrer dans le cas précédent, les nombres x et y doivent être impairs ainsi que z; d'ailleurs le premier membre est le produit des deux facteurs $x+y$, x^2-xy+y^2, qui ne peuvent avoir que 3 pour commun diviseur; ainsi il faudra distinguer deux cas, selon que z est ou n'est pas divisible par 3.

Soit 1° z divisible par 3, l'équation proposée se divisera nécessairement en deux autres comme il suit :

$$x+y=2^m 3^2 a^3$$
$$x^2-xy+y^2=3r^3,$$

et l'on aura $z=3ar$, r étant premier à $3a$.

La seconde de ces équations peut se mettre sous la forme... $\left(\frac{x+y}{2}\right)^2+3\left(\frac{x-y}{2}\right)^2=3r^3$, ou $\left(\frac{x-y}{2}\right)^2+3\left(\frac{x+y}{6}\right)^2=r^3$; d'où l'on voit que r, qui est toujours un nombre impair, doit être de la forme f^2+3g^2; faisant donc $r=f^2+3g^2$, puis $(f+g\sqrt{-3})^3 = F+G\sqrt{-3}$, on aura $r^3=F^2+3G^2$, et de l'équation précédente on déduira $\frac{1}{2}(x-y)=F$, $\frac{1}{6}(x+y)=G$. Mais on a $G=3g(f^2-g^2)$, donc

$$g(f^2-g^2)=\frac{x+y}{18}=2^{m-1}a^3.$$

Dans cette équation g doit être divisible par 2^{m-1}, car f^2-g^2 est un nombre impair, puisque f^2+3g^2 en est un; d'ailleurs les trois facteurs $g, f+g, f-g$, n'ayant aucun diviseur commun, l'équation précédente devra se décomposer en trois autres, savoir :

$$g=2^{m-1}\alpha^3,\quad f+g=6^3,\quad f-g=\gamma^3,$$

d'où résulte $6^3-\gamma^3=2^m\alpha^3$, équation semblable à la proposée et composée de nombres beaucoup plus petits.

Soit 2° z non divisible par 3, alors l'équation proposée se décomposera en ces deux-ci :

$$x+y=2^m a^3$$
$$x^2-xy+y^2=r^3,$$

lesquelles supposent $z=ar$, et r premier à a.

La dernière étant mise sous la forme $\left(\frac{x+y}{2}\right)^2+3\left(\frac{x-y}{2}\right)^2=r^3$, on voit que r devra être de la forme f^2+3g^2. C'est pourquoi, faisant comme dans le premier cas, $r=f^2+3g^2$, $(f+g\sqrt{-3})^3=F+G\sqrt{-3}$, on aura $r^3=F^2+3G^2$, ce qui donnera la solution $x+y=2F$, $x-y=2G$. Mais on a $F=f(f^2-9g^2)$; donc... $2^{m-1}a^3=f(f^2-9g^2)$: les trois facteurs du second membre $f, f+3g$, $f-3g$, étant premiers entre eux et f^2-9g^2 étant toujours impair, cette équation ne peut subsister, à moins qu'on n'ait $f=2^{m-1}\alpha^3$, $f+3g=\beta^3$, $f-3g=\gamma^3$, ce qui suppose $a=\alpha\beta\gamma$, les trois nombres α, β, γ, étant premiers entre eux. De là résulte l'équation $\beta^3+\gamma^3=2^m\alpha^3$, semblable à la proposée et dans laquelle α sera, ainsi que a, non divisible par 3.

Puisque dans les deux cas l'équation proposée se réduit à une équation de même forme et composée de nombres beaucoup plus petits, opération qui peut être répétée indéfiniment, il s'ensuit que cette équation est impossible, excepté dans le seul cas où $z=0$, et aussi dans le cas de $z=1$, si on avait $m=1$.

(334) Il suit des deux théorèmes précédents que l'équation.. $x^3+y^3=Az^3$ est impossible pour les valeurs $A=1, 2, 4, 8, 16$, etc.; il serait facile de démontrer par la même méthode qu'elle est également impossible pour les valeurs $A=3, 5, 6$, et une infinité d'autres. Mais si on avait $A=7$, il est visible que l'équation $x^3+y^3=7z^3$ serait satisfaite par les valeurs $x=2, y=-1, z=1$; de même l'équation $x^3+y^3=9z^3$ le serait par les valeurs $x=2, y=1, z=1$. Nous ferons voir par la suite que dans ces sortes d'équations une solution connue suffit pour en faire découvrir une infinité d'autres.

(335) Théorème VII. « Aucun nombre triangulaire, excepté 1, « n'est égal à un cube. »

Car supposons qu'on ait $\frac{1}{2}x(x+1)=y^3$, ou $x(x+1)=2y^3$; si on fait $y=mn$, m et n étant deux nombres premiers entre eux, cette équation ne pourra se décomposer que de l'une des deux manières :

$$(1)\left\{\begin{array}{r} 1+x=2m^3 \\ x=n^3 \end{array}\right. \qquad (2)\left\{\begin{array}{r} 1+x=n^3 \\ x=2m^3, \end{array}\right.$$

2.

lesquelles donnent $n^3 \pm 1 = 2m^3$. Mais suivant le théorème précédent cette équation ne peut avoir lieu à moins qu'on n'ait $n = 1$; donc, excepté les cas de $x = 0$ et $x = 1$, il ne peut y avoir aucun nombre triangulaire égal à un cube.

L'équation $\frac{1}{2}x(x+1) = y^3$ peut être mise sous la forme.... $8y^3 + 1 = z^2$; donc celle-ci n'est possible que pour les seuls cas $y = 0$, $y = 1$.

(336) **Théorème VIII.** « L'équation $x^2 + 2 = y^3$ n'est susceptible « que de la solution $x = 5$, $y = 3$. (*Ed. de Dioph.*, pag. 320.) »

En effet, si cette équation avait lieu, y devrait être de la forme $p^2 + 2q^2$; ainsi il faudrait faire $x + \sqrt{-2} = (p + q\sqrt{-2})^3$, ce qui donnerait $1 = 3p^2q - 2q^3$; donc $q = 1$, $p = 1$, $y = 3$, $x = 5$.

(337) **Théorème IX.** « L'équation $x^2 + 4 = y^3$ n'est susceptible « que des deux solutions $x = 2, y = 2$; $x = 11$, $y = 5$. »

Car y devant être de la forme $p^2 + q^2$, il faudra faire $x + 2\sqrt{-1} = (p + q\sqrt{-1})^3$, ce qui donnera $2 = 3p^2q - q^3$, équation à laquelle on ne satisfait que par les valeurs $p = 1$, $q = 1$, ou par les valeurs $p = 1$, $q = -2$, lesquelles donnent les deux solutions mentionnées.

Remarque. Nous avons démontré dans ce paragraphe que l'équation $x^3 \pm y^3 = z^3$ est impossible, ainsi que l'équation $x^4 \pm y^4 = z^2$, et à plus forte raison l'équation $x^4 \pm y^4 = z^4$. Fermat a assuré de plus (*Ed. de Dioph.*, pag. 61) que l'équation $x^n + y^n = z^n$ est généralement impossible, lorsque n surpasse 2. C'est sur quoi on trouvera ci-après quelques recherches dans la VIe partie.

§ II. *Théorèmes concernant la résolution en nombres entiers de l'équation* $x^n - b = ay$.

(338) Si l'on satisfait à l'équation proposée en faisant $x = \theta$, on y satisfera plus généralement, en faisant $x = \theta + az$, z étant un nombre indéterminé. Or dans la suite formée d'après le terme général $\theta + az$, il y aura toujours un terme compris entre $-\frac{1}{2}\theta$ et $\frac{1}{2}\theta$; on peut donc regarder ce terme comme une *solution* ou *racine* de l'équation proposée; et la question est de trouver toutes les solutions ou racines de cette sorte dont l'équation proposée est susceptible. Voici différents théorèmes qui remplissent cet objet, dans le cas où a est un nombre premier; nous considérerons ensuite le cas où a est un nombre composé.

(339) Théorème I. « L'équation $x^n - b = \mathfrak{M}(a)$ (1), dans laquelle « a est un nombre premier, et b un nombre non-divisible par a, « ne sera possible qu'autant qu'on aura $b^{\frac{a-1}{\omega}} - 1 = \mathfrak{M}(a)$, ω étant « le commun diviseur de n et de $a - 1$. Si cette condition est remplie, l'équation proposée aura un nombre ω de solutions qui « seront comprises dans l'équation $x^\omega - b^\pi = \mathfrak{M}(a)$, où π est le « moindre entier positif qui satisfait à l'équation $\pi n - \varphi(a-1) = \omega$. »

Si l'équation proposée est résoluble, on aura, en rejetant les multiples de a, $x^n = b$; on a en même temps, par le théorème de Fermat (n° 129), $x^{a-1} = 1$. Les deux nombres n et $a - 1$ ayant pour commun diviseur ω, si l'on fait $n = n'\omega$, $a - 1 = a'\omega$, il sera facile de trouver deux autres nombres positifs π et φ tels qu'on ait

$$\pi n' - \varphi a' = 1.$$

(1) L'expression abrégée $\mathfrak{M}(a)$ désigne un multiple de a.

Maintenant des équations $x^{n'\omega}=b$, $x^{a'\omega}=1$, on tire.........
$b^{\pi}=x^{\pi n'\omega}=x^{\varphi a'\omega+\omega}=x^{\omega}$, donc $x^{\omega}=b^{\pi}$, ou

$$x^{\omega}-b^{\pi}=\mathfrak{M}(a);$$

d'où l'on voit que l'équation proposée ne pourra avoir qu'un nombre ω de solutions (n° 132); et pour qu'elle ait effectivement ces solutions, il faudra que les deux équations $x^{n'\omega}=b$, $x^{a'\omega}=1$ puissent s'accorder entre elles. Or ces dernières donnent $x^{n'a'\omega}=b^{a'}$, $x^{n'a'\omega}=1^{n'}=1$; donc il faudra qu'on ait $b^{a'}=1$, ou

$$b^{a'}-1=\mathfrak{M}(a).$$

Cette condition est la seule nécessaire, et toutes les fois qu'elle sera remplie, l'équation proposée aura un nombre ω de solutions contenues dans l'équation $x^{\omega}-b^{\pi}=\mathfrak{M}(a)$. Or on s'assure que celle-ci a effectivement un nombre ω de solutions, en observant que $x^{\omega}-b^{\pi}$ est facteur de $x^{a'\omega}-b^{a'\pi}$ qui revient à $x^{a-1}-1+a\text{R}$.

Remarquez que si dans l'équation proposée n est plus grand que $a-1$, on peut ôter de cet exposant les multiples de $a-1$, et ne conserver que le reste positif. En effet, x^{a-1} divisé par a, laisse le reste 1; donc $x^{(a-1)m+n}$ divisé par a, laissera le même reste que x^{n}.

(340) Il suit du théorème précédent que l'équation $x^{n}-b=\mathfrak{M}(a)$ aura toujours une solution, quel que soit b, lorsque n et $a-1$ seront premiers entre eux; soit alors π le plus petit nombre positif qui satisfait à l'équation $\pi n-\varphi(a-1)=1$, cette solution sera $x=b^{\pi}$.

En général, ce théorème a l'avantage d'indiquer tout à-la-fois si l'équation proposée est résoluble, combien elle a de solutions, et quelle est l'équation la plus simple qui contient toutes ces solutions. Dans l'équation réduite, l'exposant de x sera toujours diviseur de $a-1$; ainsi il ne s'agit plus que de trouver les solutions de l'équation $x^{n}-b=\mathfrak{M}(a)$, dans la supposition que n soit diviseur de $a-1$. Or il est facile de voir que si on connaît une des valeurs de x, on les aura toutes en multipliant la valeur connue par les différentes racines de l'équation $x^n - 1 = \mathfrak{M}(a)$; il convient donc avant tout, de s'occuper de la résolution de cette dernière équation.

(341) THÉORÈME II. « Étant proposée l'équation $x^n - 1 = \mathfrak{M}(a)$, « dans laquelle a est un nombre premier, et n un diviseur de $a - 1$, « en sorte qu'on ait $a - 1 = a'n$,

« 1° On aura $x = u^{a'}$, u étant un nombre quelconque non-divi« sible par a.

« 2° Si θ est une valeur de x, θ^m en sera une aussi, quel que soit « l'exposant m.

« 3° Si le nombre θ est tel que $\theta^{\frac{n}{\nu}} - 1$ ne soit pas divisible par a, « ν étant un diviseur premier de n, la formule $x = \theta^m$ contiendra « toutes les solutions de l'équation proposée, lesquelles seront 1, « $\theta, \theta^2 \ldots \theta^{n-1}$, ou les restes de ces quantités divisées par a.

« 4° Non-seulement il y a plusieurs nombres θ qui jouissent de cette « propriété, mais le nombre en est $n\left(1 - \frac{1}{\nu}\right)\left(1 - \frac{1}{\nu'}\right)\left(1 - \frac{1}{\nu''}\right)$, etc., « ν, ν', ν'', etc. étant les différents nombres premiers qui peuvent di« viser n. »

Car 1° si l'on fait $x = u^{a'}$, on aura $x^n - 1 = u^{a'n} - 1 = u^{a-1} - 1$, quantité toujours divisible par a.

2° Si $x = \theta$, on aura, en rejetant les multiples de a, $\theta^n = 1$: faisant donc $x = \theta^m$, on aura pareillement $x^n = \theta^{mn} = 1$, quel que soit m.

3° L'équation proposée devant avoir n solutions, la formule $x = \theta^m$ les donnera toutes, si dans la suite $1, \theta, \theta^2, \theta^3 \ldots \theta^{n-1}$, il n'y a pas deux termes égaux (en rejetant toujours les multiples de a). Or supposons $\theta^\mu = \theta^\lambda$, il en résultera $\theta^\sigma = 1$, σ étant $\mu - \lambda$ ou $\lambda - \mu$, et par conséquent moindre que n. Mais comme on a déja $\theta^n = 1$, si on appelle ε le commun diviseur de σ et de n, et qu'on résolve l'équation $ny - \sigma z = \varepsilon$, on aura $\theta^{ny} = \theta^{\sigma z + \varepsilon}$; le premier membre, à cause de $\theta^n = 1$, se réduit à 1; le second, à cause de $\theta^\sigma = 1$, se réduit à θ^ε; ainsi on aurait $\theta^\varepsilon = 1$. Soit $n = \varepsilon n'$, et $n' = n''\nu$, ν étant un nombre premier; puisqu'on a $\theta^{\epsilon} = 1$, on aura aussi $\theta^{\epsilon n''} = 1$, ou $\theta^{\frac{n}{\nu}} = 1$; équation impossible, puisqu'on a supposé dans l'énoncé du théorème, que la quantité $\theta^{\frac{n}{\nu}} - 1$ ne peut être divisible par a; donc la formule $x = \theta^{m}$ renfermera implicitement toutes les solutions de l'équation proposée.

4° Soit ν l'un des diviseurs premiers de n; de même qu'il n'y a que n valeurs de x qui satisfont à l'équation $x^n - 1 = \mathfrak{M}(a)$, il n'y a aussi que $\frac{n}{\nu}$ valeurs de θ qui donnent $\theta^{\frac{n}{\nu}} = 1$. Donc sur n valeurs que doit avoir θ dans l'équation $\theta^n = 1$, il y en a $n - \frac{n}{\nu}$ qui ne donnent pas $\theta^{\frac{n}{\nu}} = 1$. Raisonnant de même à l'égard des autres facteurs premiers dont n peut être composé, on conclura qu'il y a un nombre (1) $n\left(1 - \frac{1}{\nu}\right)\left(1 - \frac{1}{\nu'}\right)\left(1 - \frac{1}{\nu''}\right)$, etc. de valeurs de θ, telles qu'aucune des quantités $\theta^{\frac{n}{\nu}} - 1$, $\theta^{\frac{n}{\nu'}} - 1$, $\theta^{\frac{n}{\nu''}} - 1$, etc., n'est divisible par a.

(342) Donc si n est un nombre premier, il suffira d'avoir une valeur de x autre que l'unité, et cette valeur étant nommée θ, la formule $x = \theta^m$ contiendra toutes les valeurs de x.

Si n est une puissance d'un nombre premier ν, pour que la valeur $x = \theta$ qui satisfait à l'équation $x^n = 1$, en donne la solution complète, il faudra que $\theta^{\frac{n}{\nu}}$ ne soit pas égale à $+1$, et alors on aura $x = \theta^m$.

Enfin si n est de la forme $\nu^{\alpha}\nu'^{\epsilon}\nu''^{\gamma}$. etc., comme on peut toujours le supposer, je fais $\nu^{\alpha} = \mu$, $\nu'^{\epsilon} = \mu'$, $\nu''^{\gamma} = \mu''$, etc., et je résous séparément les équations

$$x^{\mu} - 1 = \mathfrak{M}(a), \quad x^{\mu'} - 1 = \mathfrak{M}(a), \quad x^{\mu''} - 1 = \mathfrak{M}(a).$$

---

(1) Le nombre des valeurs de θ est le même que celui des nombres plus petits que $\frac{n}{\theta}$ et premiers à n. (Introd., art. XV.)

Soient $x=\lambda^{\varpi}$, $x=\lambda'^{\varpi}$, $x=\lambda''^{\varpi}$, etc. les solutions complètes de ces équations, je dis qu'en prenant $\theta=\lambda\lambda'\lambda''$, etc., la formule $x=\theta^{\varpi}$ sera la solution complète de l'équation proposée. C'est un moyen qu'on pourra mettre en usage, lorsqu'on n'aura pas rencontré tout d'un coup, par la formule $x=u^{\alpha'}$, le nombre θ propre à donner toutes les solutions.

Exemple I.

(343) On demande les sept valeurs que doit avoir x dans l'équation $x^7-1=\mathfrak{M}(379)$?

Puisque $379-1=7.54$, on aura $x=u^{54}$, u étant un nombre quelconque non-divisible par 379. Soit $u=2$, on aura, en rejetant successivement les multiples de 379, $u^6=64$, $u^{12}=-73$, $u^{24}=23$, $u^{48}=150$, $u^{54}=125$. Donc $x=125$, et comme l'exposant 7 est un nombre premier, toutes les valeurs de x seront comprises dans la formule $x=125^{\varpi}$, laquelle donne les sept nombres suivants 1, 125, 86, 138, -184, 119, 94. La moindre valeur de x étant 86, on voit qu'il aurait été fort long de chercher les valeurs de x par le tâtonnement, en faisant successivement $x=\pm 1$, ± 2, ± 3, etc.

Exemple II.

(344) Étant proposée l'équation $x^{63}-1=\mathfrak{M}(379)$, on peut, d'après le n° 342, résoudre les équations $x^9-1=\mathfrak{M}(379)$, $x^7-1=\mathfrak{M}(379)$. Celles-ci ayant pour solutions complètes $x=180^{\varpi}$, $x=125^{\varpi}$, on en conclura celle de la proposée $x=(180.125)^{\varpi}=139^{\varpi}$; et comme le carré de 139, divisé par 379, laisse le reste -8, on a plus simplement $x=(-8)^{\varpi}$.

La même équation aurait donné immédiatement, par la première partie du théorème II, $x=u^6$. Soit $u=2$, on aura $x=64$; et comme les diviseurs premiers de $n=63$ sont 3 et 7, il faut voir si 64^{21} et 64^9 ne donneront pas le reste $+1$. Or on trouve que ces puissances ne donnent pas le reste $+1$; donc 64^{ϖ} eût été encore la solution complète de la même équation.

(345) Théorème III. « Étant proposée l'équation $x^{2n}+1=\mathfrak{M}(a)$, « dans laquelle a est premier et $4n$ diviseur de $a-1$, on résoudra « l'équation $x^{4n}-1=\mathfrak{M}(a)$ qui sera toujours possible. Soit $x=\theta^m$ « la solution complète de celle-ci, je dis que la solution complète « de la proposée sera $x=\theta^{2i+1}$, i étant un nombre quelconque. »

Car θ^m étant une valeur quelconque de x dans l'équation..... $x^{4n}-1=\mathfrak{M}(a)$, θ^{2m} sera aussi une valeur quelconque de x dans l'équation $x^{2n}-1=\mathfrak{M}(a)$. Restent donc les puissances impaires de θ pour résoudre l'équation $x^{2n}+1=\mathfrak{M}(a)$.

Exemple.

(346) Soit proposée l'équation $x^{36}+1=\mathfrak{M}(433)$, qui est résoluble, parce que $433-1$ divisé par 36, donne le nombre pair 12.

Je me servirai pour cela de l'équation $x^{72}-1=\mathfrak{M}(433)$, qui donne $x=u^6$. Soit $u=5$, on aura u^6 ou $x=37$. Cette valeur étant nommée θ, on a $\theta^{35}=-1$, $\theta^{24}=198$; donc suivant les parties 2ème et 3ème du théorème II, θ^m est la solution complète de l'équation.. $x^{72}-1=\mathfrak{M}(433)$, et par conséquent θ^{2i+1} est celle de la proposée $x^{36}+1=\mathfrak{M}(433)$. Voici les trente-six solutions qui en résultent.

$$x=37^{2i+1}=\pm 37\pm 8\pm 127\pm 203\pm 79\pm 99\pm 2\pm 140\pm 159$$
$$\pm 128\pm 133\pm 216\pm 35\pm 148\pm 32\pm 75\pm 54\pm 117.$$

Les mêmes valeurs seraient renfermées plus simplement dans la formule $x=2^{2i+1}$.

(347) Théorème IV. « Étant proposée l'équation $x^n-b=\mathfrak{M}(a)$, « dans laquelle $b^m=\pm 1$, m étant diviseur de $\frac{a-1}{n}$,

« 1° Si m et n sont premiers entre eux, et qu'on cherche les nombres « positifs π et φ tels que $\pi n-\varphi m=1$, je dis qu'on aura $x=b^\pi y$, « y étant une racine quelconque de l'équation $y^n-(\pm 1)^\varphi=\mathfrak{M}(a)$;

« 2° Si m et n ont un commun diviseur ω; soit $n=n'\omega$ et $\pi n'-\varphi m=1$, « on aura $x^\omega=b^\pi y$, ou $x^\omega-b^\pi y=\mathfrak{M}(a)$, y étant une racine quelconque de l'équation $y^{n'}-(\pm 1)^\varphi=\mathfrak{M}(a)$. »

Car en faisant dans le second cas $x^{\omega}=b^{\pi}y$, on a $x^{n'\omega}$ ou.. $x^{n}=b^{\pi n'}y^{n'}=b^{1+\varphi m}(\pm 1)^{\varphi}=b$. Le premier cas est d'ailleurs une suite du second.

Ce théorème offre déja un grand nombre de cas où l'on peut rappeler immédiatement l'équation $x^{n}-b=\mathfrak{M}(a)$ à la forme $x^{n}\pm 1=\mathfrak{M}(a)$. Il indique en même temps une infinité d'autres cas où l'équation $x^{n}-b=\mathfrak{M}(a)$ se décompose d'elle-même en un nombre n' d'équations de degré inférieur $x^{\omega}-b^{\pi}y=\mathfrak{M}(a)$.

Exemple I.

(348) Soit l'équation $x^{3}+49=\mathfrak{M}(223)$, qui est résoluble (Th. I), parce qu'on a $(-49)^{74}=1$. Les nombres 3 et 74 étant premiers entre eux, on aura, suivant le théorème précédent, $x=(-49)^{25}y=-66y$, y étant une racine de l'équation $y^{3}-1=\mathfrak{M}(223)$.

Remarquez que si on eût proposé l'équation $x^{3}+7=\mathfrak{M}(223)$, il eût été facile de voir qu'une de ses racines est $x=6$. Or il suit de là que dans l'équation $x^{3}+49=\mathfrak{M}(223)$, on a $x=-36$. En effet, les trois racines de cette dernière sont $x=-36, -66, 102$.

En général, si α est une solution de l'équation $x^{n}-b=\mathfrak{M}(a)$, α^{k} en sera une de l'équation $x^{n}-b^{k}=\mathfrak{M}(a)$.

Exemple II.

(349) Étant proposée l'équation $x^{6}+20=\mathfrak{M}(61)$, où l'on a $b=-20$, il faut d'abord, pour que cette équation soit possible (n° 339), qu'on ait, en négligeant les multiples de 61, $b^{10}=1$. Or on trouve $b^{5}=-1$, et par conséquent $b^{10}=1$; donc l'équation est possible. Ensuite, puisque les exposants 6 et 5 sont premiers entre eux, on aura, suivant le théorème, $x=-20y$, et $y^{6}+1=\mathfrak{M}(61)$. Or l'équation $y^{12}-1=\mathfrak{M}(61)$ a pour solution complète $y=29^{i}$; donc $x=-20.29^{2i+1}=30.13^{i}$. Les nombres qui en résultent sont $\pm 7, \pm 24, \pm 30$.

EXEMPLE III.

(350) Soit l'équation $x^{10}-5=\mathfrak{M}(601)$, on trouve $b^6=-1$; mais comme 10 et 6 ont pour commun diviseur 2, on fera, suivant la seconde partie du théorème, $x^2=b^5y$ et $y^5-1=\mathfrak{M}(601)$. Celle-ci donne $y=(-169)^4$; ainsi l'équation proposée peut se décomposer en cinq autres du second degré, qui sont :

$$x^2-120=\mathfrak{M}(601),\quad x^2-154=\mathfrak{M}(601),\quad x^2+183=\mathfrak{M}(601),$$
$$x^2-276=\mathfrak{M}(601),\quad x^2-234=\mathfrak{M}(601).$$

Mais cette décomposition est peu avantageuse, car il suffit d'avoir une valeur de x qu'on multipliera par les racines de l'équation $y^{10}-1=\mathfrak{M}(601)$; on peut donc n'employer qu'une de ces équations, et la troisième, qui est la même que $x^2+28^2=\mathfrak{M}(601)$, est celle d'où l'on tirera le plus aisément une valeur de x (n° 187).

(351) THÉORÈME V. « Soit l'équation à résoudre $x^n-b=\mathfrak{M}(a)$, « dans laquelle $b^\omega=1$, ω étant diviseur de $\frac{a-1}{n}$; soit $x=\theta^m$ la so- « lution complète de l'équation $x^{n\omega}-1=\mathfrak{M}(a)$; b devant être un des « nombres $\theta^n, \theta^{2n}, \theta^{3n}\ldots\theta^{(\omega-1)n}$, je suppose $b=\theta^{\mu n}$: cela posé, « je dis que la solution complète de la proposée sera $x=\theta^{m\omega+\mu}$. »

En effet, cette valeur de x donne $x^n=b$, quelle que soit m; il suffit donc de faire voir que b se trouvera toujours parmi les nombres θ^n, θ^{2n}, etc. Or puisque θ^m est la solution complète de l'équation $x^{n\omega}-1=\mathfrak{M}(a)$, on aura θ^{mn} pour celle de l'équation $x^\omega-1=\mathfrak{M}(a)$; et puisque $b^\omega=1$, il est clair que b doit être un des nombres représentés par θ^{mn}.

Cette méthode pour résoudre l'équation $x^n-b=\mathfrak{M}(a)$, n'est sujette à aucune exception; mais il peut être plus ou moins long de chercher b dans la suite θ^n, θ^{2n}, etc., et pour qu'elle réussisse complètement, il faut que le nombre ω ne soit pas bien grand. Si l'équation $b^\omega=1$ résultait de l'équation $b^{\frac{1}{2}\omega}=-1$, il ne faudrait chercher b que dans suite $\theta^n, \theta^{3n}, \theta^{5n}$, etc.

Exemple.

(352) Soit l'équation $x^{10}-5=\mathfrak{M}(601)$, déja traitée (345), mais qui n'a pu se décomposer qu'en facteurs du second degré. On aura, en rejetant les multiples de 601, $b=5$, $b^6=-1$, $b^{12}=1$, et ainsi $\omega=12$. Maintenant la solution complète de l'équation........ $x^{120}-1=\mathfrak{M}(601)$, trouvée par le théorème II, est $x=(-140)^m$; et par conséquent celle de l'équation $x^{12}-1=\mathfrak{M}(601)$ est... $x=(-140)^{10\mu}$ ou 120^μ; donc b doit être compris dans la formule 120^μ, en prenant pour μ un nombre impair: or on trouve qu'il faut pour cela faire $\mu=5$. Donc la solution complète de l'équation proposée sera $x=(-140)^{5+12m}$ ou $x=214.(169)^m$. Les valeurs qui en résultent sont ± 214, ± 106, ± 116, ± 229, ± 237.

(353) Ayant trouvé un nombre θ tel que θ^n-b est divisible par le nombre premier a, il est facile de trouver une valeur de x telle que x^n-b soit divisible par une puissance quelconque a^α de ce nombre premier. Pour cela, soit $\theta^n-b=\mathrm{M}a$, si l'on fait 1° $x=\theta+\mathrm{A}a$, et qu'on détermine A et M' par l'équation $\mathrm{M}+n\theta^{n-1}\mathrm{A}=a\mathrm{M}'$, il est clair que x^n-b sera divisible par a^2.

Si on fait 2° $\theta'=\theta+\mathrm{A}a$, $x=\theta'+\mathrm{A}'a^2$, et qu'on détermine A' et M'' par l'équation $\mathrm{M}'+n\theta'^{n-1}\mathrm{A}'=a^2\mathrm{M}''$, la quantité x^n-b sera divisible par a^4.

Si on fait 3° $\theta''=\theta'+\mathrm{A}'a^2$, $x=\theta''+\mathrm{A}''a^4$, et qu'on détermine A'' et M''' par l'équation $\mathrm{M}''+n\theta''^{n-1}\mathrm{A}''=a^4\mathrm{M}'''$, le binome x^n-b sera divisible par a^8.

On continuera ainsi jusqu'à ce que x^n-b soit divisible par a^α; et si α n'était pas un terme de la suite 2, 4, 8, 16, etc., on voit aisément quel changement il faudrait apporter à la dernière des équations indéterminées. Ainsi si on avait $\alpha=7$, au lieu de la troisième équation $\mathrm{M}''+n\theta''^{n-1}\mathrm{A}''=a^4\mathrm{M}'''$, on prendrait $\mathrm{M}''+n\theta''^{n-1}\mathrm{A}''=a^3\mathrm{M}''$, et la valeur $x=\theta''+\mathrm{A}''a^4$ rendrait x^n-b divisible par a^7.

Nota. Si l'exposant n était divisible par a, il pourrait arriver que quelqu'une des équations qui servent à déterminer A, A', A'', etc., fût impossible; mais alors on aurait acquis la preuve que $x^n - b$ ne peut être divisible par a^α.

(354) Maintenant si l'on veut que $x^n - B$ soit divisible par un nombre composé quelconque $A = a^\alpha b^\beta c^\gamma$, etc. dont a^α, b^β, c^γ, etc. sont les facteurs premiers, élevés à des puissances quelconques; il faudra, par ce qui précède, déterminer les nombres λ, μ, ν, etc., tels que les quantités

$$\frac{\lambda^n - B}{a^\alpha}, \quad \frac{\mu^n - B}{b^\beta}, \quad \frac{\nu^n - B}{c^\gamma}, \quad \text{etc.}$$

soient des entiers. Ensuite on combinera ensemble les équations

$$x = \lambda + a^\alpha z = \mu + b^\beta z' = \nu + c^\gamma z'' = \text{etc.}$$

Et on obtiendra de cette manière toutes les valeurs de x moindres que $\frac{1}{2}$A, qui rendent $x^n - B$ divisible par A, ou qui satisfont en général à l'équation $x^n - B = Ay$.

Si on avait à résoudre l'équation $Cx^n - B = Ay$, on pourra supposer que C et A n'ont point de commun diviseur; (car s'ils en avaient un, on le ferait disparaître par la division). Soit donc $C\mu - A\nu = 1$, si l'on fait $y' = \mu y - \nu x^n$, l'équation à résoudre deviendra..... $x^n - B\mu = Ay'$, et ainsi sera ramenée au cas déja traité.

§ III. *Résolution de l'équation* $x^2 + a = 2^m y$.

(355) Nous avons déja vu (n° 191) qu'en écartant les cas les plus simples dans lesquels m ne surpasse pas 2, cette équation est résoluble pour toute valeur de m, a étant de la forme $-1 \pm 8\alpha$. Voici alors comment on peut trouver la solution générale de cette équation.

Considérons d'abord la suite connue

$$(1+z)^{\frac{1}{2}} = 1 + \frac{1}{2}z - \frac{1.1}{2.4}z^2 + \frac{1.1.3}{2.4.6}z^3 - \frac{1.1.3.5}{2.4.6.8}z^4 + \text{etc.}$$

et observons que ses coefficients, réduits à leur plus simple expression, sont :

$$1, \frac{1}{2}, \frac{1}{2^3}, \frac{1}{2^4}, \frac{5}{2^7}, \frac{7}{2^8}, \frac{21}{2^{10}}, \frac{33}{2^{11}}, \text{ etc.};$$

de sorte que leurs dénominateurs ne sont autre chose que des puissances de 2 dont les exposants croissent suivant une certaine loi. Pour rendre raison de cette propriété, on peut faire

$$(1+z)^{\frac{1}{2}} = 1 + Az + Bz^2 + Cz^3 + \text{etc.};$$

puis carrant les deux membres, on aura pour déterminer les coefficients A, B, C, etc., les équations :

$$2A = 1$$
$$2B = -A^2$$
$$2C = -2AB$$
$$2D = -2AC - B^2$$
$$\text{etc.}$$

D'où l'on voit que chaque coefficient se détermine à l'aide des précédents, sans introduire aucun dénominateur autre que 2. Donc tout coefficient réduit doit être de la forme $\frac{M}{2^i}$, M étant un entier.

(356) Mais pour apercevoir encore mieux la loi de ces coefficients et déterminer en même temps l'exposant de la puissance de 2 qui leur sert de dénominateur, prenons l'expression générale du coefficient de z^n, laquelle est.

$$N = \frac{1.1.3.5\ldots(2n-3)}{2.4.6.8\ldots\ 2n}.$$

Tous les termes du dénominateur de cette quantité étant pairs, si on multiplie de part et d'autre par 2^n, on aura

$$2^n N = \frac{1.1.3.5\ldots(2n-3)}{1.2.3.4\ldots\ n}.$$

Multipliant encore les deux membres par $2.4.6\ldots(2n-4)$, le produit sera

$$2^n N(2.4.6\ldots 2n-4) = \frac{1.2.3\ldots(2n-3)}{1.2.3\ldots\ n}.$$

Il est visible que le second membre se réduit à $n+1.n+2\ldots 2n-3$, et le premier à $2^{2n-2}N(1.2.3\ldots n-2)$; donc on a

$$2^{2n-2}N = \frac{n+1.n+2\ldots 2n-3}{1.2.3\ldots\ n-2}.$$

Multipliant successivement les deux membres par n et par $2n-2$, on aura

$$2^{2n-2}nN = \frac{n.n+1.n+2\ldots 2n-3}{1.2.3\ldots n-2},$$

$$2^{2n-2}(2n-2)N = \frac{n+1.n+2\ldots 2n-2}{1.2\ldots n-2}.$$

Or ces deux quantités doivent être des nombres entiers, puisqu'on sait en général, par la formule du binome, que la quantité

$$\frac{c.c+1.c+2\ldots c+m-1}{1.2.3\ldots\ m}$$

est un nombre entier. Donc faisant $2^{2n-2}n\,N = E$ et $(2n-2)2^{2n-2}N = E'$, on aura

$$N = \frac{2E - E'}{2^{2n-1}};$$

d'où l'on voit que le coefficient N du terme Nz^2 ne peut avoir pour dénominateur que la puissance 2^{2n-1} ou une puissance inférieure de 2, lorsque n sera impair.

Pour déterminer dans tous les cas ce dénominateur, il faut recourir à la première formule,

$$N = \frac{1.1.3.5\ldots(n-3)}{2.4.6.8\ldots\ 2n},$$

et on voit que dans la valeur réduite de N le dénominateur ne sera autre chose que la plus grande puissance de 2 qui divise le produit $2.4.6\ldots 2n$, ou, ce qui revient au même, le produit $1.2.3\ldots 2n$. Or on a donné ci-dessus (Introd., nº XVIII) l'expression générale de cette puissance, laquelle est $2^{2n-\nu}$, ν étant le nombre des termes $2^\alpha + 2^6 + 2^\gamma +$ etc. dont la somme forme le nombre $2n$.

(357) Pour revenir à la résolution de l'équation $x^2 + a = 2^m y$, lorsqu'on fait $a = -1 \mp 8\alpha$, supposons qu'on développe $\sqrt{(1 \pm 8\alpha)}$ en série, de la même manière que $\sqrt{(1+z)}$, ce qui donnera

$$\sqrt{(1 \pm 8\alpha)} = 1 \pm \frac{1}{2}2^3\alpha - \frac{1.1}{2.4}2^6\alpha^2 \pm \frac{1.1.3}{2.4.6}2^9\alpha^3 - \frac{1.1.3.5}{2.4.6.8}2^{12}\alpha^4 \pm \text{etc.}$$

Un terme quelconque de cette suite peut être représenté par $N.2^{3n}z^n$, et comme N est une fraction qui a pour dénominateur 2 élevé à la puissance $2n-1$ au plus, il est clair que tous les termes de cette suite se réduiront à des entiers divisibles par des puissances de 2 de plus en plus élevées.

Imaginons maintenant qu'on ne prolonge cette suite que jusqu'aux termes exclusivement qui sont divisibles par 2^{m-1}, et dans cette hypothèse faisons

$$\theta = 1 \pm \frac{1}{2}.2^3\alpha - \frac{1.1}{2.4}.2^6\alpha^2 \pm \frac{1.1.3}{2.4.6}.2^9\alpha^3 - \frac{1.1.3.5}{2.4.6.8}.2^{12}\alpha^4 \pm \text{etc.}$$

La quantité $x^2 + a$ ou $x^2 - (1 \pm 8\alpha)$ ne pourra être composée que de termes divisibles par 2^m; donc en faisant $x = \theta$, on satisfera à l'équation $x^2 + a = 2^m y$. Donc la solution générale de cette équation est

$$x = 2^{m-1} x' \pm \theta.$$

Par exemple, pour résoudre l'équation $x^2 + 15 = 2^{10} y$, on fera $\pm \alpha = 2$, c'est-à-dire que prenant le signe inférieur on fera $\alpha = 2$, et prolongeant la suite jusqu'aux termes divisibles par 2^9 exclusivement, on aura

$$\theta = 1 - \frac{1}{2} \cdot 2^4 - \frac{1}{2^3} \cdot 2^8 - \frac{3}{2^4} \cdot 2^{12} = 1 - 2^3 - 2^5 - 3 \cdot 2^8.$$

Le terme $-3 \cdot 2^8$ se réduit, par la même omission, à -2^8 ou $2^9 - 2^8 = 2^8$; donc on a $\theta = 1 - 8 - 32 + 256 = 217$, et en général $x = 512 x' \pm 217$.

§ IV. *Méthode pour trouver le diviseur quadratique qui renferme le produit de plusieurs diviseurs quadratiques donnés.*

(358) PROBLÈME I. « ÉTANT donnés deux diviseurs quadratiques « Δ, Δ', d'une même formule $t^2 + a u^2$, trouver le diviseur quadra- « tique qui renferme leur produit $\Delta\Delta'$. »

Nous distinguerons deux cas, selon que les diviseurs proposés sont de la forme ordinaire $py^2 + 2qyz + rz^2$ ou de la forme $py^2 + qyz + rz^2$, dont les coefficients sont impairs.

Premier cas. Soit $\Delta = py^2 + 2qyz + rz^2$ et $\Delta' = p'y'^2 + 2q'y'z' + r'z'^2$, nous supposerons que les coefficients p et p' sont premiers entre eux, ou que du moins ils ont été rendus tels par une préparation convenable. Cela posé, si l'on fait $py + qz = x$, $p'y' + q'z' = x'$, on aura $p\Delta = x^2 + az^2$, $p'\Delta' = x'^2 + az'^2$, donc

$$pp'\Delta\Delta' = (xx' \pm azz')^2 + a(xz' \mp x'z)^2.$$

Mais puisqu'on veut que le produit $\Delta\Delta'$ soit contenu dans un diviseur quadratique de la formule $t^2 + au^2$; puisque d'ailleurs ce produit, considéré en général, doit contenir le produit particulier pp', on pourra supposer $\Delta\Delta' = pp'\mathrm{Y}^2 + 2\varphi\mathrm{YZ} + \psi\mathrm{Z}^2$ et $pp'\psi - \varphi^2 = a$, ce qui donnera

$$pp'\Delta\Delta' = (pp'\mathrm{Y} + \varphi\mathrm{Z})^2 + a\mathrm{Z}^2.$$

Comparant cette valeur à la précédente, on aura

$$pp'\mathrm{Y} + \varphi\mathrm{Z} = xx' \pm azz'$$
$$\mathrm{Z} = xz' \mp x'z.$$

Mettant au lieu de a sa valeur $pp'\psi - \varphi^2$, la première de ces deux équations donnera

$$pp'Y=(x\pm\varphi z)(x'-\varphi z')\pm pp'\psi zz';$$

et en substituant de nouveau à la place de x et x' leurs valeurs $py+qz$ et $p'y'+q'z'$, on aura, après avoir divisé par pp'.

$$Y=\left(y+\frac{q\pm\varphi}{p}z\right)\left(y'+\frac{q'-\varphi}{p'}z\right)\pm\psi zz'.$$

Cette quantité doit être un nombre entier; indépendamment de toutes valeurs de z et de z', il faut donc que $\frac{q\pm\varphi}{p}$ et $\frac{q'-\varphi}{p'}$ soient des entiers. Soit en conséquence

$$\varphi=pn\mp q=p'n'+q'; \qquad \text{(a)}$$

on pourra toujours déterminer n et n' par l'équation $pn\mp q=p'n'+q'$, puisque p et p' sont premiers entre eux; on aura ainsi la valeur de φ, laquelle donnera un nombre entier pour $\psi=\frac{\varphi^2+a}{pp'}$. Car ayant $\varphi=pn\mp q$, et $q^2+a=pr$, il s'ensuit que φ^2+a est divisible par p; ayant de même $\varphi=p'n'+q'$ et $q'^2+a=p'r'$, il s'ensuit que φ^2+a est divisible par p'; donc puisque p et p' sont premiers entre eux, il faudra que φ^2+a soit divisible par pp'.

Les nombres n, n', φ, ψ étant déterminés comme on vient de le dire, si l'on fait

$$Y=(y\pm nz)(y'-n'z')\pm\psi zz'$$
$$Z=xz'\mp x'z=(py+qz)z'\mp(p'y'+q'z')z,$$

on aura le produit cherché

$$\Delta\Delta'=pp'Y^2+2\varphi YZ+\psi Z^2;$$

de sorte que ce produit sera contenu dans un nouveau diviseur quadratique de la même formule t^2+au^2.

(359) On doit remarquer, à cause de l'ambiguité du signe $\pm$ dans l'équation (a), que le problème considéré en général a deux solutions.

Mais il ne peut en avoir plus de deux. En effet, on peut supposer les nombres p et p' premiers l'un et l'autre; et le diviseur quadratique, quel qu'il soit, qui renferme $\Delta\Delta'$, sera toujours de la forme $pp'y^2 + 2\varphi yz + \psi z^2$, où l'on a $\varphi^2 + a = pp'\psi$. Mais lorsque les nombres p et p' sont premiers, il n'y a que deux valeurs de φ moindres que $\frac{1}{2}pp'$, qui rendent $\varphi^2 + a$ divisible par pp'. Donc il n'y a au plus que deux diviseurs quadratiques différents qui renferment le produit $\Delta\Delta'$. Je dis *au plus*, parce que dans quelques cas particuliers, les deux diviseurs quadratiques réduits à l'expression la plus simple, pourront coïncider en un seul, lequel contiendrait $\Delta\Delta'$ dans deux combinaisons différentes. Cela doit arriver, ainsi qu'on en verra un exemple, lorsque la formule $t^2 + au^2$ ne contient qu'un seul diviseur quadratique correspondant aux formes linéaires dans lesquelles pp' est compris.

(360) *Second cas.* Si le nombre a est de forme $8n + 3$, et qu'en conséquence le diviseur quadratique Δ, qu'on supposera impair, soit de la forme $py^2 + qyz + rz^2$, dans laquelle les coefficients p, q, r sont impairs, et où l'on a $4pr - q^2 = a$, on pourra encore faire usage de l'analyse précédente, pour avoir le produit $\Delta\Delta'$. En effet, comme on a $2\Delta = 2py^2 + 2qyz + 2rz^2$, $2\Delta' = 2p'y'^2 + 2q'y'z' + 2r'z'^2$, il suffira de mettre dans les formules trouvées $2p$ et $2r$ à la place de p et r. On aura donc, pour déterminer n et n', l'équation

$$pn - p'n' = \tfrac{1}{2}(q' \pm q)\,; \qquad \text{(b)}$$

d'où on déduira les valeurs de φ et ψ, savoir $\varphi = 2pn \mp q$, $\psi = \dfrac{\varphi^2 + a}{pp'}$. Faisant ensuite $Y = (y \pm nz)(y' - n'z') \pm \psi zz'$, $Z = (2py + qz)z' \mp (2p'y' + q'z')z$, on aura

$$4\Delta\Delta' = 4pp'Y^2 + 2\varphi YZ + \psi Z^2.$$

Or on voit que Z étant toujours pair, on peut mettre $2Z$ à la place de Z, et alors si l'on fait de nouveau

$$Y = (y \pm nz)(y' - n'z') \pm \psi zz'$$
$$Z = pyz' \mp p'y'z + \tfrac{1}{2}(q \mp q')zz',$$

le produit cherché sera

$$\Delta\Delta' = pp'Y^2 + \varphi YZ + \psi Z^2.$$

EXEMPLE I.

(361) Soient proposées les deux formules $\Delta = 14y^2 + 10yz + 21z^2$, $\Delta' = 9y'^2 + 2y'z' + 30z'^2$, lesquelles représentent deux diviseurs quadratiques de la formule $t^2 + 269u^2$. Pour avoir le produit $\Delta\Delta'$ exprimé par une formule de même nature, j'observe que les coefficients 14 et 9 étant premiers entre eux, on peut, sans aucune préparation, appliquer à cet exemple les formules du n° 358. Faisant donc $p = 14$, $q = 5$, $p' = 9$, $q' = 1$, on aura l'équation $14n \mp 5 = 9n' + 1$, laquelle donne deux résultats différents, selon qu'on prend le signe supérieur ou l'inférieur.

1° Avec le signe supérieur, on aura $n = 3$, $n' = 4$, $\varphi = 37$, $\psi = 13$, de sorte qu'en faisant

$$\begin{aligned} Y &= yy' + 3zy' - 4yz' + zz' \\ Z &= 14yz' - 9y'z + 4zz', \end{aligned}$$

le produit cherché sera

$$\Delta\Delta' = 126Y^2 + 74YZ + 13Z^2.$$

2° Avec l'autre signe, on trouve $n = 1$, $n' = 2$, $\varphi = 19$, $\psi = 5$; donc en faisant

$$\begin{aligned} Y &= yy' - zy' - 2yz' - 3zz' \\ Z &= 14yz' + 9zy' + 6zz', \end{aligned}$$

le même produit sera de nouveau

$$\Delta\Delta' = 126Y^2 + 38YZ + 5Z^2.$$

Maintenant, pour réduire ces produits à l'expression la plus simple, il faut faire, dans le premier cas, $Z = U - 2Y$, et dans le second,

$Z = U - 4Y$, ce qui donnera finalement ces deux résultats :

$$(1)\begin{cases} U = 2yy' + 6yz' - 3y'z + 6zz' \\ Y = yy' + 3y'z - 4yz' + zz' \\ \Delta\Delta' = 13U^2 + 22UY + 30Y^2. \end{cases}$$

$$(2)\begin{cases} U = 4yy' + 5y'z + 6yz' - 6zz' \\ Y = yy' - y'z - 2yz' - 3zz' \\ \Delta\Delta' = 5U^2 - 2UY + 54Y^2. \end{cases}$$

EXEMPLE II.

(362) Soient proposés les diviseurs $\Delta = y^2 + yz + 41z^2, \ldots$ $\Delta' = y'^2 + y'z' + 41z'^2$, tous deux appartenants à la formule $t^2 + 163u^2$. Pour avoir leur produit exprimé d'une manière semblable, on suivra les formules du n° 360, lesquelles donneront les deux résultats que voici :

$$(1)\begin{cases} Y = yy' + zy' + 41zz' \\ Z = yz' - y'z \\ \Delta\Delta' = Y^2 + YZ + 41Z^2. \end{cases}$$

$$(2)\begin{cases} Y = yy' - 41zz' \\ Z = yz' + y'z + zz' \\ \Delta\Delta' = Y^2 + YZ + 41Z^2. \end{cases}$$

Dans les deux cas, le produit est de même forme que les deux facteurs; et en effet il ne peut être de forme différente, puisque la formule $t^2 + 163u^2$ n'est susceptible que d'un seul diviseur quadratique.

(363) PROBLÈME II. « Trouver le produit de deux diviseurs quadra- « tiques semblables $\Delta = py^2 + 2qyz + rz^2$, $\Delta' = py'^2 + 2qy'z' + rz'^2$. »

On pourrait, par une transformation, réduire ce problème au précédent; mais il est plus simple de procéder à la résolution directe de la manière suivante :

Soit $py + qz = x$, $py' + qz' = x'$, on aura

$$\Delta\Delta' p^2 = (x^2 + az^2)(x'^2 + az'^2) = (xx' \pm azz')^2 + a(xz' \mp x'z)^2.$$

Si dans les signes ambigus du second membre on prend le signe inférieur, et qu'on remette les valeurs de x et x' ainsi que celle de a, on aura $xx' + azz' = p^2yy' + pq(yz' + y'z) + przz'$, et... $xz' - x'z = p(yz' - y'z)$; d'où l'on tire, après avoir divisé par p^2,

$$\Delta\Delta' = (pyy' + qyz' + qy'z + rzz')^2 + a(yz' - y'z)^2.$$

C'est la première valeur du produit $\Delta\Delta'$ laquelle est de la forme $y^2 + az^2$.

Pour avoir une seconde valeur de ce produit, supposons..... $\Delta\Delta' = p^2Y^2 + 2\varphi YZ + \psi Z^2$, et à l'ordinaire $p^2\psi - \varphi^2 = a$; nous aurons $\Delta\Delta'p^2 = (p^2Y + \varphi Z)^2 + aZ^2$; de sorte qu'en comparant cette valeur à la première, on aura

$$Z = xz' \mp x'z$$
$$p^2Y + \varphi Z = xx' \pm azz',$$

substituant dans la dernière équation la valeur de a, ainsi que celles de x, x', et Z, on en tire

$$Y = \left(y + \frac{q \pm \varphi}{p} z\right)\left(y' + \frac{q - \varphi}{p} z'\right) \pm \psi zz'.$$

Donc pour que Y soit entier, indépendamment de toute valeur particulière de z et z', il faut que $\frac{q \pm \varphi}{p}$ et $\frac{q - \varphi}{p}$ soient des entiers; de là on voit que dans les signes ambigus on doit prendre seulement le signe inférieur; c'est pourquoi faisant $\varphi = q + pn$, on aura

$$Y = (y - nz)(y' - nz') - \psi zz'$$
$$Z = p(yz' + y'z) + 2qzz'.$$

Mais il reste à déterminer n de manière que ψ soit un entier: or on a $\psi = \frac{a + \varphi^2}{p^2} = \frac{pr - q^2 + (q + pn)^2}{p^2} = \frac{r + 2qn}{p} + n^2$. Donc si l'on cherche les plus petites valeurs de m et n qui satisfont à l'équation

$$r = pm - 2qn,$$

toutes les conditions seront remplies ; on aura $\varphi = q + pn$, $\psi = m + n'$, et le produit demandé sera dans sa seconde forme,

$$\Delta\Delta' = p^2 Y^2 + 2\varphi YZ + \psi Z^2.$$

(364) L'équation $r = pm - 2qn$, dans laquelle m et n sont des indéterminées, sera toujours résoluble tant que p et $2q$ seront premiers entre eux ; elle le serait encore, si p et $2q$ ayant un commun diviseur θ, r était aussi divisible par θ. Ce cas cependant importe peu à considérer, ou même doit être entièrement écarté, parce qu'alors la formule $py^2 + 2qyz + rz^2$ ne pourrait représenter que des nombres divisibles par θ.

Enfin il peut arriver que p et q aient un commun diviseur θ, lequel ne soit pas commun avec r ; alors l'équation $r = pm - 2qn$ serait impossible. C'est ce qui aura lieu dans les deux cas ci-après.

1° Si a est divisible par θ et non par θ^2, car alors p divise bien $t^2 + au^2$, mais p^2 ne peut diviser cette formule qu'en supposant que t et u ne sont pas premiers entre eux.

2° Si θ étant diviseur commun de p et q, les nombres p et a sont divisibles par θ^2 ; car alors l'équation $pr - q^2 = a$ pourrait avoir lieu, sans que r fût divisible par θ. Dans ce cas, une simple transformation du diviseur $py^2 + 2qyz + rz^2$ préviendrait la difficulté ; ou bien, comme ce diviseur est alors de la forme $p'\theta^2y^2 + 2q'\theta yz + rz^2$, tandis que la formule qu'il divise est $t^2 + a'\theta^2u^2$, on peut mettre y à la place de θy, et u à la place de θu, et on aura $p'y^2 + 2q'yz + rz^2$ pour diviseur de $t^2 + a'u^2$. Or dans cette dernière forme, il n'y a plus lieu à difficulté.

(365) Si le nombre a est de forme $8n + 3$, et qu'en conséquence les diviseurs quadratiques proposés soient $\Delta = py^2 + qyz + rz^2$, $\Delta' = py'^2 + qy'z' + rz'^2$, on trouvera par une analyse semblable à la précédente, deux formes du produit $\Delta\Delta'$. La première qui se présente immédiatement est

$$\Delta\Delta' = Y^2 + YZ + \tfrac{1}{4}(a + 1)Z^2,$$

où l'on aura

$$Y = pyy' + \tfrac{1}{2}(q-1)yz' + \tfrac{1}{2}(q+1)y'z + rzz'$$
$$Z = yz' - y'z.$$

Pour avoir la seconde forme, il faut chercher les moindres valeurs de m et n qui satisfont à l'équation

$$r = pm - qn.$$

Faisant ensuite les constantes $\varphi = q + 2pn$, $\psi = m + n^2$, et les indéterminées

$$Y = (y - nz)(y' - nz') - \psi zz'$$
$$Z = p(yz' + y'z) + qzz';$$

on aura

$$\Delta\Delta' = p^2Y^2 + \varphi YZ + \psi Z^2.$$

(366) Il est manifeste que le problème général qu'on vient de résoudre comprend, comme cas particulier, celui où il s'agit de trouver le carré d'un diviseur quadratique donné. Mais alors le produit n'est susceptible que d'une seule forme; car ayant $yz' - y'z = 0$, la première valeur de $\Delta\Delta'$ n'est pas de la forme d'un diviseur quadratique.

En général, puisqu'on peut exprimer le produit de deux diviseurs quadratiques donnés, égaux ou inégaux, par une formule de la même espèce, laquelle est aussi un diviseur quadratique, il s'ensuit qu'on pourra toujours trouver un diviseur quadratique égal au produit de plusieurs diviseurs quadratiques donnés.

Et si on s'occupe seulement de la forme des produits, sans s'inquiéter de la valeur des indéterminées qui y sont contenues, le problème devient beaucoup plus simple, puisqu'il suffit d'opérer sur les coefficients, lesquels n'offrent qu'un nombre de combinaisons limité.

Ayant donc désigné, par exemple, par A, B, C, D, etc., les différents diviseurs quadratiques qui conviennent à une formule donnée $t^2 + au^2$, on cherchera, par les principes précédents, quelles doivent être les formes des différents produits deux à deux AA, AB, AC, BB, etc. Si l'on trouve que le produit AB peut être à-la-fois de la forme C et de la forme D, on écrira $AB = \begin{cases} C \\ D \end{cases}$, et ainsi des autres. Or on conçoit que les produits deux à deux étant trouvés, on en déduira aisément les produits trois à trois, quatre à quatre, etc.; de sorte qu'on connaîtra en général les diverses formes du produit qui résulte de tant de diviseurs quadratiques qu'on voudra.

Dans cette notation, il convient de distinguer BB de B^2; l'expression BB désigne le produit de deux diviseurs quadratiques semblables à B, mais dont les indéterminées sont différentes; l'expression B^2 désigne le carré du diviseur B, et suppose par conséquent que les deux facteurs B et B sont identiques, tant dans les coefficients que dans les indéterminées; cette circonstance apporte une modification au résultat, car nous venons de voir que B^2 n'est susceptible que d'une forme, tandis que BB en a toujours deux. Une pareille différence se fera sentir dans les expressions BBB, B^2B, B^3, et autres semblables : il est donc nécessaire de chercher à quelle forme doit répondre une puissance quelconque d'un diviseur quadratique donné. C'est l'objet du problème suivant.

(367) Problème III. « Étant donné un diviseur quadratique Δ de « la formule $t^2 + au^2$, trouver le diviseur quadratique de la même « formule, par lequel la puissance Δ^n puisse être exprimée. »

Premier cas. Soit le diviseur donné $\Delta = py^2 + 2qyz + rz^2$, et supposons, pour éviter toute difficulté, que ce diviseur a été préparé de manière que le coefficient p est un nombre premier non diviseur de a.

On peut d'abord démontrer qu'il n'existe qu'un seul diviseur quadratique dans lequel Δ^n puisse être contenu. En effet, quel que soit le diviseur quadratique qui contient Δ^n, il devra contenir p^n. Or on a déja prouvé (n° 234) que p étant un nombre premier, la puissance p^n ne peut appartenir qu'à un seul diviseur quadratique. Donc il n'y a aussi qu'un seul diviseur quadratique qui puisse contenir Δ^n.

Cela posé, puisqu'on a $pr = q^2 + a$, si l'on fait en général..

5.

$(q+\sqrt{-a})^n=F+G\sqrt{-a}$, $(q-\sqrt{-a})^n=F-G\sqrt{-a}$, on aura $(q^2+a)^n$ ou $p^n r^n=F^2+aG^2$. Or je dis que G et p sont premiers entre eux, car si G était divisible par p, F le serait aussi d'après la dernière équation. Mais on a

$$F=q^n-\frac{n.n-1}{1.2}q^{n-2}a+\frac{n.n-1.n-2.n-3}{1.2.3.4}.q^{n-4}a^2-\text{etc.},$$

et si on néglige les multiples de p, on aura

$$a=-q^2,\text{ et } F=q^n\left(1+\frac{n.n-1}{1.2}+\frac{n.n-1.n-2.n-3}{1.2.3.4}+\text{etc.}\right)=2^{n-1}q^n.$$

Donc q, et par conséquent a, serait divisible par p, ce qui est contre la supposition.

Puis donc que G et p sont premiers entre eux, on pourra faire $F=\varphi G+p^n H$, φ et H étant des indéterminées, et en substituant cette valeur dans l'équation $p^n r^n=F^2+aG^2$, on en conclura que φ^2+a est divisible par p^n, et qu'ainsi on peut faire $\varphi^2+a=p^n\psi$.

Ayant déterminé de cette manière les quantités φ et ψ, on aura le diviseur quadratique $p^n Y^2+2\varphi YZ+\psi Z^2$, lequel appartient à la formule t^2+au^2, puisqu'on a $p^n\psi-\varphi^2=a$. Ce diviseur est celui qui contient généralement la puissance Δ^n, puisqu'il contient le nombre p^n; mais il faut voir comment on déterminera Y et Z en fonctions de y et z.

Soit donc $\Delta^n=p^n Y^2+2\varphi YZ+\psi Z^2$, ou $\Delta^n p^n=(p^n Y+\varphi Z)^2+aZ^2$: on a d'ailleurs $\Delta p=(py+qz)^2+az^2$; donc si l'on fait $py+qz=x$, $p^n Y+\varphi Z=X$, on aura $X^2+aZ^2=(x^2+az^2)^n$. Or on satisfait généralement à cette équation, en prenant $X+Z\sqrt{-a}=(x+z\sqrt{-a})^n$, d'où l'on tire

$$X=x^n-\frac{n.n-1}{1.2}x^{n-2}az^2+\frac{n.n-1.n-2.n-3}{1.2.3.4}x^{n-4}a^2z^4-\text{etc.}$$

$$Z=nx^{n-1}z-\frac{n.n-1.n-2}{1.2.3}x^{n-3}az^3+\frac{n.n-1.n-2.n-3.n-4}{1.2.3.4.5}x^{n-5}a^2z^5-\text{etc.}$$

La valeur de Z est déja exprimée par une fonction entière de x et de z, ou par une de y et de z; quant à Y, on a $Y=\frac{X-\varphi Z}{p^n}$: or $X^2-\varphi^2 Z^2=X^2+aZ^2-p^n\psi Z^2=p^n(\Delta^n-\psi Z^2)$, donc il faut que.. $X^2-\varphi^2 Z^2$ soit divisible par p^n. Mais on voit par l'équation $p^n\psi-\varphi^2=a$ que φ ne peut être divisible par p, puisqu'alors a serait divisible aussi par p, contre la supposition. On ne peut supposer non plus que Z soit divisible indéfiniment par p, car alors X serait aussi divisible par p, ainsi que x^2+az^2; donc en omettant les multiples de p, on aurait $az^2=-x^2$, valeur qui étant substituée dans celle de X, donne

$$X=x^n\left(1+\frac{n.n-1}{1.2}+\frac{n.n-1.n-2.n-3}{1.2.3.4}+\text{etc.}\right)=2^{n-1}x^n;$$

donc il faudrait que p divisât x, et par suite z, ce qui ne peut avoir lieu, puisque y et z sont des indéterminées à volonté.

Puisque la quantité $X^2-\varphi^2Z^2$ est divisible par p^n, et que ses deux facteurs $X+\varphi Z$, $X-\varphi Z$, ne peuvent avoir p pour commun diviseur, il s'ensuit que l'un de ces facteurs est divisible par p^n. Et comme le signe de φ est arbitraire, on pourra supposer que $X-\varphi Z$ représente celui des deux facteurs qui est divisible par p^n. Donc la valeur de Y développée en fonction de x et z, sera un nombre entier, quels que soient y et z. Donc le diviseur quadratique $p^nY^2+2\varphi YZ+\psi Z^2$ ainsi déterminé, sera égal à la puissance n du diviseur proposé $py^2+2qyz+rz^2$.

(368) *Second cas*. Soit la formule donnée $\Delta=py^2+qyz+rz^2$, où l'on suppose p, q, r impairs et $4pr-q^2=a$.

On préparera encore, s'il est nécessaire, cette formule de manière que le coefficient p soit un nombre premier, et on démontrerait d'ailleurs, comme ci-dessus, qu'il n'y a qu'un seul diviseur quadratique qui puisse contenir la puissance demandée Δ^n.

Représentons ce diviseur par la formule $p^nY^2+\varphi YZ+\psi Z^2$, il faudra qu'on ait $4p^n\psi=\varphi^2+a$. Or comme on a déja $4pr=q^2+a$, si l'on fait $(\frac{1}{2}q+\frac{1}{2}\sqrt{-a})^n=\frac{1}{2}F+\frac{1}{2}G\sqrt{-a}$, les nombres F et G seront toujours entiers (n° 57), parce que a étant de la forme

$8n+3$, $-a$ est de la forme $4n+1$: on aura en même temps $(\frac{1}{2}q-\frac{1}{2}\sqrt{-a})^n=\frac{1}{2}F-\frac{1}{2}G\sqrt{-a}$, et par conséquent $\left(\frac{q^2+a}{4}\right)^n$ ou $p^n r^n=\frac{1}{4}(F^2+aG^2)$. Or on prouverait, comme ci-dessus, que F et G sont premiers entre eux, ou qu'ils ont seulement 2 pour commun diviseur; donc on pourra faire $F=\varphi G+2p^n H$, c'est-à-dire qu'on pourra toujours déterminer le nombre impair $\varphi<p^n$ tel que $\frac{F-\varphi G}{p^n}$ soit un entier. Cette valeur de F étant substituée dans l'équation $4p^n r^n=F^2+aG^2$, on en conclura que $\frac{\varphi^2+a}{p^n}$ doit être un entier; et comme φ^2+a est de la forme $8n+4$, on aura en même temps $\frac{\varphi^2+a}{4p^n}$ égal à un entier. Soit donc $\varphi^2+a=4p^n\psi$, et il est clair que par le moyen de φ et ψ, on aura entièrement déterminé le diviseur quadratique qui contient p^n, lequel sera $p^nY^2+\varphi YZ+\psi Z^2$.

Maintenant, je dis que ce diviseur contient en général Δ^n, en sorte qu'on peut supposer $p^nY^2+\varphi YZ+\psi Z^2=\Delta^n=(py^2+qyz+rz^2)^n$; c'est ce qui sera évident, si de cette équation on peut tirer des valeurs entières de Y et Z, quelles que soient les indéterminées y et z de la formule proposée.

Or de l'équation précédente on tire

$$4\Delta^n p^n=(2p^nY+\varphi Z)^2+aZ^2=4\left(\frac{(2py+qz)^2}{4}+\frac{az^2}{4}\right)^n.$$

Soit pour un moment $2p^nY+\varphi Z=X$, $2py+qz=x$, on aura l'équation $X^2+aZ^2=4(\frac{1}{4}x^2+\frac{1}{4}az^2)^n$ à laquelle on satisfait généralement en prenant

$$(\tfrac{1}{2}x+\tfrac{1}{2}z\sqrt{-a})^n=\tfrac{1}{2}X+\tfrac{1}{2}Z\sqrt{-a};$$

et on sait que les nombres X et Z tirés de celle-ci seront toujours entiers; il reste donc à démontrer que Y est aussi un entier. Or on a $2p^nY=X-\varphi Z$ et $X^2+aZ^2=4\Delta^n p^n$; substituant dans la seconde, au lieu de a, sa valeur $4p^n\psi-\varphi^2$, on aura $X^2-\varphi^2Z^2=4p^n(\Delta^n-\psi Z^2)$. On prouvera d'ailleurs, comme ci-dessus, que les facteurs $X-\varphi Z$, $X+\varphi Z$ n'ont point de commun diviseur autre que 2; donc puisque

$X^2 - \varphi^2 Z^2$ est divisible par p^n, il faut que l'un des facteurs $X - \varphi Z$, $X + \varphi Z$, soit divisible par p^n; et comme on peut prendre à volonté le signe de φ, on pourra représenter par $X - \varphi Z$ celui des deux facteurs qui est divisible par p^n; il le sera en même temps par $2p^n$, parce que φ est impair; donc la quantité $Y = \frac{X - \varphi Z}{2p^n}$ sera toujours un nombre entier, ou plutôt sera une fonction entière des indéterminées y et z. Donc la formule $p^n Y^2 + \varphi YZ + \psi Z^2$ représentera en général la puissance n de la formule proposée $py^2 + qyz + rz^2$.

Remarque. Si l'on veut simplement savoir à quelle forme des diviseurs quadratiques appartient la puissance n d'un diviseur quadratique donné Δ, l'opération se réduit à déterminer les coefficients φ et ψ, comme on l'a expliqué dans les deux cas; ensuite on ramènera à l'expression la plus simple la formule $p^n y^2 + 2\varphi yz + \psi z^2$, ou la formule $p^n y^2 + \varphi yz + \psi z^2$ (si a est de la forme $8n + 3$), qui contient la puissance désignée.

Il est facile maintenant d'évaluer dans les produits des quantités A, B, C, etc. (n° 366) les termes qui contiennent des puissances de ces quantités.

Exemple I.

(369) Soit la formule $t^2 + 41u^2$ dont les cinq diviseurs quadratiques sont :

$$A = y^2 + 2yz + 42z^2 \qquad D = 3y^2 + 2yz + 14z^2$$
$$B = 2y^2 + 2yz + 21z^2 \qquad E = 6y^2 + 2yz + 7z^2.$$
$$C = 5y^2 + 6yz + 10z^2$$

Si on multiplie entre eux deux diviseurs, tels que C et D (en distinguant par des accents les indéterminées de l'un des deux), on trouvera (n° 358) que le produit CD, réduit à l'expression la plus simple, est à-la-fois de la forme D et de la forme E. On trouvera semblablement les autres résultats suivants qui renferment les formes des produits de deux diviseurs semblables ou dissemblables, dans toutes les combinaisons possibles : on y a joint les carrés de ces mêmes diviseurs trouvés par les formules du n° 363, ou par celles du n° 367 :

$A^2=A$	$AA=A$	$BB=A$	$CC=\begin{cases}A\\B\end{cases}$	$DD=\begin{cases}A\\C\end{cases}$	$EE=\begin{cases}A\\C\end{cases}$
$B^2=A$	$AB=B$	$BC=C$			
$C^2=B$	$AC=C$	$BD=E$	$CD=\begin{cases}D\\E\end{cases}$	$DE=\begin{cases}B\\C\end{cases}$	
$D^2=C$	$AD=D$	$BE=D$			
$E^2=C$	$AE=E$		$CE=\begin{cases}D\\E\end{cases}$		

De là on déduira la forme du produit de tant de diviseurs qu'on voudra, où l'on pourra faire entrer des puissances supérieures à la seconde, en cherchant leur valeur par les formules du n° 367. Par exemple, les produits de trois diviseurs semblables seront :

$$AAA=AA=A \qquad DDD=\begin{cases}AD\\CD\end{cases}=\begin{cases}D\\D\\E\end{cases}$$

$$BBB=AB=B$$

$$CCC=\begin{cases}AC\\BC\end{cases}=\begin{cases}C\\C\end{cases} \qquad EEE=\begin{cases}AE\\CE\end{cases}=\begin{cases}E\\D\\E\end{cases}$$

d'où l'on voit que le produit BBB se réduit à la seule forme B; que le produit CCC se réduit de deux manières différentes à la forme C; que le produit DDD se réduit de deux manières à la forme D, et d'une manière à la forme E, etc. Dans le cas où les trois facteurs seraient égaux, les produits se réduiraient à une seule forme, et on aurait (n° 367)

$$A^3=A, \quad B^3=B, \quad C^3=C, \quad D^3=E, \quad E^3=D.$$

Exemple II.

(370) Considérons encore la formule t^2+89u^2 qui a sept diviseurs quadratiques, savoir :

$$\begin{array}{ll}
A=y^2+2yz+90z^2 & E=7y^2+6yz+14z^2 \\
B=2y^2+2yz+45z^2 & F=3y^2+2yz+30z^2 \\
C=9y^2+2yz+10z^2 & G=6y^2+2yz+15z^2. \\
D=18y^2+2yz+5z^2 &
\end{array}$$

Les combinaisons de ces diviseurs multipliés deux à deux, donnent les résultats suivants, auxquels on a joint les carrés de ces mêmes diviseurs :

$A^2 = A$	$AA = A$	$BB = A$	$CC = \begin{cases} A \\ D \end{cases}$	$DD = \begin{cases} A \\ D \end{cases}$	$EE = \begin{cases} A \\ B \end{cases}$
$B^2 = A$	$AB = B$	$BC = D$	$CD = \begin{cases} E \\ C \end{cases}$	$DE = \begin{cases} F \\ G \end{cases}$	$EF = \begin{cases} C \\ D \end{cases}$
$C^2 = D$	$AC = C$	$BD = C$	$CE = \begin{cases} F \\ G \end{cases}$	$DF = \begin{cases} E \\ G \end{cases}$	$EG = \begin{cases} C \\ D \end{cases}$
$D^2 = D$	$AD = D$	$BE = E$	$CF = \begin{cases} E \\ F \end{cases}$	$DG = \begin{cases} E \\ F \end{cases}$	$FF = \begin{cases} A \\ C \end{cases}$
$E^2 = B$	$AE = E$	$BF = G$	$CG = \begin{cases} E \\ G \end{cases}$		$FG = \begin{cases} B \\ D \end{cases}$
$F^2 = C$	$AF = F$	$BG = F$			$GG = \begin{cases} A \\ C \end{cases}$
$G^2 = C$	$AG = G$				

De là on déduira aisément les formes des produits de tant de diviseurs qu'on voudra, ayant soin de prendre pour les puissances supérieures à la seconde les formes déterminées n° 367. Par exemple, si on veut avoir toutes les formes des produits A^2B, B^2C, C^2D, etc. on trouvera

$A^2A = A$	$B^2A = A$	$C^2A = D$	$D^2A = D$	$E^2A = B$	$F^2A = C$	$G^2A = C$
$A^2B = B$	$B^2B = B$	$C^2B = C$	$D^2B = C$	$E^2B = A$	$F^2B = D$	$G^2B = D$
$A^2C = C$	$B^2C = C$	$C^2C = \begin{cases} B \\ C \end{cases}$	$D^2C = \begin{cases} B \\ C \end{cases}$	$E^2C = D$	$F^2C = \begin{cases} A \\ D \end{cases}$	$G^2C = \begin{cases} A \\ D \end{cases}$
$A^2D = D$	$B^2D = D$	$C^2D = \begin{cases} A \\ D \end{cases}$	$D^2D = \begin{cases} A \\ D \end{cases}$	$E^2D = C$	$F^2D = \begin{cases} B \\ C \end{cases}$	$G^2D = \begin{cases} B \\ C \end{cases}$
$A^2E = E$	$B^2E = E$	$C^2E = \begin{cases} F \\ G \end{cases}$	$D^2E = \begin{cases} F \\ G \end{cases}$	$E^2E = E$	$F^2E = \begin{cases} F \\ G \end{cases}$	$G^2E = \begin{cases} F \\ G \end{cases}$
$A^2F = F$	$B^2F = F$	$C^2F = \begin{cases} E \\ G \end{cases}$	$D^2F = \begin{cases} E \\ G \end{cases}$	$E^2F = G$	$F^2F = \begin{cases} E \\ F \end{cases}$	$G^2F = \begin{cases} E \\ F \end{cases}$
$A^2G = G$	$B^2G = G$	$C^2G = \begin{cases} E \\ F \end{cases}$	$D^2G = \begin{cases} E \\ F \end{cases}$	$E^2G = F$	$F^2G = \begin{cases} E \\ G \end{cases}$	$G^2G = \begin{cases} E \\ G \end{cases}$

Au moyen de ces développements, on peut voir tout d'un coup quelles sont les combinaisons qui peuvent produire une forme déterminée. Ainsi on voit que A résulte également des sept combinaisons A^2A, B^2A, C^2A, D^2D, F^2B, F^2C, G^2C; de sorte que si on avait à résoudre l'équation $t^2 + 89u^2 = x^3 . x'$, cette équation aurait sept solutions.

De même ayant trouvé $A^3 = A$, $B^3 = B$, $C^3 = C$, $D^3 = A$, $E^3 = E$, $F^3 = E$, $G^3 = E$, on en conclura que l'équation $y^2 + 89z^2 = x^3$ a deux solutions, que l'équation $7y^2 + 6yz + 14z^2 = x^3$ en a trois, que l'équation $18y^2 + 2yz + 5z^2 = x^3$ n'en a aucune, et ainsi des autres.

§ V. *Résolution en nombres entiers de l'équation* $Ly^2 + Myz + Nz^2 = b\Pi$, Π *étant le produit de plusieurs indéterminées ou de leurs puissances.*

(371) Soit $LN - \frac{1}{4}M^2 = a$, si M est pair, ou $4LN - M^2 = a$, si M est impair; il est aisé de voir que le premier membre de l'équation proposée sera un diviseur quadratique de la formule $t^2 + au^2$, et cette équation elle-même étant multipliée par L ou 4L, deviendra de la forme $t^2 + au^2 = c\Pi$, c étant Lb ou $4Lb$. De là il suit que tout facteur de Π doit diviser la formule $t^2 + au^2$, et par conséquent pourra être représenté par un diviseur quadratique de cette formule. C'est de ce principe, et de la théorie exposée dans le § précédent, que nous déduirons la solution générale de l'équation dont il s'agit; mais d'abord il convient de débarrasser le second membre du facteur constant c.

Si dans l'équation $t^2 + au^2 = c\Pi$, on suppose t et u premiers entre eux, il faudra que u et c le soient aussi, et alors on pourra faire $t = nu + cx$, ce qui donnera, après avoir substitué et divisé par c,

$$\left(\frac{n^2 + a}{c}\right)u^2 + 2nux + cx^2 = \Pi.$$

Or u et c sont premiers entre eux, donc il faut que $n^2 + a$ soit divisible par c, et en faisant $n^2 + a = mc$, on aura

$$mu^2 + 2nux + cx^2 = \Pi,$$

équation dont le second membre est dégagé du facteur constant c, et dont le premier est encore un diviseur quadratique de la formule $t^2 + au^2$, puisqu'on a $mc - n^2 = a$.

On aura donc autant de ces équations à résoudre, qu'il y aura de valeurs de n, moindres que $\frac{1}{2}c$, telles que $n^2 + a$ soit divisible par c.

Soit $fy^2 + 2gyz + hz^2 = \Pi$ l'équation ou l'une des équations qui restent à résoudre. Le premier membre étant un diviseur quadratique de la formule $t^2 + au^2$, il faudra d'abord chercher tous les diviseurs quadratiques de cette formule, que l'on désignera par les lettres A, B, C, D, etc. Ensuite comme Π est supposé le produit de plusieurs indéterminées, on cherchera, par les méthodes précédentes, toutes les formes auxquelles se réduit le produit Π, en supposant que les indéterminées sont représentées par les lettres A, B, C, D, etc., suivant toutes les combinaisons possibles, et en observant que différentes indéterminées peuvent être désignées par la même lettre. Cela posé, parmi toutes ces formes on distinguera celles qui donnent pour résultat la lettre correspondante au diviseur quadratique du premier membre $fy^2 + 2gyz + hz^2$; et il est clair qu'autant on trouvera de ces formes, autant il y aura de solutions de l'équation $fy^2 + 2gyz + hz^2 = \Pi$. Il faudra ensuite, pour obtenir réellement les solutions, faire le développement successif des produits suivant les règles que nous avons données dans le § précédent, et alors les indéterminées y et z s'exprimeront finalement en fonctions des indéterminées analogues qui entrent dans les différents facteurs du produit Π. Tout cela s'éclaircira suffisamment par des exemples.

EXEMPLE I.

(372) Soit proposée l'équation $t^2 + 41u^2 = 113x^2$; je développe d'abord tous les diviseurs quadratiques de $t^2 + 41u^2$, lesquels, comme on l'a déja vu (n° 369), sont

$$A = y^2 + 2yz + 42z^2 \qquad D = 3y^2 + 2yz + 14z^2$$
$$B = 2y^2 + 2yz + 21z^2 \qquad E = 6y^2 + 2yz + 7z^2.$$
$$C = 5y^2 + 6yz + 10z^2$$

Parmi ces diviseurs, il n'y a que A, B, C qui comprennent les nombres $4n + 1$, et dans lesquels on pourra trouver 113. Or si le diviseur A contenait 113, il faudrait que 113 fût de la formule t^2+41u^2, ce qui n'a pas lieu, comme on le voit au premier coup d'œil; pareillement si le diviseur B contenait 113, il faudrait que 2×113 ou 226 fût de la forme t^2+41u^2; c'est encore ce qui n'a pas lieu. Comme cependant on peut voir, par le caractère $\left(\frac{41}{113}\right)=1$, que 113 est diviseur de t^2+41u^2, il s'ensuit que 113 est nécessairement compris dans le diviseur quadratique C; et en effet on a $5.113=565=14^2+41.3^2$. Puisque $14^2+41.3^2$ est divisible par 113, si l'on fait $14=3n-113m$, il faudra que n^2+41 soit divisible par 113. Or la valeur de n tirée de cette équation est $n=-33$. On connaît donc ainsi, d'une manière directe et presque sans tâtonnement, la valeur de n qui rend n^2+41 divisible par 113. Cette méthode, que nous venons d'exposer avec quelque détail, est un développement de celle du n° 188.

Cela posé, soit $t=33u+113t'$, on aura, après avoir substitué et divisé par 113,

$$10u^2+66ut'+113t't'=x^2.$$

Pour réduire le premier membre à une expression plus simple, soit $u=u'-3t'$, on aura

$$5t't'+6t'u'+10u'u'=x^2.$$

Le premier membre étant de la forme C, il faut chercher parmi les valeurs de A^2, B^2, etc. celles qui peuvent être de la forme C; or on trouve (n° 369) que D^2 et E^2 sont de cette forme; donc l'équation proposée est susceptible de deux solutions, selon que l'on supposera $x=D$ ou $x=E$.

Soit 1° $x=3y^2+2yz+14z^2$, on trouvera par les formules du n° 367, $x^2=5Y^2+6YZ+10Z^2$, les valeurs de Y et Z étant... $Y=-y^2+4yz+6z^2$, $Z=y^2+2yz-4z^2$, de sorte qu'on aura en même temps $t'=Y$, $u'=Z$.

Soit 2° $x=6y^2+2yz+7z^2$, le résultat de cette seconde valeur pourra se déduire facilement du précédent (en mettant $2y$ à la place de y, et divisant par 2 tant la valeur de x que celles de Y et Z); on aura ainsi $x^2=5Y^2+6YZ+10Z^2$, $Y=-2y^2+4yz+3z^2$, $Z=2y^2+2yz-2z^2$, et on fera de nouveau $t'=Y$, $u'=Z$.

Il reste à substituer les valeurs de t' et u' dans celles de t et u; ce qui donnera les deux solutions suivantes de l'équation proposée.

$$x=3y^2+2yz+14z^2, t=19y^2+122yz-48z^2, u=4y^2-10yz-22z^2$$
$$x=6y^2+2yz+7z^2, t=38y^2+122yz-24z^2, u=8y^2-10yz-11z^2.$$

Exemple II.

(373) Proposons-nous maintenant l'équation $t^2+41u^2=113x^3$. L'opération préliminaire pour diviser chaque membre par 113, étant faite comme dans l'exemple précédent, on aura $t=33u'+14t'$, $u=u'-3t'$, et la transformée sera

$$5t't'+6t'u'+10u'u'=x^3.$$

Il faudra donc chercher les différentes formes des quantités A^3, B^3, C^3, etc., et voir si la forme C y est comprise. Or on trouve (n° 369) que la forme C ne peut résulter que de C^3; ainsi l'équation proposée n'est susceptible que d'une solution.

Maintenant si on fait $x=C=5y^2+6yz+10z^2$, on trouvera, d'après les formules du n° 367, $\varphi=\pm 47$, $\psi=18$ et.......... $x^3=125Y^2\pm 94YZ+18Z^2$. Quant aux valeurs de Y et Z, elles doivent être déduites des équations $125Y\pm 47Z=x^3-123xz^2$, $Z=3x^2z-41z^3$, où l'on a $x=5y+3z$; or pour que Y soit une fonction entière, on trouve qu'il faut dans les signes ambigus prendre l'inférieur, et alors on a

$$Y=y^3+30y^2z+30yz^2-8z^3$$
$$Z=75y^2z+90yz^2-14z^3$$
$$x^3=125Y^2-94YZ+18Z^2.$$

La valeur de x^3 se réduit à l'expression la plus simple....... $5t't'+6t'u'+10u'u'$ en faisant $Z=3Y-u'$, puis $Y=t'+2u'$, de sorte qu'on aura $u'=3Y-Z=3y^3+15y^2z-10z^3$, ... $t'=2Z-5Y=-5y^3+30yz^2+12z^3$. Donc enfin la solution de l'équation proposée est comprise dans les formules

$$x = 5y^2 + 6yz + 10z^2$$
$$t = 29y^3 + 495y^2z + 420yz^2 - 162z^3$$
$$u = 18y^3 + 15y^2z - 90yz^2 - 46z^3.$$

EXEMPLE III.

(374) Si on propose en général l'équation $t^2 + 2u^2 = 113x^m$, la manière la plus simple de la résoudre, est de faire $x = y^2 + 2z^2$, $113 = 9^2 + 2.4^2$; et on aura $t^2 + 2u^2 = (9^2 + 2.4^2)(y^2 + 2z^2)^m$. Or on satisfait généralement à cette équation, en prenant

$$t + u\sqrt{-2} = (9 \pm 4\sqrt{-2})(y + z\sqrt{-2})^m.$$

Soit donc $(y + z\sqrt{-2})^m = Y + Z\sqrt{-2}$, on aura $t + u\sqrt{-2} = (9 \pm 4\sqrt{-2})(Y + Z\sqrt{-2})$, partant

$$t = 9Y \mp 8Z$$
$$u = 9Z \pm 4Y.$$

C'est la seule solution dont l'équation proposée est susceptible, parce que x, comme diviseur de $t^2 + 2u^2$, ne peut avoir que la seule forme $y^2 + 2z^2$.

EXEMPLE IV.

(375) L'équation $t^2 + 89u^2 = x^3$, doit avoir deux solutions, ainsi que nous l'avons déja remarqué à la fin du n° 370. L'une des solutions où l'on aura $x = y^2 + 89z^2$, se trouve immédiatement par l'équation $t^2 + 89u^2 = (y^2 + 89z^2)^3$, à laquelle on satisfait en faisant $t + u\sqrt{-89} = (y + z\sqrt{-89})^3$; et ainsi on aura $t = y^3 - 267yz^2$, $u = 3y^2z - 89z^3$. La seconde solution, fondée sur ce que $D^3 = A$, se trouvera comme il suit.

Ayant fait $x = D = 5y^2 + 2yz + 18z^2$; si l'on applique à ce cas particulier les formules du n° 367, on aura $p = 5$, $q = 1$, $r = 18$,

$\varphi=6$, $\psi=1$, ce qui donnera

$$x^3=125Y^2+12YZ+Z^2$$
$$Y=y^3-3y^2z-12yz^2+2z^3$$
$$Z=75y^2z+30yz^2-86z^3.$$

Or on peut mettre la valeur de x^3 sous la forme $x^3=(Z+6Y)^2+89Y^2$, laquelle étant comparée à l'équation proposée, donnera $t=Z+6Y$, $u=Y$; donc enfin la seconde solution de cette équation sera donnée par les formules

$$x=5y^2+2yz+18z^2$$
$$t=6y^3+57y^2z-42yz^2-74z^3$$
$$u=y^3-3y^2z-12yz^2+2z^3.$$

Exemple V.

(376) On a déja remarqué (n° 370) que l'équation $t^2+89u^2=x^2x'$ doit avoir sept solutions, attendu que la forme A résulte des sept combinaisons A^2A, B^2A, C^2D, D^2D, E^2B, F^2C, G^2C. Pour développer une de ces solutions, prenons la combinaison C^2D, et faisons en conséquence $x=9y^2+2yz+10z^2$, $x'=5y'^2+2y'z'+18z'^2$, on trouvera d'abord par les formules du n° 363, ou par celles du n° 367,

$$x^2=5T^2+2TV+18V^2$$
$$T=y^2-8yz+2z^2$$
$$V=2y^2+2yz-2z^2.$$

Si ensuite on multiplie la valeur de x^2 par celle de x' on trouvera par la première des deux formules du n° 363,

$$x^2x'=(5Ty'+Tz'+Vy'+18Vz')^2+89(Tz'-Vy')^2.$$

Comparant ce résultat avec l'équation proposée $t^2+89u^2=x^2x'$, on aura

$$t=5Ty'+Tz'+Vy'+18Vz'$$
$$u=Tz'-Vy';$$

d'où l'on voit que les quatre indéterminées t, u, x, x' sont exprimées en fonctions de quatre autres indéterminées indépendantes y, z, y', z', ce qui constituera la première solution. On trouvera par des calculs semblables les six autres solutions dont l'équation proposée est susceptible.

Remarque. Pour peu qu'on y fasse attention, on verra que cette théorie s'étendrait facilement au cas où le premier membre de l'équation proposée serait un diviseur de la forme $t^2 - au^2$. On pourrait aussi résoudre, par les mêmes principes, les cas où les indéterminées du premier membre seraient supposées avoir un diviseur commun; mais nous n'avons pas cru devoir entrer dans tous ces détails, qui n'offrent maintenant aucune difficulté.

§ VI. *Démonstration d'une propriété relative aux diviseurs quadratiques de la formule* $t^2 + au^2$, a *étant un nombre premier* $8n + 1$.

(377) On a déja remarqué, n° 217, que si dans la formule $t^2 + au^2$, a est un nombre de forme $8n + 5$, deux diviseurs conjugués de cette formule, tels que $py^2 + 2qyz + 2mz^2$, $2py^2 + 2qyz + mz^2$, appartiendront toujours l'un à la forme $4n + 1$, l'autre à la forme $4n + 3$; de sorte qu'alors il y a autant de diviseurs quadratiques $4n + 1$ que de diviseurs $4n + 3$, et ce résultat a lieu quel que soit le nombre a, pourvu qu'il ne sorte pas de la forme $8n + 5$.

Au contraire, lorsque a est de la forme $8n + 1$, les deux diviseurs conjugués dont il s'agit sont tous deux de la forme $4n + 1$, ou tous deux de la forme $4n + 3$, de sorte qu'on ne peut plus rien conclure sur le nombre relatif des uns et des autres; et en effet l'inspection de la Table IV fait voir qu'il y a à cet égard une grande irrégularité. Mais lorsque a est un nombre premier, on remarque dans cette même Table que le nombre des diviseurs quadratiques $4n + 1$ surpasse constamment d'une unité le nombre des diviseurs $4n + 3$. Ainsi on voit que la formule $t^2 + 41u^2$ a trois diviseurs quadratiques $4n + 1$, et seulement deux $4n + 3$; que la formule $t^2 + 89u^2$ a quatre diviseurs quadratiques $4n + 1$, et seulement trois $4n + 3$, etc.

On s'assurera aisément de cette propriété dans beaucoup d'autres cas particuliers; mais il n'est pas aussi facile de l'établir d'une manière générale et rigoureuse. Voici la série de propositions que cette démonstration semble exiger : elles offriront en même temps divers résultats remarquables qui contribueront à étendre et perfectionner les théories précédentes.

(378) Proposition I. « Soit a un nombre premier $4n + 1$, et soit

« $py^2 + 2qyz + 2mz^2$ l'un des diviseurs quadratiques $4n + 1$ de « la formule $t^2 + au^2$, je dis que l'équation $U^2 = py^2 + 2qyz + 2mz^2$ « sera toujours résoluble. »

Car si l'on multiplie cette équation par p, et qu'on fasse $py + qz = x$, on aura $pU^2 = x^2 + az^2$, équation toujours possible (Voyez n°s 27 et 198).

Il est inutile d'observer que si $py^2 + 2qyz + 2mz^2$ était un diviseur $4n + 3$, l'équation $U^2 = py^2 + 2qyz + 2mz^2$ serait impossible, puisqu'aucun carré ne peut être de la forme $4n + 3$.

(379) Proposition II. « a étant un nombre premier $8n + 1$, la « formule $t^2 + au^2$ aura toujours un diviseur quadratique de la forme « $fy^2 + 2gyz + 2fz^2$. »

Car on peut toujours (n° 149) satisfaire à l'équation $a = 2f^2 - g^2$, laquelle étant posée, il s'ensuit que $fy^2 + 2gyz + 2fz^2$, ou l'expression la plus simple de cette formule, est un diviseur quadratique de la formule $t^2 + au^2$.

Remarquez que le diviseur $fy^2 + 2gyz + 2fz^2$ ne diffère pas de son conjugué; dans ce cas, par conséquent, les deux diviseurs conjugués se réduisent à un seul qu'on peut appeler *diviseur singulier*.

(380) Proposition III. « a étant un nombre premier $8n + 1$, il « y a toujours une infinité de valeurs de f et de g qui satisfont à « l'équation $2f^2 - g^2 = a$, néanmoins il n'en peut résulter qu'un « seul diviseur quadratique de la formule $t^2 + au^2$. »

Car on trouvera aisément (n° 38) que la série des valeurs de f et g qui satisfont à l'équation $2f^2 - g^2 = a$, est telle que si f' et g' suivent immédiatement f et g, on a

$$f' = 3f + 2g, \quad g' = 3g + 4f.$$

De ces nouvelles valeurs résulte le diviseur quadratique singulier

$$(3f + 2g)y^2 + 2(3g + 4f)yz + 2(3f + 2g)z^2.$$

Or si dans ce diviseur on fait $y = 2z' - y'$, $z = y' - z'$ (ce qui ne restreint pas la généralité des variables y et z), on aura pour transformée $fy'^2+2gy'z'+2fz'^2$; d'où l'on voit qu'en effet le diviseur quadratique $f'y^2+2g'yz+2f'z^2$ n'est pas différent de $fy^2+2gyz+2fz^2$.

Corollaire. De là il suit que a étant un nombre premier $8n+1$, les diviseurs quadratiques de la formule t^2+au^2 seront composés de plusieurs couples de diviseurs conjugués et d'un diviseur singulier. Le nombre total de ces diviseurs sera donc toujours impair, et ainsi il est impossible que le nombre des diviseurs $4n+1$ soit égal au nombre des diviseurs $4n+3$.

(381) Proposition IV. « Le carré d'un diviseur quadratique « $py^2+2qyz+2\pi z^2$, et celui de son conjugué $2py^2+2qyz+\pi z^2$, sont « compris dans un même diviseur quadratique $p^2y^2+2\varphi yz+\psi z^2$. »

Car suivant la méthode du n° 363, si l'on détermine μ et ν par l'équation $\pi=p\mu-q\nu$, qu'ensuite on fasse $\varphi=q+\nu p$, $\psi=\nu^2+2\mu$, $Y=y^2-2\nu yz-2\mu z^2$, $Z=2z(py+qz)$, on aura

$$(py^2+2qyz+2\pi z^2)^2=p^2Y^2+2\varphi YZ+\psi Z^2.$$

Dans cette équation, qui doit être identique, mettons $2y$ à la place de y, et comme alors Y devient pair ainsi que Z, faisons $Y=2Y'$, $Z=2Z'$, ce qui donnera $Y'=2y^2-2\nu yz-\mu z^2$, $Z'=z(2py+qz)$; nous aurons par la substitution, et après avoir divisé par 4,

$$(2py^2+2qyz+\pi z^2)^2=p^2Y'^2+2\varphi Y'Z'+\psi Z'^2.$$

Donc le même diviseur quadratique $p^2y^2+2\varphi yz+\psi z^2$, qui contient le carré du diviseur $py^2+2qyz+2\pi z^2$, contient aussi le carré de son conjugué $2py^2+2qyz+\pi z^2$.

Corollaire. Étant proposée l'équation $U^2=PY^2+2QYZ+RZ^2$, si on en connaît une solution comprise dans la formule........ $U=py^2+2qyz+2\pi z^2$, il y aura toujours une autre solution donnée par la forme conjuguée $U=2py^2+2qyz+\pi z^2$. Ces deux solutions se confondent en une seule, si la valeur de U est égale au diviseur quadratique singulier, c'est-à-dire si l'on a $U=fy^2+2gyz+2fz^2$; mais alors le second membre de l'équation proposée serait de la forme $2Y^2+2YZ+\left(\frac{a+1}{2}\right)Z^2$.

(382) Proposition V. « p étant un nombre premier, ainsi que a, « si l'on a $p^2 = M^2 + aN^2$, je dis que p ou $2p$ sera nécessairement « de la même forme $t^2 + au^2$, de sorte que p appartiendra soit au « diviseur quadratique $y^2 + 2yz + (a+1)z^2$ soit à son conjugué « $2y^2 + 2yz + \left(\frac{a+1}{2}\right)z^2$. »

En effet, l'équation supposée $p^2 = M^2 + aN^2$, donne $p^2 - M^2 = aN^2$; donc puisque a est un nombre premier, il faut que l'un des facteurs $p + M$, $p - M$ soit divisible par a, et comme le signe de M peut être pris à volonté, on pourra faire $p + M = aP$, $p - M = Q$, ce qui donnera $PQ = N^2$. On on satisfait généralement à cette dernière équation, en faisant, avec de nouvelles indéterminées, $P = \pi^2 R$, $N = \pi\omega R$, $Q = \omega^2 R$. On aura donc $2p = aP + Q = R(\omega^2 + a\pi^2)$, d'où l'on voit que R ne peut être que 1 ou 2 : si $R = 2$, on aura $p = \omega^2 + a\pi^2$; si $R = 1$, on aura $2p = \omega^2 + a\pi^2$. Donc p ou $2p$ est nécessairement de la forme $t^2 + au^2$. Mais si p est de la forme $t^2 + au^2$, il est contenu dans le diviseur quadratique $y^2 + az^2$, qui est le même que $y^2 + 2yz + (a+1)z^2$, et il ne peut par conséquent appartenir qu'à ce seul diviseur. De même si $2p$ est de la forme $t^2 + au^2$, p appartiendra au diviseur quadratique $2y^2 + 2yz + \left(\frac{a+1}{2}\right)z^2$, et il ne pourra appartenir qu'à ce seul diviseur. Donc si on a.... $p^2 = M^2 + aN^2$, il faudra que p appartienne à l'un des diviseurs conjugués $y^2 + 2yz + (a+1)z^2$, $2y^2 + 2yz + \left(\frac{a+1}{2}\right)z^2$.

(383) Proposition VI. « p étant un nombre premier quelconque, et « a un nombre premier $8n+1$, si l'on a $p^2 = 2M^2 + 2MN + \left(\frac{a+1}{2}\right)N^2$, « c'est-à-dire si $2p^2$ est de la forme $P^2 + aN^2$, je dis que p appar- « tiendra nécessairement au diviseur quadratique singulier..... « $fy^2 + 2gyz + 2fz^2$, en sorte qu'on aura $p = f\mu^2 + 2g\mu\nu + 2f\nu^2$. »

Car a étant un nombre premier $8n+1$, on peut faire $a = 2f^2 - g^2$, et cette valeur étant substituée dans l'équation $2p^2 = P^2 + aN^2$, il en résultera $P^2 - 2p^2 = (g^2 - 2f^2)N^2$. Les nombres P et p étant premiers entre eux, on voit que N, diviseur de $P^2 - 2p^2$, doit être de la forme $\alpha^2 - 2\beta^2$; donc on aura $P^2 - 2p^2 = (g^2 - 2f^2)(\alpha^2 - 2\beta^2)^2$, équation à laquelle on satisfait généralement en faisant $P + p\sqrt{2} = (g + f\sqrt{2})(\alpha + \beta\sqrt{2})^2$; de là résulte $p = f\alpha^2 + 2g\alpha\beta + 2f\beta^2$; donc p est compris dans le diviseur singulier $fy^2 + 2gyz + 2fz^2$.

(384) Proposition VII. « Je dis maintenant que les deux diviseurs conjugués qui, pris pour U, satisfont à l'équation proposée « $U^2 = PY^2 + 2QYZ + RZ^2$, sont les seules solutions dont cette « équation est susceptible. »

Pour démontrer cette proposition, cherchons en général les conditions qui doivent avoir lieu pour que deux valeurs différentes de U, savoir,

$$U = py^2 + 2qyz + 2\pi z^2$$
$$U = p'y^2 + 2q'yz + 2\pi' z^2$$

satisfassent également à l'équation proposée $U^2 = PY^2 + 2QYZ + RZ^2$, où Y et Z sont des indéterminées qui doivent être fonctions des indéterminées y et z.

Nous supposerons que les deux valeurs de U sont préparées de manière que p et p' soient des nombres premiers; cela posé, on trouvera d'abord que les carrés de ces valeurs sont compris dans deux formules de cette sorte :

$$p^2y^2 + 2\varphi yz + \psi z^2$$
$$p'^2y^2 + 2\varphi' yz + \psi' z^2,$$

lesquelles doivent se réduire, l'une et l'autre, à la forme donnée $Py^2 + 2Qyz + Rz^2$. De là on voit que p^2 doit être compris dans la formule $p'^2y^2 + 2\varphi' yz + \psi' z^2$, et réciproquement p'^2 dans la formule $p^2y^2 + 2\varphi yz + \psi z^2$. On peut donc faire tout à-la-fois

$$p^2 = p'^2\alpha'^2 + 2\varphi'\alpha'\beta' + \psi'\beta'^2$$
$$p'^2 = p^2\alpha^2 + 2\varphi\alpha\beta + \psi\beta^2.$$

Soit $p^2\alpha + \varphi\beta = \gamma$, on aura $p^2p'^2 = \gamma^2 + a\beta^2$, ou

$$(pp' + \gamma)(pp' - \gamma) = a\beta^2.$$

Puisque a est un nombre premier, et qu'on peut prendre à volonté le signe de γ, on pourra supposer $pp'+\gamma$ divisible par a; faisant donc $\beta = \text{ABC}$, l'équation précédente se partagera en ces deux-ci :

$$pp' + \gamma = a\text{AB}^2,$$
$$pp' - \gamma = \text{AC}^2,$$

d'où résulte $pp' = \frac{1}{2}\text{A}(\text{C}^2 + a\text{B}^2)$. Maintenant, puisque p et p' sont premiers, les seules valeurs qu'on peut donner à A sont 1, 2, p ou p', $2p$ ou $2p'$.

On ne peut faire $\text{A}=p$, ni $\text{A}=2p$; car alors β étant divisible par p, la quantité p'^2 égale à $p^2\alpha^2 + 2\varphi\alpha\beta + \psi\beta^2$ serait aussi divisible par p, ce qui est impossible : par la même raison, on ne peut avoir $\text{A}=p'$, ni $\text{A}=2p'$.

Si l'on faisait $\text{A}=2$, on aurait $pp' = \text{C}^2 + a\text{B}^2$; pp' serait donc de la forme $y^2 + az^2$, et alors les deux nombres p et p' appartiendraient à un même diviseur quadratique de la formule $t^2 + au^2$, ce qui est contre la supposition.

Il reste donc à faire $\text{A}=1$, alors on aura $2pp' = \text{C}^2 + a\text{B}^2$; donc les nombres p et $2p'$ appartiendront à un même diviseur quadratique de la formule $t^2 + au^2$; mais les nombres p' et $2p'$ appartiennent toujours à deux diviseurs conjugués l'un de l'autre. Donc les nombres p et p', qui sont supposés n'être pas compris dans le même diviseur quadratique, appartiennent nécessairement à deux diviseurs conjugués : *ce qu'il fallait démontrer.*

(385) Proposition VIII. « Le nombre des diviseurs quadratiques « $4n+1$ de la formule $t^2 + au^2$, où a est un nombre premier $8n+1$, « surpasse toujours d'une unité le nombre des diviseurs quadrati- « ques $4n+3$ de la même formule. »

En effet, soit M le nombre de diviseurs quadratiques $4n+1$, et N le nombre des diviseurs quadratiques $4n+3$; si on désigne par A, B, C, D, etc. la suite des diviseurs quadratiques $4n+1$, les équations $\text{U}^2 = \text{A}$, $\text{U}^2 = \text{B}$, $\text{U}^2 = \text{C}$, etc. admettront chacune deux solutions distinctes, à l'exception de l'équation.........

$U^2 = 2Y^2 + 2YZ + \frac{a+1}{2}Z^2$, qui n'en admettra qu'une. Donc le nombre total des solutions sera $2M - 1$. Mais ces solutions qui doivent être toutes différentes les unes des autres, comprennent nécessairement tous les diviseurs quadratiques, tant $4n+1$ que $4n+3$, de la formule $t^2 + au^2$. Donc on aura $2M - 1 = M + N$, ou $M = N + 1$: c'est la proposition qu'il s'agissait de démontrer.

Remarque. Puisque, dans le cas dont nous venons de nous occuper, la formule $t^2 + au^2$ a toujours au moins trois diviseurs quadratiques, savoir le diviseur $y^2 + 2yz + (a+1)z^2$, son conjugué $2y^2 + 2yz + \frac{1}{2}(a+1)z^2$, et le diviseur singulier $2fy^2 + 2gyz + fz^2$, lequel ne se confond avec les précédents que dans le seul cas de $a = 1$, cas exclu; il s'ensuit qu'il y a toujours au moins un diviseur quadratique $4n+3$, ce qui justifie la supposition faite dans l'article 171, de laquelle dépend la démonstration de la loi de réciprocité.

§ VII. *Démonstration du Théorème contenant la loi de réciprocité qui existe entre deux nombres premiers quelconques* (n° 166).

(386) LEMME. « SOIT p un nombre premier positif (2 excepté), k « un entier quelconque non divisible par p; si on divise par p les « produits successifs $k, 2k, 3k \ldots \frac{p-1}{2}k$, les restes de ces di- « visions seront composés en partie de nombres $a', a'', a''' \ldots a^\lambda$ plus « petits que $\frac{1}{2}p$, en partie de nombres $b', b'', b''' \ldots b^\mu$ plus grands « que $\frac{1}{2}p$. Cela posé, μ désignant le nombre de ces derniers restes, « je dis qu'on aura en général $\left(\frac{k}{p}\right) = (-1)^\mu$; savoir $\left(\frac{k}{p}\right) = +1$ si « μ est pair, et $\left(\frac{k}{p}\right) = -1$ si μ est impair. »

Il est clair d'abord que les restes b', b'', b''', etc. sont inégaux entre eux. Car si deux de ces restes, dus aux multiples kA, kA', étaient égaux, il faudrait que la différence $k(A'-A)$ fût divisible par p; c'est ce qui n'a pas lieu, puisque p est un nombre premier qui ne divise ni k, ni $A'-A$; car d'ailleurs A' et A sont inégaux et plus petits que $\frac{1}{2}p$. On prouvera de même que tous les restes a', a'', a''', etc. sont inégaux entre eux.

Il suit de là que tous les nombres $p-b', p-b'', p-b'''$, etc. sont inégaux et plus petits que $\frac{1}{2}p$: or je dis qu'aucun d'eux ne peut être égal à l'un des nombres a', a'', a''', etc. En effet, si deux restes tels que a et b sont dus aux multiples kA, kA', on pourra supposer $a = kA - px$, $b = kA' - px'$; si donc on avait $p - b = a$, il en résulterait $p(1 + x + x') = k(A + A')$; donc il faudrait que $k(A + A')$ fût divisible par p; or k ne l'est pas non plus que $A + A'$, puisque A et A' sont tous deux plus petits que $\frac{1}{2}p$; donc l'équation précédente est impossible.

Maintenant, puisque la série $a', a'', a''' \ldots a^{\lambda}$, et la série $p-b'$, $p-b''$, $p-b''', \ldots . p-b^{\mu}$, sont l'une et l'autre composées de nombres différents, positifs et plus petits que $\frac{1}{2}p$; puisque d'ailleurs le nombre total $\lambda+\mu$ des termes de ces deux séries est égal à $\frac{1}{2}(p-1)$ nombre des multiples $k, 2k, 3k \ldots \frac{p-1}{2}k$, d'où ils tirent leur origine, il s'ensuit que le produit de tous ces nombres ne peut être que $1.2.3 \ldots \frac{p-1}{2}$, et qu'ainsi on a l'égalité

$$a' a'' a''' \ldots a^{\lambda}(p-b')(p-b'') \ldots (p-b^{\mu}) = 1.2.3 \ldots \tfrac{1}{2}(p-1),$$

dans laquelle, en rejetant les multiples de p, on obtient

$$a' a'' a''' \ldots a^{\lambda}.b' b'' b''' \ldots b^{\mu}(-1)^{\mu} = 1.2.3 \ldots \tfrac{1}{2}(p-1).$$

Mais d'un autre côté, en rejetant aussi les multiples de p, on a

$$k.2k.3k \ldots \tfrac{1}{2}(p-1)k = a' a'' a''' \ldots a^{\lambda} b' b'' b''' \ldots b^{\mu},$$

et le premier membre de celle-ci $= 1.2.3 \ldots \frac{1}{2}(p-1).k^{\frac{1}{2}(p-1)}$. De la comparaison de ces deux équations il résulte

$$1.2.3 \ldots \tfrac{1}{2}(p-1)k^{\frac{1}{2}(p-1)}(-1)^{\mu} = 1.2.3 \ldots \tfrac{1}{2}(p-1).$$

Donc on a $k^{\frac{1}{2}(p-1)}(-1)^{\mu} = 1$, ou $k^{\frac{1}{2}(p-1)} = (-1)^{\mu}$. Mais $k^{\frac{1}{2}(p-1)}$ est, en rejetant les multiples de p, la valeur de l'expression $\left(\frac{k}{p}\right)$; donc enfin on a, conformément à l'énoncé du lemme,

$$\left(\frac{k}{p}\right) = (-1)^{\mu}.$$

(387) Puisque le nombre μ, selon qu'il est pair ou impair, détermine la valeur de l'expression $\left(\frac{k}{p}\right)$, il importe d'avoir une valeur analytique de ce nombre. Pour cela, j'observe que a désignant l'un des nombres $a', a'' \ldots a^{\lambda}$, et b l'un des nombres $b', b'' \ldots b^{\mu}$, on aura, par les suppositions déja faites, $2a < p$ et $2b > p$.

Représentons à l'ordinaire par $\mathrm{E}(x)$ l'entier le plus grand contenu dans une quantité quelconque x, en sorte que $x - E(x)$ soit toujours une fraction positive plus petite que l'unité.

Si on considère les divers multiples, k, $2k \ldots \frac{p-1}{2}k$, d'où naissent les restes a', b', etc., et qu'on désigne particulièrement par Ak le multiple qui donne le reste a, et par Bk celui qui donne le reste b, on aura $\frac{Ak}{p} - E\left(\frac{Ak}{p}\right) < \frac{1}{2}$ et $\frac{Bk}{p} - E\left(\frac{Bk}{p}\right) > \frac{1}{2}$; d'où résulte

$$E\left(\frac{2Ak}{p}\right) - 2E\left(\frac{Ak}{p}\right) = 0,$$
$$E\left(\frac{2Bk}{p}\right) - 2E\left(\frac{Bk}{p}\right) = 1.$$

Ajoutant ensemble toutes les équations qui auront lieu semblablement pour toutes les valeurs de A et B, depuis 1 jusqu'à $\frac{1}{2}(p-1)$, il est clair que le second membre sera composé d'autant d'unités qu'il y a de nombres B; et ce nombre d'unités ayant déja été désigné par μ, on aura donc

$$\left.\begin{array}{l} E\left(\frac{2k}{p}\right) + E\left(\frac{4k}{p}\right) + E\left(\frac{6k}{p}\right) \ldots\ldots + E\left(\frac{(p-1)k}{p}\right) \\ -2E\left(\frac{k}{p}\right) - 2E\left(\frac{2k}{p}\right) - 2E\left(\frac{3k}{p}\right) \ldots\ldots - 2E\left(\frac{\frac{1}{2}(p-1)k}{p}\right) \end{array}\right\} = \mu.$$

D'ailleurs, comme on n'a besoin de la valeur de μ que pour savoir si elle est paire ou impaire, on peut dans la formule précédente omettre les termes divisibles par 2, ce qui donnera simplement

$$\mu = E\left(\frac{2k}{p}\right) + E\left(\frac{4k}{p}\right) + E\left(\frac{6k}{p}\right) \ldots\ldots + E\left(\frac{(p-3)k}{p}\right) + E\left(\frac{(p-1)k}{p}\right).$$

(388) Cette expression est susceptible de réduction; d'abord si l'on fait $k = mp + \pi$, π étant positif et $< p$, on aura $\left(\frac{p-1}{p}\right)k = k - m - \frac{\pi}{p}$ $= k - m - 1 + \frac{p-\pi}{p}$; donc $E\left(\frac{(p-1)k}{p}\right) = k - m - 1 = k - 1 - E\left(\frac{k}{p}\right)$; pareillement on aura $E\left(\frac{(p-3)k}{p}\right) = k - 1 - E\left(\frac{3k}{p}\right)$, ainsi des autres. Il faut substituer ces valeurs dans la formule, et pour cela distinguer deux cas, selon que p est de la forme $4n+1$ ou $4n+3$.

Soit 1° $p=4n+1$, le nombre des termes $E\left(\frac{2k}{p}\right)$, $E\left(\frac{4k}{p}\right)$. etc. sera $=2n$. Les n premiers forment la suite

$$E\left(\frac{2k}{p}\right)+E\left(\frac{4k}{p}\right)\ldots\ldots\ldots+E\left(\frac{2nk}{p}\right).$$

Les n autres, écrits dans l'ordre inverse, forment la suite

$$E\left(\frac{(p-1)k}{p}\right)+E\left(\frac{(p-3)k}{p}\right)\ldots\ldots+E\left(\frac{(2n+2)k}{p}\right),$$

lesquels, suivant la transformation précédente, deviennent

$$n(k-1)-E\left(\frac{k}{p}\right)-E\left(\frac{3k}{p}\right)-E\left(\frac{5k}{p}\right)\ldots\ldots-E\left(\frac{(2n-1)k}{p}\right).$$

Donc on aura

$$\begin{aligned}\mu=\tfrac{1}{4}(p-1)(k-1)+E\left(\frac{2k}{p}\right)+E\left(\frac{4k}{p}\right)\ldots\ldots+E\left(\frac{2nk}{p}\right)\\ -E\left(\frac{k}{p}\right)-E\left(\frac{3k}{p}\right)\ldots\ldots-E\left(\frac{\overline{2n-1}\,k}{p}\right).\end{aligned}$$

Ajoutant au second membre le nombre pair

$$2E\left(\frac{k}{p}\right)+2E\left(\frac{3k}{p}\right)\ldots\ldots+2E\left(\frac{\overline{2n-1}\,k}{p}\right),$$

ce qui est permis pour notre objet, on aura plus simplement

$$\mu=\tfrac{1}{4}(p-1)(k-1)+E\left(\frac{k}{p}\right)+E\left(\frac{2k}{p}\right)+E\left(\frac{3k}{p}\right)\ldots+E\left(\frac{2nk}{p}\right).$$

2° Si l'on a $p=4n+3$, il y aura $2n+1$ termes dans la valeur de μ; les n premiers seront toujours $E\left(\frac{2k}{p}\right)+E\left(\frac{4k}{p}\right)+E\left(\frac{6k}{p}\right)\ldots+E\left(\frac{2nk}{p}\right)$; les $(n+1)$ autres seront

$$E\left(\frac{p-1}{p}k\right)+E\left(\frac{p-3}{p}k\right)\ldots\ldots+E\left(\frac{2n+2}{p}k\right);$$

et par la transformation indiquée ils deviennent

$$(n+1)(k-1)-E\left(\frac{k}{p}\right)-E\left(\frac{3k}{p}\right)-E\left(\frac{5k}{p}\right)\ldots\ldots-E\left(\frac{2n+1}{p}k\right),$$

de sorte qu'on aura

$$\mu = \tfrac{1}{4}(p+1)(k-1) + E\left(\frac{2k}{p}\right) + E\left(\frac{4k}{p}\right) \ldots + E\left(\frac{2nk}{p}\right)$$
$$- E\left(\frac{k}{p}\right) - E\left(\frac{3k}{p}\right) \ldots - E\left(\frac{2n-1}{p}k\right) - E\left(\frac{2n+1}{p}k\right),$$

ou en ajoutant le nombre pair $2E\left(\frac{k}{p}\right) + 2E\left(\frac{3k}{p}\right) +$ etc.,

$$\mu = \tfrac{1}{4}(p+1)(k-1) + E\left(\frac{k}{p}\right) + E\left(\frac{2k}{p}\right) + E\left(\frac{3k}{p}\right) \ldots + E\left(\frac{2n+1}{p}k\right).$$

(389) Comme $\frac{1}{4}(p-1)$ dans le premier cas, et $\frac{1}{4}(p+1)$ dans le second, sont des nombres entiers; lorsque k sera impair, les deux formules se réduiront généralement à une seule, savoir :

$$\mu = E\left(\frac{k}{p}\right) + E\left(\frac{2k}{p}\right) + E\left(\frac{3k}{p}\right) \ldots\ldots + E\left(\frac{\frac{1}{2}(p-1)k}{p}\right).$$

(390) Lorsque k est pair, les deux formules peuvent aussi se réduire à une seule, savoir :

$$\mu = \tfrac{1}{4}(p \pm 1)(k-1) + E\left(\frac{k}{p}\right) + E\left(\frac{2k}{p}\right) + E\left(\frac{3k}{p}\right) \ldots + E\left(\frac{\frac{1}{2}(p-1)k}{p}\right);$$

pourvu qu'on détermine le signe ambigu de manière que $\frac{1}{4}(p \pm 1)$ soit un entier, et alors on peut même réduire $\frac{1}{4}(p \pm 1)(k-1)$ à $\frac{1}{4}(p \pm 1)$; car il n'est toujours question que de savoir si μ est pair ou impair.

(391) Soit, par exemple, $k = 2$, alors tous les termes $E\left(\frac{2}{p}\right)$, $E\left(\frac{4}{p}\right) \ldots E\left(\frac{p-1}{p}\right)$ sont nuls, et on a simplement $\mu = \frac{1}{4}(p \pm 1)$.

Donc si $p = 8n + 1$ ou $8n + 7$, le nombre μ sera pair, et on aura $\left(\frac{2}{p}\right) = +1$.

Si, au contraire, $p = 8n + 3$ ou $8n + 5$, le nombre μ sera impair, et on aura $\left(\frac{2}{p}\right) = -1$.

On parvient ainsi très-simplement aux théorèmes connus contenant la relation de 2 à tous les autres nombres premiers (n° 150), théorèmes qui étaient regardés comme difficiles à démontrer, lorsque la science des nombres était moins avancée.

(392) Soient maintenant k et p deux nombres premiers impairs quelconques; ayant déja fait $\left(\frac{k}{p}\right)=(-1)^{\mu}$, faisons semblablement $\left(\frac{p}{k}\right)=(-1)^{\nu}$; nous aurons, suivant la formule du n° 389,

$$\mu+\nu=\mathrm{E}\left(\frac{k}{p}\right)+\mathrm{E}\left(\frac{2k}{p}\right)+\mathrm{E}\left(\frac{3k}{p}\right)\ldots\ldots+\mathrm{E}\left(\frac{\frac{1}{2}(p-1)k}{p}\right)$$
$$+\mathrm{E}\left(\frac{p}{k}\right)+\mathrm{E}\left(\frac{2p}{k}\right)+\mathrm{E}\left(\frac{3p}{k}\right)\ldots\ldots+\mathrm{E}\left(\frac{\frac{1}{2}(k-1)p}{k}\right).$$

Supposons $k<p$, et faisons $\frac{k}{p}=x$, $p=2p'+1$, $k=2k'+1$, ce qui donne

$$\mu+\nu=\mathrm{E}(x)+\mathrm{E}(2x)+\mathrm{E}(3x)\ldots\ldots+\mathrm{E}(p'x)$$
$$+\mathrm{E}\left(\frac{1}{x}\right)+\mathrm{E}\left(\frac{2}{x}\right)+\mathrm{E}\left(\frac{3}{x}\right)\ldots\ldots+\mathrm{E}\left(\frac{k'}{x}\right),$$

je dis que le second membre se réduit à $p'k'$.

En effet, considérons d'abord la suite

$$\mathrm{Z}=\mathrm{E}(x)+\mathrm{E}(2x)+\mathrm{E}(3x)\ldots\ldots+\mathrm{E}(p'x),$$

et observons que les termes de cette suite croissent par degrés, depuis zéro, qui est la valeur de $\mathrm{E}(x)$, puisque $x<1$, jusqu'à k', qui est la valeur de $\mathrm{E}(p'x)$; car on a $p'x=\frac{p'k}{p}=k'+\frac{p'-k'}{p}=k'+\frac{p-k}{2p}$; donc $\mathrm{E}(p'x)=k'$. Il faut maintenant examiner combien dans cette suite il y a de termes égaux à 1, combien d'égaux à 2, et ainsi de suite.

Pour cela prenons des indéterminées $m_1, m_2, m_3 \ldots m_{k'}$, telles qu'on ait

$$m_1x=1,\ m_2x=2,\ m_3x=3,\ m_4x=4\ldots\ldots m_{k'}x=k'.$$

Aucun des nombres m_1, m_2, etc. ne pourra être entier, puisque leur expression générale $m_z=\frac{z}{x}=\frac{zp}{k}$, z étant $<k$. Soit donc......

$E(m_z)=M_z$, en sorte que m_z tombe entre les entiers consécutifs M_z, M_z+1; il suit évidemment de ces suppositions,

1° Que les premiers termes $E(x)$, $E(2x)$,... jusqu'à $E(M_1 x)$ sont zéro; leur nombre $=M_1$.

2° Que les termes suivants $E(\overline{M_1+1}\,x)$, $E(\overline{M_1+2}\,x)$,... jusqu'à $E(M_2 x)$ inclusivement, ont pour valeur 1; leur nombre $=M_2-M_1$.

3° Que les termes suivants $E(\overline{M_2+1}\,x)+E(\overline{M_2+2}\,x)$,... jusqu'à $E(M_3 x)$ inclusivement, ont pour valeur 2; leur nombre $=M_3-M_2$.

Et ainsi de suite jusqu'aux derniers termes dont la valeur est k' et dont le nombre $=p'-M_{k'}$.

Donc en réunissant tous les termes qui composent Z, on aura

$$\begin{aligned} Z=0\times M_1 &+ 1(M_2-M_1)\\ &+2(M_3-M_2)\\ &+3(M_4-M_3)\\ &\;\cdot\\ &\;\cdot\\ &\;\cdot\\ &+(k'-1)(M_{k'}-M_{k'-1})\\ &+k'(p'-M_{k'}), \end{aligned}$$

ou en réduisant,

$$Z=k'p'-M_1-M_2-M_3\ldots-M_{k'-1}-M_{k'}.$$

Mais en général $M_z=E(m_z)=E\left(\frac{z}{x}\right)$; donc

$$Z=k'p'-E\left(\frac{1}{x}\right)-E\left(\frac{2}{x}\right)-E\left(\frac{3}{x}\right)\ldots\ldots-E\left(\frac{k'}{x}\right).$$

Substituant cette valeur dans celle de $\mu+\nu$, on en tire cette formule très-simple $\mu+\nu=p'k'$, ou

$$\mu+\nu=\tfrac{1}{4}(p-1)(k-1).$$

(393) De cette formule se déduit immédiatement le théorème contenant la loi de réciprocité qui existe entre deux nombres premiers quelconques p et k. Si l'un des nombres p et k, ou tous les deux,

sont de la forme $4n+1$, la quantité $\frac{1}{4}(p-1)(k-1)$ sera un nombre pair; ainsi les deux nombres μ et ν seront tous deux pairs ou tous deux impairs, ce qui donnera $\left(\frac{p}{k}\right)=\left(\frac{k}{p}\right)$.

Si les deux nombres premiers p et k sont tous deux de la forme $4n+3$, la quantité $\frac{1}{4}(p-1)(k-1)$ sera un nombre impair; donc μ et ν devront toujours être l'un pair et l'autre impair, ce qui donnera $\left(\frac{k}{p}\right)=-\left(\frac{p}{k}\right)$.

D'ailleurs la formule générale qui satisfait à tous les cas, se déduit des expressions $\left(\frac{k}{p}\right)=(-1)^{\mu}$, $\left(\frac{p}{k}\right)=(-1)^{\nu}$, qui donnent $\left(\frac{k}{p}\right)=\left(\frac{p}{k}\right)(-1)^{\mu+\nu}=(-1)^{\frac{p-1}{2}\cdot\frac{k-1}{2}}\left(\frac{p}{k}\right)$, comme au n° 166.

Ainsi se trouve démontré généralement un théorème qu'on peut regarder comme le plus important de la théorie des nombres, et qui a offert de grandes difficultés à presque tous ceux qui ont entrepris de le démontrer par d'autres voies.

La démonstration que nous venons d'en donner, d'après Fréd. Gauss, est d'autant plus remarquable qu'elle repose sur les principes les plus élémentaires; mais nous aurons occasion dans la section cinquième d'en donner une beaucoup plus simple dont l'auteur est M. Jacobi de Königsberg, connu par ses belles découvertes dans la Théorie des fonctions elliptiques.

§ VIII. *D'une loi très-remarquable observée dans l'énumération des nombres premiers.*

(394) QUOIQUE la suite des nombres premiers soit extrêmement irrégulière, on peut cependant trouver avec une précision très-satisfaisante combien il y a de ces nombres depuis 1 jusqu'à une limite donnée x. La formule qui résout cette question est

$$y = \frac{x}{\log. x - 1.08366},$$

log.x étant un logarithme hyperbolique. En effet, la comparaison de cette formule avec l'énumération immédiate faite dans les tables les plus étendues, telles que celles de Wéga, de Chernac ou de Burckhardt, donne les résultats suivants.

LIMITE x.	NOMBRE y		LIMITE x.	NOMBRE y	
	Par la formule.	Par les tables.		Par la formule.	Par les tables.
10000	1230	1230	200000	17982	17984
20000	2268	2263	250000	22035	22045
30000	3252	3246	300000	26023	25988
40000	4205	4204	350000	29961	29977
50000	5136	5134	400000	33854	33861
60000	6049	6058	500000	41533	41538
70000	6949	6936	600000	49096	49093
80000	7838	7837	700000	56565	56535
90000	8717	8713	800000	63955	63937
100000	9588	9592	900000	71279	71268
150000	13844	13849	1000000	78543	78493

(395) Il est impossible qu'une formule représente plus fidèlement une série de nombres d'une aussi grande étendue et sujette nécessairement à de fréquentes anomalies. Pour confirmer encore mieux une loi aussi remarquable, nous ajouterons qu'ayant cherché, d'après un procédé que nous exposerons bientôt, combien il y a de nombres premiers de 1 à 1000000, nous avons trouvé qu'il y en a 78527; résultat qui diffère peu de celui de l'énumération faite dans les tables, et encore moins de celui de la formule. Il n'y a donc aucun doute, non-seulement que la loi générale est représentée par une fonction de la forme $\frac{x}{A\log. x+B}$, mais que les coefficients A et B ont en effet les valeurs très-approchées $A=1,\ldots B=-1.08366$. Il resterait à démontrer cette loi *a priori*, et c'est une recherche intéressante sur laquelle nous donnerons ci-après quelques essais.

(396) Si on appelle α la quantité dont il faut que x augmente pour que y devienne $y+1$, on aura pour déterminer α l'équation suivante, dans laquelle on a fait pour abréger $c=1{,}08366$,

$$1=\frac{x+\alpha}{\log.(x+\alpha)-c}-\frac{x}{\log. x-c}.$$

De là résulte, en supposant que x est un nombre très-grand,

$$\alpha=(\log. x-c+1)\left(1+\frac{1}{2x}\right),$$

ou simplement $\alpha=\log. x-0.08366$; car ces déterminations ne comportent pas une précision rigoureuse.

Il suit de là qu'à mesure que x augmente, la différence entre deux nombres premiers voisins de x augmente aussi, et peut être représentée avec beaucoup d'approximation, quant à la valeur moyenne, par $\log. x-0.08366$; de sorte que dans un intervalle de $2m$ termes compris depuis $x-m$ jusqu'à $x+m$, on devra compter autant de nombres premiers qu'il y a d'unités dans $\frac{2m}{\log. x-0.08366}$, pourvu que m soit assez petit par rapport à x.

Ce résultat s'accorde très-bien d'ailleurs avec la nature des nombres premiers qui, en général, doivent être plus éloignés les uns des autres, à mesure qu'ils deviennent plus grands. En effet, la probabilité qu'un nombre pris au hasard est un nombre premier, diminue toujours à mesure que ce nombre augmente, puisque le nombre des divisions à essayer pour s'assurer qu'il est premier, devient de plus en plus grand.

(397) D'après le résultat qu'on vient d'obtenir, il semble que les suites convergentes qui dépendent de la loi des nombres premiers, peuvent être sommées, comme si cette loi était régulière et telle qu'un terme quelconque étant x, le terme suivant fût $x + \log. x - c + 1$. Voici un essai de ces sommations, qui d'ailleurs seront à vérifier, soit par le calcul numérique, soit par des méthodes plus directes.

Proposons-nous d'abord d'évaluer le produit

$$z = \left(1 - \frac{1}{3}\right)\left(1 - \frac{1}{5}\right)\left(1 - \frac{1}{7}\right)\left(1 - \frac{1}{11}\right) \ldots \left(1 - \frac{1}{\omega}\right),$$

dans lequel les dénominateurs sont la suite des nombres premiers de 3 à ω. Si on appelle z' ce que devient z lorsque ω se change en $\omega + \log. \omega - c + 1$, ou $\omega + \alpha$, on aura $z' = z\left(\frac{\omega + \alpha - 1}{\omega + \alpha}\right)$. Mais par les formules connues on a $z' = z + \alpha \frac{dz}{d\omega} + \frac{1}{2}\alpha^2 \frac{ddz}{d\omega^2} + \text{etc.}$; donc en regardant α comme très-petit par rapport à ω, ce qui est d'autant plus exact que ω est plus grand, on aura d'abord à très-peu près $\frac{dz}{z} = \frac{-d\omega}{\omega\alpha} = \frac{-d\alpha}{\alpha}$, ce qui donnera $z = \frac{A}{\alpha} = \frac{A}{\log. \omega - 0.08366}$. En ayant égard aux termes du second ordre, on aurait plus exactement

$$z = \frac{A\left(1 - \frac{1}{2\omega}\right)}{\log. \omega - 0.08366 + \frac{1}{2\omega}};$$ mais la première valeur est suffisamment approchée, et on trouve qu'en faisant $A = 1.104$, elle représente assez bien les nombres de la Table IX.

(398) Soit proposé maintenant de sommer la suite de fractions

$$z = \frac{1}{3^2} + \frac{1}{5^2} + \frac{1}{7^2} + \frac{1}{11^2} \ldots + \frac{1}{\omega^2},$$

dont les dénominateurs sont les carrés des nombres premiers successifs. En mettant $\omega+\alpha$ au lieu de ω, on aura $z'-z=\frac{1}{(\omega+\alpha)^2}$, ou $\alpha\frac{dz}{d\omega}+\frac{1}{2}\alpha^2\frac{ddz}{d\omega^2}+\text{etc.}=\frac{1}{\omega^2}-\frac{2\alpha}{\omega^3}+\text{etc}$; d'où l'on tire

$$z=\text{A}-\frac{1}{\omega(\alpha+1)}=\text{A}-\frac{1}{\omega(\log.\omega+0.91634)}.$$

La constante A est la valeur de la suite prolongée à l'infini : Euler l'a trouvée $=0.202247$. (*Introd. in Anal.*, n° 282.)

(399) Quant à la somme de la série réciproque simple

$$u=\frac{1}{3}+\frac{1}{5}+\frac{1}{7}+\frac{1}{11}\dots\dots+\frac{1}{\omega},$$

on peut la déduire des deux sommes déja trouvées. En effet, puisqu'on a

$$\left(1-\frac{1}{3}\right)\left(1-\frac{1}{5}\right)\dots\dots\left(1-\frac{1}{\omega}\right)=\frac{1.104}{\log.\omega-0.08366};$$

si on prend les logarithmes de chaque membre, on aura par les formules connues :

$$\begin{aligned}&\frac{1}{3}+\frac{1}{5}+\frac{1}{7}\dots\dots+\frac{1}{\omega} &&=\log.(\log.\omega-0.08366)\\ +&\frac{1}{2}\left(\frac{1}{3^2}+\frac{1}{5^2}+\frac{1}{7^2}\dots\dots+\frac{1}{\omega^2}\right) &&-\log.(1.104)\\ +&\frac{1}{3}\left(\frac{1}{3^3}+\frac{1}{5^3}+\frac{1}{7^3}\dots\dots+\frac{1}{\omega^3}\right)\\ +&\text{etc.}\end{aligned}$$

Or la suite $\frac{1}{3^2}+\frac{1}{5^2}\dots\dots+\frac{1}{\omega^2}$, a pour somme 0,202247, en négligeant les termes de l'ordre $\frac{1}{\omega\log.\omega}$; les autres sommes se réduisent pareillement à des constantes dont il est aisé de trouver des valeurs approchées; on aura donc la somme cherchée

$$u=\log.(\log.\omega-0.08366)-0.2215.$$

(400) La propriété dont jouit la suite précédente, d'avoir une

somme infinie, peut jeter quelque jour sur la loi générale des nombres premiers.

En effet, considérant u comme une fonction de ω qui satisfait à l'équation

$$u=\frac{1}{3}+\frac{1}{5}+\frac{1}{7}+\frac{1}{11}\ldots\ldots+\frac{1}{\omega},$$

si ω devient $\omega+\alpha$, on aura

$$\alpha\frac{du}{d\omega}+\frac{\alpha^2}{2}\cdot\frac{ddu}{d\omega^2}+\text{etc.}=\frac{1}{\omega+\alpha}=\frac{1}{\omega}-\frac{\alpha}{\omega^2}+\text{etc.}$$

Et en supposant ω très-grand ou α très-petit par rapport à ω, ces suites se réduisent à leur premier terme et donnent $du=\frac{1}{\alpha}\cdot\frac{d\omega}{\omega}$.

Dans la même hypothèse de ω très-grand, on peut supposer que la valeur de α, développée suivant les puissances descendantes de ω, est $\alpha=A\omega^m+B\omega^n+\text{etc.}$, l'exposant m étant plus grand que les suivants. En ne considérant donc que le premier terme de cette suite, on aurait $du=\frac{1}{A}\cdot\frac{d\omega}{\omega^{m+1}}$, d'où résulte $u=C-\frac{1}{mA\omega^m}$.

Mais si m était une quantité finie positive, lorsqu'on fait $x=\infty$, u se réduirait à la constante C, ce qui ne peut avoir lieu, puisqu'on sait que u est alors infini; d'un autre côté, on ne peut supposer $m=0$, parce que la distance entre deux nombres premiers consécutifs aurait pour limite une constante A, tandis que par la nature de ces nombres elle doit augmenter indéfiniment. Donc il faut que que m soit infiniment petit, et alors $A\omega^m+B\omega^n+\text{etc.}$ prendra la forme $A\log.\omega+B$; faisant donc $\alpha=A\log.\omega+B$, on a...... $du=\frac{1}{\alpha}\cdot\frac{d\omega}{\omega}=\frac{1}{A}\cdot\frac{d\alpha}{\alpha}$, d'où résulte $u=\frac{1}{A}\log.\alpha+C$, quantité qui devient infinie, comme elle doit l'être lorsque ω est infinie.

(401) Ayant $\alpha=A\log.\omega+B$, on en déduit aisément la fonction y, au moyen de l'équation $y'-y=1$, ou $\alpha\frac{dy}{d\omega}=1$, laquelle donne $dy=\frac{d\omega}{\omega}$, et en intégrant $y=\frac{\omega}{\alpha}+\int\frac{\omega d\alpha}{\alpha^2}=\frac{\omega}{\alpha}+\int\frac{A\,d\omega}{\alpha^2}=\frac{\omega}{\alpha}+\frac{A\omega}{\alpha^2}=$

$\frac{\omega}{x - A} = \frac{\omega}{A \log. \omega + B - A}$, ce qui s'accorde avec la formule générale donnée ci-dessus, en prenant $A = 1$, $B = -0.08366$.

Il est remarquable qu'on déduise ainsi du calcul intégral une propriété essentielle des nombres premiers; mais toutes les vérités mathématiques sont liées les unes aux autres, et tous les moyens de les découvrir sont également admissibles. C'est ainsi qu'on a cru devoir employer la considération des fonctions, pour démontrer divers théorèmes fondamentaux de la Géométrie et de la Mécanique.

§ IX. *Démonstration de divers théorèmes sur les progressions arithmétiques.*

(402) Soit proposée la progression arithmétique

$$A-C,\quad 2A-C,\quad 3A-C\ldots\ldots nA-C, \qquad (Z)$$

dans laquelle A et C sont des nombres quelconques premiers entre eux ; soit θ un nombre premier non-diviseur de A ; si l'on détermine x de manière que $Ax-C$ soit divisible par θ, la valeur de x sera généralement de la forme $x=\alpha+\theta z$, d'où l'on voit que les termes divisibles par θ dans la progression proposée forment eux-mêmes la progression arithmétique

$$A\alpha-C,\quad A(\alpha+\theta)-C,\quad A(\alpha+2\theta)-C,\ \text{etc.}$$

et qu'ainsi sur θ termes consécutifs, pris partout où l'on voudra dans la progression (Z), il y en a toujours un divisible par θ, lequel est suivi et précédé d'une suite d'autres termes également divisibles par θ, et distants entre eux de l'intervalle θ.

Cela posé, soit $\theta, \lambda, \mu \ldots \psi, \omega$, une suite de nombres premiers, pris à volonté, dans un ordre quelconque, mais dont aucun ne divise A. Nous allons chercher quel est, dans la progression (Z), le plus grand nombre de termes consécutifs qui seraient divisibles par quelqu'un des nombres de la suite $\theta, \lambda, \mu \ldots \psi, \omega$, que nous appellerons (a). Il faut pour cet effet examiner d'abord les cas les plus simples.

(403) 1° Si l'on ne considère que deux nombres premiers θ, λ, il ne peut y avoir plus de deux termes consécutifs divisibles l'un par θ, l'autre par λ, et ces termes peuvent être désignés par (θ), (λ).

Le terme qui suit (λ) ne peut être divisible par θ, car l'intervalle avec (θ) n'étant que de deux termes, il faudrait qu'on eût $\theta=2$; mais ce cas est exclu, et nous ne considérons dans la suite (a) que des nombres premiers impairs. Par la même raison, le terme qui précède (θ) ne saurait être divisible par λ et encore moins par θ; donc dans ce premier cas le *maximum* cherché $M=2$.

(404) Soient les trois nombres premiers θ, λ, μ; on pourra concevoir trois termes consécutifs divisibles par ces nombres, lesquels seront (θ), (λ), (μ). Pour que le terme qui suit (μ) soit divisible par θ, il faut que θ soit 3, et pareillement pour que le terme qui précède θ soit divisible par μ, il faut que μ soit 3. Mais comme les nombres premiers que nous considérons sont nécessairement différents entre eux, il n'y a qu'une de ces deux suppositions qui puisse avoir lieu. Dans le cas donc de $\theta=3$, on pourrait avoir quatre termes consécutifs (3), (λ), (μ), (3), divisibles chacun par l'un des nombres premiers 3, λ, μ. A la suite de ces quatre termes on n'en peut pas mettre un cinquième; car la moindre valeur que puisse avoir (λ) étant 5, le premier terme divisible par 5, après (λ), serait le septième et non le cinquième. Donc dans le cas où la suite (a) est composée de trois nombres premiers, on a au plus $M=4$, encore faut-il que l'un de ces nombres premiers soit 3.

(405) Supposons maintenant que la suite (a) soit composée de quatre nombres premiers θ, λ, μ, ν. Si l'on considère quatre termes consécutifs divisibles par ces nombres, savoir : (θ), (λ), (μ), (ν); pour en ajouter un cinquième, il faudra que λ soit 3; alors on aura les cinq termes consécutifs (θ), (3), (μ), (ν), (3). Si l'on veut ajouter à ceux-ci un sixième terme, cela ne se pourra que lorsque $\theta=5$, car alors on aurait les six termes (5), (3), (μ), (ν), (3), (5). La progression ne peut plus être continuée ni vers la droite, ni vers la gauche, car μ et ν devant être plus grands que 5, les termes divisibles par μ ou par ν vont beaucoup au-delà. Donc dans le cas où la suite (a) est composée de quatre termes, il n'y a au plus que six termes consécutifs de la progression (Z) qui soient divisibles par quelqu'un des

termes de la suite (a). On a donc alors $M=6$, mais ce *maximum* n'a lieu que lorsque deux des quatre nombres premiers sont 3 et 5.

(406) On conçoit en effet que les nombres premiers les plus petits sont les plus propres à donner la plus grande valeur de M, toutes choses d'ailleurs égales, puisque de plus grands nombres premiers rendent plus grands les intervalles des termes dont ils sont diviseurs.

En vertu de cette observation, on peut considérer tout d'un coup la suite naturelle des nombres premiers $3, 5, 7 \ldots \psi, \omega$, en en laissant seulement deux indéterminés, tels qu'ils sont restés dans les cas précédents; et le *maximum* trouvé pour cette suite aura lieu à plus forte raison pour la suite (a), composée d'un pareil nombre de termes $\theta, \lambda, \mu \ldots \psi, \omega$.

Soient donc les cinq nombres premiers $3, 5, 7, \psi, \omega$; on a déja trouvé qu'avec les quatre seuls $3, 5, \psi, \omega$, on pouvait former les six termes consécutifs $(5), (3), (\psi), (\omega), (3), (5)$. Si à la place de ψ ou ω on prenait 7, alors on ne pourrait former au plus que les huit termes $(5), (3), (7), (\omega), (3), (5), (\psi), (3)$, car leur continuation à droite exigerait que ω fût 5, et à gauche que ψ fût 7. On obtiendra un résultat plus grand en laissant (ψ) et (ω), comme dans le premier arrangement, et en ajoutant (7) d'un côté, ce qui permettra de l'ajouter en même temps de l'autre, puisque l'intervalle des deux termes (7) et (7) sera de sept termes, comme il doit être : on aura ainsi les huit termes consécutifs $(7), (5), (3), (\psi), (\omega), (3), (5), (7)$. Mais de plus on voit que (3) peut être ajouté de chaque côté, à cause de l'intervalle requis entre les (3) les plus proches; et de cette manière on aura une combinaison de dix termes, savoir : $(3), (7), (5), (3), (\psi), (\omega), (3), (5), (7), (3)$. Elle ne peut être prolongée ni d'un côté ni de l'autre, parce qu'il faudrait pour cela que ω ou ψ fût 5, ce qui n'a pas lieu, 5 étant déja employé. Donc dans le cas où la suite (a) est composée de cinq termes, le *maximum* cherché est $M=10$.

(407) On aurait pu, par une simple observation, arriver immédiatement à ce résultat. Puisque les termes divisibles par 3 et re-

présentés par (3) se succèdent à un intervalle de trois rangs, que les termes divisibles par 5 se succèdent à un intervalle de cinq rangs, et ainsi de suite, la série des termes consécutifs qu'on veut former au plus grand nombre possible, a cette propriété commune avec la série des nombres impairs, commençant à un terme quelconque, puisque dans cette dernière les termes divisibles par 3, par 5, etc. se succèdent pareillement à des intervalles de 3 termes, de 5 termes, etc. Mais le moyen d'obtenir le plus grand nombre de termes consécutifs de cette suite, qui soient divisibles par quelqu'un des nombres premiers 3, 5, 7, 11, etc., est de considérer la suite des nombres impairs dans ses moindres termes, c'est-à-dire dès l'origine de cette suite. Car à une distance plus grande on ne manquerait pas d'être arrêté par des nombres premiers plus grands que les nombres premiers donnés, et qui empêcheraient la continuité des termes qu'on veut former. Il faut donc tout simplement considérer la série 1, 3, 5, 7, 9, 11, etc., qu'on peut également prolonger dans l'autre sens, ce qui donnera

$$\ldots -9, -7, -5, -3, -1, 1, 3, 5, 7, 9\ldots$$

ou parce que les signes des nombres sont indifférents, lorsqu'on a égard seulement à leur propriété d'être divisibles ou non-divisibles par un nombre donné, on pourra considérer la double suite

$$\ldots 15, 13, 11, 9, 7, 5, 3, 1, 1, 3, 5, 7, 9, 11, 13, 15\ldots$$

dans laquelle les termes divisibles par 3, 5, 7, etc. se succéderont toujours à des intervalles de 3, 5, 7, etc. termes, et cette suite aura l'avantage d'être composée des moindres nombres possibles. Désignant comme ci-dessus chaque terme par le moindre nombre premier qui en est diviseur, on pourra la représenter ainsi :

$$\ldots(3),(13),(11),(3),(7),(5),(3),(1),(1),(3),(5),(7),(3),(11),(13),(3)\ldots$$

(408) Maintenant si les nombres premiers donnés sont 3, 5, 7, ψ, ω, on mettra dans la suite précédente les indéterminées (ψ), (ω),

à la place des deux termes (1) et (1) qui occupent le milieu, et on prendra dans les termes précédents et suivants tous ceux qui n'excèdent pas (7). De cette manière, on a immédiatement pour le cas dont il s'agit la suite

$$(3), (7), (5), (3), (\psi), (\omega), (3), (5), (7), (3),$$

qui est composée de dix termes et donne le *maximum* $M = 10$, comme on l'a déja trouvé.

Rien de plus facile ensuite que de généraliser le résultat pour tant de nombres premiers qu'on voudra. Si on a, par exemple, les six nombres premiers $3, 5, 7, 11, \psi, \omega$, on voit que la combinaison qui produit le plus grand nombre de termes consécutifs divisibles par quelqu'un de ces nombres premiers, est

$$(11), (3), (7), (5), (3), (\psi), (\omega), (3), (5), (7), (3), (11),$$

ce qui donne le *maximum* $M = 12$.

En admettant encore un nombre premier de plus, de sorte que la suite (a) fût composée des sept termes $3, 5, 7, 11, 13, \psi, \omega$, on aurait la combinaison

$$(3), (13), (11), (3), (7), (5), (3), (\psi), (\omega), (3), (5), (7), (3), (11), (13), (3),$$

laquelle est composée de seize termes et donne $M = 16$. Elle ne peut être prolongée plus loin, parce que le terme qui viendrait à la suite, d'un côté ou de l'autre, est (17); or quand même ψ ou ω serait égal à 17, on ne peut l'employer pour continuer la suite, puisqu'il laisserait vers le milieu une place vide.

(409) Maintenant j'observe que le nombre 16 qui satisfait à la question précédente n'est autre chose que $17 - 1$, 17 étant le nombre premier qui suit immédiatement 13; et il est aisé de voir que ce résultat, ainsi généralisé, est exact; car la progression dont nous venons de faire usage n'est autre chose que la progression des nombres impairs $1, 3, 5, 7, 9$, etc. répétée dans deux sens différents,

et dans laquelle on a désigné chaque terme par le plus petit nombre premier qui en est diviseur; de sorte qu'on peut établir ainsi la correspondance de ces deux progressions :

$$\overset{*}{17},\ 15,\ 13,\ 11,\ 9,\ 7,\ 5,\ 3,\ 1,\ 1,\ 3,\ 5,\ 7,\ 9,\ 11,\ 13,\ 15,\ \overset{*}{17}$$
$$(3),(13),(11),(3),(7),(5),(3),(\psi),(\omega),(3),(5),(7),(3),(11),(13),(3);$$

or par cette disposition on voit évidemment que le nombre de termes compris entre les deux désignés par $\overset{*}{17}$, $\overset{*}{17}$, est $17-1$; donc on a $M=17-1$.

Il n'est pas moins facile de voir en général, que si la suite (a) est composée de k nombres premiers, dont deux, ψ et ω, sont indéterminés, et les $k-2$ autres forment la suite naturelle 3, 5, 7, 11, 13, 17, etc. jusqu'à $\pi^{(k-2)}$; le *maximum* cherché sera

$$M=\pi^{(k-1)}-1,$$

$\pi^{(k-1)}$ étant le terme de rang $k-1$ dans la suite des nombres premiers 3, 5, 7, 11, etc.

Cette formule s'accorde avec les résultats particuliers que nous avons trouvés, et il en résulte le théorème général qui suit :

(410) « Soit donnée une progression arithmétique quelconque « $A-C$, $2A-C$, $3A-C$, etc., dans laquelle A et C sont premiers « entre eux; soit donnée aussi une suite $\theta, \lambda, \mu \ldots \psi, \omega$, composée « de k nombres premiers impairs, pris à volonté et disposés dans « un ordre quelconque; si on appelle en général $\pi^{(z)}$ le $z^{ième}$ terme de « la suite naturelle des nombres premiers 3, 5, 7, 11, etc., je dis « que sur $\pi^{(k-1)}$ termes consécutifs de la progression proposée, il y « en aura au moins un qui ne sera divisible par aucun des nombres « premiers $\theta, \lambda, \mu \ldots \psi, \omega$. »

En effet, on vient de prouver que dans la progression dont il s'agit, il ne peut y avoir au plus que $\pi^{(k-1)}-1$ termes consécutifs qui soient divisibles par quelqu'un des nombres premiers $\theta, \lambda, \mu \ldots \psi, \omega$. Donc sur $\pi^{(k-1)}$ termes consécutifs, il y en aura au moins un qui ne sera divisible par aucun de ces nombres.

Ce théorème très-remarquable est susceptible de plusieurs belles applications. On en jugera par les deux conséquences que nous allons en tirer.

(411) La progression $A-C$, $2A-C$, $3A-C$, etc. étant continuée jusqu'au $n^{ième}$ terme $nA-C$, soit L le plus grand entier compris dans $\sqrt{(nA-C)}$; soit en même temps ω le nombre premier immédiatement au-dessous de L, et ψ le nombre premier qui précède ω; si dans la progression $A-C$, $2A-C$, $3A-C$, etc., on prend partout où l'on voudra ψ termes consécutifs, il faut, en vertu du théorème précédent, que sur ces ψ termes il y en ait au moins un qui ne soit divisible par aucun des nombres premiers 3, 5, 7, 11 ... ψ, ω, et qui sera par conséquent un nombre premier, la progression étant terminée au terme $nA-C$.

Le nombre des termes de la progression, depuis celui qui approche le plus de $\sqrt{(nA-C)}$ jusqu'au dernier terme $nA-C$, est à peu près $n-\sqrt{\left(\frac{n}{A}\right)}$; (car on suppose $C<A$, et on a $\psi<\sqrt{nA}$). Donc dans les n termes de la progression dont il s'agit, il y aura au moins autant de nombres premiers qu'il y a d'unités dans $\frac{n-\sqrt{\frac{n}{A}}}{\sqrt{nA}}$, ou à peu près dans $\sqrt{\frac{n}{A}}$. Ce nombre peut être aussi grand qu'on veut, en donnant à n la valeur convenable. Donc

« Toute progression arithmétique dont le premier terme et la « raison sont premiers entre eux, contient une infinité de nombres « premiers. »

Cette proposition, qui est très-utile dans la théorie des nombres, avait été indiquée dans les Mémoires de l'Académie des Sciences, an. 1785; mais jusqu'à présent sa démonstration n'était point encore connue et paraissait offrir de grandes difficultés.

(412) On pourrait, s'il était nécessaire, resserrer graduellement les limites entre lesquelles doit se trouver un nombre premier; car le nombre $\pi^{(k-1)}$ qui fixe l'étendue de ces limites, diminue en même temps que n, et à peu près en raison de $\sqrt{n}$; donc lorsque n est

moindre, ou que la progression est moins avancée, il faut un moindre nombre de termes consécutifs pour trouver parmi eux un nombre premier, que lorsque la progression est plus avancée. Par cette raison on trouverait une quantité plus grande que $\sqrt{\frac{n}{A}}$ pour le nombre des termes de la progression qui sont des nombres premiers; ce résultat augmenterait encore en excluant les nombres premiers impairs qui peuvent diviser A; car si le nombre de ceux-ci est i, alors au lieu du nombre $\pi^{(k-1)}$ mentionné dans le théorème du n° 410, on devrait prendre $\pi^{(k-1-i)}$. Mais ces observations sont peu importantes, et il suffit d'avoir démontré généralement que toute progression arithmétique, dans laquelle C et A sont premiers entre eux, contient une infinité de nombres premiers. Quant à la multitude des nombres premiers contenus dans n termes de la progression arithmétique, elle ne peut être déterminée que par d'autres considérations.

(413) Examinons plus particulièrement la progression des nombres impairs 1, 3, 5, 7, 9...$2n-1$, et proposons-nous de trouver combien de termes il faut ajouter à cette progression, pour que parmi ces termes il se trouve nécessairement un nombre premier.

Soit ψ le nombre premier qui satisfait à la question, et ω le nombre premier qui suit immédiatement ψ; il faudra, suivant notre théorème, que ω soit le plus grand nombre premier contenu dans $\sqrt{(2n+2\psi-1)}$; donc $\omega^2-2\psi+1<2n$. Mais $\omega-\psi$ ne saurait être moindre que 2, on aura donc $\omega^2-2\omega+1<2n-4$; d'où résulte $\omega-1<\sqrt{(2n-4)}$, et par conséquent $\psi<-1+\sqrt{(2n-4)}$. Cette solution générale fournit le théorème suivant :

« Soit ψ le plus grand nombre premier contenu dans $\sqrt{(2n-4)}-1$;
« je dis que parmi les ψ nombres impairs qui suivent immédiatement
« $2n-1$, il y aura toujours au moins un nombre premier. »

(414) Par exemple, soit $2n-1=113$, ou $n=57$, le nombre premier le plus grand contenu dans $\sqrt{110}-1$ est 7. Donc parmi les sept nombres impairs qui suivent 113 et qui sont: 115, 117, 119,

121, 123, 125, 127, il y a nécessairement un nombre premier; c'est 127, qui est précisément le septième.

Ici la limite fixée à 7 ne s'est trouvée que de la grandeur nécessaire; le plus souvent, et surtout lorsque n est très-grand, elle est beaucoup trop étendue; on l'agrandirait encore, mais on simplifierait l'énoncé du théorème, en disant que de L à $L + 2\sqrt{L}$ il doit nécessairement se rencontrer un nombre premier.

Ce théorème est au moins un premier pas vers la solution du problème regardé comme très-difficile, de trouver un nombre premier plus grand qu'une limite donnée.

Remarque. Si on donnait à n des valeurs très-petites, on trouverait que ce théorème est sujet à quelques exceptions; mais comme on a supposé que ψ est un terme de la suite 3, 5, 7, 11, etc., il faut que $\sqrt{(2n-4)}-1$ soit plus grand que 3, ainsi on doit faire $n > 10$, et alors il n'y aura aucune exception.

§ X. *Où l'on prouve que tout diviseur quadratique de la formule* $t^2 + Nu^2$, *contient au moins un nombre* Z *plus petit que* N *et premier à* N *ou à* $\frac{1}{2}$N.

(415) CETTE proposition est nécessaire pour compléter la démonstration du théorème XII de la troisième partie; elle se vérifie immédiatement dans tous les exemples qu'on peut se proposer, et même on peut donner la valeur générale de Z dans un grand nombre de diviseurs quadratiques qui contiennent un coefficient indéterminé et s'étendent ainsi à une infinité de valeurs de N. Mais nous ne donnerons de ces cas particuliers que ceux qui sont nécessaires pour conduire à la démonstration générale.

Comme nous avons principalement en vue les formules de la Table VIII, qui font le sujet du théorème cité, nous ferons usage des mêmes dénominations. Soit donc le diviseur quadratique... $\Gamma = cy^2 + 2byz + az^2$, où l'on a $ac - b^2 = N$, a et $c > 2b$, et $c < 2\sqrt{\frac{1}{3}N}$; on suppose que les trois nombres a, b, c n'ont pas de commun diviseur; car s'ils en avaient un, il est évident que la proposition énoncée ne pourrait avoir lieu.

(416) Cela posé, remarquons d'abord qu'il y a deux cas principaux où on obtient immédiatement la valeur de Z.

1° Si l'un des deux nombres a et c n'a point de diviseur commun avec N, ou s'il n'a que 2 de commun diviseur, ce nombre pourra être pris pour Z.

2° Si le diviseur quadratique proposé manque de second terme, de sorte qu'on ait $\Gamma = cy^2 + az^2$ et $N = ac$, il est visible que le nombre $c + a$, compris dans Γ, est plus petit que ac et n'a aucun diviseur commun avec ac; donc dans ce cas on a généralement $Z = c + a$.

Il ne s'agit donc plus que d'examiner les cas où b n'étant pas zéro, les coefficients a et c ont chacun un diviseur commun avec N.

Dans cette double supposition, non-seulement il est possible de trouver le nombre cherché Z dans la formule proposée...... $cy^2+2byz+az^2$, mais il est possible de le trouver dans la formule moins générale $cy^2+2by+a$. Nous allons donc faire voir qu'on peut toujours satisfaire à l'équation $Z=cy^2+2by+a$, en supposant Z moindre que N et premier à N ou à $\frac{1}{2}$N.

(417) Soit $\theta^2\lambda$ le plus grand commun diviseur de c et N; nous représentons ainsi ce diviseur afin d'exprimer que λ n'a que des facteurs inégaux, et pour pouvoir conclure de l'équation $ac-b^2=N$ que $\theta\lambda$ est le plus grand commun diviseur de c et de b. Soit donc $c=\theta^2\lambda c'$, $b=\theta\lambda b'$, $N=\theta^2\lambda N'$, on aura $N'=ac'-\lambda b'^2$, et le diviseur Z deviendra

$$Z=\theta^2\lambda c'y^2+2\theta\lambda b'y+a.$$

J'observe d'abord que Z ne peut avoir aucun diviseur commun avec $\theta\lambda$; car si un même nombre premier ω divisait Z et $\theta\lambda$, il est évident, par la formule précédente, qu'il diviserait a; donc les trois coefficients a, b, c seraient divisibles par un même nombre, ce qui est contre la supposition.

Mais on a $N=\theta^2\lambda N'$; donc s'il y a un commun diviseur entre Z et N, ce même diviseur aura lieu entre Z et N'; et réciproquement si Z et N' sont premiers entre eux, Z et N le seront aussi, comme la question l'exige.

Tout se réduit donc à faire en sorte que Z et N' n'aient point entre eux de commun diviseur. Or la valeur de Z étant multipliée par c' donne

$$c'Z=\lambda(\theta c'y+b')^2+N',$$

et d'ailleurs les nombres c' et N' sont premiers entre eux, puisque $\theta^2\lambda$ est le plus grand commun diviseur de c et N. Donc on sera assuré que Z et N n'ont point de commun diviseur impair, si on fait en sorte que $\theta c'y+b'$ et N' soient premiers entre eux.

(418) Appelons $\alpha', \alpha'', \alpha''' \ldots\ldots \alpha^{(i)}$ les i différents nombres premiers impairs qui peuvent diviser N′ ; si on désigne par $\mu^{(i-1)}$ le terme de rang $i-1$ dans la suite naturelle des nombres premiers 3, 5, 7, 11, etc., et que d'après le terme général $\theta c'y + b'$, où $\theta c'$ et b' sont premiers entre eux, on forme la progression arithmétique indéfinie dans les deux sens :

$$\ldots -2\theta c' + b',\ -\theta c' + b',\ b',\ \theta c' + b',\ 2\theta c' + b',\ \ldots$$

Il a été démontré (nº 410) que sur $\mu^{(i-1)}$ termes consécutifs de cette progression, il y en aura au moins un qui, n'étant divisible par aucun des nombres premiers $\alpha', \alpha'', \ldots\ldots \alpha^{(i)}$, sera nécessairement premier à N′.

On trouvera donc ainsi tant de valeurs de Z qu'on voudra, lesquelles n'auront aucun diviseur commun avec N ; mais il reste à faire voir que parmi ces valeurs il y en aura toujours au moins une moindre que N.

(419) Observons d'abord que pour avoir les limites des valeurs de y qui rendent Z moindre que N, il faut résoudre l'équation $N = cy^2 + 2by + a$, laquelle donne pour ces limites

$$y' = \frac{-b + \sqrt{(cN - c)}}{c},\quad y'' = \frac{-b - \sqrt{(cN - c)}}{c}.$$

Leur différence $\frac{2}{c}\sqrt{(cN - c)}$ est à très-peu près le nombre des valeurs de y qui rendent $Z < N$; car au moyen des valeurs précédentes, et en observant qu'on a $b < \frac{1}{2}c$, on trouve aisément que le nombre de ces valeurs est égal à l'entier compris dans $\frac{2}{c}\sqrt{(cN - c)}$, ou ne peut surpasser cet entier que d'une unité. Appelant donc n' ce nombre, on aura $n' = E\left(\frac{2\sqrt{(cN - c)}}{c}\right)$, ou dans certains cas, $n' = 1 + E\left(\frac{2\sqrt{(cN - c)}}{c}\right)$; mais on peut s'en tenir généralement à la première valeur, et le calcul ne sera que plus concluant en faveur de notre proposition.

On peut donner à cette valeur une forme plus commode. Puisque a et c ont chacun un commun diviseur avec N, et que b n'est pas zéro, il faut que b soit divisible au moins par deux nombres premiers impairs différents l'un de l'autre; ainsi b ne saurait être moindre que 3×5, et comme on a $c > 2b$, on doit donc avoir aussi $c > 30$.

Le même nombre c, supposé le plus petit des deux a et c, est $< 2\sqrt{\frac{1}{3}N}$; et comme on a $cN - c > (c-1)N$, la valeur de n' peut être mise sous la forme

$$n' > 2\sqrt{\left(\frac{c-1}{c} \cdot \frac{N}{2\sqrt{\frac{1}{3}N}} \cdot \frac{2\sqrt{\frac{1}{3}N}}{c}\right)},$$

où l'on a $\frac{c-1}{c} > \frac{29}{30}$, $\frac{2\sqrt{\frac{1}{3}N}}{c} > 1$; ce qui donne

$$n' > \frac{183}{100}\sqrt[4]{N}.$$

Il faut maintenant faire voir que, quel que soit le nombre i des facteurs premiers différents dont N' est composé, on aura toujours $\mu^{(i-1)} < n'$.

(420) Reprenons la valeur $N' = ac' - \lambda b'^2$, et supposons que le plus grand commun diviseur entre a et N soit $\mu^2\nu$, μ^2 étant le plus grand carré qui en est facteur; il faudra que b' soit divisible par $\mu\nu$: ainsi en faisant $a = \mu^2\nu a'$, $b' = \mu\nu b''$, on aura $N' = \mu^2\nu(a'c' - \lambda\nu b''^2)$. Le facteur μ^2 pourrait se réduire à l'unité, mais ν est un facteur impair qui reste nécessairement, puisqu'on raisonne dans l'hypothèse que a et N ont un commun diviseur autre que 2. Quant à l'autre facteur $a'c' - \lambda\nu b''^2$, on peut faire voir qu'il est plus grand que $3\lambda\nu b''^2$; car a et c étant l'un et l'autre $> 2b$, on a $ac > 4b^2$, ce qui donne $a'c' > 4\lambda\nu b''^2$. Cela posé, on voit que N' ne peut avoir moins de deux facteurs impairs différents, ou que i ne peut être moindre que 2. Nous allons examiner successivement les différents cas qui ont lieu selon les différentes valeurs de i.

Supposons 1° que N' n'a que deux facteurs, ν et α; le nombre i étant 2, on aura $\mu^{(i-1)} = \mu^{(1)} = 3$, puisque 3 est le premier terme de la suite 3, 5, 7, 11, etc. Il faut donc prouver que n' est plus grand que 3.

Ayant d'une part $N' = \nu\alpha$, et de l'autre $N' > 3\lambda\nu^2 b''^2$, on a à plus forte raison $\alpha > 3\lambda\nu$; et comme les moindres nombres à prendre pour λ et ν sont 3 et 5, on aura $\alpha > 45$. Ainsi on ne saurait supposer α moindre que 46 ou 47; on peut prendre $\alpha = 46$, parce que le facteur 2 ne change rien au résultat qu'on veut obtenir. Alors on aura $N = \theta^2\lambda N' = \theta^2\lambda\nu.46$; la moindre valeur de N est donc........ $N = 3.5.46 = 690$, d'où résulte $n' > \frac{183}{100}\sqrt[4]{690} > 9{,}37$. Donc si N' n'a que deux facteurs premiers impairs, on aura $n' > \mu^{(i-1)}$.

2° Supposons que N' a trois facteurs premiers, et de plus que ces facteurs sont inégaux, afin de rendre d'autant plus grande la valeur de i; on fera donc $N' = \nu\alpha\beta$, $i = 3$, ce qui donnera $\mu^{(i-1)} = \mu^{(2)} = 5$; il faudra encore qu'on ait $N' > 3\nu^2\lambda b''^2$; et par conséquent $\alpha\beta > 3\nu\lambda$. La quantité $3\nu\lambda$ a pour *minimum* 3.3.5, ou 45; donc $\alpha\beta > 45$. Mais les nombres α et β doivent être inégaux entre eux et différents de 3 et 5; on ne peut donc prendre pour α et β des valeurs moindres que 7 et 11. Elles donnent $N' = \nu.7.11$, et la moindre valeur de $N = \theta^2\lambda N'$ sera $\lambda\nu.7.11$, ou 3.5.7.11. Mais il est évident que $\sqrt[4]{(3.5.7.11)}$ est > 5. Donc on a encore $n' > \mu^{(i-1)}$.

3° Soit $N' = \nu\alpha\beta\gamma$; ces quatre facteurs étant impairs et inégaux, on aura $i = 4$ et $\mu^{(i-1)} = \mu^{(3)} = 7$. Dans ce cas la moindre valeur de $N = \theta^2\lambda\nu\alpha\beta\gamma$ sera 3.5.7.11.13; or $\sqrt[4]{(3.5.7.11.13)}$ ou.. $\sqrt[4]{(7.11.13.15)}$ est évidemment plus grande que 7; donc on a encore $n' > \mu^{(i-1)}$.

4° En admettant un facteur de plus, on aurait $i = 5$, $\mu^{(i-1)} = 11$, et la moindre valeur de N étant 3.5.7.11.13.17 ou 11.13.17.105, on aurait $\sqrt[4]{N} > 22$, et par conséquent $n' > \frac{183}{100}\sqrt[4]{N} > \mu^{(i-1)}$.

L'inégalité devient évidemment de plus en plus grande en faveur de n', à mesure que le nombre des facteurs augmente au-delà de trois : ainsi la proposition est rigoureusement démontrée lorsque N' aura un nombre quelconque de facteurs impairs, inégaux.

S'il y a des facteurs égaux dans N', ils n'entreront que comme facteurs simples dans la valeur de i, et par conséquent dans celle de $\mu^{(i-1)}$; mais $\sqrt[4]{N}$ augmentera et l'inégalité deviendra encore plus grande en faveur de n'. Il en sera de même du facteur 2, qui, lorsqu'il a lieu, augmente la valeur de n' sans augmenter celle de $\mu^{(i-1)}$.

Donc dans toutes les formules qui ne se rapportent pas aux cas 1 et 2 du n° 416, on pourra toujours trouver un ou plusieurs nombres Z plus petits que N et premiers à N ou à $\frac{1}{2}$N.

§ XI. *Méthodes pour trouver combien, dans une progression arithmétique quelconque, il y a de termes qui ne sont divisibles par aucun des nombres premiers compris dans une suite donnée.*

(421) CONSIDÉRONS de nouveau la progression arithmétique

$$A-C,\quad 2A-C,\quad 3A-C\ldots\ldots nA-C,$$

dans laquelle A et C sont premiers entre eux, et soit θ un nombre premier non-diviseur de A. Si on détermine le nombre θ° plus petit que θ, de manière que $A\theta^{\circ}+C$ soit divisible par θ, et qu'on fasse $x=\theta z-\theta^{\circ}$, toutes les valeurs de x comprises dans cette formule rendront $Ax-C$ divisible par θ. Cela posé, le nombre des termes de la progression proposée étant n, supposons qu'on demande combien il y a de ces termes qui ne sont pas divisibles par θ.

Si n est un multiple de θ, il est clair que le nombre des termes divisibles par θ sera $\frac{n}{\theta}$; donc le nombre des termes non-divisibles étant nommé y, on aura

$$y=n-\frac{n}{\theta}=n\left(1-\frac{1}{\theta}\right).$$

Si n n'est pas un multiple de θ, la formule précédente désignera, à une fraction près, le nombre des termes non-divisibles par θ. Mais pour avoir une formule exacte dans tous les cas, observons que les termes divisibles par θ forment la suite $A(\theta-\theta^{\circ})-C$, $A(2\theta-\theta^{\circ})-C$, $A(3\theta-\theta^{\circ})-C$, etc., jusqu'à un terme $kA\theta-A\theta^{\circ}-C$, aussi approché qu'il est possible de $An-C$, et plus petit que $An-C$.

Désignons à l'ordinaire par $E\left(\frac{n+\theta^{\circ}}{\theta}\right)$ l'entier le plus grand contenu dans $\frac{n+\theta^{\circ}}{\theta}$; cet entier sera la valeur de k; donc le nombre des termes divisibles par θ dans la progression proposée sera $E\left(\frac{n+\theta^\circ}{\theta}\right)$; et par conséquent le nombre des termes non-divisibles est

$$y=n-E\left(\frac{n+\theta^\circ}{\theta}\right).$$

Lorsque n est divisible par θ, l'entier contenu dans $\frac{n+\theta^\circ}{\theta}$ est $\frac{n}{\theta}$, quel que soit θ°, puisque θ° est positif et $<\theta$. Donc alors on aura... $y=n-\frac{n}{\theta}$, comme ci-dessus.

(422) Soient maintenant θ et λ deux nombres premiers non-diviseurs de A, et soit proposé de trouver combien, dans la même progression, il y a de termes qui ne sont divisibles ni par θ ni par λ.

Désignons en général par Δ° le nombre positif et moindre que Δ, qui rend $A\Delta^\circ+C$ divisible par Δ; l'expression $E\left(\frac{n+\theta^\circ}{\theta}\right)$ désignera le nombre des termes divisibles par θ dans la suite proposée, et $E\left(\frac{n+\lambda^\circ}{\lambda}\right)$, le nombre des termes divisibles par λ. Si on retranche l'un et l'autre du nombre total n, il restera $n-E\left(\frac{n+\theta^\circ}{\theta}\right)-E\left(\frac{n+\lambda^\circ}{\lambda}\right)$. Mais de cette manière on retrancherait deux fois les termes divisibles par $\theta\lambda$; pour ne les retrancher qu'une fois, ainsi que la question l'exige, il faut ajouter à la quantité précédente le nombre des termes divisibles par $\theta\lambda$, lequel est $E\left(\frac{n+(\theta\lambda)^\circ}{\theta\lambda}\right)$. On aura ainsi le nombre demandé

$$y=n-E\left(\frac{n+\theta^\circ}{\theta}\right)+E\left(\frac{n+(\theta\lambda)^\circ}{\theta\lambda}\right)$$
$$-E\left(\frac{n+\lambda^\circ}{\lambda}\right).$$

Dans le cas où n est divisible par $\theta\lambda$, cette formule devient

$$y=n\left(1-\frac{1}{\theta}\right)\left(1-\frac{1}{\lambda}\right).$$

(423) En général soient $\theta, \lambda, \mu \ldots \psi, \omega$, tant de nombres premiers

qu'on voudra (2 excepté) dont aucun ne divise A, et soit proposé de trouver combien, dans la progression $A-C, 2A-C, \ldots nA-C$, il y a de termes qui ne sont divisibles par aucun de ces nombres; il faudra distinguer deux cas :

1° Si n est un multiple du produit $\theta\lambda\mu\ldots\psi\omega$, le nombre demandé sera

$$y = n\left(1-\frac{1}{\theta}\right)\left(1-\frac{1}{\lambda}\right)\left(1-\frac{1}{\mu}\right)\ldots\ldots\left(1-\frac{1}{\omega}\right)\ldots\ldots(a')$$

Cette même formule donnera en général un résultat approché pour toute valeur de n; mais l'approximation pourrait devenir fautive si le produit $\theta\lambda\mu\ldots\psi\omega$ équivalait à une puissance très-élevée de n.

2° Quel que soit n, on obtiendra toujours la solution exacte, au moyen de la formule

$$y = n - \int E\left(\frac{n+\theta^\circ}{\theta}\right) + \int E\left(\frac{n+(\theta\lambda)^\circ}{\theta\lambda}\right) - \int E\left(\frac{n+(\theta\lambda\mu)^\circ}{\theta\lambda\mu}\right) + \text{etc.}\ldots(b')$$

dans laquelle $\int E\left(\frac{n+\theta^\circ}{\theta}\right)$ exprime la somme des entiers $E\left(\frac{n+\theta^\circ}{\theta}\right)$, $E\left(\frac{n+\lambda^\circ}{\lambda}\right)$, etc., dus aux simples nombres θ, λ, etc.; $\int E\left(\frac{n+(\theta\lambda)^\circ}{\theta\lambda}\right)$ la somme des entiers $E\left(\frac{n+(\theta\lambda)^\circ}{\theta\lambda}\right)$, $E\left(\frac{n+(\theta\mu)^\circ}{\theta\mu}\right)$, etc., dus aux produits deux à deux de ces nombres, et ainsi de suite; ces quantités devant être formées dans toutes les combinaisons possibles et avec les mêmes signes que les termes de même dénomination dans le produit développé $n\left(1-\frac{z}{\theta}\right)\left(1-\frac{z}{\lambda}\right)\ldots\left(1-\frac{z}{\omega}\right)$.

Il faut observer cependant que dans la forme (b') les termes ne doivent être continués que tant que les dénominateurs Δ n'excèdent pas $An-C$, dernier terme de la suite proposée; car lorsque Δ surpasse $An-C$, le nombre Δ° qui rend $A\Delta^\circ+C$ divisible par Δ, est plus petit que $\Delta-n$; ainsi on a $E\left(\frac{n+\Delta^\circ}{\Delta}\right)=0$.

Dans le cas où n est un multiple du produit $\theta\lambda\mu\ldots\psi\omega=\Omega$, chaque terme $E\left(\frac{n+\Delta^\circ}{\Delta}\right)$ de la formule (b') se réduit à $\frac{n}{\Delta}$, et on retombe exactement sur la formule (a').

En général si on a $n=k\Omega+m$, la valeur de y sera composée 1° de la partie $k(\theta-1)(\lambda-1)\ldots(\omega-1)$ qui répond à la valeur $n=k\Omega$; 2° de la partie qui répond à la partie $n=m$, et qui est donnée par la formule (b′).

(424) Dans le cas particulier où l'on considère la progression des nombres impairs 1, 3, 5...$2n-1$, on a $A=2$, $C=1$, et la valeur de Δ° qui rend $2\Delta^\circ+1$ divisible par Δ, est en général $\Delta^\circ=\frac{1}{2}(\Delta-1)$, ce qui permet de former immédiatement tous les termes de la formule (b′), chacun étant $\pm E\left(\frac{n+\frac{1}{2}(\Delta-1)}{\Delta}\right)$.

Soit proposé, par exemple, de trouver combien, dans les 100 premiers termes de la progression 1, 3, 5, 7, 9, etc., il y a de termes qui ne sont divisibles par aucun des nombres premiers 3, 5, 7, 11; la formule générale donnera

$$\begin{aligned} y=100 &-E\left(\frac{101}{3}\right)+E\left(\frac{107}{15}\right)-E\left(\frac{152}{105}\right)\\ &-E\left(\frac{102}{5}\right)+E\left(\frac{110}{21}\right)-E\left(\frac{182}{165}\right)\\ &-E\left(\frac{103}{7}\right)+E\left(\frac{116}{33}\right)\\ &-E\left(\frac{105}{11}\right)+E\left(\frac{117}{35}\right)\\ &\qquad\qquad\quad+E\left(\frac{127}{55}\right)\\ &\qquad\qquad\quad+E\left(\frac{138}{77}\right).\end{aligned}$$

On ne va pas plus loin, parce que les autres produits formés avec les facteurs 3, 5, 7, 11, surpasseraient 199, dernier terme de la suite proposée. Faisant donc les réductions, on aura $y=43$.

La formule d'approximation (a′) donne pour le même cas.... $y=100.\frac{2}{3}.\frac{4}{5}.\frac{6}{7}.\frac{10}{11}=41\frac{43}{77}$, ce qui s'écarte peu de la vérité.

(425) Examinons plus particulièrement la suite des nombres impairs 1, 3, 5, 7, jusqu'à $2n-1=a$, et désignons, pour abréger,

par $T\left(\frac{n}{\omega}\right)$ le nombre des termes qui restent de cette progression, après avoir supprimé ceux qui sont divisibles par quelqu'un des nombres premiers successifs $3, 5, 7, 11 \ldots \omega$. Nous distinguerons deux cas :

1° Si l'on a $\omega =$ ou $> \sqrt{a}$, tous les termes dont il s'agit seront des nombres premiers; supposons donc que par $N(\omega, a)$ on désigne combien il y a de nombres premiers depuis ω jusqu'à a, l'un et l'autre inclusivement, on aura

$$T\left(\frac{n}{\omega}\right) = N(\omega, a).$$

Quant au nombre $N(\omega, a)$, il se trouvera ou par les Tables, ou par la formule approchée

$$N(\omega, a) = 1 + \frac{a}{\log. a - c} - \frac{\omega}{\log. \omega - c},$$

dans laquelle $c = 1{,}08366$.

2° Si on a $\omega < \sqrt{a}$, appelons ω', ω'', etc. les nombres premiers qui suivent ω, depuis ω jusqu'à $\sqrt{a}$; appelons en outre a', a'', a''', etc. les entiers impairs les plus grands contenus dans les fractions $\frac{a}{\omega'}$, $\frac{a}{\omega''}$, $\frac{a}{\omega'''}$, etc. Parmi les termes dont le nombre est représenté par $T\left(\frac{n}{\omega}\right)$, il y a d'abord tous les nombres premiers de ω' à a, lesquels avec le premier terme 1, qui est toujours du nombre des restants, font un nombre $N(\omega', a) + 1$ ou $N(\omega, a)$. Viennent ensuite les nombres qui résultent du produit de ω' par chacun des nombres premiers de ω' à a', leur nombre est $N(\omega', a')$; ainsi de suite. On aura donc

$$T\left(\frac{n}{\omega}\right) = N(\omega, a) + N(\omega', a') + N(\omega'', a'') + \text{etc.}$$

Cette quantité s'évalue aisément au moyen d'une Table de nombres premiers suffisamment étendue. Car en commençant par les derniers termes et connaissant, par exemple, la valeur de $N(\omega'', a'')$, on en déduit $N(\omega', a') = N(\omega'', a'') + N(\underline{a''}, a')$; l'expression $N(\underline{a''}, a')$ désignant combien il y a de nombres premiers depuis a'' jusqu'à a' inclusivement, ou ce nombre augmenté d'une unité, si a'' n'est pas premier.

(426) Pour donner une application de ces formules, cherchons la valeur de $T\left(\frac{626}{13}\right)$, c'est-à-dire, le nombre de termes de la progression 1, 3, 5....1251, qui ne sont divisibles par aucun des nombres premiers 3, 5, 7, 11, 13.

Je trouve d'abord que de 13 à 1251 il y a 199 nombres premiers, ce qui donne $N(13, 1251)=199$; je divise ensuite 1251 par les nombres premiers 17, 19, 23, 29, 31, compris de 13 à $\sqrt{1251}$; les quotients impairs qui en résultent sont 73, 65, 53, 43, 39. Or à l'aide de la Table on trouve $N(31, 39)=2$, $N(29, 43)=2+N(\underline{39}, 43)=5$, $N(23, 53)=5+N(\underline{43}, 53)=8$, $N(19, 65)=8+N(\underline{53}, 65)=11$, $N(17, 73)=11+N(\underline{65}, 73)=15$. La somme de ces nombres est 41; donc $T\left(\frac{626}{13}\right)=199+41=240$.

La formule d'approximation (a') donne dans le même cas.... $T\left(\frac{626}{13}\right)=626\times 0{,}3836=240$. Mais le résultat n'en est pas toujours aussi exact; par exemple, cette même formule donnerait....... $T\left(\frac{10638}{43}\right)=10638\times 0{,}28344=3015$, tandis que la vraie valeur de cette quantité est 2987.

(427) La quantité $T\left(\frac{n}{\omega}\right)$, ou en général $P\left(\frac{n}{\omega}\right)$, relative à une progression quelconque $A-C, 2A-C\ldots nA-C$, et en supposant des diviseurs premiers quelconques $\theta, \lambda, \mu\ldots\psi, \omega$, peut se ramener à d'autres quantités de la même espèce, dans lesquelles la série des diviseurs serait moins étendue.

En effet la valeur de $P\left(\frac{n}{\omega}\right)$ donnée par la formule (b'), est.. $n-\int E\left(\frac{n+\theta^\circ}{\theta}\right)+\int E\left(\frac{n+(\theta\lambda)^\circ}{\theta\lambda}\right)-$ etc.; on y remarque d'abord une suite de termes qui ne contiennent pas ω, et dont la somme peut être représentée par $P\left(\frac{n}{\psi}\right)$, ce qui suppose que la suite des diviseurs θ, λ, μ, etc. a pour dernier terme ψ. Les autres termes contenant ω sont en général $-E\left(\frac{n+\omega^\circ}{\omega}\right)+\int E\left(\frac{n+(\omega\theta)^\circ}{\omega\theta}\right)-$ etc. Considérons un de ces termes quelconques $E\left(\frac{n+\alpha}{\omega\Delta}\right)$; comme le nombre α doit rendre $A\alpha+C$ divisible par $\omega\Delta$, si l'on fait $\alpha=k\omega+\epsilon$, ϵ étant positif et plus petit que ω, le terme $E\left(\frac{n+\alpha}{\omega\Delta}\right)$ deviendra $E\left(\frac{n+k\omega+\epsilon}{\omega\Delta}\right)$.

Soit encore $n+\epsilon=n'\omega+\gamma$, γ étant positif et $<\omega$, on aura.. $E\left(\frac{n+\alpha}{\omega\Delta}\right)=E\left(\frac{n'\omega+k\omega+\gamma}{\omega\Delta}\right)=E\left(\frac{n'+k}{\Delta}\right)$. Quant au nombre k, pour voir ce qu'il signifie, il faut substituer la valeur $\alpha=k\omega+\epsilon$ dans la quantité $A\alpha+C$, ce qui donnera $\frac{Ak\omega+A\epsilon+C}{\omega\Delta}=e$. De là on voit que $A\epsilon+C$ doit être divisible par ω, et qu'ainsi ϵ est ce qu'on a déja appelé ω°; faisant donc $\epsilon=\omega^\circ$, puis $\frac{A\omega^\circ+C}{\omega}=C'$, la quantité k devra satisfaire à l'équation $\frac{Ak+C'}{\Delta}=e$, de sorte qu'on aura encore $k=\Delta^\circ$.

Si on réunit maintenant tous les termes $E\left(\frac{n'+\Delta^\circ}{\Delta}\right)$, avec les signes qui leur conviennent, la somme sera représentée par $-P'\left(\frac{n'}{\psi}\right)$, $P'\left(\frac{n'}{\psi}\right)$ étant le nombre de termes qui restent de la progression $A-C'$, $2A-C'\ldots n'A-C'$, après en avoir retranché tous ceux qui sont divisibles par quelqu'un des nombres premiers $\theta, \lambda, \mu\ldots\psi$. On aura donc enfin

$$P\left(\frac{n}{\omega}\right)=P\left(\frac{n}{\psi}\right)-P'\left(\frac{n'}{\psi}\right), \ldots\ldots\ldots\ldots\ldots (c')$$

formule qui sert à déterminer la quantité $P\left(\frac{n}{\omega}\right)$, au moyen de deux autres quantités semblables dans lesquelles il y a un nombre premier de moins à considérer.

Le nombre C' étant en général différent de C, la progression $A-C'$, $2A-C'$, etc. est différente de la progression donnée; mais elles ont l'une et l'autre la même raison A. C'est pourquoi nous avons distingué par un accent la quantité $P'\left(\frac{n'}{\psi}\right)$ relative à cette nouvelle progression.

On voit d'ailleurs que C' se trouve immédiatement par la valeur $C' = \frac{A\omega^\circ + C}{\omega}$, ainsi que n' par la formule $n' = E\left(\frac{n + \omega^\circ}{\omega}\right)$.

(428) Les deux progressions dont nous venons de parler se réduisent à une seule lorsqu'on a $A = 2$, $C = 1$, ou lorsqu'il s'agit de la progression $1, 3, 5 \ldots (2n-1)$. Alors on a $\omega^\circ = \frac{1}{2}(\omega - 1)$, $C' = 1$, $n' = E\left(\frac{n + \frac{1}{2}(\omega - 1)}{\omega}\right)$, et la formule de réduction devient

$$T\left(\frac{n}{\omega}\right) = T\left(\frac{n}{\psi}\right) - T\left(\frac{n'}{\psi}\right) \ldots\ldots\ldots\ldots (d')$$

Cette formule renferme une sorte d'algorithme qui peut avoir des applications utiles.

Supposons, par exemple, qu'au moyen de la Table des nombres premiers de 1 à 100 seulement, on veuille savoir combien il y a de nombres premiers de 1 à 1000. Le nombre premier immédiatement plus petit que $\sqrt{1000}$ est 31 ; ainsi en cherchant la valeur de $T\left(\frac{500}{31}\right)$, où l'on considère comme diviseurs tous les nombres premiers de 3 à 31, il suffira d'ajouter 11 au résultat, parce que 31 est le 12e des nombres premiers. Or par la formule (d') on a

$$T\left(\frac{500}{31}\right) = T\left(\frac{500}{29}\right) - T\left(\frac{16}{29}\right)$$
$$T\left(\frac{500}{29}\right) = T\left(\frac{500}{23}\right) - T\left(\frac{17}{23}\right)$$
$$T\left(\frac{500}{23}\right) = T\left(\frac{500}{19}\right) - T\left(\frac{22}{19}\right)$$
$$T\left(\frac{500}{19}\right) = T\left(\frac{500}{17}\right) - T\left(\frac{26}{17}\right)$$
$$T\left(\frac{500}{17}\right) = T\left(\frac{500}{13}\right) - T\left(\frac{29}{13}\right)$$
$$T\left(\frac{500}{13}\right) = T\left(\frac{500}{11}\right) - T\left(\frac{38}{11}\right)$$
$$T\left(\frac{500}{11}\right) = T\left(\frac{500}{7}\right) - T\left(\frac{45}{7}\right).$$

On trouve ensuite par la Table de 1 à 100, $T\left(\frac{16}{29}\right)=2$, $T\left(\frac{17}{23}\right)=3$, $T\left(\frac{22}{19}\right)=7$, $T\left(\frac{26}{17}\right)=9$, $T\left(\frac{29}{13}\right)=11$, $T\left(\frac{38}{11}\right)=17$, $T\left(\frac{45}{7}\right)=21$. La somme de ces nombres est 70; d'ailleurs par la formule (b') on a $T\left(\frac{500}{7}\right)=228$; donc $T\left(\frac{500}{31}\right)=228-70=158$, à quoi ajoutant 11, le résultat est 169. Il y a en effet 169 nombres premiers de 1 à 1000.

C'est par de semblables procédés qu'on s'est assuré que de 1 à 1000 000, il y a 78527 nombres premiers, résultat qui sert à confirmer la formule du n° 394.

(429) Revenons à la formule générale (b'), et appelons ε le plus petit nombre positif qui rend $A\varepsilon+C$ divisible par Ω; au moyen du seul nombre ε, on pourra transformer d'une manière commode les différents termes de la formule (b'). Soit, par exemple, $E\left(\frac{n+\Delta^\circ}{\Delta}\right)$ un de ces termes où Δ doit être en général un diviseur de Ω; on pourra faire $\varepsilon=\Delta z+\delta$, δ étant positif et $<\Delta$. Alors $A\varepsilon+C$ devient $A\Delta z+A\delta+C$, et comme cette quantité divisible par Ω, l'est à plus forte raison par Δ, il faudra que $A\delta+C$ soit divisible par Δ, ce qui donnera $\Delta^\circ=\delta=\varepsilon-\Delta z$. On aura donc

$$E\left(\frac{n+\Delta^\circ}{\Delta}\right)=E\left(\frac{n+\varepsilon}{\Delta}\right)-z=E\left(\frac{n+\varepsilon}{\Delta}\right)-E\left(\frac{\varepsilon}{\Delta}\right).$$

Faisant une semblable transformation pour chacun des termes dont la formule (b') est composée, on aura pour résultat général

$$P\left(\frac{n}{\omega}\right)=\Pi\left(\frac{n+\varepsilon}{\omega}\right)-\Pi\left(\frac{\varepsilon}{\omega}\right)\ldots\ldots\ldots(e'),$$

Π étant une fonction semblable à P, et dont la valeur générale est

$$\Pi\left(\frac{n}{\omega}\right)=n-\int E\left(\frac{n}{\theta}\right)+\int E\left(\frac{n}{\theta\lambda}\right)-\int E\left(\frac{n}{\theta\lambda\mu}\right)+\text{etc}\ldots\ldots\ldots(f').$$

(430) Cette valeur de la fonction Π prouve qu'elle n'est autre chose que la fonction P appliquée à la simple progression des nombres na-

turels 1, 2, 3...n, et qu'elle désigne par conséquent le nombre des termes qui restent de cette progression après en avoir exclus tous les termes divisibles par quelqu'un des nombres premiers $\theta, \lambda, \mu \ldots \omega$. En effet, dans le cas où le terme général $An - C$ se réduit à n, on a $A = 1$, $C = 0$, et la valeur de ε qui rend $A\varepsilon + C$ divisible par Ω est simplement $\varepsilon = 0$, de sorte qu'alors P se change en Π.

La fonction Π est nulle, ainsi que la fonction P, lorsque $n = 0$, et lorsque n est négatif, on a généralement $\Pi\left(\frac{-n}{\omega}\right) = -\Pi\left(\frac{n-1}{\omega}\right)$; car la progression 1, 2, 3...n fait partie de la suite plus générale .....$-3, -2, -1, 0, 1, 2, 3, 4$, etc.

Suivant ce qu'on a déja observé n° 423, si l'on a $n = k\Omega + m$, et qu'on fasse $\Omega' = (\theta - 1)(\lambda - 1)(\mu - 1)\ldots(\omega - 1)$, il en résultera

$$P\left(\frac{k\Omega + m}{\omega}\right) = k\Omega' + P\left(\frac{m}{\omega}\right) \ldots\ldots\ldots (g').$$

Cette propriété aura donc lieu aussi pour les fonctions Π et T, qui sont des cas particuliers de la fonction P.

La fonction $P\left(\frac{n}{\omega}\right)$ s'accorde avec la quantité $Z\left(\frac{n}{\omega}\right) = n \cdot \frac{\Omega'}{\Omega}$ toutes les fois que n est un multiple de Ω; dès-lors on voit que $Z\left(\frac{n}{\omega}\right)$ peut être regardée comme la valeur moyenne de $P\left(\frac{n}{\omega}\right)$; en sorte que $P\left(\frac{n}{\omega}\right) - Z\left(\frac{n}{\omega}\right)$ est une quantité qui ne peut passer certaines limites en plus ou en moins.

La quantité $Z\left(\frac{n}{\omega}\right)$ augmente constamment de $\frac{\Omega'}{\Omega}$ à mesure que n augmente d'une unité; la fonction $P\left(\frac{n}{\omega}\right)$ n'augmente pas aussi régulièrement; cependant lorsque n est devenue $n + \Omega$, elles ont augmenté l'une et l'autre de la même quantité Ω'. En général comme le $(n+1)^{ième}$ terme de la suite $A - C$, $2A - C$, etc. est $(n+1)A - C$. on voit que $P\left(\frac{n+1}{\omega}\right) - P\left(\frac{n}{\omega}\right)$ sera $= 0$ ou $= 1$, selon que.... $(n+1)A - C$ est divisible ou non divisible par un des facteurs de Ω.

(431) Lorsqu'on considère la progression 1, 3, 5...(2n—1), la fonction P se change en T, et il faut faire $\varepsilon = \frac{1}{2}(\Omega - 1)$. Soit donc $\frac{1}{2}(\Omega - 1) = \sigma$, et on aura

$$T\left(\frac{n}{\omega}\right) = \Pi\left(\frac{n+\sigma}{\omega}\right) - \Pi\left(\frac{\sigma}{\omega}\right).$$

De cette équation on déduit, en changeant le signe de n,

$$T\left(\frac{-n}{\omega}\right) = \Pi\left(\frac{\sigma-n}{\omega}\right) - \Pi\left(\frac{\sigma}{\omega}\right).$$

Mais comme la progression 1, 3, 5, 7, etc. continuée dans le sens négatif, est —1, —3, —5, etc., il est clair qu'on a $T\left(\frac{-n}{\omega}\right) = -T\left(\frac{n}{\omega}\right)$. Donc des deux équations précédentes, on tire

$$\Pi\left(\frac{\sigma+n}{\omega}\right) + \Pi\left(\frac{\sigma-n}{\omega}\right) = 2\Pi\left(\frac{\sigma}{\omega}\right).$$

Si l'on fait dans celle-ci $n = \sigma$, il en résulte $\Pi\left(\frac{2\sigma}{\omega}\right) = 2\Pi\left(\frac{\sigma}{\omega}\right)$; mais puisque $2\sigma + 1 = \Omega$, il est clair qu'on a $\Pi\left(\frac{2\sigma}{\omega}\right) = \Pi\left(\frac{2\sigma+1}{\omega}\right) = \Omega'$; donc $\Pi\left(\frac{\sigma}{\omega}\right) = \frac{1}{2}\Omega'$, ce qui donne les deux formules

$$\Pi\left(\frac{\sigma+n}{\omega}\right) + \Pi\left(\frac{\sigma-n}{\omega}\right) = \Omega' \ldots\ldots\ldots\ldots (h')$$

$$T\left(\frac{n}{\omega}\right) = \Pi\left(\frac{n+\sigma}{\omega}\right) - \frac{1}{2}\Omega' \ldots\ldots\ldots\ldots (i')$$

Réciproquement de la seconde on déduit

$$\Pi\left(\frac{n}{\omega}\right) = T\left(\frac{n-\sigma}{\omega}\right) + \frac{1}{2}\Omega' \ldots\ldots\ldots\ldots (k')$$

Et cette valeur étant substituée dans la formule (c'), on aura l'expression générale de P en fonction de T, laquelle sera

$$P\left(\frac{n}{\omega}\right) = T\left(\frac{n+\varepsilon-\sigma}{\omega}\right) - T\left(\frac{\varepsilon-\sigma}{\omega}\right) \ldots\ldots\ldots\ldots (l')$$

D'où il suit qu'une progression quelconque A—C, 2A—C...nA—C, contient autant de termes premiers à Ω, qu'il y en a dans un pareil nombre de termes consécutifs de la suite des nombres impairs pris, non depuis le commencement de la suite, mais depuis le terme.. $2\varepsilon - 2\sigma + 1$ jusqu'au terme $2n + 2\varepsilon - 2\sigma - 1$ inclusivement.

Cette propriété établit une relation très-remarquable entre une progression arithmétique quelconque et la simple progression des nombres impairs. Il faut en effet, d'après le résultat qu'on vient d'obtenir, que ces deux progressions étant disposées, terme à terme, comme il suit :

$$\ldots -A-C,\quad -C,\quad A-C,\quad 2A-C\ldots,\quad nA-C,\quad \text{etc.}$$
$$\ldots 2\varepsilon-2\sigma-3,\ 2\varepsilon-2\sigma-1,\ 2\varepsilon-2\sigma+1,\ 2\varepsilon-2\sigma+3\ldots,\ 2\varepsilon-2\sigma+2n-1,\ \text{etc.}$$

deux termes correspondants quelconques soient tous deux divisibles ou tous deux non-divisibles par l'un des facteurs de Ω. Or c'est ce qu'il est facile de vérifier indépendamment de la théorie précédente; car deux termes correspondants quelconques étant représentés par $nA - C$ et $2\varepsilon + 2n - 2\sigma - 1$, si on observe que $A\varepsilon + C$ est divisible par Ω, et que $2\sigma + 1 = \Omega$, ces termes deviennent, en rejetant les multiples de Ω, l'un $A(n + \varepsilon)$, l'autre $2(n + \varepsilon)$. Donc ils seront tous deux premiers à Ω, ou tous deux non premiers à Ω, selon que $n + \varepsilon$ sera premier ou non premier à Ω.

Il résulte encore de cette propriété ou de l'équation (I'), que si on ne peut avoir plus de α termes consécutifs dans la suite 1, 3, 5, 7, 9, etc. qui soient divisibles par quelqu'un des facteurs de Ω, il ne pourra non plus y avoir plus de α termes consécutifs dans une progression quelconque $A - C$, $2A - C$, etc., qui aient chacun un diviseur commun avec Ω. Car si la quantité $T\left(\frac{n+\varepsilon-\sigma}{\omega}\right)$ augmente d'une unité lorsque n devient $n + \alpha$, il faudra qu'en même temps $P\left(\frac{n}{\omega}\right)$, qui devient $P\left(\frac{n+\alpha}{\omega}\right)$, augmente aussi d'une unité. C'est ce qui s'accorde avec le théorème du n° 410.

(432) Les fonctions Π, T, P ont encore quelques autres relations assez remarquables. D'abord, comme la progression $1, 2, 3 \ldots . 2n$

relative à $\Pi\left(\frac{2n}{\omega}\right)$, est composée de la progression 1, 3, 5...$(2n-1)$ relative à $T\left(\frac{n}{\omega}\right)$ et de la progression 2, 4, 6...$2n$, dont les termes divisés par 2 donnent 1, 2, 3...n, il est clair qu'on a en général

$$T\left(\frac{n}{\omega}\right)=\Pi\left(\frac{2n}{\omega}\right)-\Pi\left(\frac{n}{\omega}\right)\ldots\ldots\ldots\ldots\ldots(m')$$

On trouverait semblablement

$$T\left(\frac{n}{\omega}\right)=\Pi\left(\frac{2n-1}{\omega}\right)-\Pi\left(\frac{n-1}{\omega}\right)\ldots\ldots\ldots(n')$$

Et comme on a $P\left(\frac{n}{\omega}\right)=\Pi\left(\frac{n+\varepsilon}{\omega}\right)-\Pi\left(\frac{\varepsilon}{\omega}\right)$, si on fait $n=\varepsilon$, cette équation donnera

$$P\left(\frac{\varepsilon}{\omega}\right)=\Pi\left(\frac{2\varepsilon}{\omega}\right)-\Pi\left(\frac{\varepsilon}{\omega}\right)=T\left(\frac{\varepsilon}{\omega}\right)\ldots\ldots\ldots(p')$$

Faisant $n=\varepsilon$ dans la formule (l'), on aura donc $T\left(\frac{\varepsilon}{\omega}\right)=T\left(\frac{2\varepsilon-\sigma}{\omega}\right)$ $-T\left(\frac{\varepsilon-\sigma}{\omega}\right)$. Mais dans cette dernière équation ε est à volonté, puisqu'il ne reste plus de trace de la progression d'où ε est tirée; donc on a, quel que soit n,

$$T\left(\frac{n}{\omega}\right)=T\left(\frac{2n-\sigma}{\omega}\right)-T\left(\frac{n-\sigma}{\omega}\right)\ldots\ldots\ldots\ldots(q')$$

Cette formule se déduirait aussi de la combinaison des équations (k') et (m').

(433) Proposons-nous maintenant de déterminer combien il y a de nombres premiers dans la progression

$$A-C,\ 2A-C,\ 3A-C,\ldots\ldots nA-C,$$

où nous supposerons, comme ci-dessus, A et C premiers entre eux, et de plus A pair et $C<A$.

Le nombre A restant le même, on peut prendre pour C celui qu'on voudra des nombres premiers à A et plus petits que A, et si on représente la suite de ces valeurs par $C_1, C_2, C_3 \ldots C_k$, leur nombre k se trouvera, comme on sait, par la formule

$$k = \tfrac{1}{2} A \left(1 - \frac{1}{\alpha}\right)\left(1 - \frac{1}{\beta}\right)\left(1 - \frac{1}{\gamma}\right) \text{etc.}$$

α, β, γ, etc. étant les différents nombres premiers impairs qui divisent A.

Ainsi on voit que la progression proposée fait partie d'un système de k progressions semblables dont les termes généraux sont $nA - C_1$, $nA - C_2$, $nA - C_3 \ldots nA - C_k$.

Cela posé si on s'arrête à une valeur déterminée du nombre n que nous supposerons très-grand par rapport à A, tous les nombres premiers moindres que nA, excepté ceux qui divisent A, seront compris dans ces diverses progressions, et notre objet est de prouver qu'ils sont répartis également entre elles, c'est-à-dire que s'il y a P nombres premiers compris dans la progression dont le terme général est $nA - C_p$, et Q nombres premiers compris dans la progression dont le terme général est $nA - C_q$, n étant le même de part et d'autre, le rapport $\frac{P}{Q}$ deviendra aussi peu différent de l'unité qu'on voudra en donnant à n une valeur suffisamment grande.

(434) Soit θ un nombre premier $< \sqrt{(nA)}$ et non-diviseur de A, et soit θ° un nombre positif plus petit que θ, tel que $A\theta^\circ + C$ soit divisible par θ; on a fait voir ci-dessus n° 421, que le nombre des termes divisibles par θ, dans la progression qui a pour terme général $nA - C$, est exprimé par $E\left(\frac{n+\theta^\circ}{\theta}\right)$.

Or α et β étant deux valeurs de θ relatives à deux valeurs particulières de C, telles que C_p et C_q, il est visible que les deux nombres désignés par $E\left(\frac{n+\alpha}{\theta}\right)$, $E\left(\frac{n+\beta}{\theta}\right)$, sont égaux ou ne peuvent différer au plus que d'une unité. Donc le nombre des termes divisibles par θ, dans la progression dont le terme général est $nA - C_p$, et un semblable nombre dans la progression dont le terme général est $nA - C_q$, seront égaux entre eux ou ne différeront au plus que d'une unité. Il en est de même des termes non-divisibles par θ dont le nombre ne peut varier que d'une unité au plus d'une progression à l'autre.

(435) Soient $\theta, \lambda, \mu \ldots$ les différents nombres premiers moindres que $\sqrt{nA}$ et non-diviseurs de A; soit N_p le nombre des termes de la progression $A - C_p, 2A - C_p \ldots nA - C_p$, qui restent après en avoir retranché tous les termes divisibles par l'un des nombres premiers $\theta, \lambda, \mu \ldots$; soit N_q le nombre semblable qui se rapporte à la progression $A - C_q, 2A - C_q \ldots nA - C_q$; en vertu du résultat précédent, la différence entre N_p et N_q ne pourra jamais être un nombre plus grand que celui des nombres premiers moindres que $\sqrt{nA}$, et que nous représenterons par $m = \varphi(\sqrt{nA})$.

D'un autre côté, tous les nombres $N_1, N_2 \ldots N_k$, qui répondent aux k valeurs différentes de C, doivent composer les différents nombres premiers compris depuis $\sqrt{nA}$ jusqu'à nA, et leur somme est représentée par conséquent par la quantité $M = \varphi(nA) - \varphi(\sqrt{nA})$. Ces deux conditions ne peuvent être remplies à moins qu'on n'ait en général

$$N_p = \frac{M}{k} + x_p,$$

$\frac{M}{k}$ étant une quantité constante pour toutes les valeurs de p depuis 1 jusqu'à k, et x_p une partie variable positive ou négative, qui ne peut jamais surpasser m et dont la somme pour toutes les valeurs de p est nulle.

(436) Mais à mesure que n augmente, le nombre m devient de plus en plus petit par rapport à M et même par rapport à $\frac{M}{k}$ (1),

(1) Cette proposition assez évidente par elle-même, se vérifie aisément par la loi donnée § VIII; on a en effet suivant cette loi $M + m = \frac{nA}{\log.(nA) - c}$, $m = \frac{\sqrt{(nA)}}{\frac{1}{2}\log.(nA) - c}$; donc $\frac{M}{m} + 1 = \frac{1}{2}\sqrt{(nA)} . \frac{\log.(nA) - 2c}{\log.(nA) - c}$, quantité qui devient aussi grande qu'on voudra, en augmentant progressivement le nombre n.

d'où il suit que le rapport des deux nombres désignés par N_p et N_q, doit être censé égal à l'unité lorsque n est devenu très-grand, et qu'ainsi les M nombres premiers compris depuis $\sqrt{nA}$ jusqu'à nA, se partagent également entre nos k progressions. Une semblable égalité a lieu dans la répartition des nombres premiers compris depuis $\sqrt[4]{nA}$ jusqu'à $\sqrt{nA}$ et ainsi de suite. D'ailleurs à mesure qu'on descend des limites supérieures aux inférieures, les nombres analogues à M diminuent d'une manière rapide et la petite inégalité qu'il pourrait y avoir dans leur partage entre les k progressions serait sans influence sensible sur le partage résultant de la première valeur de M. Nous pouvons donc tirer de toutes ces considérations le théorème suivant.

« La série des nombres premiers (excepté ceux qui divisent le « nombre A) se partage également entre les k différentes progres- « sions formées d'après les termes généraux $nA - C_1$, $nA - C_2$, « $nA - C_3 \ldots nA - C_k$, de manière que si $\varphi(nA)$ représente le nom- « bre total des nombres premiers depuis 1 jusqu'à la limite nA, « chacune de ces progressions continuée jusqu'au nombre de termes « n, contiendra à très-peu près autant de nombres premiers qu'il « y a d'unités dans la quantité $\frac{1}{k}\varphi(nA)$. »

Nous savons par le § VIII quelle est la valeur approchée de $\varphi(nA)$; il en résulte que la formule

$$x = \frac{1}{k} \cdot \frac{nA}{\log.(nA) - 1.08366}$$

fera connaître avec une exactitude suffisante combien il y a de nombres premiers dans la progression $A - C, 2A - C, 3A - C \ldots nA - C$.

Par exemple, dans la progression 59, 119, 179...etc., dont le terme général est $60n - 1$, le nombre k, déduit des facteurs simples 2, 3, 5, du nombre 60, est $30(1 - \frac{1}{3})(1 - \frac{1}{5}) = 16$, ce qui donne $x = \frac{\frac{15}{4}n}{\log.(60n) - 1.08366}$. Ainsi dans les 100000 premiers termes de cette progression on devra trouver à très-peu près 25820 nombres

bres premiers, c'est-à-dire un peu plus que le quart de tous les termes.

(437) Il est maintenant facile de déterminer combien un diviseur quadratique donné $\Delta = py^2 + 2qyz + rz^2$ de la formule $t^2 + au^2$, contient de nombres premiers moindres qu'une limite donnée N.

Soit pour cet effet $\varphi(N)$ le nombre total des nombres premiers plus petits que N, $\frac{1}{2}\varphi(N)$ exprimera celui des diviseurs premiers de la formule $t^2 + au^2$. Supposons que les diviseurs quadratiques de cette formule soient partagés en k groupes comprenant chacun un égal nombre de formes linéaires $4ax + \alpha$, ou $2ax + \alpha$, comme on l'a vu dans les art. 207 et 208, dont les résultats se vérifient immédiatement dans les Tables IV, V, VI et VII; chaque groupe devra contenir par conséquent autant de nombres premiers qu'il y a d'unités dans la quantité $\frac{1}{2k}\varphi(N)$. Soit ensuite μ (1) le nombre de diviseurs quadratiques compris dans le groupe dont Δ fait partie, en ayant soin de compter pour $\frac{1}{2}$ seulement chaque diviseur qui serait *bifide*, c'est-à-dire qui appartiendrait à l'un des trois cas $q = 0$, $r = 2q$, $p = r$; alors $\frac{1}{2k\mu}\varphi(N)$ sera le nombre cherché de nombres premiers moindres que N, compris dans le diviseur Δ, s'il n'est pas bifide, et la moitié seulement, savoir $\frac{1}{4k\mu}\varphi(N)$, si le diviseur Δ est bifide.

Ce résultat est fondé d'une part, sur ce que les diverses formes $4ax + \alpha$ ou $2ax + \alpha$, correspondantes à chaque groupe de diviseurs quadratiques, représentent des progressions arithmétiques entre lesquelles se partagent également tous les nombres premiers diviseurs de $t^2 + au^2$ et dont le nombre total est $\frac{1}{2}\varphi(N)$;

D'autre part, sur ce que, si l'on forme deux séries d'après les

---

(1) Ce nombre μ sera le même dans tous les groupes, qui composent tous les diviseurs quadratiques d'une même formule $t^2 + au^2$, comme on peut le voir dans les Tables citées.

termes généraux $\Delta = py^2 + 2qyh + rh^2$, $\Delta' = p'y^2 + 2q'yh + r'h^2$, Δ et Δ' étant deux diviseurs quadratiques affectés à un même groupe et dans lesquels on donne à h une même valeur constante, tandis que y prend successivement les valeurs 0, 1, 2, 3, 4, etc., les deux séries ainsi formées ont la propriété commune avec les progressions arithmétiques que les termes divisibles par un même nombre premier θ, se succèdent à un intervalle de θ termes; d'où l'on peut inférer qu'elles doivent contenir une égale portion des nombres premiers qui divisent la formule $t^2 + au^2$, égalité qui sera d'autant plus exacte que la limite N sera plus grande.

(438) Considérons, par exemple, dans la Table IV, la formule $t^2 + 69y^2$ et son diviseur quadratique $\Delta = 2y^2 + 2yz + 35z^2$; ce diviseur fait partie d'un groupe composé de deux diviseurs bifides, et le nombre des groupes est 4; on a donc $k = h$, et $\mu = 2 . \frac{1}{2} = 1$, ce qui donne le nombre cherché $x = \frac{1}{16}\varphi(N)$. Ainsi en faisant la limite $N = 100000$, on aura par la formule connue $\varphi(N) = 9588$ et $x = \frac{1}{16}\varphi(N) = 599$; c'est-à-dire qu'il doit y avoir 599 nombres premiers moindres que 100000 compris dans le diviseur quadratique $2y^2 + 2yz + 35z^2$.

Considérons encore dans la Table VI la formule $t^2 + 106u^2$ et son diviseur quadratique $\Delta = 22y^2 + 4yz + 5z^2$; ce diviseur joint au diviseur bifide $2y^2 + 53z^2$ forme l'un des deux groupes qui comprennent tous les diviseurs quadratiques de $t^2 + 106u^2$. On a donc $k = 2$ et $\mu = 1\frac{1}{2}$, ce qui donne $x = \frac{1}{6}\varphi(N)$.

Enfin pour appliquer les mêmes formules aux diviseurs compris dans la Table V, il faut réduire les diviseurs quadratiques à coefficients impairs en diviseurs de la forme ordinaire $py^2 + 2qyz + rz^2$, comme on l'a indiqué n° 224. Prenons pour exemple la formule $t^2 + 83u^2$ qui a les deux diviseurs quadratiques $y^2 + yz + 21z^2$, $3y^2 + yz + 7z^2$, formant un seul groupe; le premier se transforme en deux diviseurs $y^2 + 83z^2$, $4y^2 + 2yz + 21z^2$, le second se transforme en trois autres, savoir :

$$7y^2 + 2yz + 12z^2$$
$$3y^2 + 2yz + 28z^2$$
$$9y^2 + 8yz + 11z^2.$$

Donc si l'on veut savoir combien il y a de nombres premiers moindres que N compris dans chacun de ces cinq diviseurs quadratiques, on fera $k = 1$, $\mu = 4\frac{1}{2}$, parce que sur les cinq diviseurs il y en a un bifide, ce qui donnera $x = \frac{1}{9}\Phi(N)$ pour chacun des quatre diviseurs entiers ou non bifides et $x = \frac{1}{18}\Phi(N)$ pour le diviseur bifide $y^2 + 83z^2$.

§ XII. *Méthodes pour compléter la résolution en nombres entiers des équations indéterminées du second degré.*

(439) Nous avons donné dans la première partie les méthodes nécessaires pour résoudre en nombres entiers les équations indéterminées du second degré, qui sont de la forme $ay^2+byz+cz^2=H$; c'est en effet à cette forme que peut être réduite toute équation proposée du second degré; mais il reste une condition à remplir lorsque l'équation dont il s'agit contient des termes du premier degré.

Soit en général $ay^2+byz+cz^2+dy+fz+g=0$ l'équation proposée; pour faire disparaître les termes où les indéterminées sont au premier degré, je fais $y=\frac{y'+\alpha}{\theta}$, $z=\frac{z'+\beta}{\theta}$, et j'ai la transformée

$$\begin{aligned} 0=ay'^2+by'z'+cz'^2 &+ 2a\alpha y'+2c\beta z'+a\alpha^2+d\alpha\theta \\ &+ b\beta y'+b\alpha z'+b\alpha\beta+f\beta\theta \\ &+ d\theta y'+f\theta z'+c\beta^2+g\theta^2 \end{aligned}$$

Supposant donc $2a\alpha+b\beta+d\theta=0$, $2c\beta+b\alpha+f\theta=0$, on aura $\frac{\alpha}{\theta}=\frac{2cd-fb}{bb-4ac}$, $\frac{\beta}{\theta}=\frac{2af-db}{bb-4ac}$; d'où l'on voit que si dans l'équation proposée on fait immédiatement

$$y=\frac{y'+2cd-fb}{bb-4ac},\quad z=\frac{z'+2af-db}{bb-4ac},$$

la transformée sera

$$ay'^2+by'z'+cz'^2=-(af^2-bdf+cd^2)(bb-4ac)-g(bb-4ac)^2.$$

Je remarque maintenant qu'on peut supposer que les coefficients a, b, c des termes du second degré dans l'équation proposée, n'ont pas de diviseur commun; car s'ils avaient un commun diviseur ω, il faudrait que $dy+fz+g$ fût aussi divisible par ω; or cette condition est facile à remplir, en introduisant une indéterminée nouvelle à la place de y ou de z, et alors toute l'équation devient divisible par ω.

Je remarque aussi qu'on peut faire abstraction du cas où $bb-4ac$ est une quantité négative, parce qu'alors le nombre des solutions de la transformée étant toujours limité, le procédé le plus simple est de substituer successivement les valeurs trouvées de y' et z' dans les formules $y=\frac{y'+2cd-fb}{bb-4ac}$, $z=\frac{z'+2af-db}{bb-4ac}$, afin de voir quelles sont celles qui donnent pour y et z des nombres entiers.

On peut se dispenser encore de discuter le cas où b^2-4ac, quoique positif, serait égal à un carré, parce qu'alors la transformée n'a encore qu'un nombre de solutions limité (n° 70). Il ne reste donc à examiner que le cas où $bb-4ac$ est un nombre positif non-carré.

(440) Alors la transformée, si elle est résoluble, aura toujours une infinité de solutions renfermées dans un ou plusieurs systèmes, et chaque système pourra être représenté par les formules

$$y'=\gamma F+\delta G$$
$$z'=\varepsilon F+\zeta G$$
$$[\varphi+\psi\sqrt{(bb-4ac)}]^n=F+G\sqrt{(bb-4ac)}.$$

Pour éviter la considération des cas particuliers, nous supposerons que ces formules sont préparées de manière que les nombres γ, δ, ε, ζ, φ, ψ sont des entiers, et que l'exposant n est un nombre à volonté. Quelquefois la solution immédiate donnera, pour ces coefficients, des nombres affectés de la fraction $\frac{1}{2}$; il pourra arriver aussi que l'exposant n soit d'une forme désignée paire ou impaire. Mais dans tous les cas, il est facile de réduire les formules à la forme que nous supposons, où tous les nombres sont entiers et l'exposant n à volonté : il faut de plus se rappeler qu'on aura toujours.... $\varphi^2-\psi^2(b^2-4ac)=1$.

Cela posé, il s'agit de trouver en général la valeur de n telle que les quantités

$$y = \frac{\gamma F + \delta G + \alpha}{bb - 4ac}, \quad z = \frac{\varepsilon F + \zeta G + \beta}{bb - 4ac}$$

soient des entiers. Or on a

$$F = \varphi^n + \frac{n.n-1}{1.2} \varphi^{n-2} \psi^2 (bb - 4ac) + \text{etc.}$$

$$G = n\varphi^{n-1}\psi + \frac{n.n-1.n-2}{1.2.3} \varphi^{n-3} \psi^3 (bb - 4ac) + \text{etc.}$$

Ainsi en substituant ces valeurs de F et G, on voit que la question se réduit à déterminer n de manière que les quantités $\frac{\gamma\varphi^n + \delta n \varphi^{n-1}\psi + \alpha}{bb - 4ac}$, $\frac{\varepsilon\varphi^n + \zeta n \varphi^{n-1}\psi + \beta}{bb - 4ac}$, soient des entiers. Pour cela, nous distinguerons deux cas, selon que n est pair ou impair.

Soit 1° $n = 2m$, l'équation $\varphi^2 - \psi^2(b^2 - 4ac) = 1$, donne, en négligeant les multiples de $b^2 - 4ac$, $\varphi^{2m} = 1$; on peut donc, au lieu de α et β, mettre $\alpha\varphi^{2m}$ et $\beta\varphi^{2m}$, et alors supprimant le facteur φ^{2m-1} qui ne peut avoir aucun diviseur commun avec $b^2 - 4ac$, on trouve que la détermination de m ne dépend plus que des équations du premier degré

$$\frac{(\alpha + \gamma)\varphi + 2\delta\psi m}{bb - 4ac} = e, \quad \frac{(\beta + \varepsilon)\varphi + 2\zeta\psi m}{bb - 4ac} = e,$$

lesquelles doivent s'accorder entre elles, pour que l'équation proposée soit résoluble en nombres entiers.

Soit 2° $n = 2m + 1$, alors, en négligeant les multiples de $bb - 4ac$, on aura encore $\alpha = \alpha\varphi^{2m}$ et $\beta = \beta\varphi^{2m}$, et la détermination de m dépendra des équations du premier degré

$$\frac{\gamma\varphi + \alpha + (2m+1)\delta\psi}{bb - 4ac} = e, \quad \frac{\varepsilon\varphi + \beta + (2m+1)\zeta\psi}{bb - 4ac} = e,$$

lesquelles doivent encore s'accorder entre elles.

Donc dans tous les cas on trouvera les valeurs convenables de l'exposant n par la simple résolution d'une équation indéterminée du premier degré, et la valeur de n qui résultera de cette solution étant en général de la forme $\nu + (bb - 4ac)k$, où k est une indéterminée, il s'ensuit qu'on aura une infinité de valeurs de n qui satisferont à la question, de sorte qu'on aura aussi une infinité de solutions de l'équation proposée en nombres entiers. On doit d'ailleurs observer que les nombres F et G peuvent être pris chacun avec le signe qu'on voudra, ce qui donnera quatre combinaisons à examiner séparément, et d'où pourront résulter différentes solutions.

(441) Soit proposé maintenant, pour compléter cette théorie, de résoudre la question suivante :

Les nombres F *et* G *étant donnés par la formule* $(\varphi + \psi\sqrt{A})^n = F + G\sqrt{A}$, *dans laquelle l'exposant* n *est indéterminé, et où l'on a* $\varphi^2 - \psi^2 A = 1$, *trouver toutes les valeurs de* n *telles que la quantité* $\lambda F + \mu G + \nu$ *soit divisible par un nombre premier* ω *qui ne divise pas* $A\psi$.

Voici une méthode qui a été indiquée pour cet objet par Lagrange (Mém. de Berlin, 1767.)

Je suppose d'abord qu'on connaisse une valeur de l'exposant n qui satisfait à la question; soit cette valeur p, il faudra qu'en faisant $(\varphi + \psi\sqrt{A})^p = f + g\sqrt{A}$, la quantité $\frac{\lambda f + \mu g + \nu}{\omega}$ soit un entier. Je cherche ensuite un exposant q, tel qu'en faisant...... $(\varphi + \psi\sqrt{A})^q = f' + g'\sqrt{A}$, le nombre g' soit divisible par ω. Il est certain que cet exposant existe, puisqu'on peut toujours satisfaire à l'équation $x^2 - A\omega^2 y^2 = 1$. Cet exposant étant trouvé, on peut supposer en même temps que $f' - 1$ soit divisible par ω; si cela n'était pas, on doublerait l'exposant q; et faisant $(\varphi + \psi\sqrt{A})^{2q}$ ou $(f' + g'\sqrt{A})^2 = f'' + g''\sqrt{A}$, on aurait $f'' = f'^2 + Ag'^2 = 1 + 2Ag'^2$, et $g'' = 2f'g'$, de sorte que $f'' - 1$ et g'' seraient à-la-fois divisibles par ω. Donc en faisant les préparations convenables, on trouvera toujours un exposant q, tel qu'en faisant $(\varphi + \psi\sqrt{A})^q = f' + g'\sqrt{A}$, les nombres $f' - 1$ et g' soient l'un et l'autre divisibles par ω.

Je dis maintenant qu'en prenant $n = qx + p$, la quantité proposée $\lambda F + \mu G + \nu$ sera divisible par ω, quel que soit l'entier x. Car soit

$(f'+g'\sqrt{A})^z = F'+G'\sqrt{A}$, on aura $F+G\sqrt{A}=(f+g\sqrt{A})(F'+G'\sqrt{A})$, d'où l'on tire $F=fF'+gAG'$, $G=fG'+gF'$, et $\lambda F+\mu G+\nu=(\lambda f+\mu g)F'+(\lambda gA+\mu f)G'+\nu$. Mais les valeurs développées de F' et G' étant $F'=f'^z+\frac{x.x-1}{1.2}f'^{z-2}g'^2A+$ etc., $G'=nf'^{z-1}g'+$ etc., si on néglige les multiples de ω, on aura $G'=0$, et $F'=f'^z=1$; donc en négligeant les mêmes multiples, la quantité $\lambda F+\mu G+\nu$ se réduit à $\lambda f+\mu g+\nu$, donc elle est divisible par ω

Puisque toutes les valeurs de n comprises dans la formule. . $n=qx+p$ satisfont à la question, il y aura toujours une de ces valeurs qui sera moindre que q, de sorte qu'on pourra toujours supposer $p<q$. Donc pour avoir l'exposant p qui donne la première solution, il faut élever $\varphi+\psi\sqrt{A}$ à ses puissances successives $0, 1, 2, 3 \ldots q-1$, et essayer, pour chaque puissance représentée par $f+g\sqrt{A}$, si la quantité $\lambda f+\mu g+\nu$ est divisible par ω. On peut aussi former directement la suite des quantités $\lambda f+\mu g$, en observant que cette suite est récurrente, et qu'elle a pour échelle de relation $2\varphi, -1$; d'où il suit qu'au moyen des deux premiers termes connus $\lambda, \lambda\varphi+\mu\psi$, on formera aisément tous les autres. Ces calculs sont d'autant plus faciles, qu'on peut rejeter les multiples de ω, à mesure qu'ils se présentent, et si le problème est possible, il faudra que dans les q premiers termes de la suite dont il s'agit, on trouve une ou plusieurs fois $\lambda f+\mu g+\nu=0$.

(442) Connaissant l'exposant le plus petit p qui rend $\lambda f+\mu g+\nu$ divisible par un nombre premier ω, voici la méthode qu'on peut suivre pour trouver *a priori* une valeur de n, telle que $\lambda F+\mu G+\nu$ soit divisible par une puissance donnée ω.

Nous observerons d'abord qu'on peut résoudre généralement l'équation $\frac{L+Mx+N\omega+P\omega^2+Q\omega^3+\text{etc.}}{\omega^m}=e$, dans laquelle L et M sont des nombres donnés, et N, P, Q, etc. des fonctions quelconques entières de x. Pour cela, il faudra déterminer x de manière que $\frac{L+Mx}{\omega}$ soit un entier ; ayant trouvé $x=l+\omega x'$, si on substitue cette valeur dans l'équation proposée, elle deviendra de la forme $\frac{L' + M'x' + N'\omega + P'\omega^2 + Q'\omega^3 + \text{etc.}}{\omega^{n-1}} = e$ semblable à la proposée, mais dont le dénominateur est d'un degré moindre d'une unité. On aura donc, par une suite de procédés semblables, $x = l + \omega x'$, $x' = l' + \omega x''$, $x'' = l'' + \omega x'''$, etc.; d'où l'on conclura .... $x = l + l'\omega + l''\omega^2 + l'''\omega^3 + \text{etc.}$ jusqu'à un terme de la forme $\omega^n x^{(n)}$ dans lequel $x^{(n)}$ sera une nouvelle indéterminée.

Cela posé, si l'on veut, par exemple, déterminer la valeur de n telle que la quantité $\lambda F + \mu G + \nu$ soit divisible par ω^3, on fera, comme ci-dessus, $n = qx + p$, et toutes choses étant d'ailleurs les mêmes, faisant de plus $\lambda f + \mu g = \lambda'$, $\lambda g A + \mu f = \mu'$, on aura $\lambda F + \mu G + \nu = \lambda' F' + \mu' G' + \nu$. Dans cette quantité, qui est déja divisible par ω, quel que soit x, il faudra substituer, au lieu de F' et G' leurs valeurs développées, en omettant la troisième puissance et les puissances supérieures de g'; ces valeurs sont :

$$F' = f'^x + \frac{x.x-1}{2} f'^{x-2} g'^2 A, \quad G' = x f'^{x-1} g'.$$

On distinguera ensuite deux cas, selon que x est pair ou impair.

1° Si x est pair, on pourra, à la place de ν, mettre $\nu(f'^2 - g'^2 A)^{\frac{x}{2}}$, et développer cette quantité, en omettant les termes qui contiennent g'^3 et les puissances supérieures de g'. Par ces substitutions, l'équation proposée $\frac{\lambda' F' + \mu' G' + \nu}{\omega^3} = e$ deviendra

$$\frac{\lambda'\left(f'^x + \frac{x.x-1}{1.2} f'^{x-2} g'^2 A\right) + \mu'.x f'^{x-1} g' + \nu\left(f'^x - \frac{x}{2}.f'^{x-2} g'^2 A\right)}{\omega^3} = e.$$

Or f' n'étant pas divisible par ω, puisque $f' - 1$ l'est, on peut supprimer du numérateur le facteur commun f'^{x-2}, ce qui fait disparaître la variable en exposant; si de plus on fait $g' = \omega h'$, $\lambda' + \nu = \omega L$, l'équation à résoudre deviendra

$$\frac{L f'^2 + \mu' f' h' x + \left(\lambda'.\frac{x.x-1}{1.2} - \nu\frac{x}{2}\right) h'^2 A \omega}{\omega^2} = e.$$

Et celle-ci pouvant se traiter par la méthode précédente, on aura le résultat de la forme $x=l+l'\omega+\omega^2x''$, où il faudra prendre l'indéterminée x'' de manière que x soit pair.

2° Si x est impair, il faudra, à la place de ν, mettre $\nu(f'^2-g'^2A)^{\frac{x-1}{2}}$, et d'ailleurs le calcul sera entièrement semblable à celui du premier cas.

On voit maintenant le procédé à suivre, pour faire en sorte qu'une quantité de la forme $\lambda F+\mu G+\nu$ soit divisible par un nombre quelconque P. Ayant décomposé P en ses facteurs premiers, soit ω^m un de ces facteurs, on cherchera les valeurs de n, telles que la quantité proposée soit divisible par ω^m, et ainsi successivement par rapport à chacun des autres facteurs. On aura différentes valeurs particulières de n qu'il faudra combiner ensemble, afin d'avoir une valeur générale qui satisfasse à toutes les conditions, et le problème ne sera résoluble qu'autant que toutes ces conditions pourront être remplies.

(443) Nous remarquerons que la valeur de q dont on a besoin dans la solution précédente (n° 431), peut être donnée directement par le théorème suivant.

« Si l'on a $\varphi^2-A\psi^2=1$, et qu'on cherche un exposant q, tel que « $(\varphi+\psi\sqrt{A})^q-1$ soit divisible par un nombre premier ω non-di- « viseur de $A\psi$, je dis qu'on peut faire $q=\omega-1$ si l'on a $\left(\frac{A}{\omega}\right)=+1$, « ou $q=\omega+1$ si l'on a $\left(\frac{A}{\omega}\right)=-1$.

En effet on trouvera, comme au n° 129, que la quantité.... $(\varphi+\psi\sqrt{A})^\omega-(\varphi+\psi\sqrt{A})$, divisée par ω, laisse le même reste qu'une quantité semblable $(\varphi-k+\psi\sqrt{A})^\omega-(\varphi-k+\psi\sqrt{A})$, dans laquelle k est un entier quelconque. Soit $k=\varphi$, on aura ainsi, en omettant les multiples de ω,

$$(\varphi+\psi\sqrt{A})^\omega-(\varphi+\psi\sqrt{A})=(\psi\sqrt{A})^\omega-\psi\sqrt{A},$$

et le second membre, à cause de $\psi^{\omega}=\psi$, devient $\psi\sqrt{A}\,(A^{\frac{\omega-1}{2}}-1)$ ou $\psi\sqrt{A}\left[\left(\frac{A}{\omega}\right)-1\right]$.

Soit 1° $\left(\frac{A}{\omega}\right)=1$, on aura $(\varphi+\psi\sqrt{A})^{\omega}-(\varphi+\psi\sqrt{A})=0$; donc $(\varphi+\psi\sqrt{A})^{\omega-1}-1$ est divisible par ω, donc on peut faire $q=\omega-1$.

Soit 2° $\left(\frac{A}{\omega}\right)=-1$, on aura $(\varphi+\psi\sqrt{A})^{\omega}=\varphi-\psi\sqrt{A}$; donc $(\varphi+\psi\sqrt{A})^{\omega+1}=\varphi^2-A\psi^2=1$, donc on peut faire $q=\omega+1$.

§ XIII. *De l'équation* $x^3 + ay^3 = bz^3$.

(444) **Supposons** qu'une solution de cette équation soit donnée par les valeurs $x=f$, $y=g$, $z=h$; si en conservant la valeur $z=h$ on fait $x=f+\omega$, $y=g-n\omega$, on aura par la substitution

$$\begin{aligned} 0 = & \quad 3f^2 + 3f\omega + \omega^2 \\ & -an(3g^2 - 3gn\omega + n^2\omega^2). \end{aligned}$$

Soit $f^2 - ag^2n = 0$, ou $n = \frac{f^2}{ag^2}$, l'équation restante donnera

$$\omega = \frac{3(f+agn^2)}{an^3-1} = \frac{3afg^3}{f^3-ag^3},$$

donc

$$x = \frac{f^4+2afg^3}{f^3-ag^3}, \quad y = -\frac{g(2f^3+ag^3)}{f^3-ag^3}.$$

Ainsi on satisfera à l'équation proposée au moyen des nouvelles valeurs

$$\begin{aligned} x &= \quad f(f^3 + 2ag^3) = f' \\ y &= -g(2f^3 + ag^3) = g' \\ z &= \quad h(f^3 - ag^3) = h'. \end{aligned}$$

Cette seconde solution en donnera une troisième exprimée par les formules

$$\begin{aligned} x &= \quad f'(f'^3 + 2ag'^3) = f'' \\ y &= -g'(2f'^3 + ag'^3) = g'' \\ z &= \quad h'(f'^3 - ag'^3) = h'', \end{aligned}$$

et ainsi à l'infini.

Si les nombres f, g, h, qui donnent la première solution sont considérés comme du premier ordre, les nombres f', g', h', qui composent la deuxième solution seront du quatrième ordre, les nombres f'', g'', h'', qui composent la troisième solution seront du seizième ordre; c'est-à-dire en d'autres termes, que le nombre de chiffres d'une solution sera environ quadruple du nombre de chiffres de la solution précédente.

A partir d'une solution telle que la troisième, par exemple, on peut suivre l'ordre ascendant pour avoir les solutions quatrième, cinquième, sixième, etc.; ce qui se fera par les formules précédentes; mais on peut aussi suivre l'ordre inverse pour avoir la deuxième puis la première solution; ce qui ne peut se faire que par de nouvelles formules que nous allons rechercher.

(445) Il s'agit en général de déduire x, y, z, des quantités données x', y', z', au moyen des équations

$$\begin{aligned} x' &= x(x^3 + 2ay^3) \\ y' &= -y(2x^3 + ay^3) \\ z' &= z(x^3 - ay^3). \end{aligned}$$

Pour cela soit $y' = mx'$, $z' = nx'$, ensuite $y = px$, $z = qx$, on aura

$$\begin{aligned} x' &= x^4(1 + 2ap^3) \\ y' &= -x^4p(2 + ap^3) \\ z' &= x^4q(1 - ap^3) \end{aligned} \qquad \begin{aligned} m &= -\frac{p(2+ap^3)}{1+2ap^3} \\ n &= \frac{q(1-ap^3)}{1+2ap^3}, \end{aligned}$$

l'équation pour déterminer p sera donc

$$ap^4 + 2amp^3 + 2p + m = 0,$$

équation qui est susceptible d'une solution assez simple. En effet, si on la met sous le forme

$$(p^2 + mp + \lambda)^2 - (\mu p + \nu)^2 = 0,$$

on aura pour déterminer λ, μ, ν, les équations

$$m^2 + 2\lambda - \mu^2 = 0, \text{ d'où résulte} \qquad \mu^2 = 2\lambda + m^2$$

$$m\lambda - \mu\nu = \frac{1}{a} \qquad \nu^2 = \lambda^2 - \frac{m}{a}$$

$$\lambda^2 - \nu^2 = \frac{m}{a} \qquad \left(m\lambda - \frac{1}{a}\right)^2 = \left(\lambda^2 - \frac{m}{a}\right)(2\lambda + m^2).$$

La dernière donne $\lambda^3 = \frac{1+am^3}{2a^2}$, et par conséquent.........
$\lambda = \sqrt[3]{\left(\frac{1+am^3}{2a^2}\right)} = n\sqrt[3]{\frac{b}{2a^2}}$. λ étant connu on a immédiatement
$\mu = \sqrt{(2\lambda + m^2)}$, et $\nu = \frac{1}{\mu}\left(m\lambda - \frac{1}{a}\right)$. Ensuite on a pour déterminer
p les deux équations du second degré

$$p^2 + (m+\mu)p + \lambda + \nu = 0$$
$$p^2 + (m-\mu)p + \lambda - \nu = 0,$$

d'où résultent ces quatre valeurs

$$p = -\tfrac{1}{2}(m+\mu) \pm \sqrt{\left[\tfrac{1}{4}(m+\mu)^2 - \lambda - \nu\right]}$$
$$p = -\tfrac{1}{2}(m-\mu) \pm \sqrt{\left[\tfrac{1}{4}(m-\mu)^2 - \lambda + \nu\right]};$$

p étant connu on aura q par l'équation $q = \frac{n(1+2ap^3)}{1-ap^3} = -\frac{np}{p+m}$, et ensuite x par l'équation

$$x^4 = \frac{x'}{1+2ap^3} = -\frac{x'(p+2m)}{3p},$$

ce qui fera connaître $y = px$ et $z = qx$.

Au reste il n'est pas besoin de connaître x qui pourrait être irrationnel ou même imaginaire, car à la place des trois valeurs x, px, qx, il est visible qu'on peut prendre 1, p, q, comme si on faisait $x=1$. Ainsi tout se réduit à trouver la valeur de p par l'équation

$$ap^4 + 2amp^3 + 2p + m = 0,$$

valeur qui, si elle n'est pas rationnelle, ne donnera pas de solution.

(446) Supposons qu'on satisfasse à cette équation par la valeur $p=k$, d'où résulte

$$a = -\frac{1}{k^3}\left(\frac{2k+m}{k+2m}\right);$$

les équations précédentes entre λ, μ, ν, doivent se combiner avec l'équation $p^2 + (m+\mu)p + \lambda + \nu = 0$ qui étant satisfaite par la valeur

$p=k$, donne

$$\lambda+\nu=-k^2-(m+\mu)k;$$

mais on a

$$2\lambda=\mu^2-m^2,$$

donc

$$2\nu=m^2-2mk-2k^2-2\mu k-\mu^2.$$

Multipliant par μ et mettant au lieu de $\mu\nu$ sa valeur $m\lambda-\frac{1}{a}$ ou $\frac{1}{2}m(\mu^2-m^2)-\frac{1}{a}$, on aura

$$m(\mu^2-m^2)-\frac{2}{a}=-\mu^3-2k\mu^2+(m^2-2mk-2k^2)\mu$$

ou

$$\mu^3+(2k+m)\mu^2+(2k^2+2km-m^2)\mu-m^3-\frac{2}{a}=0,$$

équation qui détermine immédiatement μ, et qui devient homogène entre μ, m et k, en substituant au lieu de $\frac{2}{a}$ sa valeur $-2k^3\left(\frac{k+2m}{2k+m}\right)$; on peut en effet l'écrire ainsi

$$\begin{aligned}0=(2k+m)\mu^3+(2k+m)^2\mu^2+(2k+m)(2k^2+2km-m^2)\mu\\+2k^3(k+2m)-m^3(2k+m).\end{aligned}$$

Cette équation est très-remarquable en ce qu'on y satisfait par la valeur $\mu=\sqrt{(m^2+2\lambda)}$, tandis que λ est déterminé par la formule $\lambda=\sqrt[3]{\left(\frac{1+am^3}{2a^2}\right)}=(k^2+km)\sqrt[3]{\left(\frac{k^2+km-2m^2}{8k^2+8km+2m^2}\right)}$. On trouverait aisément que l'équation en μ a une racine réelle et deux imaginaires; ainsi on voit que la racine réelle est donnée par la formule $\sqrt{(m^2+2\lambda)}$, c'est-à-dire par un radical carré imposé sur une quantité composée de la partie rationnelle m^2 et de la partie 2λ qui représente un radical cubique. Cette forme de la racine d'une équation du troisième degré n'est pas semblable à celle que donne la formule de Cardan, puisque celle-ci est composée d'un terme rationnel joint à deux radicaux cubes imposés sur des quantités de la forme $A+\sqrt{B}$, $A-\sqrt{B}$.

(447) Cherchons *a priori* les équations du troisième degré qui

se résoudraient comme l'équation en μ. Considérons pour cet effet l'équation

$$x^3 + Ax^2 + Bx + C = 0,$$

et supposons $x^2 = M + y$, on aura $x(y + M + B) = -Ay - AM - C$. et en élévant chaque membre au carré

$$(y + M)[y^2 + 2y(M + B) + (M + B)^2] - (Ay + AM + C)^2 = 0.$$

ou en développant

$$\begin{array}{llll} y^3 + 2(M + B)y^2 & + (M + B)^2 y & + M(M + B)^2 = 0 \\ \quad + M & + 2M(M + B) & - (AM + C)^2 \\ \quad - A^2 & - 2A(AM + C). & \end{array}$$

Maintenant si l'on veut que dans celle-ci les termes affectés de y^2 et y disparaissent, il faudra satisfaire aux deux conditions

$$A^2 = 3M + 2B$$
$$2AC = B^2 - 3M^2.$$

L'équation de condition est par conséquent, en éliminant M.

$$3B^2 - 6AC = (A^2 - 2B)^2$$

ou

$$A^4 - 4A^2B + B^2 + 6AC = 0;$$

alors on aura $M = \frac{1}{3}(A^2 - 2B)$, et l'équation pour déterminer y sera

$$y^3 = (AM + C)^2 - M(M + B)^2 = C^2 - M^3 = C^2 - \tfrac{1}{27}(A^2 - 2B)^3.$$

Substituant au lieu de C sa valeur $\dfrac{-A^4 + 4A^2B - B^2}{6A}$, on aura

$$27y^3 = \frac{(A^2 + B)^3(3B - A^2)}{4A^2}, \quad y = \frac{A^2 + B}{3}\sqrt[3]{\left(\frac{3B - A^2}{4A^2}\right)},$$

et par conséquent

$$x = \sqrt{\left[\frac{A^2 - 2B}{3} + \frac{A^2 + B}{3}\sqrt[3]{\left(\frac{3B - A^2}{4A^2}\right)}\right]}.$$

Cette formule de solution est beaucoup plus simple que celle que donnerait la formule ordinaire de Cardan ; cependant on pense bien qu'elles ne doivent pas différer essentiellement l'une de l'autre, et qu'ainsi la plus composée peut être ramenée à la plus simple. C'est ce que nous allons faire voir.

(448) Si dans l'équation proposée $x^3 + Ax^2 + Bx + C = 0$, on fait $x = \frac{z - A}{3}$, on aura la transformée $z^3 + pz + q = 0$, dans laquelle $p = -3A^2 + 9B$ et $q = 2A^3 - 9AB + 27C$; substituant au lieu de C sa valeur en A et B, on a $q = -\left(\frac{5A^4 - 18A^2B + 9B^2}{2A}\right)$; de là résulte $\frac{1}{4}q^2 + \frac{1}{27}p^3 = \frac{9A^8 - 36A^6B - 18A^4B^2 + 108A^2B^3 + 81B^4}{16A^2}$

$$\sqrt{\left(\tfrac{1}{4}q^2 + \tfrac{1}{27}p^3\right)} = \frac{3A^4 - 6A^2B - 9B^2}{4A}$$

$$-\tfrac{1}{2}q + \sqrt{\left(\tfrac{1}{4}q^2 - \tfrac{1}{27}p^3\right)} = 2A(A^2 - 3B)$$

$$-\tfrac{1}{2}q - \sqrt{\left(\tfrac{1}{4}q^2 + \tfrac{1}{27}p^3\right)} = \frac{(A^2 - 3B)^2}{2A}.$$

Soit donc $\sqrt[3]{[2A(A^2 - 3B)]} = t$, on aura $\sqrt[3]{\left[\frac{(A^2 - 3B)^2}{2A}\right]} = \frac{t^2}{2A}$ et par conséquent $z = t + \frac{t^2}{2A}$.

z étant connu, on aura

$$x = \tfrac{1}{3}\left(-A + t + \frac{t^2}{2A}\right),$$

de là

$$x^2 = \tfrac{1}{9}\left(A^2 - 2At + \frac{t^3}{A} + \frac{t^4}{4A^2}\right),$$

ou enfin

$$x = \sqrt{\left[\frac{A^2 - 2B}{3} + \frac{A^2 + B}{3}\sqrt[3]{\left(\frac{3B - A^2}{4A^2}\right)}\right]},$$

ce qui s'accorde avec la première formule qui est comme on voit l'expression le plus simple de x.

(449) Pour donner une application des formules précédentes considérons l'équation $x^3 + y^3 = 7z^3$, à laquelle on satisfait en donnant

aux indéterminées x, y, z, les valeurs $2, -1, 1$ respectivement. De là on déduira la seconde solution $12, 15, 9$, ou plus simplement, en supprimant le facteur commun, $4, 5, 3$. Celle-ci en donnera semblablement une troisième $1265, -1256, 183$, et ainsi à l'infini dans l'ordre ascendant.

Pour continuer la même série dans l'ordre inverse, regardons comme donnée la solution $5, 4, 3$, afin d'en déduire la première, par la méthode de l'art. 445, nous aurons $x'=5$, $y'=4$, $z'=3$, ce qui donne $m=\frac{4}{5}=0.8$, $n=\frac{3}{5}=0.6$, et l'équation pour déterminer p sera

$$p^4+\frac{8}{5}p^3+2p+\frac{4}{5}=0;$$

d'où l'on déduit $p=-2$, $q=\frac{n(1+2p^3)}{1-p^3}=-1$; on a ainsi immédiatement la solution $1, p, q$, ou $1, -2, -1$, ou $2, -1, 1$, ce qui est en effet la première solution d'où l'on était parti.

Ce même résultat se déduirait, mais avec moins de facilité, des formules générales où l'on emploie les auxiliaires λ, μ, ν, pour avoir la valeur de p. On aurait alors

$$\lambda=\sqrt[3]{\left(\frac{1+m^3}{2}\right)}=\frac{3}{5}\sqrt[3]{\left(\frac{7}{2}\right)},\ \mu=\sqrt{\left(\frac{16}{25}+\frac{3}{5}\sqrt[3]{28}\right)},\ \nu=\frac{1}{\mu}\left(\frac{4}{5}\lambda-1\right),$$

ou par approximation $\lambda=0.9109768$, $\mu=1.5690611$, ... $\nu=-0.1728540$. Ensuite pour trouver p on aura les équations à résoudre

$$p^2+2.3690611\,p+0.7381228=0$$
$$p^2-0.7690611\,p+1.0838308=0.$$

La seconde a ses racines imaginaires; la première donne les deux racines réelles $p=-2.000000$, $p=-0.3690611$; mais la valeur $p=-2$ que nous savons être exacte est la seule utile. C'est aussi ce qu'on trouverait sans le secours des décimales, en observant que dans le cas présent où $m=\frac{4}{5}$, on a $\mu=\frac{16}{15}+\frac{8}{9}\lambda-\frac{10}{27}\lambda^2$, et de plus $\lambda+\nu=2\mu-\frac{12}{5}$, valeur qui, substituée dans la formule.......

$p = -\frac{1}{2}(m+\mu) \pm \sqrt{\left[\frac{1}{4}(m+\mu)^2 - \lambda - \nu\right]}$, donne les deux racines $p = -2$, $p = \frac{6}{5} - \mu = \frac{2}{15} - \frac{8}{9}\lambda + \frac{10}{27}\lambda^2$.

(450) On peut remarquer que les formules de l'art. 444 appliquées à l'équation $x^3 + y^3 = A$, donnent le moyen de trouver une infinité de solutions de cette équation, quand on en connaît une seule; en sorte que la somme de deux cubes donnés $f^3 + g^3$ peut être transformée d'une infinité de manières en deux autres cubes; en effet, il résulte de ces formules qu'en prenant

$$f' = \frac{f(f^3 + 2g^3)}{f^3 - g^3}, \quad g' = -\frac{g(2f^3 + g^3)}{f^3 - g^3},$$

on aura $f^3 + g^3 = f'^3 + g'^3$. Par des formules semblables on obtiendra $f'^3 + g'^3 = f''^3 + g''^3$, et ainsi à l'infini. Donc si on avait $f^3 + g^3 = h^3$, cette solution de l'équation $x^3 + y^3 + z^3 = 0$ en fournirait une infinité d'autres, mais on sait que la chose est impossible.

(451) Nous terminerons ce paragraphe par un théorème qui peut être utile dans diverses recherches d'analyse indéterminée.

« *Théorème*. Si l'équation $x^3 - px^2 + qx - r = 0$ a ses trois racines « rationnelles, la quantité $A = p^2q^2 - 4q^3 + 18pqr - 4p^3r - 27r^2$, « devra être un carré parfait.

En effet soient α, β, γ, les racines rationnelles de l'équation proposée; si l'on cherche les valeurs des quantités y et z ainsi composées :

$$y = \alpha^2\beta + \beta^2\gamma + \gamma^2\alpha$$
$$z = \alpha^2\gamma + \beta^2\alpha + \gamma^2\beta,$$

ces quantités devront être également rationnelles. Or par les formules connues on trouve $y + z = pq - 3r$, $yz = q^3 + p^3r - 6pqr + 9r^2$; donc $(y-z)^2 = p^2q^2 - 4q^3 + 18pqr - 4p^3r - 27r^2$; le second membre doit donc être un carré parfait.

Appelant ce second membre Q^2, on aura $Q = \pm(y - z)$.. $= \pm(\alpha - \beta)(\beta - \gamma)(\gamma - \alpha)$, et l'équation précédente pourra être mise sous la forme

$$4(p^2-3q)^3=(2p^3-9pq+27r)^2+27Q^2.$$

Donc en supposant les nombres p, q, r, entiers, si on met p^2-3q sous la forme $2^n(2m+1)$, il faudra que n soit pair et qu'en même temps $2m+1$ soit de la forme f^2+3g^2; car si l'une de ces deux conditions n'avait pas lieu, le premier membre de l'équation ne pourrait pas se réduire à la forme P^2+27Q^2, qui est celle du second membre.

Enfin il résulte de ce même théorème que si l'équation..... $x^3-px^2+qx-r=0$ a ses trois racines rationnelles, l'expression de l'une de ces racines, donnée par le formule de Cardan, sera toujours de la forme

$$x=\tfrac{1}{3}p+\sqrt[3]{(A+B\sqrt{-\tfrac{1}{3}})}+\sqrt[3]{(A-B\sqrt{-\tfrac{1}{3}})},$$

A et B étant rationnels ainsi que $\sqrt[3]{(A^2+\frac{1}{3}B^2)}$.

Si on représente par $V^3-pV^2+qV-r=0$, l'équation dont les racines x, y, z, positives ou négatives, sont supposées satisfaire à l'équation $x^n+y^n+z^n=0$, n étant un nombre premier; on pourra exprimer le premier membre par une fonction de p, q, r, laquelle étant égalée à zéro, sera la première équation du problème. Il faudra en outre que la fonction

$$4(p^2-3q)^3-(2p^3-9pq+27r)^2,$$

laquelle est la même pour toutes les valeurs de n, soit de la forme $27Q^2$.

Ces deux équations pourront, au moins dans des cas particuliers, faciliter la résolution de l'équation $x^n+y^n+z^n=0$, ou conduire à en démontrer l'impossibilité. On peut remarquer d'ailleurs

1° Que le coefficient p, égal à la somme $x+y+z$, est toujours un nombre pair divisible par n^2, comme il sera démontré ci-après (partie VI);

2° Que le coefficient q, égal à $xy+yz+zx$, est toujours un nombre impair, de signe contraire à p, lequel n'a aucun diviseur commun ni avec p ni avec r;

3° Que r est un nombre pair de signe contraire à p, et divisible par n^2.

On peut, dans tous les cas, faire $p = 1$, et considérer alors q et r comme des quantités rationnelles qu'il faut déterminer par ces deux équations.

§ XIV. *Méthode pour la résolution de l'équation* $y^2 = a + bx + cx^2 + dx^3 + ex^4$ *en nombres rationnels.*

(452) Ayant été conduits à traiter fort au long de la résolution des équations indéterminées, nous devons faire mention d'une méthode indiquée par Fermat pour résoudre en nombres rationnels l'équation $y^2 = a + bx + cx^2 + dx^3 + ex^4$, dont le second membre est un polynome rationnel où la variable ne passe pas le quatrième degré. Voici les cas principaux dans lesquels la résolution est possible.

1° Si le nombre a est égal à un carré positif f^2, les valeurs $x = 0$, $y = f$ donneront immédiatement une solution de l'équation proposée. Pour avoir une autre solution, on supposera $a + bx + cx^2 + dx^3 + ex^4 = (f + gx + hx^2)^2$, ce qui donnera, en développant et ordonnant,

$$\begin{array}{llllll} 0 = f^2 & + 2fgx & + 2fhx^2 & + 2ghx^3 & + h^2x^4 \\ \quad - a & - b & + g^2 & - d & - e \\ & & - c & & \end{array}$$

Or on a déja $f^2 = a$; si pour faire disparaître les deux termes suivants, on fait $2fg - b = 0$, $2fh + g^2 - c = 0$, on en tirera les valeurs des coefficients g et h, lesquelles seront $g = \frac{b}{2f}$, $h = \frac{c - g^2}{2f}$. Alors l'équation étant réduite aux seuls termes qui contiennent x^3 et x^4, il en résultera une valeur rationnelle de x, savoir, $x = \frac{2gh - d}{e - h^2}$. Cette valeur donnera donc une nouvelle solution en nombres rationnels de l'équation proposée; si toutefois on n'a pas $2gh = d$, ni $e = h^2$.

La nouvelle solution étant désignée par $x = m$, si l'on fait généralement $x=m+x'$, et qu'on substitue cette valeur dans l'équation proposée, le second membre deviendra de la forme $a'+b'x'+c'x'^2+d'x'^3+e'x'^4$, dans laquelle a' sera encore un carré positif. On procédera donc de la même manière pour trouver une nouvelle valeur de x' et ainsi à l'infini. D'où l'on voit qu'une première valeur connue de x suffit pour en faire trouver une infinité d'autres, sauf quelques cas particuliers qui ne peuvent guères avoir lieu que lorsqu'il est absolument impossible de résoudre l'équation proposée autrement que par les premières valeurs données.

2° Si le coefficient e du terme ex^4 est égal à un carré positif h^2, on fera $a+bx+cx^2+dx^3+ex^4=(f+gx+hx^2)^2$, ce qui donnera, en développant et réduisant,

$$\begin{array}{llll} 0= & f^2 & +2fgx & +2fhx^2 & +2ghx^3 \\ & -a & -b & +g^2 & -d \\ & & & -c. & \end{array}$$

Maintenant on peut faire disparaître les x^2 et x^3, en prenant $g=\frac{d}{2h}$, $f=\frac{c-g^2}{2h}$, et alors l'équation réduite au premier degré, donne.. $x=\frac{a-f^2}{2fg-b}$. Cette solution en fournira ensuite une infinité d'autres comme dans le cas précédent, mais il faut qu'on n'ait pas $2fg-b=0$.

3° Si l'équation proposée est de la forme $y^2=f^2+bx+cx^2+dx^3+h^2x^4$, en sorte qu'elle tombe à-la-fois dans les deux cas précédents, on pourra faire usage de chacun des moyens indiqués. On peut aussi tout d'un coup faire $y=f+gx\pm hx^2$, ce qui donnera, en substituant, développant et réduisant,

$$\begin{array}{llll} 0= & 2fgx & \pm 2fhx^2 & \pm 2ghx^3 \\ & -b & +g^2 & -d \\ & & -c. & \end{array}$$

Or on peut satisfaire à celle-ci de deux manières, soit en faisant $g=\frac{b}{2f}$.

ce qui donne $x=\frac{c-g^2\mp 2fh}{\pm 2gh-d}$, soit en faisant $g=\pm\frac{d}{2h}$, d'où l'on tire $x=\frac{2fg-b}{c-g^2\mp 2fh}$.

4° Si on a une solution désignée par $x=m$, on fera $x=m+x'$, et l'équation sera ramenée au premier cas.

Nous pourrions ajouter un grand nombre d'applications de cette méthode tirées des problèmes d'analyse indéterminée, dont Euler a donné les solutions dans plusieurs de ses Mémoires, et dans le second volume de son Algèbre. Nous nous bornerons à un ou deux exemples de ce genre, afin de donner une idée de cette branche d'analyse, qui exige une grande sagacité dans le choix des moyens de solution, mais qui étant trop particulière, n'a qu'un rapport éloigné avec notre sujet.

(453) Proposons-nous de trouver trois nombres x, y, z, tels que les trois formules

$$x^2+y^2+2z^2,\quad x^2+z^2+2y^2,\quad y^2+z^2+2x^2$$

soient égales à des carrés.

Comme on peut supposer que ces nombres sont premiers entre eux, il est aisé de voir qu'ils doivent être tous trois impairs : on peut donc faire $y=x+2p$, $z=x+2q$, et on aura

$$x^2+y^2+2z^2=4x^2+4(p+2q)x+4(p^2+2q^2).$$

Je fais cette quantité $=4(x+f)^2$, et j'en tire $x=\frac{p^2+2q^2-f^2}{2f-p-2q}$. La seconde formule donnera semblablement $x=\frac{q^2+2p^2-g^2}{2g-q-2p}$, et pour faire accorder ces deux valeurs, je fais

$$p^2+2q^2-f^2=q^2+2p^2-g^2,\quad 2f-p-2q=2g-q-2p;$$

j'en tire des valeurs rationnelles de f et de g, savoir $f=\frac{1}{4}(5q+3p)$, $g=\frac{1}{4}(5p+3q)$, au moyen desquelles la valeur de x deviendra

$$x=\frac{7p^2-30pq+7q^2}{8(p+q)}.$$

Cette valeur satisfait déja aux deux premières conditions : on aura d'ailleurs les valeurs correspondantes de y et z par les formules $y = x + 2p$, $z = x + 2q$; de sorte qu'en supprimant le dénominateur commun, on pourra faire

$$x = 7p^2 - 30pq + 7q^2$$
$$y = 23p^2 - 14pq + 7q^2$$
$$z = 7p^2 - 14pq + 23q^2.$$

Substituant ces valeurs dans la formule $y^2 + z^2 + 2x^2$, et faisant $\frac{p}{q} = 1 + \theta$, il restera à satisfaire à la condition

$$1 + 2\theta + 2\theta^2 + \theta^3 + \tfrac{169}{256}\theta^4 = \text{à un carré}.$$

Or on trouve immédiatement $\theta = 0$, ou $\theta = -1$, ou $\theta = -2$; mais il ne résulte de là aucune solution. Soit donc, suivant la méthode précédente,

$$1 + 2\theta + 2\theta^2 + \theta^3 + \tfrac{169}{256}\theta^4 = (1 + \alpha\theta + \tfrac{13}{16}\theta^2)^2;$$

si l'on développe cette équation, et qu'on prenne $\alpha = \frac{8}{13}$, on aura $\theta = 208$; donc $p = 209$, $q = 1$, ce qui donne cette solution

$$x = 18719, \quad y = 62609, \quad z = 18929.$$

Il serait facile d'en trouver plusieurs autres, mais elles seraient probablement plus composées, quoique la méthode dont nous avons fait usage ne prouve pas que les nombres trouvés sont les moindres possibles qui satisfont à la question.

(454) Soit proposé encore de trouver trois carrés inégaux x^2, y^2, z^2, tels que les trois formules $x^2 + y^2 - z^2$, $x^2 + z^2 - y^2$, $y^2 + z^2 - x^2$, soient égales à des carrés.

On trouve aisément que les deux premières conditions sont remplies, en faisant

$$x = r^2 + s^2$$
$$y = r^2 + rs - s^2$$
$$z = r^2 - rs - s^2.$$

Il reste donc à satisfaire à la troisième, laquelle devient, par la substitution de ces valeurs, $r^4 - 4r^2s^2 + s^4 =$ à un carré. Soit $r = \theta s$, la question se réduit à faire en sorte que $\theta^4 - 4\theta^2 + 1$ soit un carré. On pourrait prendre $\theta = 0$, ou $\theta = 2$, mais il ne résulte de là aucune solution convenable; pour avoir d'autres valeurs, soit $\theta = 2 + \varphi$, on aura $1 + 16\varphi + 20\varphi^2 + 8\varphi^3 + \varphi^4 =$ à un carré. Je fais cette quantité $= (1 + 8\varphi + \alpha\varphi^2)^2$; prenant ensuite $\alpha = 1$, je trouve $\varphi = -\frac{23}{4}$; donc $\theta = -\frac{15}{4}$, $r = 15$, $s = 4$, d'où résulte cette solution :

$$x = 241, \quad y = 269, \quad z = 149.$$

Ce sont vraisemblablement les moindres nombres qui satisfont à la question. On aurait pu faire encore $\alpha = -22$, ce qui aurait donné $\varphi = \frac{120}{161}$, $\theta = \frac{442}{161}$, ou $r = 442$, $s = 161$: mais de là résultent des nombres beaucoup plus considérables que les précédents.

On peut suivre un autre procédé pour faire en sorte que la quantité $1 + 16\varphi + 20\varphi^2 + 8\varphi^3 + \varphi^4$ soit égale à un carré. Représentons ce carré par $(1 + m\varphi + n\varphi^2)^2$, nous aurons, en comparant et développant,

$$\begin{array}{rllll} 0 = & 2m\varphi & + 2n\varphi^2 & + 2mn\varphi^3 & + n^2\varphi^4 \\ & -16 & + m^2 & -8 & -1 \\ & & -20. & & \end{array}$$

Soit $\varphi = \frac{16 - 2m}{2n + m^2 - 20} = \frac{8 - 2mn}{n^2 - 1}$, on aura entre m et n l'équation

$$(8 + m)n^2 + (m^3 - 20m - 8)n - 4m^2 + m + 72 = 0.$$

Maintenant, pour avoir une valeur rationnelle de n, soit $m = -8$, on aura $n = -\frac{8}{15}$, $\varphi = \frac{120}{161}$, ce qui est la seconde des deux solutions trouvées par l'autre méthode.

§ XV. *Développement du produit* $(1-x)(1-x^2)(1-x^3)$, *etc. continué à l'infini.*

(455) Considérons plus généralement le produit

$$(1+xz)(1+x^2z)(1+x^3z)(1+x^4z), \text{ etc.},$$

et supposons que ce produit développé suivant les puissances de z, soit égal à la suite $1+Pz+Qz^2+Rz^3+$ etc.; si on met xz à la place de z, on aura $(1+x^2z)(1+x^3z)(1+x^4z)$etc. $=1+Pxz+Qx^2z^2+$etc., et par conséquent $1+Pz+Qz^2+Rz^3+$ etc. $=(1+xz)\ldots\ldots$ $(1+Pxz+Qx^2z^2+$ etc.). Développant le second membre et égalant de part et d'autre les coefficients d'une même puissance de z, on aura

$$P=\frac{x}{1-x},$$

$$Q=\frac{Px^2}{1-x^2}=\frac{x^3}{(1-x)(1-x^2)}$$

$$R=\frac{Qx^3}{1-x^3}=\frac{x^6}{(1-x)(1-x^2)(1-x^3)}$$

$$S=\frac{Rx^4}{1-x^4}=\frac{x^{10}}{(1-x)(1-x^2)(1-x^3)(1-x^4)}$$

etc.

Soit $z=-1$, et le produit proposé $(1-x)(1-x^2)(1-x^3)$etc., que nous appellerons X, sera exprimé par cette suite

$$\text{(A)}\qquad 1-\frac{x}{1-x}+\frac{x^3}{(1-x)(1-x^2)}-\frac{x^6}{(1-x)(1-x^2)(1-x^3)}$$
$$+\frac{x^{10}}{(1-x)(1-x^2)(1-x^3)(1-x^4)}-\text{etc.},$$

où l'on voit que les numérateurs ont pour exposants les nombres triangulaires 1, 3, 6, 10, 15, etc. Nous allons faire voir maintenant comment on peut faire disparaître successivement dans les dénominateurs, les facteurs $1-x$, $1-x^2$, $1-x^3$, etc.

(456) Pour y parvenir, nous changerons chaque terme de la suite en deux autres, savoir :

$$\frac{x}{1-x} \text{ en } x+\frac{x^2}{1-x}$$

$$\frac{x^3}{(1-x)(1-x^2)} \text{ en } \frac{x^3}{1-x}+\frac{x^5}{(1-x)(1-x^2)}$$

$$\frac{x^6}{(1-x)(1-x^2)(1-x^3)} \text{ en } \frac{x^6}{(1-x)(1-x^2)}+\frac{x^9}{(1-x)(1-x^2)(1-x^3)}$$

etc.

Par ce moyen la suite (A) deviendra, en mettant à part le premier terme 1,

$$-x-\frac{x^2}{1-x}+\frac{x^5}{(1-x)(1-x^2)}-\frac{x^9}{(1-x)(1-x^2)(1-x^3)}+\text{etc.}$$

$$+\frac{x^3}{1-x}-\frac{x^6}{(1-x)(1-x^2)}+\frac{x^{10}}{(1-x)(1-x^2)(1-x^3)}-\text{etc.},$$

ou en réduisant

$$\text{(B)} \quad -x-x^2+\frac{x^5}{1-x^2}-\frac{x^9}{(1-x^2)(1-x^3)}+\frac{x^{14}}{(1-x^2)(1-x^3)(1-x^4)}-\text{etc.}$$

Comme il est essentiel d'observer la loi que suivent les exposants 2, 5, 9, 14, etc., on jettera un coup d'œil sur le tableau ci-dessous où cette loi est très-claire.

La première ligne horizontale est celle des nombres naturels, la seconde est celle des nombres triangulaires, ou des exposants des numérateurs dans la première suite (A). Ajoutant à chaque nombre triangulaire le nombre naturel écrit au-dessus, on forme la suite 2, 5, 9, 14, 20, etc. qui est celle des exposants de x dans la suite (B), si on en excepte le premier terme $-x$ dont l'exposant 1 est immédiatement au-dessus de 2 dans la table, au lieu d'être à côté comme dans la suite (B).

Cela posé, on voit que nous avons fait disparaître le facteur $1-x$

des différents dénominateurs : chassons de même le facteur $1-x^2$; ce sera en faisant

$$\frac{x^5}{1-x^2}=x^5+\frac{x^7}{1-x^2}$$

$$\frac{x^9}{(1-x^2)(1-x^3)}=\frac{x^9}{1-x^2}+\frac{x^{12}}{(1-x^2)(1-x^3)}$$

$$\frac{x^{14}}{(1-x^2)(1-x^3)(1-x^4)}=\frac{x^{14}}{(1-x^2)(1-x^3)}+\frac{x^{18}}{(1-x^2)(1-x^3)(1-x^4)}$$

etc.

Par ce moyen la suite (B) deviendra, en omettant la partie entière $-x-x^2$,

$$x^5+\frac{x^7}{1-x^2}-\frac{x^{12}}{(1-x^2)(1-x^3)}+\frac{x^{18}}{(1-x^2)(1-x^3)(1-x^4)}-\text{etc.}$$
$$-\frac{x^9}{1-x^2}+\frac{x^{14}}{(1-x^2)(1-x^3)}-\frac{x^{20}}{(1-x^2)(1-x^3)(1-x^4)}+\text{etc.},$$

ou, en réduisant,

$$\text{(C)}\quad x^5+x^7-\frac{x^{12}}{1-x^3}+\frac{x^{18}}{(1-x^3)(1-x^4)}-\frac{x^{25}}{(1-x^3)(1-x^4)(1-x^5)}+\text{etc.}$$

Les exposants 5, 7, 12, 18, 25, etc., à l'exception du premier 5, formant la ligne (C) du tableau, ils se déduisent des précédents 5, 9, 14, 20, etc. en ajoutant à ceux-ci les nombres naturels qui leur répondent verticalement. Quant au premier exposant 5 de la série (C), il est immédiatement au-dessus de 7 dans le tableau, comme appartenant à la série précédente (B).

Séparons la partie entière x^5+x^7 de la série (C) et donnons au reste la forme suivante

$$-x^{12}-\frac{x^{15}}{1-x^3}+\frac{x^{22}}{(1-x^3)(1-x^4)}-\frac{x^{30}}{(1-x^3)(1-x^4)(1-x^5)}+\text{etc.}$$
$$+\frac{x^{18}}{1-x^3}-\frac{x^{25}}{(1-x^3)(1-x^4)}+\frac{x^{33}}{(1-x^3)(1-x^4)(1-x^5)}-\text{etc.}$$

Nous aurons en réduisant la quatrième suite

$$\text{(D)}\quad -x^{12}-x^{15}+\frac{x^{22}}{1-x^4}-\frac{x^{30}}{(1-x^4)(1-x^5)}+\frac{x^{39}}{(1-x^4)(1-x^5)(1-x^6)}-\text{etc.}$$

où le facteur $1 - x^3$ ne se trouve plus dans les dénominateurs. On y trouve les exposants 12, 15, 22, 30, 39, etc., qui, à l'exception du premier, forment la ligne (D) du tableau; ils se déduisent des précédents 12, 18, 25, 33, etc., en ajoutant à chacun de ceux-ci le nombre naturel qui lui répond verticalement.

On voit qu'il est inutile de continuer plus loin l'opération analytique et qu'on peut se borner à prolonger le tableau, en ajoutant dans chaque colonne verticale le nombre naturel inscrit au haut de cette colonne. Alors les deux derniers termes de chaque colonne verticale sont les exposants de x dans la série réduite ou dans le produit cherché. Quant aux signes de ces deux termes, on voit clairement par notre opération qu'ils sont positifs dans les colonnes de rang pair et négatifs dans les autres.

Nombres naturels....	1,	2,	3,	4,	5,	6,	7,	8,	9,	
(A)............	1,	3,	6,	10,	15,	21,	28,	36,	45	...
(B)............	2,	5,	9,	14,	20,	27,	35,	44,	54	...
(C)............		7,	12,	18,	25,	33,	42,	52,	63	...
(D)............			15,	22,	30,	39,	49,	60,	72	...
(E)............				26,	35,	45,	56,	68,	81	...
(F)............					40,	51,	63,	76,	90	...
(G)............						57,	70,	84,	99	...

Donc le produit cherché

$$X = 1 - x^1 - x^2 + x^5 + x^7 - x^{12} - x^{15} + x^{22} + x^{26} - x^{35} - x^{40} + x^{51} + x^{57} - \text{etc.}$$

(457) Quant à la loi des exposants de ce produit, elle est facile à trouver; car, puisque toutes les colonnes verticales sont des progressions arithmétiques, si on appelle k le nombre naturel qui désigne le rang d'une colonne quelconque, on aura pour le dernier terme de cette colonne $\frac{1}{2}k(k+1) + kk$, ou $\frac{1}{2}(3k^2 + k)$, et pour le pénultième terme $\frac{1}{2}k(k+1) + k(k-1)$, ou $\frac{1}{2}(3k^2 - k)$. Donc la série

des exposants 2, 7, 15, 26, 40, 57, etc., aura pour terme général $\frac{1}{2}(3k^2+k)$, et la série 1, 5, 12, 22, 35, 51, etc., aura pour terme général $\frac{1}{2}(3k^2-k)$, donc enfin le produit cherché X ne contiendra de puissances de x que celles qui peuvent être représentées par $x^{\frac{1}{2}(3k^2\pm k)}$, k étant un nombre entier. Ces puissances auront pour coefficient $+1$ si k est pair et -1 si k est impair.

La série 1, 5, 12, 22, 35, 51, etc., qui a pour terme général.. $\frac{1}{2}(3k^2-k)$, est proprement celle des nombres pentagonaux (voyez ci-dessus, art. 156); mais l'autre série 2, 7, 15, 26, 40, etc. appartient aussi aux mêmes nombres, en donnant à k les valeurs -1, -2, -3, etc., c'est-à-dire en changeant le signe de k. En effet les deux séries n'en forment qu'une déduite du même terme général $\frac{1}{2}(3k^2-k)$, comme on le voit ici :

k........	-4,	-3,	-2,	-1,	0,	1,	2,	3,	4,	etc.
Nombres pentag.	26,	15,	7,	2,	0,	1,	5,	12,	22,	etc.

Soit Nx^n un terme quelconque compris dans le développement de plusieurs facteurs $1-x^\alpha$, $1-x^\beta$, $1-x^\gamma$, etc., en nombre fini ou infini; le coefficient N sera en général le nombre de fois que n peut être formé par l'addition des exposants α, β, γ, etc. pris en nombre pair, moins le nombre de fois que n peut être formé par l'addition de ces exposants pris en nombre impair.

(458) Il résulte par conséquent de la loi qu'on vient de démontrer dans le développement du produit $(1-x)(1-x^2)(1-x^3)$, etc., continué à l'infini,

1° Que tout nombre qui n'est pas pentagonal, c'est-à-dire qui n'est pas compris dans la forme $\frac{1}{2}(3k^2\pm k)$, peut se former d'autant de manières par l'addition des nombres naturels 1, 2, 3, 4, etc. pris en nombre pair, que par l'addition de ces mêmes nombres pris en nombre impair.

2° Que tout nombre pentagonal pair ou qui répond à une valeur paire de k, est formé une fois de plus par les nombres naturels

1, 2, 3, etc. pris en nombre pair, que par ces mêmes nombres pris en nombre impair.

3° Que le contraire a lieu pour tout nombre pentagonal impair.

Le même développement offre d'autres propriétés encore plus remarquables qu'on trouve dans le chapitre *de Partitione Numerorum* de l'*Introd. in Anal. inf.*, et dans le tom. III, partie I des *Nova acta Petrop.*

§ XVI. *Des fonctions semblables qui étant multipliées entre elles donnent des produits semblables.*

(459) On a déja vu (§ IV) que les différents diviseurs quadratiques d'une même formule $t^2 + au^2$ jouissent de cette propriété, qu'en multipliant entre eux deux ou plusieurs diviseurs, égaux ou différents, le produit peut toujours être représenté par l'un des diviseurs quadratiques de la même formule. Une propriété analogue se fait remarquer dans certaines fonctions homogènes de tous les degrés, savoir dans des polynomes à trois variables pour le 3e degré, dans des polynomes à quatre variables pour le 4e degré, ainsi de suite. C'est ce que nous allons faire voir en commençant par les polynomes à deux variables, du second degré, qui rentrent dans les formules connues.

Soient α et β les deux racines de l'équation du second degré

$$p^2 - ap + b = 0;$$

on pourra regarder la formule du second degré

$$x^2 + axy + by^2$$

comme étant le produit des deux facteurs $(x + \alpha y)(x + \beta y)$, puisqu'on a $\alpha + \beta = a$ et $\alpha\beta = b$. De même la formule

$$x_1^2 + ax_1y_1 + by_1^2,$$

composée semblablement avec deux autres variables x_1, y_1, sera le produit des deux facteurs simples $(x_1 + \alpha y_1)(x_1 + \beta y_1)$.

Maintenant si on veut multiplier ces deux formules entre elles, on prendra d'abord le produit des deux facteurs $(x + \alpha y)(x_1 + \alpha y_1)$, lequel est $xx_1 + \alpha(xy_1 + yx_1) + \alpha^2 yy_1$, ou, en mettant $a\alpha - b$ à la place de α^2,

$$xx_1 - byy_1 + \alpha(xy_1 + yx_1 + ayy_1).$$

Soit pour abréger

$$X = xx_1 - byy_1$$
$$Y = xy_1 + yx_1 + ayy_1,$$

et on aura $(x + \alpha y)(x_1 + \alpha y_1) = X + \alpha Y$.

Par la même raison on aurait, en mettant β à la place de α,

$$(x + \beta y)(x_1 + \beta y_1) = X + \beta Y.$$

Multipliant entre elles ces deux équations, le premier membre sera le produit des deux polynomes proposés, et le second se réduira à $X^2 + aXY + bY^2$; d'où l'on voit que le produit des deux fonctions semblables

$$x^2 + axy + by^2, \quad x_1^2 + ax_1y_1 + by_1^2,$$

est représenté par une fonction semblable $X^2 + aXY + bY^2$.

Mais il y a une seconde manière de former le produit des deux polynomes proposés.

(460) En effet si on multiplie d'abord $x + \alpha y$ par $x_1 + \beta y_1$ le produit sera $xx_1 + \alpha yx_1 + \beta xy_1 + \alpha\beta yy_1$, ou, en substituant les valeurs $\beta = a - \alpha$, $\alpha\beta = b$,

$$xx_1 + axy_1 + byy_1 + \alpha(yx_1 - xy_1).$$

Ainsi on peut donner à X et Y les valeurs

$$X = xx_1 + axy_1 + byy_1$$
$$Y = yx_1 - xy_1,$$

et le produit cherché sera encore représenté par $X^2 + aXY + bY^2$.

De ce que le produit de deux facteurs de la forme $x^2 + axy + by^2$ peut être mis de deux manières différentes sous la forme semblable $X^2 + aXY + bY^2$, il s'ensuit que le produit de trois facteurs, tels que

$$x^2+axy+by^2,\ x_1^2+ax_1y_1+by_1^2,\ x_2^2+ax_2y_2+by_2^2,$$

pourra être mis sous la même forme de quatre manières différentes, que le produit de quatre facteurs sera huit fois de la même forme, ainsi de suite. En général si l'on a n facteurs de la forme $x^2+axy+by^2$, leur produit sera 2^{n-1} fois de la même forme.

(461) Si les n facteurs dont nous parlons sont égaux entre eux, alors on aura d'autant de manières

$$(x^2+axy+by^2)^n = X^2+aXY+bY^2;$$

mais cette équation n'aura qu'une solution, si on veut que les indéterminées X et Y n'ayent point de facteur commun.

Pour trouver directement cette solution on pourra se servir de l'équation $X+\alpha Y=(x+\alpha y)^n$, ou

$$X+\tfrac{1}{2}aY+Y\sqrt{\left(\frac{a^2}{4}-b\right)}=\left[x+\tfrac{1}{2}ay+y\sqrt{\left(\frac{a^2}{4}-b\right)}\right]^n,$$

d'où l'on tire

$$Y=n(x+\tfrac{1}{2}ay)^{n-1}y+\frac{n.n-1.n-2}{1.2.3}\left(x+\tfrac{1}{2}ay\right)^{n-3}y^3\left(\frac{a^2}{4}-b\right)+\text{etc.}$$

$$X+\tfrac{1}{2}aY=(x+\tfrac{1}{2}ay)^n+\frac{n.n-1}{1.2}(x+\tfrac{1}{2}ay)^{n-2}y^2\left(\frac{a^2}{4}-b\right)+\text{etc.}$$

Ainsi on connaîtra généralement les deux fonctions X et Y pour toute valeur de n.

(462) Supposons maintenant que α, β, γ, sont les trois racines de l'equation

$$p^3-ap^2+bp-c=0;$$

si on développe le produit des trois facteurs

$$(x+\alpha y+\alpha^2 z)(x+\beta y+\beta^2 z)(x+\gamma y+\gamma^2 z),$$

on trouvera l'expression suivante

$$x^3 + (\alpha + \beta + \gamma)x^2y + (\alpha^2 + \beta^2 + \gamma^2)x^2z + (\alpha\beta + \alpha\gamma + \beta\gamma)xy^2$$
$$+ (\alpha^2\beta + \beta^2\gamma + \gamma^2\alpha + \alpha^2\gamma + \beta^2\alpha + \gamma^2\beta)xyz$$
$$+ (\alpha^2\beta^2 + \beta^2\gamma^2 + \gamma^2\alpha^2)xz^2 + \alpha\beta\gamma y^3 + (\alpha^2\beta\gamma + \beta^2\gamma\alpha + \gamma^2\alpha\beta)y^2z$$
$$+ (\alpha^2\beta^2\gamma + \beta^2\gamma^2\alpha + \gamma^2\alpha^2\beta)yz^2 + \alpha^2\beta^2\gamma^2z^3,$$

dans laquelle tous les coefficients sont des fonctions invariables des racines α, β, γ, et pourront par conséquent être exprimés par les coefficients de l'équation en p. Le produit dont il s'agit se réduit donc à une fonction entièrement rationnelle, savoir :

$$x^3 + ax^2y + (a^2 - 2b)x^2z + bxy^2 + (ab - 3c)xyz + (b^2 - 2ac)xz^2$$
$$+ cy^3 + acy^2z + bcyz^2 + c^2z^3;$$

et cette fonction que nous désignerons par $\Phi(x, y, z)$, aura la propriété qu'en multipliant ensemble plusieurs fonctions semblables dans lesquelles les quantités a, b, c, sont les mêmes, le produit sera toujours une fonction de même forme.

(463) En effet, supposons qu'il s'agit de multiplier la fonction précédente $\Phi(x, y, z)$ par une fonction semblable $\Phi(x_1, y_1, z_1)$ où les constantes a, b, c, seront les mêmes, la question se réduit à trouver le produit des six facteurs

$$x + \alpha y + \alpha^2 z, \quad x + \beta y + \beta^2 z, \quad x + \gamma y + \gamma^2 z$$
$$x_1 + \alpha y_1 + \alpha^2 z_1, \quad x_1 + \beta y_1 + \beta^2 z_1, \quad x_1 + \gamma y_1 + \gamma^2 z_1;$$

or si on multiplie d'abord $x + \alpha y + \alpha^2 z$ par $x_1 + \alpha y_1 + \alpha^2 z_1$, et que dans le produit on mette au lieu de α^3 et α^4 leurs valeurs...... $\alpha^3 = a\alpha^2 - b\alpha + c$, $\alpha^4 = (a^2 - b)\alpha^2 - (ab - c)\alpha + ac$, ce produit sera exprimé par $X + \alpha Y + \alpha^2 Z$, en faisant

$$X = xx_1 + c(yz_1 + zy_1) + aczz_1$$
$$Y = xy_1 + yx_1 - b(yz_1 + zy_1) - (ab - c)zz_1$$
$$Z = xz_1 + zx_1 + yy_1 + a(yz_1 + zy_1) + (a^2 - b)zz_1.$$

Dès-lors on voit que le produit des deux fonctions proposées $\Phi(x, y, z)$, $\Phi(x_1, y_1, z_1)$, sera égal au développement des trois facteurs

$$(X+\alpha Y+\alpha^2 Z)\ (X+6Y+6^2 Z)\ (X+\gamma Y+\gamma^2 Z),$$

et qu'il sera par conséquent égal à la fonction désignée par... $\Phi(X, Y, Z)$, laquelle est

$$X^3+aX^2Y+(a^2-2b)X^2Z+bXY^2+(ab-3c)XYZ+(b^2-2ac)XZ^2$$
$$+cY^3+acY^2Z+bcYZ^2+c^2Z^3.$$

(464) Supposons ensuite qu'on veuille multiplier ce produit par une troisième fonction $\Phi(x_2, y_2, z_2)$ semblable aux deux autres, il est visible qu'on devra faire

$$X_1=Xx_2+c(Yz_2+Zy_2)+acZz_2$$
$$Y_1=Xy_2+Yx_2-b(Yz_2+Zy_2)-(ab-c)Zz_2$$
$$Z_1=Xz_2+Zx_2+Yy_2+a(Yz_2+Zy_2)+(a^2-b)Zz_2,$$

et le produit des trois fonctions dont il s'agit sera exprimé par la fonction semblable $\Phi(X_1, Y_1, Z_1)$.

Il en sera de même du produit d'un nombre quelconque de fonctions, et par conséquent d'une puissance quelconque de la même fonction. Mais dans ce dernier cas on peut parvenir au résultat par un procédé plus simple que celui de la multiplication successive.

En effet on peut, par différentes méthodes connues, déterminer directement les quantités X, Y, Z, de manière qu'on ait

$$(x+\alpha y+\alpha^2 z)^n=X+\alpha Y+\alpha^2 Z.$$

Il suffit pour cela de développer le premier membre suivant les puissances de α, et de substituer aux puissances supérieures à α^2 leurs valeurs réduites d'après l'équation $\alpha^3=a\alpha^2-b\alpha+c$. Par ce moyen la quantité $\Phi^n(x, y, z)$, qui désigne la puissance n de la fonction $\Phi(x, y, z)$, sera exprimée par $\Phi(X, Y, Z)$.

(465) Dans le cas de $n=2$, on trouve immédiatement par les formules de l'art. 463, en faisant $x_1=x$, $y_1=y$, $z_1=z$,

$$X=x^2+2cyz+acz^2$$
$$Y=2xy-2byz-(ab-c)z^2$$
$$Z=2xz+y^2+2ayz+(a^2-b)z^2,$$

ces valeurs satisferont à l'équation

$$\Phi^2(x, y, z) = \Phi(X, Y, Z),$$

quelles que soient les trois indéterminées x, y, z.

Si on établit entre ces trois indéterminées la relation

$$0 = 2xz + y^2 + 2ayz + (a^2 - b)z^2,$$

qui donne $Z = 0$, alors $\Phi(X, Y, Z)$ se réduira à $X^3 + aX^2Y + bXY^2 + cY^3$, d'où il suit qu'on peut résoudre généralement l'équation

$$X^3 + aX^2Y + bX^2Y + cY^3 = V^2.$$

Car en prenant les indéterminées de manière que l'équation de condition $Z = 0$ soit satisfaite, les valeurs qui en résulteront pour X et Y, seront telles qu'on aura en même temps $V = \Phi(x, y, z)$.

Soit pour cet effet $y = (u - a)z$, ce qui donne

$$z = \frac{2x}{b - u^2}, \quad y = \frac{2x(u - a)}{b - u^2},$$

il en résultera la solution

$$X = \frac{bu^2}{(b - u^2)^2}(u^4 - 2bu^2 + 8cu + b^2 - 4ac)$$

$$Y = -\frac{4x^2}{(b - u^2)^2}(u^3 - au^2 + bu - c)$$

$$V = \frac{x^3}{(b - u^2)^3}\left\{\begin{array}{l} -u^6 + 2au^5 - 5bu^4 + 20cu^3 + (5b^2 - 20ac)u^2 \\ + (8a^2c - 2ab^2 - 4bc)u + b^3 - 4abc + 8c^2 \end{array}\right\}.$$

Et si on veut que les fonctions X et Y n'aient pas de commun diviseur, on pourra faire $u = \frac{y}{z}$, $x = (u^2 - b)z^2$, et on satisfera à l'équation

$$X^3 = aX^2Y + bXY^2 + cY^3 = V^2,$$

par les valeurs

$$X = y^4 - 2by^2z^2 + 8cyz^3 + (b^2 - 4ac)z^4$$

$$Y = -4z(y^3 - ay^2z + byz^2 - cz^3)$$

$$V = y^6 - 2ay^5z + 5by^4z^2 - 20cy^3z^3 - (5b^2 - 20ac)y^2z^4$$
$$- (8a^2c - 2ab^2 - 4bc)yz^5 - (b^3 - 4abc + 8c^2)z^6.$$

Telles sont les formules qui résultent de la supposition $Z=0$. Les suppositions $Y=0$, $X=0$, conduiraient à des formules semblables pour résoudre généralement les équations

$$X^3+(a^2-2b)X^2Z+(b^2-2ac)XZ^2+c^2Z^3=cV^2$$
$$cY^3+acY^2Z+bcYZ^2+c^2Z^3=V^2.$$

(466) Considérons maintenant l'équation du quatrième degré

$$p^4-ap^3+bp^2-cp+d=0,$$

dont les racines sont $\alpha, \beta, \gamma, \delta$; si au moyen de ces racines on forme les quatre polynomes

$$x+\alpha y+\alpha^2 z+\alpha^3 u$$
$$x+\beta y+\beta^2 z+\beta^3 u$$
$$x+\gamma y+\gamma^2 z+\gamma^3 u$$
$$x+\delta y+\delta^2 z+\delta^3 u,$$

le produit de ces quatre polynomes sera une fonction invariable des racines $\alpha, \beta, \gamma, \delta$; car il est visible que ce produit reste le même en faisant une permutation quelconque entre ces racines. Cette fonction sera donc un polynome du quatrième degré, homogène en x, y, z, u, dont les coefficients pourront s'exprimer par les quantités données a, b, c, d, en appliquant les formules connues pour déterminer toute fonction invariable des racines d'une équation donnée.

Mais comme la multiplicité des termes dont un pareil produit est composé, peut donner quelque embarras dans la détermination de leurs coefficients, on pourra supposer que le facteur...... $x+\alpha y+\alpha^2 z+\alpha^3 u$, et les trois autres semblables sont les racines de l'équation du quatrième degré

$$\rho^4-A\rho^3+B\rho^2-C\rho+D=0,$$

qu'on obtiendra en éliminant p des deux équations

$$\rho=x+py+p^2z+p^3u$$
$$0=p^4-ap^3+bp^2-cp+d.$$

Au moyen de cette élimination on connaîtra les coefficients A, B, C, D, en fonctions de x, y, z, u, a, b, c, d; et puisque D est le produit des quatre valeurs de ρ, il est clair que D sera la fonction cherchée résultant du produit de nos quatre polynomes.

(467) Cette fonction étant représentée par $\Phi(x, y, z, u)$, si on veut la multiplier par une fonction semblable $\Phi(x_1, y_1, z_1, u_1)$, dans laquelle les quantités a, b, c, d, sont les mêmes, il suffira de considérer le produit des deux polynomes

$$x + \alpha y + \alpha^2 z + \alpha^3 u$$
$$x_1 + \alpha y_1 + \alpha^2 z_1 + \alpha^3 u_1.$$

Soit ce produit $= X + \alpha Y + \alpha^2 Z + \alpha^3 V$, on trouvera

$$X = xx_1 - d(uy_1 + zz_1 + yu_1) - ad(uz_1 + zu_1) - (a^2 - b)duu_1$$
$$Y = yx_1 + xy_1 + c(uy_1 + zz_1 + yu_1) + (ac - d)(uz_1 + zu_1) + (a^2c - bc - ad)uu_1$$
$$Z = zx_1 + yy_1 + xz_1 - b(uy_1 + zz_1 + yu_1) - (ab - c)(uz_1 + zu_1) - (a^2b - b^2 - ac + d)uu_1$$
$$V = ux_1 + zy_1 + yz_1 + xu_1 + a(uy_1 + zz_1 + yu_1) + (a^2 - b)(uz_1 + zu_1) + (a^3 - 2ab + c)uu_1,$$

et le produit des deux fonctions proposées sera $\Phi(X, Y, Z, V)$. Il en sera de même du produit de trois ou d'un plus grand nombre de ces fonctions; nous ne croyons pas d'ailleurs devoir pousser plus loin ce genre de recherches qui s'applique à tous les degrés, mais qui donne des résultats de plus en plus compliqués.

§ XVII. *De quelques questions qui se rapportent, plus ou moins directement, à l'analyse indéterminée.*

(468) PARMI les nombreux problèmes d'analyse indéterminée dont la solution est due à Euler, nous choisissons les deux suivants qui se trouvent dans sa correspondance avec Lagrange (1).

PROBLÈME I. Trouver cinq nombres x, y, z, u, v, tels que le produit de deux quelconques de ces nombres, augmenté de l'unité, fasse un carré.

Pour trouver d'abord les trois premiers x, y, z, tels que les trois quantités $xy+1$, $yz+1$, $zx+1$, soient des carrés, prenez à volonté le carré l^2, décomposez l^2-1 en deux facteurs m, n, en sorte qu'on ait $l^2-1=mn$, les trois nombres cherchés seront m, n, $m+n+2l$, qu'on pourra prendre respectivement pour x, y, z; en effet, on aura par ces valeurs

$$\begin{aligned}
&xy+1=l^2\\
&yz+1=n(m+n+2l)+1=(n+l)^2\\
&zx+1=m(m+n+2l)+1=(m+l)^2.
\end{aligned}$$

Si on cherche ensuite un quatrième nombre u, tel qu'en le combinant avec les trois premiers x, y, z, on ait trois nouvelles quantités $ux+1$, $uy+1$, $uz+1$, égales à des carrés, cette condition sera remplie en faisant

$$u=4l(l+m)(l+n).$$

En effet, au moyen de ces valeurs on aura

(1) Voir les manuscrits de Lagrange déposés à la bibliothèque de l'Institut.

$$ux+1=4lm(l+m)(l+n)+(l^2-mn)^2=(l^2+2lm+mn)^2$$
$$uy+1=4ln(l+m)(l+n)+(l^2-mn)^2=(l^2+2ln+mn)^2$$
$$uz+1=4l(l+m)(l+n)(2l+m+n)+(l^2-mn)^2$$
$$=(3l^2+2l(m+n)+mn)^2.$$

Enfin si l'on demande un cinquième nombre v qui étant combiné avec les quatre autres rende égale à un carré chacune des quantités $vx+1$, $vy+1$, $vz+1$, $vu+1$, nous désignerons d'abord par $\xi^4-p\xi^3+q\xi^2-r\xi+s=0$, l'équation du quatrième degré dont les racines sont x, y, z, u; ensuite le nombre cherché v sera déterminé rationnellement par la formule

$$v=\frac{4r+2p(s+1)}{(s-1)^2}.$$

(469) Pour vérifier cette solution indiquée par Euler, il faut faire voir que la quantité $\xi v+1$ sera un carré, sans particulariser la valeur de ξ, et par conséquent que la quantité

$$4r\xi+2p(s+1)\xi+(s-1)^2$$

sera aussi un carré. Mais l'équation en ξ donne $4r\xi=4\xi^4-4p\xi^3+4q\xi^2+4s$, donc tout se réduit à prouver que la quantité

$$4\xi^4-4p\xi^3+4q\xi^2+2p(s+1)\xi+(s+1)^2$$

est un carré pour toute valeur de ξ.

Or on voit qu'en effet cette quantité sera le carré de $2\xi^2-p\xi-s-1$, si toutefois la condition

$$q+s+1=\tfrac{1}{4}p^2$$

est satisfaite. La question étant réduite à ce point on formera les équations

$$p=m+n+z+u$$
$$q=mn+(m+n)(z+u)+zu$$
$$p^2-4q=(m+n-z-u)^2-4mn-4zu$$
$$=(2l+u)^2-4(l^2-1)-4zu$$
$$4(s+1)=4mnuz+4=4zu(l^2-1)+4;$$

donc

$$p^2-4q-4(s+1)=u(u+4l-4l^2z).$$

D'un autre côté, il est aisé de voir qu'on a $u=4l^2z-4l$, et qu'ainsi le second membre de la dernière équation étant zéro, la condition dont il s'agit est satisfaite.

Il ne reste plus qu'à substituer les quatre valeurs de ξ dans la formule générale

$$v\xi+1=\left(\frac{2\xi^2-p\xi-s-1}{s-1}\right)^2,$$

et on aura les quatre résultats suivants :

$$vx+1=\left(\frac{2m^2-pm-s-1}{s-1}\right)^2$$

$$vy+1=\left(\frac{2n^2-pn-s-1}{s-1}\right)^2$$

$$vz+1=\left(\frac{2z^2-pz-s-1}{s-1}\right)^2$$

$$vu+1=\left(\frac{2u^2-pu-s-1}{s-1}\right)^2.$$

Soit par exemple $m=1$, $n=3$, $l=2$, on aura $x=1$, $y=3$, $z=8$. $u=120$, $v=\frac{777480}{(2879)^2}$, et les cinq nombres x, y, z, u, v, seront tels que le produit de deux quelconques de ces nombres, augmenté de l'unité, sera égal à un carré.

A	B	C	D
E	F	G	H
I	K	L	M
N	O	P	Q

(470) PROBLÈME II. Dans un carré divisé en 16 cases, suivant la figure ci-jointe, inscrire 16 nombres A, B, C...Q, qui satisfassent aux conditions suivantes,

1° Que la somme des carrés des nombres soit égale dans chacune des quatre lignes horizontales, égale aussi dans chacune des quatre lignes verticales, et dans les deux diagonales, ce qui fait 10 conditions;

2° Que la somme des produits deux à deux, tels que...... AE + BF + CG + DH soit nulle à l'égard des deux premières lignes horizontales, comme à l'égard de deux lignes horizontales quelconques, et qu'il en soit de même à l'égard de deux lignes verticales, ce qui fait 12 conditions.

On aurait donc en tout 22 conditions à remplir et 16 inconnues seulement. Cependant Euler remarque qu'il y a une infinité de manières de satisfaire à ce problème, qu'il en possède la solution générale, et il en a donné pour exemple le carré suivant,

68,	−29,	41,	−37
−17,	31,	79,	32
59,	28,	−23,	61
−11,	−77,	8,	49

L'analyse de ce problème n'a point été publiée et il est fort à désirer qu'elle le soit, si on peut la trouver parmi les manuscrits de l'auteur, non encore imprimés; car on voit qu'il serait fort difficile de la restituer.

(471) On a vu dans l'Introduction, art. X, que si un nombre donné N est de la forme $2^n\alpha\beta\gamma$, etc., α, β, γ, étant des nombres premiers inégaux, la somme des diviseurs du nombre N est donnée par la formule

$$(2^{n+1}-1)(1+\alpha)(1+\beta)(1+\gamma)\ldots.$$

Si au lieu du facteur simple α on avait le facteur double α^2, ce facteur, au lieu d'être représenté dans la formule par $1+\alpha$, le serait par $1+\alpha+\alpha^2$ ou $\frac{\alpha^3-1}{\alpha-1}$, de même un facteur triple α^3 le serait par $1+\alpha+\alpha^2+\alpha^3$ ou $\frac{\alpha^4-1}{\alpha-1}$, ainsi de suite; ce qui s'applique également aux autres facteurs qui pourraient n'être pas simples. Voici quelques usages de cette formule.

I° Ayant choisi n de manière que 2^n-1 soit un nombre premier, si on fait $N=2^{n-1}(2^n-1)$, la somme des diviseurs du nombre N sera, en vertu de la formule précédente $(2^n-1)2^n$; donc cette somme sera double du nombre N, ou, ce qui revient au même, le nombre N sera égal à la somme de ses parties aliquotes. Les plus simples de ces nombres auxquels on a donné le nom de *nombres parfaits*, sont $2^2(2^3-1)=28$, $2^4(2^5-1)=496$, $2^6(2^7-1)=8128$, $2^{12}(2^{13}-1)$ $=2^{12}(8191)=33\,550\,336$, etc.

II. Si on veut avoir un nombre N tel que la somme de ses diviseurs, N compris, soit triple de N, supposons $N=2^n\alpha\beta\gamma$, etc., α, β, γ, etc., étant des nombres premiers inégaux, il faudra satisfaire à l'équation

$$(2^{n+1}-1)(1+\alpha)(1+\beta)(1+\gamma)\ldots=3.2^n\alpha\beta\gamma\ldots$$

ou

$$\frac{1+\alpha}{\alpha}\cdot\frac{1+\beta}{\beta}\cdot\frac{1+\gamma}{\gamma}\ldots=\frac{3.2^n}{2^{n+1}-1}.$$

Soit $n=2$, le second membre devient $\frac{12}{7}$, ainsi faisant $\alpha=7$, on aura $\frac{1+\beta}{\beta}\cdot\frac{1+\gamma}{\gamma}\ldots=\frac{12}{8}=\frac{3}{2}$, équation impossible parce que les dénominateurs $\beta, \gamma\ldots$ sont impairs.

Soit $n=3$, on aura $\frac{1+\alpha}{\alpha}\cdot\frac{1+\beta}{\beta}\ldots=\frac{24}{15}=\frac{8}{5}$; il en résulte $\alpha=5$, et $\frac{1+\beta}{\beta}\ldots=\frac{8}{6}=\frac{4}{3}$; donc $\beta=3$, et l'un des nombres cherchés est $2^3.3.5=120$.

La supposition $n=4$ conduit à une impossibilité. Soit donc $n=5$, on aura $\frac{1+\alpha}{\alpha}\cdot\frac{1+\beta}{\beta}\ldots=\frac{96}{63}=\frac{32}{3.7}$; soit $\alpha=3$, $\beta=7$, on aura... $\frac{1+\gamma}{\gamma}\ldots=\frac{32}{4.8}=1$; donc il n'y a pas d'autres nombres premiers que 3 et 7 à employer, et on aura le second des nombres cherchés $=2^5.3.7=672$.

Les cas de $n=6$ et $n=7$ ne donnant aucun résultat, soit $n=8$, on aura $\frac{1+\alpha}{\alpha}\cdot\frac{1+\beta}{\beta}\ldots=\frac{768}{7.73}$; soit $\alpha=7$, $\beta=73$, on aura..... $\frac{1+\gamma}{\gamma}\cdot\frac{1+\delta}{\delta}\ldots=\frac{768}{8.74}=\frac{48}{37}$; soit $\gamma=37$, $\delta=19$, on aura $\frac{1+\varepsilon}{\varepsilon}\ldots=\frac{6}{5}$; d'où résulte enfin $\varepsilon=5$, et le nombre cherché $N=2^8.5.7.19.37.73$. On vérifie immédiatement ce résultat par la formule générale d'où résulte la somme des diviseurs $=(2^9-1)6.8.20.38.74=$ $2^8.3.5.7.19.37.73=3N$.

III. Pour avoir un nombre N tel que la somme de ses diviseurs soit quadruple de N, N compris, il faut résoudre l'équation

$$\frac{1+\alpha}{\alpha}\cdot\frac{1+\beta}{\beta}\ldots=\frac{4.2^n}{2^{n+1}-1}.$$

Soit $n=3$, le second membre sera $\frac{32}{15}=\frac{6}{5}\cdot\frac{16}{9}$; on aura donc d'abord $\alpha=5$; mais à cause du facteur $\frac{16}{9}$, on voit qu'en faisant $\beta=3$, le facteur β^2 remplacera β; il faudra donc au lieu de $\frac{1+\beta}{\beta}$ prendre $\frac{1+\beta+\beta^2}{\beta^2}=\frac{13}{9}$, et faire $\frac{16}{9}=\frac{13}{9}\cdot\frac{16}{13}$. Soit ensuite $\gamma=13$, on fera $\frac{16}{13}=\frac{14}{13}\cdot\frac{8}{7}$, ce qui donnera finalement $\delta=7$, et le nombre cherché $N=2^3.3^2.5.7.13=32760$.

En faisant $n=5$, on trouverait semblablement $N=2^5.3^3.5.7=30240$, nombre plus simple que le précédent.

IV. Si l'on veut trouver un nombre N tel que la somme de ses diviseurs, N compris, soit quintuple de N, appelant 2^n la plus grande puissance de 2 qui divise N, il faudra, suivant la formule générale, que $\frac{5.2^n}{2^{n+1}-1}$ soit égal au produit de plusieurs facteurs de la forme $\frac{1+\alpha}{\alpha}$ pour chaque facteur simple α qui divise N, de la forme... $\frac{1+\alpha+\alpha^2}{\alpha^2}$ pour chaque facteur α^2, ainsi de suite.

Soit $n=7$, on aura $\frac{640}{255}=\frac{128}{3.17}=\frac{1+17}{17}\cdot\frac{64}{27}$, $\frac{64}{33}=\frac{1+3+3^2+3^3}{3^3}\cdot\frac{64}{40}$, $\frac{64}{40}=\frac{8}{5}=\frac{1+5}{5}\cdot\frac{4}{3}$. Le facteur $\frac{4}{3}$ indique que le nombre cherché est divisible par 3^4, ainsi il faut recommencer l'opération et faire.. $\frac{64}{27}=\frac{3.64}{3^4}=\frac{1+3+3^2+3^3+3^4}{3^4}\cdot\frac{3.64}{11^2}$, ensuite $\frac{192}{11^2}=\frac{1+11+11^2}{11^2}\cdot\frac{192}{133}$, $\frac{192}{133}=\frac{8}{7}\cdot\frac{20}{19}\cdot\frac{6}{5}$. Ces facteurs étant tous de la forme $\frac{1+\alpha}{\alpha}$, l'opération est terminée, et le nombre cherché $N=2^7.3^4.11^2.5.7.17.19$. On trouverait également $N=2^7.3^5.7^2.5.13.17.19$, nombre un peu plus simple que le précédent.

(472) Proposons-nous maintenant de trouver deux nombres A et B tels que chacun d'eux soit égal à la somme des diviseurs de l'autre, celui-ci non compris. Nous supposerons pour faciliter la solution, que ces deux nombres sont ainsi représentés $A = 2^m\gamma$, $B = 2^m\alpha\beta$, α, β, γ étant des nombres premiers. Et puisque la condition du problème exige que la somme des diviseurs de A et celle des diviseurs de B soient égales, l'une et l'autre, à A + B, nous aurons la double équation

$$(2^{m+1}-1)(1+\gamma)=(2^{m+1}-1)(1+\alpha)(1+\beta)=2^m(\alpha\beta+\gamma).$$

De là on tire premièrement $1+\gamma=(1+\alpha)(1+\beta)$, ou $\gamma=\alpha+\beta+\alpha\beta$; ensuite $\alpha\beta-(2^m-1)(\alpha+\beta)=2^{m+1}-1$. Celle-ci peut se mettre sous la forme

$$(\alpha-2^m+1)(\beta-2^m+1)=2^{2m}.$$

Ainsi toute manière de partager 2^{2m} en facteurs inégaux semble devoir donner une solution.

La première qui se présente consiste à faire

$$\left.\begin{array}{l}\alpha-2^m+1=2^{m-1}\\ \beta-2^m+1=2^{m+1}\end{array}\right\}\text{ ce qui donne }\left\{\begin{array}{l}\alpha=3.2^{m-1}-1\\ \beta=3.2^m-1\end{array}\right.$$

et il en résulte.......................... $\gamma=9.2^{2m-1}-1$.

Mais pour que la solution soit admissible il faut que les trois nombres α, β, γ, ainsi déterminés, soient des nombres premiers. Si on donne maintenant à m les valeurs successives 2, 3, 4, etc., on aura les résultats compris dans le tableau suivant :

m	α	β	γ	A	B
2	5	11	71	284	220
3	11	23	287		
4	23	47	1151	18416	17296
5	47	95	4607		
6	95	191	18431		
7	191	383	73727	9437056	9363584
8	383	767	294911		
9	767	1535	1179647		
10	1535	3071	4718591		
11	3071	6143			
12	6143	12287			
13	12287	24575			
14	24575	49151			
15	49151	98303			

On voit que les nombres 2, 4, 7 pris pour m sont tels que les valeurs qui en résultent pour α, β, γ, sont des nombres premiers, ce qui donne les trois solutions comprises dans la colonne des A et dans celle des B. Mais ce même tableau continué jusqu'à $m=15$ ne donne aucune autre solution.

Pour avoir une autre formule de solution, revenons à l'équation

$$(\alpha - 2^m + 1)(\beta - 2^m + 1) = 2^{2m}.$$

Elle peut en général se partager en deux autres comme il suit :

$$\alpha - 2^m + 1 = 2^{m-\mu},$$
$$\beta - 2^m + 1 = 2^{m+\mu},$$

d'où résulte

$$\alpha = (2^\mu + 1)\,2^{m-\mu} - 1$$
$$\beta = (2^\mu + 1)\,2^m - 1$$
$$\gamma = (2^\mu + 1)^2\,2^{2m-\mu} - 1.$$

Le nombre μ qui reste arbitraire dans ces formules doit être impair, car s'il était pair, la valeur de γ serait en général de la forme p^2-1, et ne serait par conséquent pas un nombre premier.

On a déja fait $\mu=1$; on ne peut faire $\mu=3$, parce qu'alors $2^\mu+1$ étant 9, il y aurait toujours une des valeurs de α et β comprise dans la forme p^2-1 qui n'appartient qu'à un nombre composé.

Soit donc $\mu=5$, et on aura les formules

$$\alpha=33.2^{m-5}-1$$
$$\beta=33.2^{m}-1$$
$$\gamma=(33)^2 2^{2m-5}-1.$$

Si on fait $m=8$, on aura $\alpha=263$, $\beta=8447$, $\gamma=2230271$; mais il n'en résulte pas de solution, parce que γ est divisible par 463. Quelques autres essais sur la valeur de m n'ont pas eu plus de succès.

Enfin si l'on fait $\mu=7$, on aura les nouvelles formules

$$\alpha=129.2^{m-7}-1$$
$$\beta=129.2^{m}-1$$
$$\gamma=(129)^2 2^{2m-7}-1.$$

Soit $m=8$, on aura $\alpha=257$, $\beta=33023$, $\gamma=8520191$, de là résultera une solution si γ est un nombre premier, car les deux autres le sont; cette solution serait $A=2^8\gamma$, $B=2^8\alpha\beta$.

Les problèmes dont nous venons de nous occuper sont du nombre de ceux sur lesquels les géomètres s'exerçaient du temps de Fermat, c'est-à-dire vers le milieu du 17e siècle. On en fait mention ici parce que la méthode de les résoudre n'est pas généralement connue. Voyez à ce sujet le tom. III des Lettres de Descartes, et l'écrit intitulé *Influence de Fermat sur son siècle*, par Genty.

§ XVIII. *D'un autre problème remarquable par l'espèce d'analyse employée pour sa solution.*

(473) Les amateurs du jeu des échecs savent qu'à partir d'une case donnée il est possible de faire parcourir au cavalier les 64 cases de l'échiquier, sans passer deux fois par la même case. Quelques géomètres se sont occupés de ce problème et ont voulu le soumettre à l'analyse, mais Euler est le seul qui ait réussi à en trouver méthodiquement un grand nombre de solutions (1). Le procédé de cet illustre auteur est aussi sûr qu'ingénieux; il consiste à essayer d'abord une solution par la marche effective du cavalier. On réussit aisément à prolonger cette marche, de manière qu'il ne reste plus qu'un petit nombre de cases à parcourir. Les cases parcourues se marquent successivement sur le papier (où l'on figure un échiquier de petites dimensions) par les chiffres 1, 2, 3, jusqu'à 58, si c'est à la case 58 qu'on se trouve arrêté; les cases restantes se remplissent par des lettres *a*, *b*, *c*....

Il s'agit ensuite de faire entrer successivement les cases restantes parmi celles qui forment un circuit et qui sont marquées par des chiffres. C'est ce qu'on peut faire au moyen de plusieurs règles générales données par Euler et que nous allons faire connaître dans un exemple où elles recevront, à peu près toutes, leur application.

(474) Nous supposerons qu'à partir de la case 1, on a fait parcourir au cavalier les cases 2, 3, 4, etc., jusqu'à la case 60, où la marche est arrêtée, en sorte qu'il reste quatre cases vacantes, mar-

(1) Mémoires de l'Académie des Sciences de Berlin, année 1759.

quées a, b, c, d, comme on le voit dans le tableau suivant :

	55	58	29	40	27	44	19	22
	60	39	56	43	30	21	26	45
	57	54	59	28	41	18	23	20
(I)	38	51	42	31	8	25	46	17
	53	32	37	*a*	47	16	9	24
	50	3	52	33	36	7	12	15
	1	34	5	48	*b*	14	*c*	10
	4	49	2	35	6	11	*d*	13

J'observe que le cavalier peut passer de la case 1 aux trois cases 32, 52, 2, de la case 60 aux trois cases 29, 59, 51, et de la case a aux huit cases 3, 31, 59, 41, 25, 7, b, 5, ce que je représente ainsi :

1 } 32, 52, 2.....A
60 } 29, 59, 51....B
a } 3, 31, 59, 41, 25, 7, b, 5.

Or toutes les fois qu'un des nombres A qui répondent à la case 1, est tel que A — 1 se trouve parmi les nombres B qui répondent à la dernière case 60 (comme il arrive dans ce cas où l'on peut prendre A = 52 et B = 51), le circuit 1, 2, 3...60 qui ne rentre pas sur lui-même, parce qu'on ne peut pas passer de la case 60 à la case 1, deviendra rentrant, si on le compose des deux parties

60.59.....A : 1.2.3.....B,

qui dans notre exemple sont

60.59.....52 : 1.2.3.....51.

Il convient, pour exprimer ce changement, de faire un nouveau tableau qui se déduira du précédent en laissant à leur place tous les nombres de la partie 1.2.3...51, mais en remplaçant la suite 60.59...52, par la suite inverse 52.53...60, c'est-à-dire en retranchant de 112 chacun des nombres de 52 à 60. Voici le nouveau tableau qui résulte de cette opération :

	57	54	29	40	27	44	19	22
	52	39	56	43	30	21	26	45
	55	58	53	28	41	18	23	20
	38	51	42	31	8	25	46	17
(II)	59	32	37	*a*	47	16	9	24
	50	3	60	33	36	7	12	15
	1	34	5	48	*b*	14	*c*	10
	4	49	2	35	6	11	*d*	13

Le tableau (I) offrait un circuit de 60 cases, lequel n'était pas rentrant ; ce second tableau offre un circuit rentrant, puisqu'on peut passer de la case 60 à la case 1 et réciproquement. Or un pareil circuit a l'avantage qu'on peut y faire entrer celle qu'on voudra des quatre cases vacantes *a*, *b*, *c*, *d*, et nous choisirons la case *a*, parce que de *a* on peut passer successivement aux cases *b* et *d*, de sorte qu'on fera entrer dans le circuit les trois cases *a*, *b*, *d*, à la fois.

(475) Comme il y a huit cases de chacune desquelles le cavalier peut passer à la case *a*, savoir, 51, 53, 41, 25, 7, *b*, 5, 3, on aura 7 manières (*b* ne devant pas être comptée) de faire l'opération ; lesquelles réussiraient toutes également.

Choisissant la case 51, on pourra établir le nouveau circuit composé de 63 cases, comme il suit :

52, 53.... 60 | 1, 2, 3.... 51, *a*, *b*, *d*.

Il faudra donc former un troisième tableau qui se déduira du tableau II, en mettant 1, 2, 3...9 au lieu de la suite 52, 53...60, c'est-à-dire en retranchant 51 de chacun de ces nombres, puis en ajoutant 9 à chacun des nombres de la suite 1, 2, 3...51, et enfin mettant 61, 62, 63 à la place de *a*, *b*, *d*. En voici le résultat :

	6	3	38	49	36	53	28	31
	1	48	5	52	39	30	35	54
	4	7	2	37	50	27	32	29
	47	60	51	40	17	34	55	26
(III)	8	41	46	61	56	25	18	33
	59	12	9	42	45	16	21	24
	10	43	14	57	62	23	*c*	19
	13	58	11	44	15	20	63	22

Il ne reste plus qu'à faire entrer la 64ᵉ case *c* dans le circuit; pour cela, nous remarquerons que de la case 25 on passe à *c*, comme de 24 à 63, de sorte qu'on peut former le circuit complet

$$1.2.3...24 \mid 63.62...25.c.$$

Pour le représenter dans un quatrième tableau, il faudra, dans le tableau III, ne rien changer aux nombres 1, 2, 3...24, mettre 25 à la place de 63, 26 à la place de 62, etc., c'est-à-dire retrancher de 88 tous les nombres de 25 à 63, et enfin mettre 64 à la place de *c*. Voici le résultat de cette opération :

	6	3	50	39	52	35	60	57
	1	40	5	36	49	58	53	34
	4	7	2	51	38	61	56	59
	41	28	37	48	17	54	33	62
(IV)	8	47	42	27	32	63	18	55
	29	12	9	46	43	16	21	24
	10	45	14	31	26	23	64	19
	13	30	11	44	15	20	25	22

Dans ce nouveau tableau toutes les cases étant remplies le problème est résolu, c'est-à-dire que le cavalier partant de la case 1, et suivant les cases marquées 2, 3, etc., parcourra toutes les cases de l'échiquier, sans passer deux fois sur la même. Mais la marche que nous venons de tracer n'est pas rentrante, puisqu'on ne peut pas passer de la case 64 à la case 1; ainsi nous n'avons pas encore satisfait à la question générale qui suppose que le cavalier parte d'une case donnée quelconque.

(476) Pour y satisfaire il faut trouver moyen de changer le circuit non rentrant qu'offre le tableau IV en un circuit rentrant.

Dans l'état actuel du tableau IV, les cases extrêmes 1 et 64 sont trop éloignées pour qu'on puisse par une seule opération obtenir un circuit rentrant; on peut seulement rapprocher les cases extrêmes en substituant au circuit du tableau le circuit suivant :

64.63.28 | 1.2.3...27.

Pour représenter celui-ci il faudra dans le IVe tableau ne rien changer aux nombres de 64 à 28, mais seulement prendre le complément à 28 de tous les nombres de 1 à 27, ce qui produira le tableau suivant :

	22.25.50.39.52.35.60.57
	27.40.23.36.49.58.53.34
	24.21.26.51.38.61.56.59
	41.28.37.48.11.54.33.62
(V)	20.47.42. 1 .32.63.10.55
	29.16.19.46.43.12. 7 . 4
	18.45.14.31. 2 . 5 .64. 9
	15.30.17.44.13. 8 . 3. 6

Maintenant les cases voisines des extrêmes 1 et 64 sont, comme il suit :

$$1 \mid 26, 38, 54, 12, 2, \overset{*}{14}, 16, 28$$
$$64 \mid \overset{*}{13}, 43, 63, 55.$$

Et parce que le nombre 14 de la première ligne surpasse d'une unité le nombre 13 de la seconde, on pourra former un circuit rentrant avec les deux suites

64, 63.....14 | 1, 2, 3.....13,

et le nouveau tableau qui contient ce circuit se déduira du précédent, en prenant au lieu de chacun des nombres 1, 2 . . . 13 son complément à 14. Voici le sixième tableau.

22.25.50.39.52.35.60.57
27.40.23.36.49.58.53.34
24.21.26.51.38.61.56.59
41.28.37.48. 3 .54.33.62
(VI) 20.47.42.13.32.63. 4 .55
29.16.19.46.43. 2 . 7 .10
18.45.14.31.12. 9 .64. 5
15.30.17.44. 1 . 6 .11. 8

Nous avons dit qu'une marche rentrante telle que nous venons de l'obtenir dans ce dernier tableau, permet de faire parcourir au cavalier toutes les cases de l'échiquier, à partir d'une case donnée quelconque, et cela de deux manières différentes.

En effet, si on veut partir de la case 38, par exemple, on pourra choisir entre les deux marches suivantes, inverses l'une de l'autre

38.39...63.64.1.2...37
38.37...2.1.64.63...39.

Ainsi le problème est résolu dans toute sa généralité par le tableau (VI). Mais nous allons faire voir qu'une seule solution connue en fait connaître immédiatement un grand nombre d'autres. Donnons avant tout un second exemple de la manière de rendre rentrant un circuit qui ne l'est pas.

(477) Nous nous proposerons à cet effet le tableau suivant :

54.41.12.25.60.57.14.23
11.26.55.40.13.24.49.58
42.53.10.61.56.59.22.15
9 .62.27.52.39.48.31.50
28.43. 8 .47.30.51.16.21
63.46.29.38. 5 .20.35.32
44. 7 . 2 .19.34.37. 4 .17
1 .64.45. 6 . 3 .18.33.36

A raison des cases voisines des deux extrêmes 1 et 64, savoir :

1 | 2, 46
64 | 19, 29, 63,

on pourrait changer la marche du tableau en trois autres, savoir :

64.63...46 | 1.2.3...45
1.2.3...19 | 64.63...20
1.2.3...29 | 64.63...30.

Mais ces trois combinaisons présentent peu d'avantage, parce que les cases 1 et 64 ne permettent le passage qu'à deux et trois autres cases. Après quelques tentatives on trouve que le circuit suivant, composé de trois parties

30.31...46 | 1.2.3...29 | 64.63...47,

est préférable, parce que les cases extrêmes 30 et 47 venant au milieu du tableau, il y a plus de chances d'arriver par elles à un circuit rentrant.

Pour représenter cette nouvelle marche, il faut, dans le tableau proposé, ôter 29 des nombres de 30 à 46, ajouter 17 aux nombres de la seconde suite, 1.2...29, et retrancher de 111 tous les termes de la troisième suite 64.63...47. On obtiendra ainsi le tableau suivant :

57.12.29.42.51.54.31.40
28.43.56.11.30.41.62.53
13.58.27.50.55.52.39.32
26.49.44.59.10.63. 2 .61
45.14.25.64. 1 .60.33.38
48.17.46. 9 .22.37. 6 . 3
15.24.19.36 . 5 . 8 .21.34
18.47.16.23.20.35. 4 . 7

Dans cette marche les cases extrêmes 1, 64, permettent de passer de chacune à huit autres cases, comme on le voit ici :

1 | 2, 6, 8, 36, 46, 44, 50, 52.. a
64 | 63, 37, 5, 19, 17, 49, 27, 55...b.

Maintenant si a étant un nombre de la première série, on trouve $a-1$ parmi les termes b de la seconde série, on pourra former une marche rentrante de ces deux parties

$$1.2...a-1 \mid 64.63...a.$$

Or c'est ce qui arrive en faisant $a=6$ et $a=50$, puisque 5 et 49 se trouvent parmi les nombres b. On obtient donc les deux marches rentrantes que voici :

$$1.2...5 \mid 64.63...6$$
$$1.2...49 \mid 64.63...50.$$

Il en résulte les deux tableaux suivants :

13.58.41.28.19.16.39.30	57.12.29.42.63.60.31.40
42.27.14.59.40.29. 8 .17	28.43.58.11.30.41.52.61
57.12.43.20.15.18.31.38	13.56.27.64.59.62.39.32
44.21.26.11.60. 7 . 2 . 9	26.49.44.55.10.51. 2 .53
25.56.45. 6 . 1 .10.37.32	45.14.25.50. 1 .54.33.38
22.53.24.61.48.33.64. 3	48.17.46. 9 .22.37. 6 . 3
55.46.51.34. 5 .62.49.36	15.24.19.36. 5 . 8 .21.34
52.23.54.47.50.35. 4 .63	18.47.16.23.20.35. 4 . 7
M	N

Nous connaissons déja trois marches rentrantes, qui donnent chacune deux manières de résoudre le problème à partir d'une case donnée. Nous allons faire voir de plus que chaque tableau comme M en fournit trois autres qui résolvent également la question.

(478) Mais d'abord nous observerons que pour comparer plus aisément entre elles les différentes marches rentrantes qu'on peut trouver et dont le nombre est sans doute très-grand, il est bon de convenir qu'on mettra constamment 1 à la première case à gauche de la dernière ligne. C'est ce qui se fera pour le tableau M en

retranchant 51 des nombres supérieurs à 51 et ajoutant 13 à tous les autres, opération qui se pratiquera semblablement pour tout autre tableau. Voici en conséquence la nouvelle forme que prendront les tableaux M et N.

26. 7 .54.41.32.29.52.43	40.59.12.25.46.43.14.23
55.40.27. 8 .53.42.21.30	11.26.41.58.13.24.35.44
6 .25.56.33.28.31.44.51	60.39.10.47.42.45.22.15
57.34.39.24. 9 .20.15.22	9 .32.27.38.57.34.49.36
38. 5 .58.19.14.23.50.45	28.61. 8 .33.48.37.16.21
35. 2 .37.10.61.46.13.16	31.64.29.56. 5 .20.53.50
4 .59.64.47.18.11.62.49	62. 7 . 2 .19.52.55. 4 .17
1 .36. 3 .60.63.48.17.12	1 .30.63. 6 . 3 .18.51.54
(M)	(N)

Étant donné le tableau (M), par exemple, on pourrait faire tourner ce tableau autour de la diogonale passant par la case 1, de manière que la ligne horizontale 1.36...12 prît la place de la ligne verticale 1,4...26, et réciproquement. Mais comme la position des cases, les unes à l'égard des autres, serait toujours la même, nous considérerons ces deux formes comme n'en faisant qu'une seule.

On peut aussi en conservant le nombre 1 à la première case, changer les nombres des autres cases, en mettant au lieu de chaque nombre son complément à 66. De cette manière le tableau M en fournirait un second que voici :

40.59.12.25.34.37.14.23
11.26.39.58.13.24.45.36
60.41.10.33.38.35.22.15
9 .32.27.42.57.46.51.44
28.61. 8 .47.52.43.16.21
31.64.29.56. 5 .20.53.50
62. 7 . 2 .19.48.55. 4 .17
1 .30.63. 6 . 3 .18.49.54

(*m*)

Mais ce second tableau qu'on peut regarder comme l'inverse ou le réciproque du premier, ne donne réellement aucun nouveau moyen de résoudre le problème. Car la case de l'échiquier qui est marquée 20 dans le tableau (M), est marquée 66 — 20 ou 46 dans le tableau (*m*), et les deux marches qui résolvent le problème dans le tableau (M) ne diffèrent des deux marches qui le résolvent dans le tableau (*m*) qu'en ce qu'elles sont notées par des nombres différents. Par exemple, la marche indiquée 20.21.22...64.1.2...19 dans le tableau (M), occupe successivement les mêmes cases de l'échiquier que la marche indiquée 46.45.44.2.1.64...47 dans le tableau (*m*).

(479) Maintenant pour opérer de véritables changements dans le tableau (M), il faut supposer que ce tableau, qui a pour base la ligne horizontale 1.36.3...12, prendra successivement pour base chacun des trois autres côtés de l'échiquier.

Si on prend pour base le côté 12.49.16...43, il faudra retrancher 11 de tous les nombres, ce qui donnera la nouvelle forme

54	57	24	27	46	59	44	15
25	48	55	58	23	14	29	60
56	53	26	47	28	45	16	43
49	36	63	8	13	22	61	30
52	7	50	3	62	17	42	21
37	64	35	12	9	20	31	18
6	51	2	39	4	33	10	41
1	38	5	34	11	40	19	32

(M 1)

Les deux autres côtés 43.52...26, et 26.55...1, donneront semblablement les deux tableaux qui suivent.

34	39	6	21	18	25	58	23
7	20	33	40	5	22	17	26
38	35	4	19	32	59	24	57
3	8	45	36	41	16	27	60
44	37	42	31	46	61	56	15
9	2	53	50	55	14	47	28
52	43	64	11	30	49	62	13
1	10	51	54	63	12	29	48

(M 2)

18	5	26	61	20	55	24	51
27	60	19	54	25	52	37	56
4	17	6	59	62	21	50	23
7	28	3	48	53	36	57	38
16	47	8	63	58	49	22	35
29	2	31	14	33	12	39	42
46	15	64	9	44	41	34	11
1	30	45	32	13	10	43	40

(M 3)

Ainsi toute marche rentrante, comme celle qui est représentée par le tableau (M), en fournit trois autres représentées par les tableaux (M 1), (M 2), (M 3); et puisque chaque tableau donne deux solutions du problème, les quatre tableaux en donneront huit. Nous avons formé d'ailleurs deux autres tableaux (VI) et (N) semblables au tableau (M); ainsi nous connaissons déja 24 solutions du problème général, et il serait facile d'en trouver un beaucoup plus grand nombre.

(480) En effet, prenons encore pour exemple le tableau (M), et supposons que de la case A on puisse passer aux cases a, b, c, etc., et que de la case A + 1 on puisse passer aux cases a', b', c', etc., ce que nous exprimons ainsi :

$$A \} a, b, c \ldots\ldots$$
$$A + 1 \} a', b', c' \ldots\ldots$$

Si parmi les nombres a', b', c', etc., il se trouve le nombre $a + 1$, on pourra de la marche rentrante donnée par le tableau, déduire une autre marche pareillement rentrante, savoir :

$$a, a-1, a-2 \ldots A+1 \mid a+1, a+2 \ldots A;$$

Il faut seulement excepter le cas de $a = A + 1$, et celui de $A = a + 1$ qui ne donnent aucun résultat.

C'est ainsi qu'on peut déduire du tableau M les onze marches rentrantes qui suivent :

58.57...10	59.60...64.1.2.3...9
59.58...11	60.61...64.1.2.3...10
53.52...25	54.55...64.1.2.3...24
37.36...25	38.39...64.1.2.3...24
54.53...34	55.56...64.1.2.3...33
24.23...1.64.63...38	25.26...37
62.61.............46	63.64.1.2...45
24.23...1.64.63...54	25.26...53
33.32...1.64.63...55	34.35...54
10. 9...1.64.63...60	11.12...59
45.44...1.64.63	46.47...62

Le premier circuit se tracera d'après le tableau (M), en retranchant de 68 tous les nombres de 10 à 58, et laissant les autres nombres tels qu'ils sont; on formera ainsi le nouveau tableau

42	7	14	27	36	39	16	25
13	28	41	8	15	26	47	38
6	43	12	35	40	37	24	17
11	34	29	44	9	48	53	46
30	5	10	49	54	45	18	23
33	2	31	58	61	22	55	52
4	59	64	21	50	57	62	19
1	32	3	60	63	20	51	56

Si l'on forme de même les 10 autres tableaux qui résultent des circuits indiqués, on aura douze tableaux principaux qui sont susceptibles chacun de quatre formes, ce qui fera en tout 48 tableaux donnant chacun deux solutions du problème général.

(481) Pour déduire du circuit représenté par le tableau (M) onze autres circuits semblables, nous n'avons eu besoin que de partager le premier circuit en deux parties qui s'ajustent convenablement; mais on pourrait partager le même circuit en trois ou en plus grand nombre de parties, de manière à faire toujours un circuit rentrant, ce qui donnerait de nouvelles solutions, en nombre presque indéfini.

Supposons, par exemple, que passant de la case a à la case b, et de la case $a+1$ à la case c, on puisse passer en même temps de la case $b-1$ à la case $c+1$, ce que nous exprimerons ainsi :

$$a \mid b, \quad a+1 \mid c, \quad b-1 \mid c+1,$$

on aura cette nouvelle marche rentrante composée de trois parties

$$c+1 . c+2 \ldots 64 . 1 . 2 \ldots a \mid b . b+1 \ldots c \mid a+1 . a+2 \ldots b-1 ;$$

elle suppose seulement $b > a+2$ et $c > b$.

Un exemple tiré du tableau (M) donnera cette marche toujours rentrante

$$54.55 \ldots 64.1.2 \ldots 19 \mid 34.35 \ldots 53 \mid 20.21 \ldots 33.$$

Pour former le tableau qui la représente, il faudra dans le tableau M, 1° laisser à leur place tous les nombres de 54 à 64 et de 1 à 19; 2° diminuer de 14 tous les nombres de 34 à 53; 3° augmenter de 20 tous les nombres de 20 à 33. Voici le résultat de cette opération

46. 7 .54.27.52.49.38.29
55.26.47. 8 .39.28.41.50
6 .45.56 53.48.51.30.37
57.20.25.44. 9 .40.15.42
24. 5 .58.19.14.43.36.31
21. 2 .23.10.61.32.13.16
4 .59.64.33.18.11.62.35
1 .22. 3 .60.63.34.17.12

On trouverait, suivant les mêmes principes, beaucoup d'autres marches rentrantes; d'où l'on voit combien le nombre des solutions peut être multiplié, dès qu'une fois on connaît une marche rentrante.

(482) On peut imposer des conditions particulières qui diminueront le nombre des solutions, mais il sera encore très-considérable. Supposons, par exemple, que l'on veuille renfermer les nombres 1.2.3...32, dans les quatre lignes inférieures du tableau, et les 32 autres dans les quatre lignes supérieures, on satisfera à la première condition de la manière suivante :

3 .26. 7 .32. 1 .20.15.18
8 .31. 2 .27. 6 .17.12.21
25. 4 .29.10.23.14 19.16
30. 9 .24. 5 .28.11.22.13

Et si on ajoute 32 à tous ces nombres, on aura quatre autres lignes contenant tous les nombres de 33 à 64. Mais cette seconde partie ne pourra pas s'ajuster avec la première de manière à former un seul tableau de 1 à 64.

Pour remplir cette seconde condition Euler donne la première partie ainsi distribuée :

22. 7 .32. 1 .24.13.18.15
31. 2 .23. 6 .19.16.27.12
8 .21. 4 .29.10.25.14.17
3 .30. 9 .20. 5 .28.11.26

Il prescrit ensuite d'ajouter 32 à tous ces nombres et d'écrire le résultat dans un sens inverse en prenant les nombres de gauche à droite, et faisant de la dernière ligne la première. Cette seconde partie ajustée à la première donne le tableau complet.

58.43.60.37.52.41.62.35
49.46.57.42.61 36.53.40
44.59.48.51.38.55.34.63
47.50.45.56.33.64.39.54
a....22. 7 .32. 1 .24.13.18.15....*b*
31. 2 .23. 6 .19.16.27.12
8 .21. 4 .29.10.25.14.17
3 .30. 9 .20. 5 .28.11.26

ou l'on voit que les nombres opposés, dans les deux moitiés séparées par la ligne *ab*, diffèrent constamment entre eux de 32. Ainsi on a 58—26=32, 57—25=32, etc. La même propriété subsiste dans les quatre formes dont ce tableau est susceptible.

Comme on peut passer de la case 1 à 16 et de la case 64 à 15, on peut changer la marche précédente en celle-ci 1 . 2...15 | 64.63...16. d'où résulte ce nouveau tableau :

58.43.60.37.52.41.62 35
49.46.57.42.61.36.53.40
44.59.48.51.38.55.34.63
47.50.45.64.33.64.39.54
a....22. 9 .32.15.24. 3 .18. 1 ....*b*
31.14.23.10.19.16.27. 4
8 .21.12.29. 6 .25. 2 .17
13.30. 7 .20.11.28. 5 .26

Mais ce tableau, où l'on n'a changé que la moitié inférieure, n'a plus la propriété du précédent, relative à la différence des nombres semblablement placés. Pour la lui conférer, il faudrait former la partie supérieure du tableau en ajoutant 32 aux nombres de la partie inférieure et plaçant ces nombres dans un ordre inverse.

(483) Si l'on voulait savoir combien le problème proposé peut avoir de solutions, voici un moyen qu'on pourrait employer dans cette recherche, qui est d'une nature très-difficile. Nous avons trouvé au moins 50 marches qui donnent chacune deux solutions, et ces 50 marches peuvent être assujéties à la notation de l'art. 478 qui les distinguera de toutes les autres. Supposons que par des procédés semblables on forme un nombre de marches beaucoup plus grand que 50 et assujéties à la même notation. Soit ce nombre $=n$, et soit N le nombre de toutes les marches possibles qui, étant différentes les unes des autres satisfont toutes au problème. Il arrivera nécessairement, lorsque n sera suffisamment grand, que parmi les n marches trouvées, il y en aura quelques-unes qui seront égales, de sorte que le nombre n se réduira à $n-a$ marches différentes.

Cela posé on trouve aisément l'équation $\frac{n-a}{N}=1-\left(\frac{N-1}{N}\right)^n$, d'où résulte $N=\frac{n^2}{2a}$, valeur d'autant plus approchée que n sera plus grand.

CINQUIÈME PARTIE.

Usage de l'analyse indéterminée dans la résolution de l'équation $x^n - 1 = 0$, n *étant un nombre premier.*

(484) Si l'on écarte du premier membre le facteur $x - 1$, et qu'on fasse

$$X = \frac{x^n - 1}{x - 1} = x^{n-1} + x^{n-2} + x^{n-3} \ldots\ldots\ldots\ldots + x + 1,$$

on sait par le théorème de Côtes que le polynome X a pour facteur général $x^2 - 2x \cos. \frac{2k\pi}{n} + 1$, k étant un nombre quelconque non-divisible par n; de sorte qu'en donnant à k les valeurs successives $1, 2, 3, \ldots \frac{1}{2}(n - 1)$, on aura tous les facteurs dont ce polynome est composé.

Les connaissances des Analystes sur la résolution de l'équation $x^n - 1 = 0$, étaient presque réduites à ce seul théorème, lorsque M. Gauss publia son excellent ouvrage intitulé *Disquisitiones Arithmeticæ*, où l'on trouve une théorie nouvelle et très-complète de la résolution de la même équation, ou, ce qui revient au même, de la division de la circonférence en n parties égales.

Comme cette théorie est une des applications les plus intéressantes de l'analyse indéterminée, et qu'elle conduit à des résultats très-curieux, nous avons cru faire plaisir à nos lecteurs, en l'exposant ici avec de nouveaux développements.

(485) Si on appelle r l'une quelconque des racines imaginaires de l'équation $x^n - 1 = 0$, c'est-à-dire, si l'on fait $r = \cos. \frac{2k\pi}{n} + \sqrt{-1} \sin. \frac{2k\pi}{n}$, k étant un nombre quelconque non-multiple de n, toutes les racines de cette équation seront $r, r^2, r^3 \ldots\ldots r^n$; des-

quelles séparant la racine $r^n = 1$, il restera pour les racines de l'équation $X = 0$, ces $n - 1$ valeurs :

$$x = r, r^2, r^3 \ldots\ldots r^{n-1}.$$

En général donc r^α sera une racine quelconque de l'équation $X = 0$; pourvu que α ne soit ni zéro ni multiple de n.

Avec cette restriction il n'y a que $n - 1$ valeurs différentes comprises dans l'expression $x = r^\alpha$; car si on avait $\alpha = nk + i$, il est clair qu'on aurait $r^\alpha = r^i$, puisque $r^n = 1$; et par la même raison, on aurait aussi $r^{-\alpha} = r^{n-\alpha} = r^{kn-\alpha}$.

D'ailleurs on prouve aisément que les $n - 1$ valeurs précédentes sont différentes entre elles; car si on avait $r^\alpha = r^\beta$, α et β étant plus petits que n, il en résulterait $r^\varepsilon = 1$, ε étant $\pm(\alpha - \beta)$ et par conséquent plus petit que n. Mais comme n est un nombre premier, les deux équations $r^n = 1$, $r^\varepsilon = 1$, ne sauraient avoir lieu ensemble, à moins qu'on n'eût $r = 1$, ce qui est contre la supposition.

(486) Cela posé, le polynome X peut être mis sous la forme

$$X = (x - r)(x - r^2)(x - r^3)\ldots\ldots(x - r^{n-1}).$$

Et comme on peut mettre r^2, ou en général r^α au lieu de r, on aura aussi

$$X = (x - r^2)(x - r^4)(x - r^6)\ldots\ldots(x - r^{2n-2}),$$

et en général,

$$X = (x - r^\alpha)(x - r^{2\alpha})(x - r^{3\alpha})\ldots\ldots(x - r^{n\alpha-\alpha}).$$

Donc puisque le second terme du polynome X a pour coefficient $+1$, on aura

$$0 = 1 + r + r^2 + r^3 + \ldots\ldots + r^{n-1},$$

et en général,

$$0 = 1 + r^\alpha + r^{2\alpha} + r^{3\alpha} + \ldots\ldots + r^{(n-1)\alpha};$$

équations qui ont lieu sans désigner celle des racines de l'équation $X=0$ qu'on prend pour r.

(487) « **Théorème.** Soit $\varphi(r, s, t, u$, etc.) une fonction rationnelle « et entière (1) des racines r, s, t, etc. de l'équation $X=0$, ou seu- « lement de quelques-unes d'entre elles; si dans cette fonction on « substitue successivement, au lieu des racines r, s, t, etc., leurs « carrés, leurs cubes, et ainsi jusqu'aux puissances de l'ordre n, « lesquelles se réduisent toutes à l'unité; je dis que la somme des n « fonctions ainsi formées,

« $\varphi(r, s, t, \text{etc.}) + \varphi(r^2, s^2, t^2, \text{etc.}) + \ldots\ldots + \varphi(r^n, s^n, t^n, \text{etc.})$,

« sera égale à un multiple de n. »

En effet, chaque terme en particulier de la fonction φ étant de la forme $A r^\alpha s^\beta t^\gamma \ldots$, et les racines s, t, u, etc. étant des puissances déterminées de l'une d'elles r, il est clair que ce terme se réduira toujours à la forme $A r^\varepsilon$, où l'on peut supposer $\varepsilon < n$. Donc la fonction entière $\varphi(r, s, t, u$, etc.) se réduira à la forme

$$A' + A''r + A'''r^2 \ldots\ldots + A^{(n)} r^{n-1}.$$

Si l'on met ensuite r^2 à la place de r, ce qui change en même temps s en s^2, t en t^2, etc., la fonction $\varphi(r^2, s^2, t^2, u^2$, etc.) sera représentée par

$$A' + A''r^2 + A'''r^4 \ldots\ldots A^{(n)} r^{2n-2},$$

et en général la fonction $\varphi(r^\alpha, s^\alpha, t^\alpha$, etc.) le sera par

$$A' + A''r^\alpha + A'''r^{2\alpha} \ldots\ldots\ldots + A^{(n)} r^{(n-1)\alpha}.$$

Donc la somme de toutes ces fonctions jusqu'à $\varphi(r^n, s^n, t^n$, etc.) inclusivement, sera

---

(1) On appelle *fonction rationnelle et entière* des quantités r, s, t, u, etc. toute fonction composée de tant de termes qu'on voudra, de la forme $A r^\alpha s^\beta t^\gamma$, etc., A étant un entier.

$$\begin{aligned} n\mathrm{A}' &+ \mathrm{A}''(r + r^2 + r^3 \ldots\ldots r^n) \\ &+ \mathrm{A}'''(r^2 + r^4 + r^6 \ldots\ldots r^{2n}) \\ &\cdot \\ &\cdot \\ &\cdot \\ &+ \mathrm{A}^{(n)}(r^{n-1} + r^{2n-2} + r^{3n-3} \ldots\ldots + r^{n(n-1)}), \end{aligned}$$

quantité qui se réduit à $n\mathrm{A}'$ (n° 486), et par conséquent est un multiple de n.

Il est bien à remarquer que ce théorème a lieu, quel que soit le nombre des racines r, s, t, etc. qui entrent dans la fonction φ.

(488) Théorème. « Si le polynome $\mathrm{Z} = x^m + \mathrm{A}x^{m-1} + \mathrm{B}x^{m-2} +$ « $\mathrm{C}x^{m-3} +$ etc., dans lequel les coefficients A, B, C, etc. sont entiers, « est divisible par le polynome $\mathrm{P} = x^n + ax^{n-1} + bx^{n-2} +$ etc., dont « tous les coefficients a, b, c, etc. sont rationnels; je dis que ces « derniers doivent aussi être des nombres entiers. »

Car après avoir réduit tous les termes de P, excepté le premier x^n, à un même dénominateur, soit ce dénominateur $= \alpha^\mu \Delta$, α^μ étant la plus haute puissance de l'un des nombres premiers qui en sont diviseurs; on pourra supposer (n° 14),

$$\mathrm{P} = \mathrm{P}' + \frac{\mathrm{P}''}{\alpha^\mu} + \frac{\mathrm{P}'''}{\Delta},$$

P′, P″, P‴ étant des polynomes en x dont tous les coefficients sont entiers, le premier du degré n commençant par x^n, les deux autres du degré $n - 1$ au plus. Si on appelle Q le quotient de Z divisé par P, on pourra faire semblablement

$$\mathrm{Q} = \mathrm{Q}' + \frac{\mathrm{Q}''}{\alpha^\nu} + \frac{\mathrm{Q}'''}{\Delta'}.$$

Cela posé, le produit PQ devant se réduire à un polynome dont tous les coefficients sont entiers, il faudra que le terme $\frac{\mathrm{P}''\mathrm{Q}''}{\alpha^{\mu+\nu}}$ disparaisse de lui-même, puisque les autres n'offrent dans leurs dénominateurs que des puissances moins élevées de α. Donc l'une au moins des quantités P'' et Q'' est nulle : ce ne peut être P'', puisque P contient α^{μ} dans ses dénominateurs; donc on a $Q''=0$, donc α ne se trouve pas dans les dénominateurs de Q. La même chose peut se dire des autres nombres premiers qui entreraient comme diviseurs dans les coefficients de P. Donc le quotient Q ne contient aucune fraction et doit être une fonction entière. Cela posé on aura... $Z=PQ=P'Q+\frac{P''Q}{\alpha^{\mu}}+\frac{P'''Q}{\Delta}$; mais puisque Z est une fonction entière, il faudra que $\frac{P''Q}{\alpha^{\mu}}$ en soit une aussi; or d'une part la fraction $\frac{P''}{\alpha^{\mu}}$ est censée irréductible, d'autre part le quotient Q, dont le premier terme est $x^{n-\nu}$, n'est point divisible par α^{μ}. Donc le polynome P ne peut contenir dans ses coefficients aucun terme fractionnaire.

(489) Théorème. « Le polynome X, dans lequel n est toujours « supposé un nombre premier, ne peut se décomposer en deux « facteurs rationnels. »

Car supposons que le polynome X du degré $n-1$, ait pour facteur le polynome de degré inférieur

$$P=x^{\nu}+ax^{\nu-1}+bx^{\nu-2}\ldots\ldots+hx+k,$$

il faudra, par le théorème précédent, que tous les coefficients a, b, c, etc. soient des entiers. De plus on peut observer que ν doit être pair et k positif; car si ces conditions n'avaient pas lieu à-la-fois, l'équation $P=0$ aurait au moins une racine réelle, laquelle serait aussi une racine de l'équation $X=0$: or on sait que celle-ci n'a que des racines imaginaires.

Soient r, s, t, u, etc. les racines de l'équation $P=0$, en sorte qu'on ait l'équation identique

$$P=(x-r)(x-s)(x-t)(x-u)\text{ etc.},$$

le nombre des facteurs $x-r$, $x-s$, etc. étant ν. On peut donner une valeur quelconque à x dans cette équation; soit donc $x=1$, et appelons p' ce que devient P; nous aurons

$$p'=(1-r)(1-s)(1-t)(1-u) \text{ etc.}$$

Le nombre p' aura aussi pour valeur $1+a+b+c+$ etc., et ainsi il sera entier; de plus, il devra être positif, puisque toutes les racines r, s, t, etc. sont imaginaires.

Au moyen de l'équation $P=0$, dont les racines sont r, s, t, u, etc., il est aisé de former une autre équation $P^{(\alpha)}=0$, dont les racines soient $r^\alpha, s^\alpha, t^\alpha$, etc.; et parce que les coefficients du polynome P sont entiers, le premier étant $=1$, ceux du polynome du même degré $P^{(\alpha)}$ seront pareillement entiers, ainsi qu'il résulte des formules connues. Donc si on fait $x=1$ dans chacun des polynomes $P^{(\alpha)}$, et que les nombres résultants soient successivement

$$p''=(1-r^2)(1-s^2)(1-t^2)(1-u^2) \text{ etc.}$$
$$p'''=(1-r^3)(1-s^3)(1-t^3)(1-u^3) \text{ etc.}$$
$$\cdot$$
$$\cdot$$
$$\cdot$$
$$p^{(n-1)}=(1-r^{n-1})(1-s^{n-1})(1-t^{n-1})(1-u^{n-1}) \text{ etc.},$$

il est clair que tous les nombres $p', p'', p''', \ldots p^{(n-1)}$ seront des entiers positifs.

Maintenant si on multiplie toutes ces équations entre elles, et qu'on observe que par l'équation $X=(x-r)(x-s)(x-t)$, etc., on a pour chacune des racines r, s, t, etc.

$$(1-r)(1-r^2)(1-r^3)\ldots\ldots(1-r^{n-1})=n$$
$$(1-s)(1-s^2)(1-s^3)\ldots\ldots(1-s^{n-1})=n$$
etc.

le produit sera

$$p'p''p'''\ldots\ldots p^{(n-1)}=n^\nu.$$

Mais puisque toutes les quantités $p', p'', \ldots p^{(n-1)}$ sont des entiers positifs, et que leur nombre $n-1$ surpasse ν, il faut, pour que leur produit soit n^ν, que quelques-unes d'entre elles soient égales à n ou à une puissance de n, et que d'autres soient égales à l'unité. Le nombre de celles-ci ne peut être moindre que $n-1-\nu$; si on l'appelle k, il est clair que la somme $p+p'+p''\ldots+p^{(n-1)}$ sera de la forme $k+An$. Or on a démontré (nº 487) que la même somme, en y comprenant $p^{(n)}$, qui est zéro, est un multiple de n. Il faudrait donc qu'on eût $k+An=Bn$, équation impossible, puisque k est $<\nu$ et $>n-1-\nu$, ou $=n-1-\nu$. Donc si P est diviseur de la fonction X, les coefficients de P ne peuvent être des nombres entiers. Donc la fonction X ne peut avoir que des facteurs irrationnels.

Remarque. Ce théorème n'aurait pas lieu si n était un nombre composé; en effet soit $n=\alpha\beta$, α et β étant deux nombres impairs, premiers ou non premiers, on pourra faire $X=\frac{x^n-1}{x-1}=\frac{x^\alpha-1}{x-1}\cdot\frac{x^{\alpha\beta}-1}{x^\alpha-1}$. Ainsi en appelant P le polynome $x^{\alpha-1}+x^{\alpha-2}+$ etc. égal à $\frac{x^\alpha-1}{x-1}$ et Q le polynome $x^{\alpha\beta-\alpha}+x^{\alpha\beta-2\alpha}+$ etc. égal à $\frac{x^{\alpha\beta}-1}{x^\alpha-1}$, on aura.. $X=PQ$.

(490) Puisqu'il est démontré que le polynome X ne peut avoir aucun facteur rationnel, n étant un nombre premier, la résolution de l'équation $X=0$ ne peut se faire qu'en décomposant X en facteurs irrationnels. Or la théorie que nous allons exposer, d'après M. Gauss, a pour but de démontrer cette proposition très-générale :

« Ayant décomposé $n-1$ en facteurs premiers a, b, c, etc., de « sorte qu'on ait $n-1=a^\alpha b^\beta c^\gamma$, etc., je dis que la résolution de « l'équation $X=0$, ou, ce qui revient au même, celle de $x^n-1=0$, « pourra toujours se réduire à la résolution de plusieurs équations « de degré inférieur, savoir : α équations du degré a, β du degré b, « γ du degré c, et ainsi de suite. »

Par exemple, si l'on a $n=73$, ce qui donne $n-1=2^3.3^2$, la résolution de l'équation $x^{73} - 1 = 0$ s'effectuera moyennant trois équations du second degré et deux du troisième.

Si l'on a $n = 17$, ce qui donne $n - 1 = 2^4$, la résolution de l'équation $x^{17} - 1 = 0$ se réduira à celle de quatre équations du second degré. On peut donc diviser géométriquement la circonférence en dix-sept parties égales, ce qu'on était loin de regarder comme possible avant la démonstration de M. Gauss.

En général, si le nombre premier n est de la forme $2^m + 1$, on pourra réduire la résolution de l'équation $x^n - 1 = 0$ à celle de m équations du second degré; il ne faudra même que $m - 1$ de ces équations, s'il s'agit de la division du cercle en n parties égales.

Observons que $2^m + 1$ ne pourrait être un nombre premier, si m était impair ou qu'il eût seulement un diviseur impair, car $2^{2k+1} + 1$ a pour facteur 3, et $2^{\alpha\beta} + 1$ a pour facteur $2^\alpha + 1$, si β est impair. Donc $2^m + 1$ ne pourra être premier que lorsque m sera une puissance de 2, et cependant il ne sera pas premier toutes les fois que m sera une puissance de 2; car il y a exception lorsque $m = 2^5 = 32$.

Après les cas de $m = 1, 2, 4$, qui sont déja connus, si l'on prend celui de $m = 8$, il en résulte $n = 2^8 + 1 = 257$, qui est un nombre premier. Donc on peut diviser géométriquement la circonférence en 257 parties égales, ce qui se fera au moyen de sept équations du second degré.

La division géométrique peut se faire aussi en 255 et 256 parties, puisque $255 = 3.5.17$ et $256 = 2^8$; de sorte que les trois nombres consécutifs 255, 256, 257, ont la propriété de diviser géométriquement la circonférence. Dans les nombres inférieurs, il faudrait descendre jusqu'à 15, 16, 17, pour rencontrer une semblable propriété.

Et parce que $2^{16} + 1 = 65537$ est aussi un nombre premier, si on remarque que $2^{16} - 1 = (2^8 - 1).(2^8 + 1) = 255.257$, on verra que les trois nombres consécutifs 65535, 65536, 65537, quoique très-grands, jouissent encore de la même propriété. Mais on ne peut continuer immédiatement cette suite, parce que $2^{32} + 1$ n'est pas un nombre premier.

(491) Toute racine de l'équation $X=0$ pouvant être représentée par r^α, α n'étant ni zéro ni multiple de n, nous désignerons cette racine par l'expression abrégée (α). Cela posé, deux racines (α) et (β) seront les mêmes si $\alpha-\beta$ est divisible par n, et différentes s'il n'est pas divisible. De plus, il suit de l'origine de ces racines que le produit $(\alpha)\times(\beta)=(\alpha+\beta)$, et que la puissance $(\alpha)^m=(m\alpha)$, propriétés analogues à celles des logarithmes. On observera aussi qu'on a $(0)=1$, $(n)=1$, et en général $(kn)=1$, puisque ces expressions représentent r^0, r^n, r^{kn}, qui sont égales à l'unité.

Toutes les racines de l'équation $X=0$ sont représentées par la suite $(1), (2), (3) \ldots (n-1)$; mais comme au lieu de r on peut prendre en général r^α, pourvu que α ne soit pas divisible par n, ces mêmes racines seront représentées par la suite $(\alpha), (2\alpha), (3\alpha) \ldots (\overline{n-1}.\alpha)$, qui ne différera de la première que par l'ordre de ses termes.

(492) Considérons maintenant l'équation indéterminée...... $z^{n-1}-1=\mathfrak{M}(n)$ dont le second membre désigne un multiple quelconque de n; on sait que les $n-1$ racines de cette équation, supposées positives et moindres que n, sont la suite des nombres naturels $1, 2, 3 \ldots n-1$; on sait en même temps qu'il est toujours possible de trouver un nombre g dont les puissances successives donnent toutes les racines de la même équation; de sorte que la suite $g, g^2, g^3, g^4 \ldots g^{n-1}$, ou ce qui revient au même, la suite $1, g, g^2, \ldots g^{n-2}$, donne, en omettant les multiples de n, les mêmes termes qui sont contenus dans la suite $1, 2, 3 \ldots n-1$, mais rangés dans un ordre différent (1).

Ce nombre g qui, rapporté au nombre premier n, se désigne

---

(1) On peut conclure de là qu'en omettant les multiples de n le produit $g^1 g^2 g^3 \ldots g^{n-1}$, ou $g^{\frac{1}{2}n(n-1)}$ est égal au produit $1.2.3\ldots n-1$. Mais puisque par la propriété du nombre g on doit avoir $g^{\frac{1}{2}(n-1)}=-1$, et par conséquent $g^{\frac{1}{2}n(n-1)}=(-1)^n=-1$, il s'ensuit que le produit $1.2.3\ldots n-1$ augmenté de l'unité est divisible par n, ce qui est le théorème de Wilson (nº 130).

sous le nom de *racine primitive*, est tel qu'on a $g^{n-1} = 1$ et qu'aucune puissance de g, dont l'exposant est moindre que $n-1$, ne peut se réduire à l'unité, en omettant les multiples de n. Et comme $n-1$ est un nombre pair, la même propriété exige qu'on ait $g^{\frac{1}{2}(n-1)} = -1$ et qu'aucune autre puissance de g dont l'exposant est moindre que $\frac{1}{2}(n-1)$, ne puisse se réduire à -1 par l'omission des multiples de n.

(493) Cela posé, α étant un nombre quelconque non-divisible par n, on pourra toujours trouver un exposant μ tel que $g^{\mu} \equiv \alpha$, c'est-à-dire, tel que $g^{\mu} - \alpha = \mathfrak{M}(n)$. Car le nombre α diminué, s'il y a lieu, du multiple de n qu'il peut contenir, est compris dans la suite $g, g^2, g^3 \ldots g^{n-1}$, équivalente, quant aux restes de la division par n, à la suite $1, 2, 3 \ldots n-1$.

Au moyen de la racine primitive g, on peut donc exprimer toutes les racines de l'équation $X = 0$ par $(\alpha), (\alpha g), (\alpha g^2) \ldots (\alpha g^{n-2})$, α étant un nombre quelconque non-divisible par n, car en faisant $\alpha = g^{\mu}$, cette suite devient

$$(g^{\mu}),\ (g^{\mu+1}),\ (g^{\mu+2}) \ldots (g^{\mu+n-2});$$

et parce que le terme suivant $(g^{\mu+n-1}) = (g^{\mu} . g^{n-1}) = (g^{\mu})$, on voit que cette suite est circulaire ou rentrante sur elle-même, et qu'on peut la commencer par un terme quelconque, de sorte qu'elle est équivalente à la suite $(g), (g^2), (g^3) \ldots (g^{n-1})$.

(494) Ces mêmes racines seraient également exprimées, mais dans un ordre différent, par la suite $(\alpha), (\alpha G), (\alpha G^2), \ldots (\alpha G^{n-1})$, si G était une autre racine primitive de l'équation $z^{n-1} - 1 = \mathfrak{M}(n)$. Or on sait (n° 341) que pour un même nombre premier n, le nombre des racines primitives qui satisfont à l'équation $z^{n-1} - 1 = \mathfrak{M}(n)$, est toujours le même que celui des nombres premiers à $n-1$ et plus petits que $n-1$. Ainsi pour $n = 41$ il y a 16 de ces nombres, savoir : 6, 7, 11, 12; 13, 15, 17, 19; 22, 24, 26, 28; 29, 30, 34, 35; ils se déduisent tous des puissances de l'un d'eux en omettant celles dont

les exposants ont un diviseur commun avec $n-1$; ce sont dans ce cas les puissances dont l'exposant est impair et non-divisible par 5 (1).

(495) Soit k un diviseur quelconque, premier ou non premier, de $n-1$, en sorte qu'on ait $n-1=mk$; si à partir d'un terme quelconque (g^λ) de la suite $(1), (g), (g^2) \ldots (g^{n-2})$, comprenant toutes les racines de l'équation $X=0$, on forme une nouvelle suite :

$$(g^\lambda),\ (g^{\lambda+k}),\ (g^{\lambda+2k}) \ldots . (g^{\lambda+mk-k});$$

cette suite ou *période* composée d'un nombre m de termes, pourra toujours être regardée comme circulaire ou rentrante sur elle-même, puisque le terme $(g^{\lambda+mk})$ qui suivrait le $m^{\text{ième}}$ terme, est égal au premier (g^λ), en vertu de l'équation conditionnelle $g^{mk}=g^{n-1}=1$.

On peut donner à λ toutes les valeurs depuis 1 jusqu'à k, on aura ainsi un nombre k de périodes composées chacune de m termes. Appelons en général $(m:g^\lambda)$ la somme des m racines qui composent la période dont g^λ est le premier terme, nous aurons successivement

$$(m:g)=(g)+(g^{1+k})+(g^{1+2k}) \ldots \ldots +(g^{1+mk-k})$$
$$(m:g^2)=(g^2)+(g^{2+k})+(g^{2+2k}) \ldots \ldots +(g^{2+mk-k})$$
$$(m:g^3)=(g^3)+(g^{3+k})+(g^{3+2k}) \ldots \ldots +(g^{3+mk-k})$$
$$\vdots$$
$$(m:g^k)=(g^k)+(g^{2k})+(g^{3k}) \ldots \ldots \ldots +(g^{mk}).$$

Il est visible que les k périodes, composées chacune de m termes,

---

(1) Voici, d'après Euler, la plus petite valeur de g pour tous les nombres premiers de 3 à 41.

n	3, 5, 7, 11, 13, 17, 19, 23, 29, 31, 37, 41
g	2, 2, 3. 2, 2, 3, 2, 5, 2, 3, 2, 6

comprennent toutes les racines de l'équation $X=0$, puisqu'on y trouve tous les termes de la suite (g), (g^2), $(g^3)\ldots(g^{n-1})$; et une décomposition semblable aura lieu pour toutes les autres valeurs de m et de k dont le produit mk est égal au nombre donné $n-1$.

Il est essentiel de remarquer que si (α) et (β) sont deux termes d'une même période, cette période désignée par $(m:\alpha)$, peut l'être aussi par $(m:\beta)$; car puisque toute période est rentrante sur elle-même, un terme quelconque peut être regardé comme le premier. C'est ainsi que la période désignée par $(m:g^k)$ dans le tableau précédent, peut l'être également par $(m:1)$, parce que son dernier terme $g^{mk}=g^{n-1}=1$, ce qui donnera pour l'expression de la même période

$$(m:1)=(1)+(g^k)+g^{2k})\ldots+(g^{mk-k}).$$

(496) Ces propriétés relatives à la racine primitive g ont lieu également par rapport à toute autre racine primitive G; mais ici il se présente une question à résoudre : c'est de savoir si, en conservant les mêmes facteurs m et k dont le produit $=n-1$, les k périodes désignées par $(m:G^\mu)$ seront les mêmes que les k périodes désignées par $(m:g^\lambda)$. Voici comment l'affirmative peut être démontrée.

Proposons de comparer entre elles les deux périodes

$$(m:g^\lambda)=(g^\lambda)+(g^{\lambda+k})+(g^{\lambda+2k})\ldots+(g^{\lambda+mk-k})$$
$$(m:G^\mu)=(G^\mu)+(G^{\mu+k})+(G^{\mu+2k})\ldots+(G^{\mu+mk-k}).$$

Pour cela j'observe d'abord qu'on peut supposer $G=g^\alpha$, α étant un nombre premier à mk; ensuite si on veut avoir $G^\mu=g^{\lambda+k\nu}$ ou $g^{\alpha\mu}=g^{\lambda+k\nu}$, il suffira de satisfaire à l'équation $\lambda=\alpha\mu-k\nu$, c'est-à-dire de diminuer le nombre donné $\alpha\mu$ du multiple de k qu'il peut contenir, et le reste sera la valeur de λ. On trouve donc ainsi une valeur de λ telle que la racine donnée (G^μ) coïncidera avec la racine $(g^{\lambda+k\nu})$. On trouvera de même que toute autre racine

$(G^{\mu+hk})$, comprise dans la période $(m:G^{\mu})$, coïncidera avec une des racines comprises dans la période $(m:g^{\lambda})$; et puisque chacune de ces périodes est composée d'un même nombre de termes inégaux entre eux, si chaque terme de l'une trouve son égal dans l'autre, il faut nécessairement que ces deux périodes soient égales, comme étant toutes deux la somme des mêmes termes disposés dans un ordre différent.

Appliquant le même raisonnement aux autres valeurs de μ, on en conclura que les k périodes de m termes formées d'après la racine primitive G, ne diffèrent des k périodes semblables formées d'après la racine primitive g, que par l'ordre qui peut varier tant dans les périodes entre elles que dans les termes qui composent chaque période.

(497) Toutes les fois que m sera un nombre composé, ce qui permettra de faire $m=m'k'$, chaque période de m termes telle que $(m:g^{\lambda})$, pourra être décomposée en un nombre k' de périodes de m' termes, désignées par $(m:g^{\mu})$, en donnant successivement à μ toutes les valeurs $1, 2, 3\ldots k'$. Il faut concevoir pour cet effet que les m termes qui composent la période $(m:g^{\lambda})$, savoir,

$$(g^{\lambda})+(g^{\lambda+k})+(g^{\lambda+2k})\ldots+(g^{\lambda+mk-k}),$$

sont pris de deux en deux si $k'=2$, de trois en trois si $k'=3$, etc., ce qui formera les périodes partielles au nombre de k', comme il suit :

$$(m':g^{\lambda})=(g^{\lambda})+(g^{\lambda+k'k})+(g^{\lambda+2k'k})\ldots+(g^{\lambda+mk-k'k})$$

$$(m':g^{\lambda+k})=(g^{\lambda+k})+(g^{\lambda+k+k'k})+(g^{\lambda+k+2k'k})\ldots+(g^{\lambda+k+mk-k'k})$$

.

.

.

$$(m':g^{\lambda+k'k-k})=(g^{\lambda+k'k-k})+(g^{\lambda+2k'k-k})\ldots+(g^{\lambda+mk-k}).$$

On voit de même que si m' est encore un nombre composé et qu'on fasse $m' = m'' k''$, chaque période de m' termes pourra se décomposer en k'' périodes de m'' termes, et ainsi jusqu'à ce que le dernier terme de la série décroissante m, m', m'', etc. soit égal à l'unité. Dans cette limite la période se réduira à un seul terme, qui sera l'une des racines de l'équation proposée $X = 0$.

(498) Au reste comme $n - 1$ est toujours un nombre pair, la formation des périodes pourra toujours être dirigée de manière que les dernières périodes à déterminer soient celles de deux termes, lesquelles contiendront toujours deux racines réciproques l'une de l'autre, en sorte que $(2:\alpha)$ étant une de ces périodes, on aura généralement $(2:\alpha) = r^{\alpha} + r^{n-\alpha} = r^{\alpha} + r^{-\alpha}$. On aura ainsi l'avantage de n'avoir à résoudre dans le cours de l'opération que des équations dont toutes les racines sont réelles. Enfin connaissant par la dernière équation la valeur de la période $(2:\alpha)$ par exemple, laquelle pourra toujours être représentée par $2 \cos. \mu$, on aura l'équation..... $r^{\alpha} + r^{-\alpha} = 2 \cos. \mu$, d'où l'on tire $r^{\alpha} = \cos. \mu + \sqrt{-1} \sin. \mu$; et cette valeur d'une des racines de l'équation $X = 0$ suffit pour trouver toutes les autres représentées par la formule $x = (\cos. \mu + \sqrt{-1} \sin. \mu)^k = \cos. k\mu + \sqrt{-1} \sin. k\mu$, k étant un terme quelconque de la suite $1, 2, 3 \ldots n-1$. On sait d'ailleurs que μ sera toujours un multiple de $\frac{2\pi}{n}$.

(499) L'ordre des opérations qu'on vient d'indiquer est fondé sur ce que dans toute période $(m:\alpha)$ où m est pair et dont la valeur développée est (1)

$$(m:\alpha) = (\alpha) + (\alpha g^k) + (\alpha g^{2k}) \ldots + (\alpha g^{mk-k}),$$

le terme (α) est toujours accompagné du terme $(\alpha g^{\frac{1}{2}mk})$, qui est le

(1) Cette formule, comprise dans celle de l'art. 497, est propre à représenter toute période formée directement ou déduite d'autres périodes par des décompositions successives; car les nombres m et k peuvent être variés de plusieurs manières avec la seule condition que le produit $mk = n - 1$.

même que $(-\alpha)$, puisque $g^{\frac{1}{2}mk} = -1$, c'est-à-dire qu'on trouve à-la-fois dans la même période les deux termes r^α et $r^{-\alpha}$ qui sont réciproques l'un de l'autre. Et ce qui se dit du terme (α) peut s'entendre de tout autre terme de la période, puisqu'on peut prendre un terme quelconque pour le premier. Donc toute période $(m:\alpha)$ dans laquelle le nombre m est pair, est composée de deux parties, telles que les termes de l'une sont les complémens ou les réciproques des termes de l'autre.

(500) Il reste maintenant à faire voir comment on peut former l'équation qui a pour racines les k différentes périodes désignées par $(m:\alpha)$, ainsi que les équations qui servent à déterminer les périodes décroissantes $(m':\alpha)$, $(m'':\alpha)$, etc. C'est ce qui deviendra facile au moyen du théorème suivant, dont l'importance est très-grande dans ce genre d'analyse.

THÉORÈME FONDAMENTAL.

« Soient $(m:\alpha)$, $(m:\beta)$, deux périodes semblables ou d'un même « nombre de termes, mais d'ailleurs égales ou inégales ; le produit « de ces deux périodes étant nommé Π, on aura, en faisant $k = \frac{n-1}{m}$ « et $h = g^k$,

« $\Pi = (m:\alpha+\beta) + (m:\alpha h+\beta) + (m:\alpha h^2+\beta) \ldots + (m:\alpha h^{m-1}+\beta)$,

« c'est-à-dire que le produit Π sera égal à la somme des périodes « semblables qui contiennent les termes $(\alpha+\beta)$, $(\alpha h+\beta)$, $(\alpha h^2+\beta)$ « $\ldots (\alpha h^{m-1}+\beta)$. »

En effet le développement des termes contenus dans les deux périodes proposées donne

$$(m:\alpha) = (\alpha) + (\alpha h) + (\alpha h^2) \ldots + (\alpha h^{m-1})$$
$$(m:\beta) = (\beta) + (\beta h) + (\beta h^2) \ldots + (\beta h^{m-1}).$$

Or le produit de ces deux polynomes peut être disposé de la manière suivante, d'après la formule $(\alpha) \times (\beta) = (\alpha+\beta)$,

$$\begin{array}{l}
(\alpha+\beta)+(\alpha h+\beta)+(\alpha h^2+\beta)\ldots+(\alpha h^{m-1}+\beta)\\
+(\alpha h+\beta h)+(\alpha h^2+\beta h)+(\alpha h^3+\beta h)\ldots+(\alpha h^m+\beta h)\\
+(\alpha h^2+\beta h^2)+(\alpha h^3+\beta h^2)+(\alpha h^4+\beta h^2)\ldots+(\alpha h^{m+1}+\beta h^2)\\
\quad\cdot\\
\quad\cdot\\
\quad\cdot\\
+(\alpha h^{m-1}+\beta h^{m-1})+(\alpha h^m+\beta h^{m-1})+(\alpha h^{m+1}+\beta h^{m-1})\ldots+(\alpha h^{2m-2}+\beta h^{m-1}).
\end{array}$$

Prenant la somme des différentes colonnes verticales qui forment chacune une même période, on aura le produit cherché

$$\Pi=(m:\alpha+\beta)+(m:\alpha h+\beta)+(m:\alpha h^2+\beta)\ldots+(m:\alpha h^{m-1}+\beta).$$

Les diverses parties dont le produit Π est composé se réduiront toujours soit à la période $(m:0)$ ou $(m:n)$ dont la valeur est m puisqu'elle représente la somme de m termes égaux à r^0 ou r^n, soit à l'une des périodes $(m:1), (m:g), (m:g^2)\ldots(m:g^{k-1})$; ainsi on aura en général

$$\Pi=\mathrm{A}m+\mathrm{A}'(m:1)+\mathrm{A}''(m:g)+\mathrm{A}'''(m:g^2)+\text{etc.}$$

Et comme le nombre des périodes comprises dans le produit Π est m, on devra avoir aussi la somme des coefficients

$$\mathrm{A}+\mathrm{A}'+\mathrm{A}''+\text{etc.}=m,$$

ces coefficients étant des entiers positifs ou zéro.

(501) Le produit de deux quantités de la forme $(m:\alpha)$ pouvant toujours se réduire à la somme de plusieurs quantités de la même espèce, il est clair que le produit d'un nombre quelconque de ces quantités, et par conséquent aussi leurs puissances et les produits de ces puissances, se réduiront toujours à une expression linéaire telle que $\mathrm{A}m+\mathrm{A}'(m:1)+\mathrm{A}''(m:g)+$ etc., les coefficients $\mathrm{A}, \mathrm{A}', \mathrm{A}''$, etc. étant des entiers positifs ou zéro.

Donc si une fonction F est composée de plusieurs termes tels que $\mathrm{N}t^\lambda u^\mu v^\nu\ldots$, où N est un entier et dans lequel $t^\lambda, u^\mu, v^\nu\ldots$ désignent des puissances quelconques des périodes $t=(m:\alpha)$, $u=(m:\beta)$, $v=(m:\gamma)$, etc. prises à volonté parmi les k périodes de m termes qui comprennent toutes les racines de l'équation $X=0$; cette fonction se réduira de même à la forme $Am+A'(m:1)+A''(m:g)+$etc., où les coefficients A, A', A'', etc. sont des entiers.

Si ensuite au lieu de t, u, v, etc. on substitue les périodes $(m:i\alpha)$, $(m:i\beta)$, $(m:i\gamma)$, etc., i étant un entier quelconque non-divisible par n, le résultat sera $Am+A'(m:i)+A''(m:ig)+$ etc.; car le changement dont il s'agit se fait en substituant simplement r^i à r, au moyen de quoi toute racine désignée par (α) devient $(i\alpha)$.

Imaginons qu'on donne successivement à t toutes les valeurs $(m:\alpha)$, $(m:\alpha g)$, $(m:\alpha g^2)$, etc. qui forment la suite des k périodes de m termes, en commençant par le terme $(m:\alpha)$; qu'en même temps u prenne les valeurs successives $(m:\beta)$, $(m:\beta g)$, $(m:\beta g^2)$, etc., et v les valeurs $(m:\gamma)$, $(m:\gamma g)$, $(m:\gamma g^2)$, etc., ainsi de suite, ce qui donnera k différents résultats dans lesquels chaque quantité t, u, v, etc. aura pris les k différentes valeurs dont la période de m termes est susceptible; la somme des k valeurs de la fonction F résultant de toutes ces substitutions sera

$$Akm+A'\int(m:1)+A''\int(m:g)+A'''\int(m:g^2)+\text{etc.}$$

Dans cette formule $\int(m:1)$ représente la somme des k périodes $(m:1)+(m:g)+(m:g^2)\ldots+(m:g^{k-1})$, laquelle est égale à -1; les autres sommes semblables $\int(m:g)$, $\int(m:g^2)$, etc., composées chacune du même nombre de périodes, ont toutes la même valeur. Ainsi la somme des fonctions F est en général $Akm-A'-A''-A'''$ — etc., de sorte qu'elle est toujours égale à un nombre entier déterminé.

(502) Telle est donc la propriété des racines de l'équation du degré k qui donne les périodes $(m:1)$, $(m:g)$, $(m:g^2)$, etc., qu'étant proposé une fonction Z rationnelle et entière de ces racines ou de quelques-unes d'entre elles désignées par t, u, v, etc., si on imagine que les quantités t, u, v, etc., qui d'abord sont $(m:\alpha)$, $(m:\beta)$, $(m:\gamma)$, etc., prennent dans une première substitution les va-

leurs $(m:\alpha g)$, $(m:\beta g)$, $(m:\gamma g)$, etc., dans une seconde les valeurs $(m:\alpha g^2)$, $(m:\beta g^2)$, $(m:\gamma g^2)$, etc., ce qui après $k-1$ substitutions aura fait parcourir à chacune le cercle entier des valeurs dont toute période de m termes est susceptible, la somme de toutes les valeurs de la fonction Z sera égale à un nombre entier facile à déterminer.

(503) Si la fonction F des racines t, u, v, etc. de l'équation du degré k, comprend toutes ces racines, et si en même temps elle est telle qu'on puisse échanger entre elles deux des racines à volonté, cette fonction qu'on désigne ordinairement sous le nom de *fonction invariable*, se déterminera immédiatement, puisqu'alors on peut mettre rg à la place de r, sans rien changer à la fonction, et qu'ainsi la valeur $Am + A'(m:1) + A''(m:g) + A'''(m:g^2) +$ etc. devant être la même que $Am + A'(m:g) + A''(m:g^2) + A'''(m:g^3) +$ etc., on a $A' = A'' = A'''$, etc.; donc la fonction F se réduit à $Am - A'$.

Ainsi au moyen du théorème de l'art. 500, on déterminera facilement en nombres entiers les coefficients de l'équation du degré k qui a pour racines les périodes $(m:1)$, $(m:g)\ldots(m:g^{k-1})$. Cette équation jouit de la propriété fort remarquable qu'une seule de ses racines étant connue, on en peut déduire aisément toutes les autres.

En effet, désignons par p, p', p'', $\ldots p^{(k-1)}$ les périodes $(m:\alpha)$, $(m:\alpha g)$, $(m:\alpha g^2)\ldots(m:\alpha g^{k-1})$, la somme de ces quantités étant la même que celle des racines de l'équation $X=0$, c'est-à-dire -1, on a pour première équation

$$0 = 1 + p + p' + p'' + \text{etc.}$$

Si ensuite on développe les puissances successives p^2, p^3, etc. pour les réduire à la forme linéaire d'après le théorème de l'art. 500, on aura $k-1$ autres équations,

$$p^2 = am + a'p + a''p' + a'''p'' + \text{etc.}$$
$$p^3 = bm + b'p + b''p' + b'''p'' + \text{etc.}$$
$$p^4 = cm + c'p + c''p' + c'''p'' + \text{etc.},$$
etc.

où les coefficients doivent être des nombres entiers positifs.

Ces équations au nombre de k, contenant les inconnues p', p'', $p'''\ldots p^{(k-1)}$ sous forme linéaire, on pourra par les $k-1$ premières équations trouver les valeurs de ces inconnues qui seront toutes de la forme $A + A'p + A''p^2\ldots + A^{(k-1)}p^{(k-1)}$; A, A', A'', etc. étant des coefficients rationnels.

On voit de plus que si on substitue toutes ces valeurs dans la dernière équation qui donne la valeur de p^k, on aura l'équation en p du degré k qui a pour racines les k périodes $(m:1)$, $(m:g)$, etc., ce qui est un des moyens les plus simples d'obtenir cette équation, qui sera toujours de la forme

$$p^k + p^{k-1} + \alpha p^{k-2} + \mathcal{C} p^{k-3} + \text{etc.} = 0. \qquad \text{(A)}$$

(504) Il faut faire voir maintenant qu'au moyen des racines de l'équation (A), le polynome X peut être partagé en k facteurs du degré m.

Pour cela soit $x^m - Ax^{m-1} + Bx^{m-2} - Cx^{m-3} + \text{etc.} = 0$ l'équation du degré m qui a pour racines les différents termes (α), (αh), $(\alpha h^2)\ldots(\alpha h^{m-1})$, dont la somme compose la période $(m:\alpha)$, en supposant $h = g^k$, on aura d'abord $A = (m:\alpha)$, et les autres coefficients B, C, D, etc. de cette équation étant des fonctions invariables des racines (α), (αh), (αh^2), etc. seront exprimés d'une manière linéaire par les périodes $(m:1)$, $(m:g)$, $(m:g^2)$, etc., ou par les racines p, p', p'', etc. de l'équation (A).

Le moyen le plus simple de déterminer les coefficiens dont il s'agit est de commencer par chercher la somme des carrés des racines (α), (αh), etc. composant la période $(m:\alpha)$, puis la somme de leurs cubes, la somme de leurs puissances quatrièmes, etc. Désignons par S2 la somme des carrés de ces racines, c'est-à-dire, la somme des termes (2α), $(2\alpha h)$, $(2\alpha h^2)$, etc., cette somme est égale à la période $(m:2\alpha)$; ainsi on aura $S2 = (m:2\alpha)$, etc; on aura semblablement $S3 = (m:3\alpha)$, $S4 = (m:4\alpha)$, etc. valeurs qui seront données chacune par une des racines de l'équation (A). Maintenant de ces quantités connues il sera facile de déduire les coefficients A, B, C, D, etc., au moyen des formules

$$
\begin{aligned}
A &= S_1 = (m : \alpha) \\
2B &= AS_1 - S_2 \\
3C &= BS_1 - AS_2 + S_3 \\
4D &= CS_1 - BS_2 + AS_3 - S_4 \\
&\text{etc.}
\end{aligned}
$$

On rendra ensuite linéaire l'expression de chaque coefficient à compter de B par le théorème de l'art. 500; ainsi chacun d'eux sera de la forme $\alpha + \beta p + \gamma p' + \delta p'' +$ etc., α, β, γ, etc. étant des nombres entiers, et $p, p', p'' \ldots p^{(k-1)}$ étant les racines de l'équation (A); on peut même dans cette expression faire disparaître au moins une des racines p, au moyen de l'équation $0 = 1 + p + p' + p'' +$ etc.

Cela posé il est visible que l'équation du degré m qui a pour racines les termes compris dans la période $(m : \alpha)$ sera de la forme

$$0 = P + Qp + Rp' + Sp'' + \text{etc.},$$

P étant un polynome en x du degré m, et Q, R, S, etc. d'autres polynomes de degrés inférieurs dont tous les coefficients sont des nombres entiers.

Si l'on observe ensuite qu'en mettant αh au lieu de α, la période $(m : \alpha)$ ou p devient $(m : \alpha h)$ ou p', qu'en même temps p' devient p'', et qu'ainsi toutes ces quantités avancent d'un rang, la dernière devenant la première par l'effet de cette rotation, on verra que le facteur trouvé de l'équation $X = 0$ donnera tous les autres du même rang en avançant les lettres p d'un rang pour passer d'un facteur au facteur suivant. Ainsi les facteurs de X seront successivement

$$
\begin{aligned}
&P + Qp + Rp' + Sp'' + \text{etc.} \\
&P + Qp' + Rp'' + Sp''' + \text{etc.} \\
&P + Qp'' + Rp''' + Sp^{\text{IV}} + \text{etc.} \\
&\text{etc.}
\end{aligned}
$$

ces facteurs étant au nombre de k.

Au moyen de ces calculs on décomposera l'équation $X=0$, du degré $n-1$ ou mk, en k autres équations du degré m; ce qui pourra se faire d'autant de manières différentes qu'il y a de combinaisons pour former le nombre donné $n-1$ par le produit de deux facteurs m et k.

(505) Venons maintenant à la subdivision progressive des périodes $(m:\alpha)$ qui est nécessaire dans la méthode que nous développons pour parvenir à la solution complète de l'équation $X=0$. Supposant donc $m=m'k'$, il s'agit de former l'équation du degré k' qui a pour racines les périodes $(m':\alpha)$, $(m':\alpha h)$, $(m':\alpha h^2)\ldots(m':\alpha h^{k'-1})$, dans lesquelles se décompose la période donnée $(m:\alpha)$, en faisant $h=g$, et $\alpha=g^\lambda$. Pour cet effet nous devons considérer les choses sous un point de vue plus général.

Désignons par t, s, u, v, etc. les périodes $(m':\alpha)$, $(m':\alpha h)$, $(m':\alpha h^2)$, $(m':\alpha h^3)$, etc. respectivement, et soit φ une fonction rationnelle et entière des quantités t, s, u, v, etc. ou de quelques-unes d'entre elles; cette fonction pourra toujours se réduire à la forme linéaire

$$Am' + A'(m':\alpha) + A''(m':\alpha g) + A'''(m':\alpha g^2) + \text{etc.},$$

dont les coefficients sont entiers si ceux de la fonction φ le sont. C'est ce qu'on démontrera comme au n° 501, car la suite $(m':1)$, $(m':g)$, $(m':g^2)$, etc., prolongée jusqu'à un nombre de termes égal à kk', ne diffère de la suite $(m':\alpha)$, $(m':\alpha g)$, $(m':\alpha g^2)$, etc., semblablement prolongée, que par le choix du premier terme, lequel est indifférent dans une suite rentrante sur elle-même.

Maintenant supposons qu'on mette αh à la place de α, et que par cette substitution les quantités t, s, u, v, etc. deviennent t', s', u', v', etc., la fonction φ devenue φ', sera exprimée par la suite

$$Am' + A'(m':\alpha h) + A''(m':\alpha hg) + A'''(m':\alpha hg^2) + \text{etc.}$$

Une seconde substitution de αh au lieu de α, par laquelle les quantités $t', s', u', v'\ldots$ deviennent $t'', s'', u'', v''\ldots$, changera la fonction φ' en une nouvelle fonction φ'' dont la valeur serait

$$\mathrm{A}m' + \mathrm{A}'(m' : \alpha h^2) + \mathrm{A}''(m' : \alpha h^2 g) + \mathrm{A}'''(m' : \alpha h^2 g^2) + \text{etc.}$$

Continuant ces substitutions jusqu'à ce que le nombre des fonctions $\varphi, \varphi', \varphi'', \ldots$ soit k', la quantité t passera successivement par toutes les valeurs $t, t', t'' \ldots t^{k'-1}$ des périodes de m' termes qui composent la période $(m : \alpha)$; les autres quantités s, u, v, etc. parcourront également le même cercle, en partant chacune d'un point différent, et la somme de toutes les fonctions φ qui en résultent, étant désignée par $\mathrm{S}(\varphi)$, on aura

$$\begin{aligned}\mathrm{S}(\varphi) = \ & \mathrm{A}m'k' \\ & + \mathrm{A}'[(m' : \alpha) + (m' : \alpha h) + (m' : \alpha h^2) \ldots + (m' : \alpha h^{k'-1})] \\ & + \mathrm{A}''[(m' : \alpha g) + (m' : \alpha g h) + (m' : \alpha g h^2) \ldots + (m' : \alpha g h^{k'-1})] \\ & + \mathrm{A}'''[(m' : \alpha g^2) + (m' : \alpha g^2 h) + (m' : \alpha g^2 h^2) \ldots + (m' : \alpha g^2 h^{k'-1})] \\ & + \text{etc.},\end{aligned}$$

expression qui se réduit à la suivante,

$$\mathrm{S}(\varphi) = \mathrm{A}m + \mathrm{A}'(m : \alpha) + \mathrm{A}''(m : \alpha g) + \mathrm{A}'''(m : \alpha g^2) + \text{etc.}$$

Donc la somme des fonctions φ s'exprimera toujours d'une manière linéaire par les quantités $(m : \alpha)$, $(m : \alpha g)$, etc., c'est-à-dire par les racines supposées connues de l'équation du degré k dont nous avons montré la formation.

Il faut remarquer aussi que le nombre des termes qui dans la valeur de φ pouvait s'étendre jusqu'à $kk' + 1$, se réduira à $k + 1$ au plus dans la valeur de $\mathrm{S}(\varphi)$. Car comme il n'y a que k valeurs différentes pour les périodes de m termes, savoir : $(m : \alpha)$, $(m : \alpha g)$, $(m : \alpha g^2) \ldots (m : \alpha g^{k-1})$, les termes qui viendraient à la suite, savoir : $(m : \alpha g^k)$, $(m : \alpha g^{k+1})$, etc., offriront de nouveau la série $(m : \alpha)$, $(m : \alpha g)$, etc., ce qui aura toujours lieu de k en k termes à compter de $\mathrm{A}'(m : \alpha)$. Appelons donc B' la somme des coefficients de la période $(m : \alpha)$, B'' la somme des coefficients de la période $(m : \alpha g)$, etc., on aurait, dans une suite de $k + 1$ termes au plus, la somme cherchée

$$S(\varphi) = Am + B'(m:\alpha) + B''(m:\alpha g) + B'''(m:\alpha g^2) + \text{etc.}$$

(506) Ce résultat qui a lieu pour toute fonction proposée φ rationnelle et entière des quantités $t, s, u, v\ldots$ ou de quelques-unes d'entre elles, est applicable à plus forte raison au cas où φ serait une fonction invariable des k' quantités t, s, u, v, etc.; car alors le changement par lequel ces quantités deviennent t', s', u', v', etc., consiste à avancer d'un rang chacune des quantités t, s, u, v, etc., de manière que t se change en s, s en u, u en v, ainsi de suite jusqu'à la dernière, qui reviendrait à la première t, et par cette permutation la fonction φ restera toujours la même, de sorte qu'on aura $\varphi = \varphi' = \varphi''$, etc. Donc alors $S(\varphi) = k'\varphi$. Il faudra donc diviser par k' la valeur trouvée pour $S(\varphi)$; mais dans ce cas on peut trouver immédiatement le résultat; car puisqu'en mettant αh ou αg^k à la place de α dans la valeur

$$\varphi = Am' + A'(m':\alpha) + A''(m:\alpha g) + A'''(m':\alpha g^2) + \text{etc.},$$

cette valeur doit rester la même, il est clair que tous les termes $(m':\alpha), (m':\alpha g^k), (m':\alpha g^{2k})\ldots(m':\alpha g^{kk'-k})$, compris dans cette formule, doivent avoir le même coefficient A' que le premier terme $(m':\alpha)$; que semblablement A'' est le coefficient commun de tous les termes $(m':\alpha g), (m':\alpha g^{k+1}), (m':\alpha g^{2k+1})\ldots(m':\alpha g^{kk'-k+1})$, qui composent la période $(m:\alpha g)$; ainsi de suite. Donc dans le cas où φ est une fonction invariable des k' racines t, s, u, v, etc., on aura simplement

$$\varphi = Am' + A'(m:\alpha) + A''(m:\alpha g) + A'''(m:\alpha g^2) + \text{etc.},$$

cette suite n'ayant au plus que le nombre de termes $k+1$.

(507) Il suit de là 1° que pour former l'équation du degré k' qui a pour racines les périodes partielles $(m':\alpha), (m':\alpha h), (m':\alpha h^2)$, etc. dont se compose la période totale $(m:\alpha)$, il faudra chercher par les formules précédentes la valeur des coefficients qui sont des fonctions invariables des racines, et que tous ces coefficients s'expri-

meront, comme la fonction φ, d'une manière linéaire par les périodes $(m : \alpha)$, $(m : \alpha g)$, etc., c'est-à-dire par les racines déja connues de l'équation du degré k.

2° Que l'équation du même degré k' qui a pour racines les périodes partielles $(m' : \alpha g)$, $(m' : \alpha g h)$, $(m' : \alpha g h^2)$, etc. dont se compose la période totale $(m : \alpha g)$, se déduira immédiatement de l'équation dont on vient d'indiquer la formation, en mettant simplement dans celle-ci αg à la place de α, c'est-à-dire, en avançant d'un rang dans l'expression de chaque coefficient, les quantités $(m : \alpha)$, $(m : \alpha g)$, $(m : \alpha g^2)$, etc., de sorte que si ces dernières sont désignées par p, p', p'', etc., on augmentera d'une unité l'indice de chaque terme, en observant que par cette addition le dernier $p^{(k-1)}$ devient égal au premier p.

On formera semblablement les équations relatives aux périodes partielles qui naissent de la décomposition des autres périodes $(m : \alpha g^2)$, $(m : \alpha g^3)$, etc.

3° Enfin il suffira de résoudre une de ces équations du degré k', ou même d'avoir une seule racine de cette équation; car au moyen de cette racine et de ses puissances on peut déterminer toutes les autres racines, ce qui se démontrerait comme au n° 503; mais nous n'entrerons point dans le détail de la démonstration, et nous nous bornerons à donner ci-après les exemples de calcul qui y suppléeront.

(508) Après avoir formé les équations du degré k' qui ont pour racines les périodes de m' termes contenues dans chaque période de m termes, il reste à faire voir comment on trouve pour chacune de ces équations le facteur correspondant de l'équation $X = 0$.

Désignons par $x^{m'} - Ax^{m'-1} + Bx^{m'-2} - Cx^{m'-3} + \text{etc.} = 0$, l'équation du degré m' qui a pour racines les différents termes (α), $(\alpha h')$, $(\alpha h'^2)$, etc. composant la période $(m' : \alpha)$; la somme de ces racines est $(m' : \alpha)$, ou pour abréger q_α; la somme de leurs carrés est $(m : 2\alpha)$ ou $q_{2\alpha}$, la somme de leurs cubes est $(m : 3\alpha)$ ou $q_{3\alpha}$, ainsi de suite. Ces sommes étant connues, puisque toutes les périodes

q le sont, on en déduira les valeurs des coefficients A, B, C, etc. au moyen des équations

$$\begin{aligned}
&A = q_\alpha\\
&2B = Aq_\alpha - q_{2\alpha}\\
&3C = Bq_\alpha - Aq_{2\alpha} + q_{3\alpha}\\
&4D = Cq_\alpha - Bq_{2\alpha} + Aq_{3\alpha} - q_{4\alpha}\\
&\text{etc.}
\end{aligned}$$

On rendra ensuite linéaire l'expression de ces coefficients par le théorème de l'art. 500; ainsi chacun d'eux sera de la forme.... $\alpha + \beta q + \gamma q' + \delta q'' +$ etc. où la suite q, q', q'', etc. représente les périodes rangées dans l'ordre naturel $(m':1)$, $(m':g)$, $(m':g^2)$, etc. Donc le facteur de l'équation $X = 0$ correspondant à la période $(m:\alpha)$ sera de la forme

$$P + Qq + Rq' + Sq'' + \text{etc.} = 0,$$

P étant un polynome en x du degré m' et Q, R, S, etc., d'autres polynomes de degrés inférieurs.

Ce facteur fera connaître successivement tous les autres en augmentant d'une unité les indices des lettres q, comme on l'a déja vu (n° 504). On aura ainsi les kk' facteurs du degré m' dans lesquels on peut décomposer l'équation $X = 0$.

Cette théorie s'éclaircira beaucoup lorsque nous l'appliquerons à des exemples; mais avant tout il sera bon de faire voir comment on peut, pour tout nombre premier $n = km + 1$, former l'équation du degré k qui a pour racines les périodes $(m:\alpha)$, $(m:\alpha g)$, $(m:\alpha g^2)$, $(m:\alpha g^{k-1})$, en supposant successivement $k = 2, 3, 4$ et 5. Cette recherche nous conduira à plusieurs théorèmes d'analyse fort remarquables.

§ II. *Formation générale de l'équation du degré* k *pour les valeurs* k = 2, 3, 4, 5.

Premier cas $n = 2m + 1$, $k = 2$.

(509) Dans ce cas la période $(2m:1)$ se partage en deux autres

$$(m:1) = (1) + (g^2) + (g^4) + (g^6) \ldots + (g^{2m-2})$$
$$(m:g) = (g) + (g^3) + (g^5) + (g^7) \ldots + (g^{2m-1}).$$

Soient p et p' ces deux périodes, on aura d'abord $p + p' = -1$, ensuite $pp' = (m:1+g) + (m:1+g^3) + (m:1+g^5) \ldots + (m:1+g^{2m-1})$. Comme toutes les périodes de la forme $(m:\alpha)$ se réduisent aux deux $(m:1)$ et $(m:g)$, auxquelles il faut joindre l'expression $(m:0)$ qui n'est pas proprement une période, mais dont la valeur est m, il s'ensuit que la valeur du produit pp' se réduit à cette forme

$$pp' = \mathrm{A}m + \mathrm{A}'p + \mathrm{A}''p',$$

dans laquelle on aura $\mathrm{A} + \mathrm{A}' + \mathrm{A}'' = m$, puisque m est le nombre des périodes $(m:1+g), (m:1+g^3), (m:1+g^5) \ldots (m:1+g^{2m-1})$ qui composent la valeur de pp'. De plus, comme dans cette équation les quantités p et p' peuvent être échangées entre elles, on aura $\mathrm{A}' = \mathrm{A}''$; par conséquent $pp' = \mathrm{A}m - \mathrm{A}'$, et $\mathrm{A} + 2\mathrm{A}' = m$. Il faut maintenant distinguer deux cas selon que m est pair ou impair.

Soit 1° m impair; comme on a toujours $g^m = -1$, c'est-à-dire, $g^m + 1 = \mathfrak{M}(n)$, il y aura nécessairement, dans la suite $1+g$, $1+g^3$, $1+g^5 \ldots 1+g^{2m-1}$, un terme $= 0$, et il n'y en aura qu'un, par la nature du nombre g. On aura donc dans ce cas $\mathrm{A} = 1$ et $\mathrm{A}' = \frac{1}{2}(m-1)$, ce qui donne $pp' = \frac{1}{2}(m+1)$.

Soit 2° m pair; on aura encore $g^m = -1$, et par conséquent il n'y aura aucun terme égal à zéro dans la suite $1+g$, $1+g^3$, etc. Donc on aura $A=0$, $A'=\frac{1}{2}m$, et $pp'=-\frac{1}{2}m$.

Il s'ensuit que l'équation qui a pour racines p et p' sera.... $p^2+p+\frac{1}{4}(m+1)=0$, si m est impair ou n de la forme $4i+3$, et qu'elle sera $p^2+p-\frac{1}{2}m=0$, si m est pair ou n de la forme $4i+1$. Donc on aura

$$p=-\tfrac{1}{2}\pm\tfrac{1}{2}\sqrt{(-n)},\ \text{si } n \text{ est de la forme } 4i+3$$

et

$$p=-\tfrac{1}{2}\pm\tfrac{1}{2}\sqrt{(n)},\ \text{si } n \text{ est de la forme } 4i+1.$$

Dans ce dernier cas la différence des deux valeurs de p est égale à $\sqrt{n}$.

(510) Soit $x^m-ax^{m-1}+bx^{m-2}-cx^{m-3}+\text{etc.}=0$ l'équation qui a pour racines toutes celles qui composent la période $(m:1)$, on aura le coefficient $a=(m:1)=p$; quant aux autres coefficients b, c, d, etc., leurs valeurs se trouveront par la méthode du n° 504, et ils seront tous de la forme $B+B'p+B''p'$. De là on voit qu'en faisant

$$Z=x^m-ax^{m-1}+bx^{m-2}-cx^{m-3}+\text{etc.},$$

le polynome Z se réduira à la forme $Z=P+Qp+Rp'$, où P est un polynome en x du degré m, et Q, R des polynomes d'un degré inférieur.

Si on considère pareillement le facteur

$$Z'=x^m-a'x^{m-1}+b'x^{m-2}-c'x^{m-3}+\text{etc.}$$

lequel étant égalé à zéro donne toutes les racines comprises dans la période $(m:g)$, on aura par le n° 504, $Z'=P+Qp'+Rp$. Il faut maintenant substituer les valeurs de p et de p' dans les deux cas déja examinés.

1° Si n est de la forme $4i+3$, on aura $p=-\frac{1}{2}+\frac{1}{2}\sqrt{-n}$, $p'=-\frac{1}{2}-\frac{1}{2}\sqrt{-n}$, ce qui donne

$$Z=P-\tfrac{1}{2}(Q+R)+\tfrac{1}{2}(Q-R)\sqrt{-n}$$
$$Z'=P-\tfrac{1}{2}(Q+R)-\tfrac{1}{2}(Q-R)\sqrt{-n}.$$

Mais $ZZ' = X$; donc, dans ce cas, on a

$$4X = (2P - Q - R)^2 + n(Q - R)^2.$$

2° Si n est de la forme $4i+1$, les valeurs de p seront données par les mêmes formules, en y changeant simplement le signe de n; on aura donc alors

$$4X = (2P - Q - R)^2 - n(Q - R)^2;$$

d'où résulte ce théorème remarquable :

« n étant un nombre premier quelconque et la fonction X étant « le quotient de $x^n - 1$ divisé par $x - 1$, on pourra toujours trouver « deux polynomes Y et Z qui satisferont à l'équation $4X = Y^2 \pm nZ^2$, « le signe supérieur ayant lieu si n est de la forme $4i+3$, et l'in- « férieur si n est de la forme $4i+1$. »

Dans le premier cas le polynome $4X$ se décompose en deux facteurs imaginaires $(Y + Z\sqrt{-n})(Y - Z\sqrt{-n})$; dans le second il se décompose en deux facteurs réels $(Y + Z\sqrt{n})(Y - Z\sqrt{n})$.

Ce théorème serait peut-être très-difficile à démontrer sans le secours de l'analyse indéterminée; d'où l'on voit que cette analyse n'est pas bornée aux spéculations sur les nombres, mais qu'elle peut encore être utile au perfectionnement de l'analyse algébrique.

(511) Sachant *a priori* que la fonction $4X$ peut être mise sous la forme $Y^2 \pm nZ^2$, il est facile de trouver les valeurs des polynomes Y et Z dans les différents cas. Pour cela on voit d'abord qu'en négligeant les multiples de n on aura $Y^2 = 4X$; ainsi pour avoir la valeur de Y il faut extraire la racine carrée de $4X$, ce qui donne les deux premiers termes $2x^m + x^{m-1}$; on continuera l'opération en ajoutant aux premiers termes des résidus les multiples convenables de n, pour que tous les termes de la racine aient leurs coefficients entiers et les plus petits possibles. Connaissant Y on aura Z par l'équation $Z^2 = \pm\left(\frac{4X - Y^2}{n}\right)$, dont le calcul se fera sans rien négliger. Voici d'ailleurs un moyen de simplifier beaucoup l'opération qui vient d'être indiquée.

En rejetant les multiples de n, on a $Y = 2\sqrt{X}$ et $X = \frac{x^{2m+1} - 1}{x - 1}$

$=x^{2m}\left(1-\frac{1}{x}\right)^{-1}\left(1-\frac{1}{x^{2m+1}}\right)$. Mais comme dans la valeur de Y on n'a besoin que des puissances positives de x moindres que x^m, il est clair qu'on peut supprimer le facteur $1-x^{-2m-1}$ qui n'aurait d'influence qu'après les puissances x^{-m}, et qu'ainsi on aura.....
$Y=2x^m\left(1-\frac{1}{x}\right)^{-\frac{1}{2}}$, ou

$$Y=2x^m+x^{m-1}+\frac{3}{4}x^{m-2}+\frac{3.5}{4.6}x^{m-3}+\frac{3.5.7}{4.6.8}x^{m-4}+\text{ etc.}$$

Il restera à donner aux coefficients $\frac{3}{4}$, $\frac{3.5}{4.6}$, $\frac{3.5.7}{4.6.8}$, etc. une valeur en nombres entiers les plus petits possibles, positifs ou négatifs, ce qui sera facile dans chaque cas particulier en ajoutant aux numérateurs de ces fractions les multiples de n, positifs ou négatifs, qui rendront la division possible par les dénominateurs. Au reste chaque coefficient réduit servira à former le suivant; ainsi ayant trouvé pour $\frac{3.5.7}{4.6.8}$ la valeur $\pm k$, le coefficient suivant sera $\pm\frac{9k}{10}$ qu'il faudra réduire à un entier en ajoutant, s'il est nécessaire, un multiple de n au numérateur. L'opération d'ailleurs sera terminée lorsqu'on parviendra au terme moyen ou aux deux termes moyens du polynome Y, parce qu'en général les coefficients également éloignés des extrêmes sont égaux; ils ont de plus les mêmes signes si n est de la forme $4i+1$, et des signes différents si n est de la forme $4i+3$.

(512) Il y a encore un moyen plus simple de trouver immédiatement la fonction Y; en effet, dans le développement de la puissance $(x-1)^n$ tous les termes, excepté le premier et le dernier, ont leurs coefficients divisibles par n; on peut donc faire........
$(x-1)^n=x^n-1-nT$, ou $x^n-1=(x-1)^n+nT$; donc $4X(x-1)$ ou $(x-1)(Y^2\pm nZ^2)=4(x-1)^n+4n'T$. Omettant dans cette équation les multiples de n, on aura $(x-1)Y^2=4(x-1)^n$, d'où l'on tire $Y^2=4(x-1)^{2m}$ et $Y=2(x-1)^m$; ainsi on aura généralement

$$Y=2x^m-2mx^{m-1}+2m.\frac{m-1}{2}x^{m-2}-2m.\frac{m-1.m-2}{2.3}.x^{m-3}+\text{etc.};$$

et dans ce développement il ne restera plus qu'à réduire les coefficients au-dessous de $\frac{1}{2}n$, en supprimant les multiples de n qu'ils peuvent contenir ; ce qui réduira par exemple, le coefficient du second terme $-2m$ à $+1$, celui du troisième à $\frac{n \mp 3}{4}$, etc.

Une observation que fournit la valeur développée de Y, c'est qu'aucun de ses coefficients ne se réduit à zéro ; car n ne peut se trouver parmi les facteurs $m.m-1.m-2\ldots$; donc le polynome Y du degré m aura toujours $m+1$ termes. Il n'en est pas de même du polynome Z qui est du degré $m-1$ et dont plusieurs termes peuvent manquer.

Voici une table où l'on trouve les valeurs des polynomes Y et Z pour tous les nombres premiers de 3 à 29.

n	Valeurs des polynomes Y et Z.	
3	$Y = 2x + 1$, $Z = 1$	$Y = x + 2$, $Z = x$
5	$Y = 2x^2 + x + 2$, $Z = x$	
7	$Y = 2x^3 + x^2 - x - 2$, $Z = x^2 + x$	
11	$Y = 2x^5 + x^4 - 2x^3 + 2x^2 - x - 2$, $Z = x^4 + x$	
13	$Y = 2x^6 + x^5 + 4x^4 - x^3 + 4x^2 + x + 2$, $Z = x^5 + x^3 + x$	
17	$Y = 2x^8 + x^7 + 5x^6 + 7x^5 + 4x^4 + 7x^3 + 5x^2 + x + 2$ $Z = x^7 + x^6 + x^5 + 2x^4 + x^3 + x^2 + x$	
19	$Y = 2x^9 + x^8 - 4x^7 + 3x^6 + 5x^5 - 5x^4 - 3x^3 + 4x^2 - x - 2$ $Z = x^8 - x^6 + x^5 + x^4 - x^3 + x$	
23	$Y = 2x^{11} + x^{10} - 5x^9 - 8x^8 - 7x^7 - 4x^6 + 4x^5 + 7x^4 + 8x^3 + 5x^2 - x - 2$ $Z = x^{10} + x^9 - x^7 - 2x^6 - 2x^5 - x^4 + x^2 + x$	
29	$Y = \left\{ \begin{array}{l} 2x^{14} + x^{13} + 8x^{12} - 3x^{11} + x^{10} - 2x^9 + 3x^8 + 9x^7 \\ + 2 + x + 8x^2 - 3x^3 + x^4 - 2x^5 + 3x^6 \end{array} \right.$ $Z = x^{13} + x^{11} - x^{10} + x^8 + x^7 + x^6 - x^4 + x^3 + x$	

Second cas. $n=3m+1$, $k=3$.

(513) Alors la période $(3m:1)$ contenant toutes les racines de l'équation $X=0$, se décompose en trois autres $(m:1)$, $(m:g)$, $(m:g^2)$, dont les valeurs développées sont

$$(m:1)=(1)+(g^3)+(g^6)\ldots\ldots+(g^{3m-3})$$
$$(m:g)=(g)+(g^4)+(g^7)\ldots\ldots+(g^{3m-2})$$
$$(m:g^2)=(g^2)+(g^5)+(g^8)\ldots\ldots+(g^{3m-1}).$$

Soient p, p', p'', ces trois quantités; comme on sait que leur somme $p+p'+p''=-1$, on pourra supposer que ces trois quantités sont les racines de l'équation

$$p^3+p^2+Pp-Q=0,$$

dans laquelle on aura $P=pp'+p'p''+p''p$, $Q=pp'p''$.

Pour trouver les valeurs de ces coefficients, il faut d'abord connaître celle du produit pp'; or par le théorème général ce produit est égal à la somme des m périodes $(m:\alpha)$ dans lesquelles α prend les valeurs successives $1+g$, g^3+g, g^6+g, etc.; mais aucune de ces valeurs ne peut se réduire à un multiple de n, puisque par la propriété de la racine primitive g, on a $g^{3\mu}=-1$, ou $g^{3\mu}+1=\mathfrak{M}(n)$, μ étant $\frac{1}{2}m$, et qu'ainsi on ne peut avoir en même temps $g^{3i-1}=-1$. Donc la valeur du produit pp' ne contiendra pas la période $(m:0)$, et devra se réduire à la forme

$$pp'=Ap+Bp'+Cp'',$$

dans laquelle A, B, C sont des entiers positifs tels que leur somme $A+B+C=m$. De cette valeur on en déduit deux autres, savoir :

$$p'p''=Ap'+Bp''+Cp$$
$$p''p=Ap''+Bp+Cp';$$

et puisque la somme de ces trois produits $=(A+B+C)(p+p'+p'')$ $=-m$, on a $P=-m$.

Pour avoir le produit $pp'p''$, on mettra pp' sous cette forme

$$pp' = -C + (A-C)p + (B-C)p',$$

puis multipliant de part et d'autre par p'' et substituant les valeurs de pp'' et de $p'p''$, on aura

$$pp'p'' = -Cp'' + (A-C)(Ap'' + Bp + Cp') \\ + (B-C)(Ap' + Bp'' + Cp).$$

Le premier membre étant une fonction invariable de p, p', p'', le second en doit être une aussi; partant il doit se réduire à la forme $M(p+p'+p'')$ et ultérieurement à $-M$. De là résulte la condition

$$A^2 + B^2 + C^2 - AB - AC - BC = C,$$

laquelle étant combinée avec l'équation $A + B + C = m$, donne pour résultat

$$4n = (9C - n - 1)^2 + 27(A-B)^2.$$

(514) Cette équation détermine complètement le coefficient C, ainsi que $A-B$; car n étant un nombre premier de la forme $3m+1$. on pourra toujours faire $n = \alpha^2 + 3\beta^2$. Or 1° si β est divisible par 3 et qu'on fasse $\beta = 3\gamma$, on aura $4n = (2\alpha)^2 + 27(2\beta)^2$, ou $4n = a^2 + 27b^2$. 2° Si β n'est pas divisible par 3; comme α ne peut jamais l'être, l'un des deux nombres $\alpha + \beta$, $\alpha - \beta$, sera divisible par 3; mais en mettant $4n$ sous la forme $(\alpha \pm 3\beta)^2 + 3(\alpha \mp \beta)^2$, on pourra supposer. . $\alpha \pm 3\beta = a$, $\alpha \mp \beta = 3b$, ce qui donnera encore $4n = a^2 + 27b^2$, et on voit de plus que $4n$ ne sera jamais qu'une fois de cette forme.

Cela posé on aura $C = \frac{n+1\pm a}{9}$ et $A - B = \pm b$, ce qui donnera $pp'p'' = C^2 - AB = C^2 - \frac{1}{4}(m-C)^2 + \frac{1}{4}b^2$; donc

$$Q = \frac{(3C-m)(C+m)+b^2}{4} = \frac{nC - m^2}{3},$$

valeur qui, quoique sous la forme fractionnaire, sera toujours un entier. L'équation cherchée sera donc en général

$$p^3 + p^2 - mp + \tfrac{1}{3}(m^2 - nC) = 0.$$

(515) Soit par exemple $n=991$, on aura $m=330$, $4n=61^2+27.3^2$,

$$a=61,\quad C=\frac{992+61}{9}=117,\quad \tfrac{1}{3}(nC-m^2)=2349.$$

On trouvera semblablement pour les nombres premiers au-dessous de 100, les résultats suivants :

$n=$	7,	13,	19,	31,	37,	43,	61,	67,	73,	97
$m=$	2,	4,	6,	10,	12,	14,	20,	22,	24,	32
$Q=$	1,	−1,	7,	8,	−11,	−8,	9,	−5,	27,	79.

On formera donc ainsi autant d'équations qu'on voudra de la forme $p^3+p^2-mp-Q=0$, dont la propriété est telle qu'une racine étant connue et désignée par p, les deux autres p' et p'' seront données par les formules :

$$p'=\frac{-C+(A-C)p}{p+C-B},\quad p''=\frac{-C+(B-C)p}{p+C-A},$$

d'où l'on voit que l'expression d'une racine en fraction continue servira à trouver immédiatement l'expression des deux autres racines, et qu'ainsi il y a une infinité d'équations du 3e degré qui jouissent de cette propriété dont nous avons déja donné un exemple pour le cas de $n=7$ (art. 105).

(516) Les trois racines p, p', p'', étant trouvées, le polynome X pourra se décomposer en trois facteurs $P+Qp+Rp'$, $P+Qp'+Rp''$, $P+Qp''+Rp$, dans lesquels P, Q, R désignent des polynomes en x, le premier du degré m, les autres de degrés inférieurs, dont tous les coefficients sont entiers. Ces polynomes se trouveront par la méthode du n° 504, ils doivent en général satisfaire à l'équation

$$3P-Q-R=\sqrt[3]{(27X)}=3x^m+x^{m-1}+\frac{4}{6}x^{m-2}+\frac{4.7}{6.7}x^{m-3}+\text{etc.},$$

où l'on fera disparaître les fractions comme au n° 511.

Par exemple dans le cas de $n=19$, on aura

$$P=x^6+2x^4-2x^3+2x^2+1$$
$$Q=-x^5-2x^3-x$$
$$R=-x^4-x^3-x^2.$$

Troisième cas. $n=4m+1$, $k=4$.

(517) Il s'agit dans ce cas de former l'équation du 4e degré qui a pour racines les périodes $(m:1)$, $(m:g)$, $(m:g^2)$, $(m:g^3)$ que nous désignerons respectivement par p, p', p'', p''', et dont les valeurs développées sont

$$\begin{aligned}
p\ &=(1)+(g^4)+(g^8)\ldots.+(g^{4m-4})\\
p'\ &=(g)+(g^5)+(g^9)\ldots.+(g^{4m-3})\\
p''\ &=(g^2)+(g^6)+(g^{10})\ldots.+(g^{4m-2})\\
p'''&=(g^3)+(g^7)+(g^{11})\ldots.+(g^{4m-1}).
\end{aligned}$$

Pour cela il faut distinguer deux cas selon que m est pair ou impair.

1° Si m est pair et qu'on fasse $m=2\mu$, ou $n=8\mu+1$, alors on aura d'une seule manière $n=a^2+16b^2$, ce qui déterminera.... $C=\frac{4\mu+1\pm a}{8}$, et l'équation cherchée sera

$$p^4+p^3-3\mu p^2+(4\mu^2-nC)p+\tfrac{1}{4}\mu^2-n(\tfrac{1}{2}\mu-C)^2=0.$$

2° Si m est impair et qu'on fasse $m=2\mu+1$ ou $n=8\mu+5$, on ne pourra avoir que d'une seule manière $n=a^2+4b^2$, d'où l'on déduit $C=\frac{4\mu+1\pm a}{8}$, et l'équation cherchée sera

$$p^4+p^3+(\mu+1)p^2+(m^2-nC)p+(1+\tfrac{3}{2}\mu)^2-n(C-\tfrac{1}{2}\mu)^2=0.$$

(518) Le second cas n'étant guère susceptible d'application, parce que l'équation du quatrième degré a dans ce cas ses quatre racines imaginaires, nous nous bornerons à démontrer l'équation qui convient au premier cas, cette équation ayant toujours ses racines réelles.

Dans ce cas la racine primitive g satisfait à l'équation $g^{2m}=-1$, et comme on a

$$pp'=(m:1+g)+(m:1+g^5)+(m:1+g^9)\ldots+(m:1+g^{4m-3}),$$

il est visible qu'aucun des termes $1+g$, $1+g^5$, $1+g^9$, etc. ne peut se réduire à zéro, et qu'ainsi la période $(m:0)$ dont la valeur est

m, ne se trouvera pas au nombre des m périodes qui composent la valeur de pp'. Nous ferons en conséquence

$$pp' = Ap + Bp' + Cp'' + Dp''',$$

A, B, C, D, étant des entiers positifs dont la somme $A + B + C + D = m$. Cette équation et les trois autres semblables qu'on en déduit donnent les produits de deux termes consécutifs dans la suite p, p', p'', p''', savoir :

$$\begin{aligned}
p\,p' &= Ap + Bp' + Cp'' + Dp''' \\
p'p'' &= Ap' + Bp'' + Cp''' + Dp \\
p''p''' &= Ap'' + Bp''' + Cp + Dp' \\
p'''p &= Ap''' + Bp + Cp' + Dp''.
\end{aligned}$$

Il en résulte la somme des produits de deux termes contigus, ou

$$S(pp') = (A + B + C + D)(p + p' + p'' + p''') = -m.$$

Pour avoir semblablement la somme des produits de deux termes non contigus, j'observe qu'on a par le théorème de l'art. 500,

$$pp'' = (m : 1 + g^2) + (m : 1 + g^6) + (m : 1 + g^{10}) \ldots + (m : 1 + g^{4m-2}),$$

et comme dans la suite $1 + g^2$, $1 + g^6$, etc., on ne saurait rencontrer le terme $1 + g^{2m}$ ou $1 + g^{4\mu}$ qui se réduit à zéro, il s'ensuit que la période $(m : 0)$ ne se trouve pas non plus parmi les m périodes qui composent la valeur de pp''. On peut donc supposer

$$pp'' = Fp + Gp' + Hp'' + Ip''',$$

F, G, H, I étant des entiers positifs dont la somme $F + G + H + I = m$. De là résulte en avançant les lettres p d'un rang,

$$p'p''' = Fp' + Gp'' + Hp''' + Ip.$$

Avançant encore dans celle-ci les lettres d'un rang, on aura

$$p''p = Fp'' + Gp''' + Hp + Ip'.$$

Comparant cette expression à celle qu'on a d'abord supposée, on en tire $H=F$, $I=G$. Donc les deux produits pp'', $p'p'''$, seront ainsi exprimés :

$$pp''=F(p+p'')+G(p'+p''')$$
$$p'p'''=F(p'+p''')+G(p''+p),$$

et on aura en même temps $F+G=\frac{1}{2}m=\mu$.

Désignons à l'ordinaire par $S(pp'')$, la somme des quatre valeurs que prend pp'', en faisant parcourir à chacun des facteurs de ce produit le cercle entier des valeurs de p; cette somme sera égale à $-m$, comme $S(pp')$; mais comme les mêmes termes pp'', $p'p'''$. s'y trouvent répétés deux fois, on aura $pp''+p'p'''=\frac{1}{2}S(pp'')$ $=-\frac{1}{2}m=-\mu$.

(519) Maintenant si nous représentons par

$$p^4+p^3+Pp^2-Qp+R=0,$$

l'équation dont les racines sont p, p', p'', p''', il est visible qu'on aura $P=S(pp')+\frac{1}{2}S(pp'')=-\frac{3}{2}m=-3\mu$.

Pour trouver semblablement la valeur du coefficient Q, j'observe que ce coefficient égal à $pp'p''+p'p''p'''+p''p'''p+p'''pp'$ est représenté par le seul terme $S(pp'p'')$. Or si on met la valeur de pp' sous cette forme

$$pp'=-C+(A-C)p+(B-C)p'+(D-C)p''',$$

et qu'on multiplie chaque membre par p'', on aura

$$pp'p''=-Cp''+(A-C)pp''+(B-C)p'p''+(D-C)p''p'''.$$

Cette équation en fournit trois autres semblables et la somme des quatre donnera $S(pp'p'')$ ou

$$Q=-CS(p'')+(A-C)S(pp'')+(B-C)S(p'p'')+(D-C)S(p''p'''),$$

or on a

$$S(p'')=S(p)=-1,\ S(pp'')=S(p'p'')=S(p''p''')=-m;$$

donc

$$Q = C - (A + B + D - 3C)m = C - m(m - 4C) = nC - m^2.$$

On peut aussi mettre la valeur de pp' sous la forme

$$pp' = -D + (A - D)p + (B - D)p' + (C - D)p'',$$

et multipliant de part et d'autre par p''', on en déduira $\int(pp'p''')$, ou $Q = nD - m^2$; donc $D = C$.

Une troisième valeur du coefficient Q peut se déduire du produit pp'' qu'on mettra sous la forme

$$pp'' = -G + (F - G)(p + p'');$$

puis multipliant de part et d'autre par p' et formant les trois autres produits semblables, on déduira de leur somme $Q = nG - m^2$, donc $G = C$.

Par ces résultats les valeurs des produits pp', pp'', deviennent

$$pp' = Ap + Bp' + Cp'' + Cp'''$$
$$pp'' = -C + (\mu - 2C)(p + p'').$$

De la seconde on déduit la valeur de $p'p'''$, laquelle étant multipliée par celle de pp'', donne $pp'p''p'''$ ou

$$R = C^2 + C(\mu - 2C) + (\mu - 2C)^2 S(pp');$$

et puisque $S(pp') = -m$, on aura

$$R = C^2 + (\mu - 2C)C - 2\mu(\mu - 2C)^2,$$

ou $R = \frac{1}{4}\mu^2 - n(C - \frac{1}{2}\mu)^2$; l'équation qui a pour racines les quatre valeurs de p est donc

$$p^4 + p^3 - 3\mu p^2 + (4\mu^2 - nC)p + \tfrac{1}{4}\mu^2 - n(C - \tfrac{1}{2}\mu)^2 = 0.$$

Ainsi il ne reste plus qu'à déterminer le coefficient C.

(520) Pour cela multiplions par p' la valeur de pp'', nous aurons en substituant les valeurs linéaires de pp' et $p'p''$:

$$pp'p'' = -Cp' + 2(\mu - 2C)^2 p' - 2C(\mu - 2C)$$
$$+ (\mu - 2C)(A - C)p + (\mu - 2C)(B - C)p''.$$

Multipliant de part et d'autre par p''' et réduisant le second membre en termes linéaires, on aura

$$pp'p''p''' = [2(\mu - 2C)^2 - C][C(p + p'') + (\mu - C)(p' + p''')]$$
$$+ (\mu - 2C)(A - C)(Ap''' + Bp + Cp' + Cp'')$$
$$+ (\mu - 2C)(B - C)(Ap'' + Bp''' + Cp + Cp')$$
$$- 2C(\mu - 2C)p'''.$$

Le premier membre étant une fonction invariable de p, p', p'', p''', le second devra se réduire à la forme $M(p + p' + p'' + p''')$ ou $-M$; de là trois équations qui conduisent à la seule condition

$$(A - C)^2 + (B - C)^2 = 2C.$$

Et puisqu'on a d'ailleurs $A + B + 2C = 2\mu$, ces deux équations en donnent une troisième,

$$n = (8C - 4\mu - 1)^2 + 16(B + C - \mu)^2.$$

Cette dernière suffit pour déterminer C et même B; car le nombre premier n étant de la forme $8\mu + 1$, on aura toujours d'une seule manière $n = a^2 + 16b^2$; ainsi on devra avoir $8C - 4\mu - 1 = \pm a$, et $B + C - \mu = \pm b$, ce qui donne

$$C = \frac{4\mu + 1 \pm a}{8},$$

valeur qui en prenant a avec le signe convenable sera toujours un entier.

Ainsi étant donné un nombre premier n de la forme $8\mu + 1$, on pourra toujours former *a priori* l'équation du quatrième degré qui a pour racines les quatre périodes p, p', p'', p'''; ce qui permettra de décomposer en général le polynome X du degré $4m$, en quatre facteurs du degré m correspondants à ces quatre périodes.

(521) On peut remarquer, au reste, que l'équation du quatrième

degré en p est facile à décomposer en deux équations du second degré, l'une $p^2 - \alpha p + \beta = 0$, qui donne les racines p et p'', l'autre $p^2 - \gamma p + \delta = 0$ qui donne les racines p' et p'''. En effet, pour déterminer les coefficients $\alpha, \beta, \gamma, \delta$, on a les équations

$$\alpha = p + p'', \quad \beta = pp'' = -C + (\mu - 2C)\alpha$$
$$\gamma = p' + p''', \quad \delta = p'p''' = -C + (\mu - 2C)\gamma.$$

Les deux équations du second degré seront par conséquent

$$p^2 - C - \alpha(p - \mu + 2C) = 0$$
$$p^2 - C - \gamma(p - \mu + 2C) = 0.$$

Il reste à déterminer α et γ; or on a $\alpha + \gamma = p + p' + p'' + p''' = -1$, et $\alpha\gamma = pp' + p'p'' + p''p''' + p'''p = -2\mu$. Donc α et γ sont les deux racines de l'équation,

$$y^2 + y - 2\mu = 0,$$

d'où l'on tire $\alpha = -\frac{1}{2} + \frac{1}{2}\sqrt{n}$, $\gamma = -\frac{1}{2} - \frac{1}{2}\sqrt{n}$. On peut vérifier en effet d'après ces valeurs que le produit des deux équations précédentes, savoir :

$$(p^2 - C)^2 + (p^2 - C)(p - \mu + 2C) - 2\mu(p - \mu + 2C)^2 = 0,$$

se réduit à l'équation déja trouvée

$$p^4 + p^3 - 3\mu p^2 + (4\mu^2 - nC)p + \tfrac{1}{4}\mu^2 - n(C - \tfrac{1}{2}\mu)^2 = 0.$$

(522) Connaissant une racine de cette équation, désignée par p, on trouvera les trois autres p', p'', p''', exprimées chacune par une fonction de la forme $\alpha + \beta p + \gamma p^2 + \delta p^3$. Mais dans le cas présent on aura une expression encore plus simple de ces racines au moyen des formules suivantes qui résultent des formules démontrées

$$p' = \frac{-C + (A - C)p}{p + C - B}, \quad p''' = \frac{-C + (B - C)p}{p + C - A},$$
$$p'' = \frac{-C + (\mu - 2C)p}{p + 2C - p}.$$

Quant aux valeurs de A et B qui entrent dans ces formules, elles se déduisent des équations $A=\mu-C\mp b$, $B=\mu C\pm b$; valeurs où le signe ambigu n'a d'autre effet que de changer à la fois A en B et p' en p'''. On peut donc former pour tout nombre $n=8\mu+1$, une équation du quatrième degré, telle que le développement d'une racine en fraction continue donnera immédiatement le développement des trois autres racines. Voici un tableau de ces équations pour tous les nombres premiers moindres que 100, de la forme $8\mu+1$.

n	Équation en p	C	A, B
17	$0=p^4+p^3-6p^2-p+1$	1	2, 0
41	$0=p^4+p^3-15p^2+18p-4$	2	4, 2
73	$0=p^4+p^3-27p^2-41p+16$	5	6, 2
89	$0=p^4+p^3-33p^2+39p+8$	5	8, 4
97	$0=p^4+p^3-36p^2+91p-61$	5	8, 6

Quatrième cas. $n=5m+1$, $k=5$.

(523) La période $(5m:1)$ représentant la somme des racines de l'équation $X=0$, se décompose en cinq périodes de m termes, savoir: $(m:1)$, $(m:g)$, $(m:g^2)$, $(m:g^3)$, $(m:g^4)$, que nous désignerons par p, p', p'', p''', p^{iv}, respectivement, et dont les valeurs développées sont :

$$
\begin{aligned}
p\ &=(1)+(g^5)+(g^{10})\ldots\ldots+(g^{5m-5})\\
p'\ &=(g)+(g^6)+(g^{11})\ldots\ldots+(g^{5m-4})\\
p''\ &=(g^2)+(g^7)+(g^{12})\ldots\ldots+(g^{5m-3})\\
p'''&=(g^3)+(g^8)+(g^{13})\ldots\ldots+(g^{5m-2})\\
p^{\text{iv}}&=(g^4)+(g^9)+(g^{14})\ldots\ldots+(g^{5m-1}).
\end{aligned}
$$

Pour avoir l'équation qui a pour racines ces cinq valeurs de p, nous considérerons d'abord les valeurs générales des produits pp', pp'', d'où se déduisent les valeurs des produits deux à deux des racines, partagés en deux séries, comme il suit :

$$\begin{array}{ll}
pp' = \mathrm{A}p + \mathrm{B}p' + \mathrm{C}p'' + \mathrm{D}p''' + \mathrm{E}p^{\mathrm{iv}}, & pp'' = \mathrm{A}'p + \mathrm{B}'p' + \mathrm{C}'p'' + \mathrm{D}'p''' + \mathrm{E}'p^{\mathrm{iv}} \\
p'p'' = \mathrm{A}p' + \mathrm{B}p'' + \mathrm{C}p''' + \mathrm{D}p^{\mathrm{iv}} + \mathrm{E}p, & p'p''' = \mathrm{A}'p' + \mathrm{B}'p'' + \mathrm{C}'p''' + \mathrm{D}'p^{\mathrm{iv}} + \mathrm{E}'p \\
p''p''' = \mathrm{A}p'' + \mathrm{B}p''' + \mathrm{C}p^{\mathrm{iv}} + \mathrm{D}p + \mathrm{E}p', & p''p^{\mathrm{iv}} = \mathrm{A}'p'' + \mathrm{B}'p''' + \mathrm{C}'p^{\mathrm{iv}} + \mathrm{D}'p + \mathrm{E}'p' \\
p'''p^{\mathrm{iv}} = \mathrm{A}p''' + \mathrm{B}p^{\mathrm{iv}} + \mathrm{C}p + \mathrm{D}p' + \mathrm{E}p'', & p'''p = \mathrm{A}'p''' + \mathrm{B}'p^{\mathrm{iv}} + \mathrm{C}'p + \mathrm{D}'p' + \mathrm{E}'p'' \\
p^{\mathrm{iv}}p = \mathrm{A}p^{\mathrm{iv}} + \mathrm{B}p + \mathrm{C}p' + \mathrm{D}p'' + \mathrm{E}p''', & p^{\mathrm{iv}}p' = \mathrm{A}'p^{\mathrm{iv}} + \mathrm{B}'p + \mathrm{C}'p' + \mathrm{D}'p'' + \mathrm{E}'p'''.
\end{array}$$

Dans ces formules les coefficients A, A', B, B', etc. désignent des entiers positifs ou nuls, tels qu'on a

$$m = \mathrm{A} + \mathrm{B} + \mathrm{C} + \mathrm{D} + \mathrm{E} = \mathrm{A}' + \mathrm{B}' + \mathrm{C}' + \mathrm{D}' + \mathrm{E}',$$

et puisqu'on a toujours $\mathrm{S}(p) = -1$, l'équation en p sera de la forme

$$0 = p^5 + p^4 + \mathrm{P}p^3 - \mathrm{Q}p^2 + \mathrm{R}p - \Omega.$$

(524) La question est maintenant de déterminer les coefficients P, Q, R, Ω, d'après la seule connaissance du nombre premier n de forme $5m + 1$, afin d'obtenir des résultats analogues à ceux des cas précédents.

On aura d'abord $\mathrm{S}(pp') = (\mathrm{A}+\mathrm{B}+\mathrm{C}+\mathrm{D}+\mathrm{E})(p+p'+p''+p'''+p^{\mathrm{iv}}) = -m$, et semblablement $\mathrm{S}(pp'') = -m$, ce qui donne $\mathrm{P} = \mathrm{S}(pp') + \mathrm{S}(pp'') = -2m$, et $\mathrm{S}(p^2) = (\mathrm{S}p)^2 - 2\mathrm{P} = 1 + 4m = n - m$.

Multipliant par p'' la valeur de pp', on aura

$$pp'p'' = \mathrm{A}pp'' + \mathrm{B}p'p'' + \mathrm{C}(p'')^2 + \mathrm{D}p'''p'' + \mathrm{E}p^{\mathrm{iv}}p''.$$

Avançant successivement les lettres p d'un rang, on formera quatre autres équations semblables, et la somme de toutes donnera.... $\mathrm{S}(pp'p'') = (\mathrm{A}+\mathrm{B}+\mathrm{D}+\mathrm{E})(-m) + \mathrm{C}(n-m) = n\mathrm{C} - m^2$. Si on multiplie semblablement la valeur de pp' par p^{iv}, on en déduira $\mathrm{S}(pp'p^{\mathrm{iv}}) = n\mathrm{E} - m^2$; mais $\mathrm{S}(pp'p^{\mathrm{iv}})$ est la somme des cinq mêmes termes qui composent $\mathrm{S}(pp'p'')$; donc on a en général $\mathrm{E} = \mathrm{C}$.

Une autre valeur de la même somme se trouvera en multipliant pp'' par p', ce qui donnera $\mathrm{S}(pp'p'') = n\mathrm{B}' - m^2$, donc $\mathrm{B}' = \mathrm{C} = \mathrm{E}$.

On peut trouver semblablement trois expressions de la somme

$S(pp'p''')$; la première en multipliant pp' par p''', donne..... $S(pp'p''')=nD-m^2$; la seconde en multipliant pp''' par p', donne $S(pp'p''')=nE'-m^2$; le troisième en multipliant par p la valeur de $p'p'''$ donne $S(pp'p''')=nD'-m^2$; donc $D'=E'=D$. Par de semblables procédés on trouvera

$$S(p^2p')=nA-m^2,\quad S(p^2p'')=nA'-m^2$$
$$S(pp'^2)=nB-m^2,\quad S(pp''^2)=nC'-m^2.$$

Cela posé les valeurs générales de pp' et pp'' deviennent

$$pp'=Ap+Bp'+Cp''+Dp'''+Cp^{\text{iv}}$$
$$pp''=A'p+Cp'+C'p''+Dp'''+Dp^{\text{iv}};$$

de sorte qu'il ne reste plus que six coefficients indéterminés A, B, C, D, A', C', entre lesquels on a les deux équations

$$A+B+2C+D=m$$
$$A'+C'+C+2D=m.$$

Ensuite puisqu'on a trouvé $S(pp'p'')=nC-m^2$ et $S(pp'p''')=nD-m^2$; la somme de ces deux quantités étant la somme de tous les produits des racines p prises trois à trois, on aura

$$Q=n(C+D)-2m^2.$$

(525) Pour trouver d'autres relations entre les coefficients qui restent à déterminer, je mets d'abord la valeur de pp' sous cette forme

$$pp'=-C+(A-C)p+(B-C)p'+(D-C)p'''.$$

Multipliant ensuite par p'' et réduisant les produits pp'', $p'p''$, $p'''p''$ en valeurs linéaires, j'ai

$$\begin{aligned}pp'p''=-Cp''&+(A-C)(A'p+Cp'+C'p''+Dp'''+Dp^{\text{iv}})\\&+(B-C)(Ap'+Bp''+Cp'''+Dp^{\text{iv}}+Cp)\\&+(D-C)(Ap''+Bp'''+Cp^{\text{iv}}+Dp+Cp').\end{aligned}$$

De même si on multiplie par p la valeur de $p'p''$, on aura

$$\begin{aligned} pp'p'' = -Cp &+ (A-C)(Ap + Bp' + Cp'' + Dp''' + Cp^{\text{iv}}) \\ &+ (B-C)(A'p + Cp' + C'p'' + Dp''' + Dp^{\text{iv}}) \\ &+ (D-C)(Ap^{\text{iv}} + Bp + Cp' + Dp'' + Cp'''). \end{aligned}$$

Comparant ces deux valeurs on trouve que les coefficients de p', p''', p^{iv}, sont identiques et que les deux autres conduisent à la même équation de condition, savoir :

$$(A-B)A' = C^2 - C(A + 2B - D + 1) + A^2 + BD - D^2.$$

Enfin si l'on cherche deux valeurs linéaires du produit $pp'p'''$, l'une en multipliant pp' par p''', l'autre en multipliant pp''' par p', la comparaison des deux expressions conduira à une nouvelle équation de condition, savoir :

$$A'C' = -AB + (A + B - D)^2 + C^2 - CD + D^2 - C - D.$$

D'autres tentatives faites sur la comparaison des valeurs d'un produit de quatre lettres n'ont produit aucun résultat, ainsi nous n'avons, pour déterminer les six inconnues A, B, C, D, A', C', que les deux équations précédentes jointes aux deux déja trouvées, ce qui laisse le problème fort indéterminé. Cependant nous verrons qu'en mettant sous la forme convenable les deux dernières équations, on en pourra déduire soit une solution déterminée du problème, soit deux solutions dont la différence ne se rapporte qu'à la multitude des valeurs qui peuvent être prises pour la racine primitive g, et qui n'influe pas sur les coefficients de l'équation en p.

526) Il nous reste à déterminer les coefficients R et Ω de cette équation. Pour cela reprenons la valeur trouvée ci-dessus pour $pp'p''$, que nous mettrons sous la forme

$$pp'p'' = M + M'p + M''p' + M'''p'',$$

où l'on suppose

$$M\ = C^2 + CD - D(A+B) = C^2 + 3CD + D^2 - mD$$
$$M' = A'(B-C) + (A-C)(A-D) + C^2 - BC - C$$
$$M'' = (A-D)(B-D) - (C-D)^2$$
$$M''' = C'(B-C) + A(C-D) + D(D-B).$$

Si on multiplie par p''' la valeur de $pp'p''$, et qu'on applique le signe S aux deux membres, on aura $S(pp'p''p''')$ ou $R = -M + (M'+M''+M''')(-m)$. Mais l'équation $pp'p'' = M + M'p + M''p' + M'''p''$ donne $S(pp'p'') = 5M - M' - M'' - M''' = nC - m^2$; donc. .... $M' + M'' + M''' = 5M - nC + m^2$, et par conséquent

$$R = mn(C+D) - n(C^2 + 3CD + D^2) - m^3.$$

Pour avoir la valeur du dernier coefficient $\Omega = pp'p''p'''p^{\text{iv}}$, je multiplie par $p'''p^{\text{iv}}$ la valeur de $pp'p''$, et appliquant le signe S aux deux membres, j'ai $S(pp'p''p'''p^{\text{iv}})$ ou

$$5\Omega = MS(p'''p^{\text{iv}}) + M'S(pp'''p^{\text{iv}}) + M''S(p'p'''p^{\text{iv}}) + M'''S(p''p'''p^{\text{iv}}).$$

Substituant les valeurs connues $S(p'''p^{\text{iv}}) = -m$, $S(pp'''p^{\text{iv}}) = S(pp'p'') = nC - m^2$, $S(p'p'''p^{\text{iv}}) = S(pp'p''') = nD - m^2$, $S(p''p'''p^{\text{iv}}) = S(pp'p'') = nC - m^2$, on aura

$$5\Omega = -mM + (M'+M''')(nC - m^2) + M''(nD - m^2),$$

d'où l'on déduit $\Omega = \frac{1}{5}(nW - m^4)$, en faisant

$$W = -C^2 + mC(2C+D) - 2C^3 + (A+B)^2(2C+D) + (AB + 2CD)(D-C).$$

Ainsi il suffira de connaître les quatre coefficients A, B, C, D, ou seulement trois d'entre eux, puisqu'on a $A + B + 2C + D = m$, et l'équation du cinquième degré en p sera entièrement déterminée.

(527) Pour procéder maintenant à la détermination de ces coefficients, j'observe que les équations du n° 525 peuvent être mises sous cette forme

$$16n=50(A'-C')^2+50(A-B)^2+125(C-D)^2+(25C+25D-2n-2)^2$$
$$(A-B)^2-2(A-B)(A'-C')=4C+5(C-D)^2-(5C-m)^2.$$

Soit $C+D=a$, $C-D=b$, $A-B=y$, $A'-C'=z$, on trouve d'abord par la première équation que les limites de a sont

$$a>\frac{2}{25}(n+1-2\sqrt{n}),\quad a<\frac{2}{25}(n+1+2\sqrt{n}).$$

Il faudra donc essayer successivement pour a tous les nombres entiers compris entre ces deux limites. Puis faisant $8a-(5a-2m)^2=F$, on aura l'équation $y^2+z^2=\frac{1}{5}(F-5b^2)$; ainsi pour chaque valeur de a, il faudra prendre b de même espèce que a et $<\sqrt{\frac{1}{5}F}$; il faudra de plus que le nombre $\frac{1}{5}(F-5b^2)$ qui est la valeur de y^2+z^2, ne contienne pour facteur aucune puissance impaire d'un nombre premier $4i-1$. Ces premières conditions étant remplies, on aura une ou plusieurs manières de déterminer les valeurs de y et z, et il ne restera plus qu'à satisfaire à l'équation $G=y^2-2yz$, dans laquelle on a $G=4C+5b^2-(5C-m)^2$ et $C=\frac{1}{2}(a+b)$.

(528) Exemple I. Soit $n=41$, $m=8$, les limites de a seront $a>2.3$, $a<4.4$; donc les valeurs à essayer sont $a=3$, $a=4$.

Soit d'abord $a=4$, on aura $F=32-4^2=16$; b pair et $<\sqrt{\frac{16}{5}}$; donc $b=0$ et $y^2+z^2=8$. On satisfait à cette équation en prenant $y=2$, $z=\pm 2$ (car on peut se dispenser de faire $y=-2$, ce qui ne donnerait pas un résultat différent de celui que donne $y=2$). Par les valeurs $a=4=C+D$, $b=0=C-D$, on obtient $C=D=2$, $G=4C+5b^2-(5C-m)^2=4$, mais alors l'équation $G=y^2-2yz$, qui devient $4=4\pm 8$ n'est pas satisfaite: donc la valeur $a=4$ ne peut avoir lieu.

Il reste à essayer la valeur $a=3$ qui donne $F=23$, b impair et $<\sqrt{\frac{23}{5}}$; par conséquent $b=1$; de là $y^2+z^2=9$, ce qui donne les deux solutions $y=3$, $z=0$, $y=0$, $z=\pm 3$. La seconde ne satisfait pas l'équation $G=y^2-2yz$, où l'on a $G=-32$; ainsi la première devra avoir lieu. En effet les équations $C+D=3$, $C-D=1$, donnent $C=2$, $D=1$, $G=8+5-4=9$, et puisque $y=3$, $z=0$, on a aussi $y^2-2yz=9=G$.

On a donc pour seule solution les valeurs $C=2$, $D=1$, $A+B=m-2C-D=3$, $A-B=y=3$; d'où $A=3$, $B=0$; calculant d'après ces valeurs les coefficients Q, R, Ω, l'équation en p, pour le cas de $n=41$, sera

$$p^5+p^4-16p^3+5p^2+21p-9=0.$$

(529) EXEMPLE II. Soit $n=641$, $m=128$, les limites de a étant $\frac{2}{25}(642\pm 2\sqrt{641})$, on devra faire successivement $a=48, 49, 50, 51, 52, 53, 54, 55$, et pour chaque valeur de a prendre la valeur de b de même espèce que a et plus petite que $\sqrt{(\frac{1}{5}F)}$. On verra ensuite si $\frac{1}{2}(F-5b^2)$ qui est la valeur de y^2+z^2, peut se décomposer en deux carrés, ce qui exige qu'il n'ait pour facteur aucun nombre premier $4i-1$ élevé à une puissance impaire. Cette condition étant remplie, il restera à voir si la condition $G=y^2-2yz$ est satisfaite. Voici un tableau qui contient le détail de toutes ces opérations.

a	b, C, D	F	y^2+z^2	y, z	G	y^2-2yz
48	0,24,24	128	64	8, 0 0, $\pm$ 8	32	64 0
	2,25,23		54			
	4,26,22		24			
49	1,25,24	271	133			
	3,26,23		113	7, $\pm$ 8	145	49 $\mp$ 112
	5,27,22		73	3, $\pm$ 8	184	9 $\mp$ 48
	7,28,21		13	3, $\pm$ 2	213	9 $\mp$ 12
50	0,25,25	364	182			
	2,26,24		172			
	4,27,23		142			
	6,28,22		92			
	8,29,21		22			
51	1,26,25	407	201			
	3,27,24		181	10, $\pm$ 9	104	100 $\mp$ 180
	5,28,23		141			
	7,29,22		81	0, $\pm$ 9	72	0
	9,30,21		1	1, 0	41	1
52	0,26,26	400	200	10, $\pm$ 10 14, $\pm$ 2 2, $\pm$ 14	100	100 $\mp$ 200 196 $\mp$ 56 4 $\mp$ 56
	2,27,25		190			
	4,28,24		160	12, $\pm$ 4 4, $\pm$ 12	48	144 − 96 (solution) 16 $\mp$ 96
	6,29,23		110			
	8,30,22		40	6, $\pm$ 2 2, $\pm$ 6	− 44	36 $\mp$ 24 4 $\mp$ 24
53	1,27,26	343	169	12, $\pm$ 5	64	144 $\mp$ 120
	3,28,25		149	7, $\pm$ 10	13	49 $\mp$ 140
	5,29,24		109	10, $\pm$ 3	− 48	100 $\mp$ 60
	7,30,23		49	7, 0	− 119	49
54	0,27,27	236	118			
	2,28,26		108			
	4,29,25		78			
	6,30,24		28			
55	1,28,27	79	37	1, $\pm$ 6	− 27	1 $\mp$ 12
	3,29,26		17	4, $\pm$ 1	− 128	16 $\mp$ 8

On voit par ce tableau qu'il n'y a qu'un seul cas où l'égalité $G=y^2-2yz$ soit satisfaite ; c'est celui où l'on a $C=28$, $D=24$, $A+B=m-2C-D=48$, $A-B=12$, $A=30$, $B=18$. Calculant par ces valeurs les coefficients Q, R, Ω, on a l'équation cherchée pour le cas de $n=641$,

$$p^5+p^4-256p^3-564p^2+5328p-5120=0.$$

Remarquons en général que plusieurs solutions peuvent conduire au même résultat, parce que les coefficients désignés par A, B, C, D dépendent de la racine primitive g qu'on a choisie pour les former ; mais tous les changements se borneront à ce que la permutation ait lieu entre C et D, ce qui changera en même temps A et B en A' et C' respectivement, de sorte que $A-B$ deviendra $A'-C'$ et réciproquement. Les valeurs des coefficients Q et R ne changent pas par la permutation entre C et D ; quant au coefficient Ω, on peut dans son expression changer simultanément C en D, D en C, $A+B$ en $A'+C'$ ou $m-2D-C$, et AB en $A'C'$; car les deux expressions étant égalées entre elles, on obtient l'équation conditionnelle

$$AB+A'C'=m^2-(4m+1)(C+D)+5C^2+7CD+5D^2,$$

que nous avons déja trouvée (n° 525).

§ III. *Application de la théorie à des exemples numériques.*

EXEMPLE I. $n=7$.

(530) LE plus petit nombre qui satisfait à l'équation $g^3+1=\mathfrak{M}(7)$, étant $g=3$, il faudra former la série des puissances de 3 en rejetant les multiples de 7; cette série est 1, 3, 2, 6, 4, 5; ainsi les puissances de r qui forment les six racines de l'équation $X=0$ ou $x^6+x^5+x^4+x^3+x^2+x+1=0$, devront être rangées dans l'ordre $r^1, r^3, r^2, r^6, r^4, r^5$. Leur somme compose le période de six termes désignée par (6 : 1) ou par (1, 3, 2, 6, 4, 5).

Cette période se décompose en trois de deux termes (2 : 1), (2 : 3), (2 : 2), que nous désignerons plus simplement par p, p', p'', et dont la valeur est

$$\begin{aligned} p &= r^1+r^6 \\ p' &= r^3+r^4 \\ p'' &= r^2+r^5. \end{aligned}$$

De là on tire immédiatement, en observant que $r^7=1$,

$$\begin{aligned} pp' &= r^4+r^2+r^5+r^3 = p'+p'' \\ p'p'' &= r^5+r^6+r+r^2 = p''+p \\ p''p &= r^3+r+r^6+r^4 = p+p', \end{aligned}$$

ce qui donne d'abord $S(pp')=2(p+p'+p'')=-2$. Si ensuite on multiplie la valeur de pp' par p'', on aura $pp'p''=p'p''+(p'')^2=p''+p+r^4+2+r^3=2+p+p'+p''=1$. Donc l'équation du troisième degré dont les racines sont p, p', p'', est

$$p^3+p^2-2p-1=0. \qquad \text{(A)}$$

Cette équation dont les trois racines sont réelles étant résolue par les règles ordinaires, on connaîtra les quantités $p = r + r^6 = 2\cos.\frac{2k\pi}{7}$, $p' = r^3 + r^4 = 2\cos.\frac{6k\pi}{7}$, $p'' = r^2 + r^5 = 2\cos.\frac{4k\pi}{7}$. Jusque là k est un nombre à volonté non divisible par 7; si on fait $k = 1$, les racines seront $p = 2\cos.\frac{2\pi}{7}$, $p' = 2\cos.\frac{6\pi}{7} = -2\cos.\frac{\pi}{7}$, $p'' = 2\cos.\frac{4\pi}{7} = -2\cos.\frac{3\pi}{7}$, la première étant positive, les deux autres négatives.

Ainsi la racine positive de l'équation (A) sera la valeur de $2\cos.\frac{2\pi}{7}$; d'où l'on déduira immédiatement la racine $r = \cos.\frac{2\pi}{7} + \sqrt{-1}\sin.\frac{2\pi}{7}$, ensuite les cinq autres racines de l'équation $X = 0$ seront déterminées par les puissances successives r^2, r^3, r^4, r^5, r^6.

Une racine de l'équation (A) étant connue et désignée par p, on en déduira les deux autres par une formule rationnelle, comme il suit :

$$p'' = p^2 - 2 \qquad = -\frac{1}{1+p}$$

$$p' = 1 - p - p^2 = -1 - \frac{1}{p}.$$

C'est ce qui s'accorde avec les valeurs trigonométriques de ces racines.

Au reste cette solution, pour le cas de $n = 7$, est entièrement semblable à celle qu'on déduirait des méthodes ordinaires. En effet, l'équation $X = 0$ étant du nombre de celles qu'on appelle *réciproques*, ou dans lesquelles on peut substituer $\frac{1}{x}$ au lieu de x, on peut la réduire au troisième degré par la substitution $x^2 + 1 = zx$ qui donne immédiatement

$$z^3 + z^2 - 2z - 1 = 0;$$

équation qui est la même que l'équation (A), et dont nous avons donné ci-dessus (n° 105) la résolution numérique par les fractions continues.

EXEMPLE II. $n = 11$.

(531) Prenant dans ce cas la racine primitive $g = 2$ qui satisfait à l'équation $g^5 = -1$, on formera par les puissances de 2, la série des dix racines de l'équation $X = 0$, ce qui composera la période $(10:1)$ ou $(1, 2, 4, 8, 5, 10, 9, 7, 3, 6)$. Cette période se décompose en cinq autres de deux termes, savoir :

$$p = r + r^{10},\ p' = r^2 + r^9,\ p'' = r^4 + r^7,\ p''' = r^8 + r^3,\ p^{\text{iv}} = r^5 + r^6;$$

et ces valeurs donnent immédiatement les équations $p^2 = 2 + p'$, $pp' = p + p'''$, $pp'' = p''' + p^{\text{iv}}$, d'où l'on déduit toutes celles qui expriment en valeurs linéaires les produits de deux dimensions, savoir :

$$\begin{array}{lll}
p^2 = 2 + p' & pp' = p + p''' & pp'' = p''' + p^{\text{iv}} \\
p'^2 = 2 + p'' & p'p'' = p' + p^{\text{iv}} & p'p''' = p^{\text{iv}} + p \\
p''^2 = 2 + p''' & p''p''' = p'' + p & p''p^{\text{iv}} = p + p' \\
p'''^2 = 2 + p^{\text{iv}} & p'''p^{\text{iv}} = p''' + p' & p'''p = p' + p'' \\
p^{\text{iv}2} = 2 + p & p^{\text{iv}}p = p^{\text{iv}} + p'' & p^{\text{iv}}p' = p'' + p'''.
\end{array}$$

De ces formules on déduit les valeurs de quatre racines exprimées en fonctions de la cinquième, savoir :

$$\begin{aligned}
p' &= p^2 - 2 \\
p'' &= p^4 - 4p^2 + 2 \\
p''' &= p^3 - 3p \\
p^{\text{iv}} &= p^5 - 5p^3 + 5p.
\end{aligned}$$

Substituant ces valeurs dans l'équation $0 = 1 + p' + p'' + p''' + p^{\text{iv}}$, on a l'équation du cinquième degré,

$$p^5 + p^4 - 4p^3 - 3p^2 + 3p + 1 = 1; \qquad \text{(A)}$$

dont les racines doivent être $2\cos.\frac{2\pi}{11}$, $2\cos.\frac{4\pi}{11}$, $-2\cos.\frac{5\pi}{11}$, $-2\cos.\frac{3\pi}{11}$, $-2\cos.\frac{\pi}{11}$. Ainsi la plus grande des deux racines positives de cette équation sera la valeur de $2\cos.\frac{2\pi}{11}$; on en déduira la $r=\cos.\frac{2\pi}{11}+\sqrt{-1}\sin.\frac{2\pi}{11}$, et de là les neuf autres racines de l'équation $X=0$.

Nous avons suivi la méthode générale pour parvenir au résultat précédent, mais on y serait parvenu plus simplement en faisant la substitution $x^2+1=px$ dans l'équation $X=0$.

Jusque là on ne voit pas quel est l'avantage de la nouvelle méthode dans la résolution de l'équation $x^n-1=0$; cet avantage se fera mieux sentir dans les exemples suivants.

Exemple III. $n=13$.

(532) D'après la racine primitive $g=2$ qui satisfait à l'équation $g^6=-1$ ou $g^6+1=\mathfrak{M}(13)$, on formera la suite des exposants de r dans l'ordre 1, 2, 4, 8, 3, 6, 12, 11, 9, 5, 10, 7, qui sera celui des puissances égales aux racines de l'équation $X=0$. Ces racines prises de trois en trois, formeront trois périodes de quatre termes que nous désignerons comme il suit, en nous bornant à indiquer les exposants des puissances de r qu'elles contiennent

$$p\ =(4:1)=(1,8,12,5)$$
$$p'=(4:2)=(2,3,11,10)$$
$$p''=(4:4)=(4,6,9\ ,7);$$

on tire de là par le théorème de l'art. 500,

$$pp'=p+2p'+p''=-1+p'$$
$$p^2=4+p'+2p''=3-p+p''.$$

Chacune de ces équations en fournit deux autres, mais il suffit de les combiner avec l'équation ordinaire $0=1+p+p'+p''$, pour en déduire

$$p^3+p^2-4p+1=0. \qquad \text{(A)}$$

C'est l'équation qui servira à déterminer les trois racines p, p', p'';

connaissant une de ces racines désignée par p, les deux autres se trouveront immédiatement par les formules

$$p' = \frac{1}{1-p} = 2 - 2p - p^2$$
$$p'' = \frac{1}{1-p'} = 1 - \frac{1}{p} = p^2 + p - 3.$$

Il faut maintenant subdiviser chaque période de quatre termes en deux autres de deux termes (1), savoir :

$$p = q + q''' \quad \begin{cases} q = (1:12) = r^1 + r^{12} \\ q''' = (8:5) = r^8 + r^5 \end{cases}$$
$$p' = q' + q^{\text{IV}} \quad \begin{cases} q' = (2:11) = r^2 + r^{11} \\ q^{\text{IV}} = (3:10) = r^3 + r^{10} \end{cases}$$
$$p'' = q'' + q^{\text{V}} \quad \begin{cases} q'' = (4:9) = r^4 + r^9 \\ q^{\text{V}} = (6:7) = r^6 + r^7. \end{cases}$$

On trouvera d'ailleurs les produits $qq''' = q'' + q^{\text{V}} = p''$, $q'q^{\text{IV}} = p$, $q''q^{\text{V}} = p'$; d'où il suit que

q et q''' seront les racines de l'équation $q^2 - p\,q + p'' = 0$
q' et q^{IV} $\qquad q^2 - p'q + p = 0$
q'' et q^{V} $\qquad q^2 - p''q + p' = 0$

Au reste il est aisé de voir qu'en prenant pour p'' la racine négative de l'équation (A), l'équation $q^2 - pq + p'' = 0$ aura les deux racines $q = 2\cos.\frac{2\pi}{13}$, $q''' = -2\cos.\frac{3\pi}{13}$; avec la racine positive q on formera une racine de l'équation $X = 0$, savoir : $x = \cos.\frac{2\pi}{13} + \sqrt{-1}\sin.\frac{2\pi}{13}$,

(1) On remarquera dans la notation des indices de q, le même ordre qui serait suivi, si, dans la période (12 : 1) ou (1, 2, 4, 8 . . . 10 . 7) comprenant toutes les racines, on prenait les termes de six en six ; ce qui donnerait la suite des périodes de deux termes, $q = (1:12)$, $q' = (2:11)$, etc. Rien par conséquent n'est arbitraire dans cette notation.

laquelle donnera toutes les autres par ses puissances successives $r, r^2, r^3 \ldots r^{12}$.

S'il ne s'agit que de la division de la circonférence en 13 parties, il suffit de connaître la racine $q = 2\cos.\frac{2\pi}{13}$, ce qu'on obtient, conformément à la théorie générale, par la résolution de l'équation (A) du troisième degré, et par celle de l'équation du second degré $q^2 - pq + p'' = 0$.

Exemple IV. $n = 17$.

(533) D'après la racine primitive $g = 3$ qui satisfait à l'équation $g^8 + 1 = \mathfrak{M}(17)$, les puissances de r qui sont les racines de l'équation $X = 0$, doivent être rangées dans l'ordre des exposants

$$1, 3, 9, 10, 13, 5, 15, 11; 16, 14, 8, 7, 4, 12, 2, 6.$$

Ces racines se décomposent en deux périodes (8 : 1), (8 : 3), dont les valeurs sont, en indiquant seulement les puissances de r par leurs exposants,

$$p = (8:1) = (1, 9, 13, 15, 16, 8, 4, 2)$$
$$p' = (8:3) = (3, 10, 5, 11, 14, 7, 12, 6).$$

Ces valeurs donnent $pp' = (8:4) + (8:11) + (8:6) + (8:12) + (8:15) + (8:8) + (8:13) + (8:7) = 4p + 4p' = -4$; donc les deux quantités p et p' sont les racines de l'équation $p^2 + p - 4 = 0$.

Il faut ensuite décomposer la période p ou (8 : 1) en deux autres de quatre termes (4 : 1), (4 : 9), que nous désignerons par q et q''; de même la période p' ou (8 : 3) en deux autres (4 : 3) et (4 : 10) que nous désignerons par q' et q''', comme il suit :

$$p = q + q'' \quad \begin{cases} q = (1, 13, 16, 4) \\ q'' = (9, 15, 8, 2) \end{cases}$$
$$p' = q' + q''' \quad \begin{cases} q' = (3, 5, 14, 12) \\ q''' = (10, 11, 7, 6). \end{cases}$$

Il en résulte $qq''=(4:10)+(4:16)+(4:9)+(4:3)=q'''+q+q''+q'=p'+p=-1$, et semblablement $q'q'''=-1$. Donc

q et q'' sont les racines de l'équation $q^2-pq-1=0$
q' et q''' $q^2-p'q-1=0.$

Enfin chaque période de quatre termes se décompose en deux autres de deux termes que nous désignerons comme il suit :

$$q=t+t^{\text{IV}}\quad\begin{cases}t=r^1+r^{16}\\ t^{\text{IV}}=r^{13}+r^4\end{cases}\quad t\,t^{\text{IV}}=q',\quad t^2-q\,t+q'=0$$

$$q'=t'+t^{\text{V}}\quad\begin{cases}t'=r^3+r^{14}\\ t^{\text{V}}=r^5+r^{12}\end{cases}\quad t'\,t^{\text{V}}=q'',\quad t^2-q'\,t+q''=0$$

$$q''=t''+t^{\text{VI}}\quad\begin{cases}t''=r^9+r^8\\ t^{\text{VI}}=r^{15}+r^2\end{cases}\quad t''\,t^{\text{VI}}=q''',\quad t^2-q''t+q'''=0$$

$$q'''=t'''+t^{\text{VII}}\quad\begin{cases}t'''=r^{10}+r^7\\ t^{\text{VII}}=r^{11}+r^6\end{cases}\quad t'''t^{\text{VII}}=q,\quad t^2-q'''t+q=0.$$

(534) Dans la résolution de ces équations trois ambiguités sont inévitables (1), savoir : une dans la valeur de p déduite de l'équation $p^2+p-4=0$, une dans la valeur de q déduite de l'équation $q^2-pq-1=0$, et enfin une dans celle de t déduite de l'équation $t^2-qt+q'=0$. Il en résulte huit valeurs différentes pour t, ce qui est conforme à la nature des choses ; car ayant en général.. $r=\cos.\frac{2k\pi}{17}+\sqrt{-1}\sin.\frac{2k\pi}{17}$, et par conséquent $t=2\cos.\frac{2k\pi}{17}$, on peut donner à k les valeurs 1, 2, 3, 4, 5, 6, 7, 8 à volonté, ce qui donnera pour t les huit valeurs

$$2\cos.\frac{2\pi}{17},\ 2\cos.\frac{4\pi}{17},\ 2\cos.\frac{6\pi}{17},\ 2\cos.\frac{8\pi}{17},\ 2\cos.\frac{10\pi}{17},\ 2\cos.\frac{12\pi}{17},$$
$$2\cos.\frac{14\pi}{17},\ 2\cos.\frac{16\pi}{17}.$$

---

(1) Il n'y pas d'autres ambiguités à craindre, parce que p étant déterminé, on en déduit $p'=-1-p$; q étant connu, on en déduit les trois autres q', q'', q''', qui peuvent s'exprimer en fonctions de q ; de même t étant connu, on en peut déduire t', t'', etc.

Il n'y en a pas un plus grand nombre, parce que $17-k$ et en général $17i\pm k$ donne le même résultat que k.

Pour obtenir des résultats numériques, on peut faire d'abord $t=2\cos.\omega$, ω désignant l'arc $\frac{2k\pi}{17}$, ce qui donnera

$$t=2\cos.\omega,\quad t'=2\cos.3\omega,\quad t''=2\cos.9\omega,\quad t'''=2\cos.7\omega$$
$$t^{\text{iv}}=2\cos.13\omega,\quad t^{\text{v}}=2\cos.5\omega,\quad t^{\text{vi}}=2\cos.15\omega,\quad t^{\text{vii}}=2\cos.11\omega.$$

Ces valeurs substituées dans celles de q donneront

$$\begin{aligned} q\ &=2\cos.\omega+2\cos.13\omega\ =4\cos.6\omega\cos.7\omega\\ q'\ &=2\cos.3\omega+2\cos.5\omega\ =4\cos.\omega\cos.4\omega\\ q''\ &=2\cos.9\omega+2\cos.15\omega=4\cos.3\omega\cos.12\omega\\ q'''&=2\cos.7\omega+2\cos.11\omega=4\cos.2\omega\cos.9\omega. \end{aligned}$$

Enfin on conclut de celles-ci :

$$\begin{aligned} p&=4\cos.6\omega\cos.7\omega+4\cos.3\omega\cos.12\omega\\ p'&=4\cos.\omega\cos.4\omega\ +4\cos.2\omega\cos.9\omega. \end{aligned}$$

(535) Ces formules ont lieu sans supposer aucune valeur particulière à k; soit $k=1$, ce qui donne $\omega=\frac{2\pi}{17}$, alors on reconnaît immédiatement et sans calcul, que q et q' sont positifs, q'' et q''' négatifs; on a en même temps $p=4\cos.\frac{3\pi}{17}\cos.\frac{5\pi}{17}-4\cos.\frac{6\pi}{17}\cos.\frac{7\pi}{17}$, et $p'=4\cos.\frac{2\pi}{17}\cos.\frac{8\pi}{17}-4\cos.\frac{\pi}{17}\cos.\frac{4\pi}{17}$, ce qui prouve que p est positif et p' négatif. Ces signes suffisent pour diriger la solution de manière à éviter toute ambiguité.

En effet p et p' étant les racines de l'équation $p^2+p-4=0$, on en tire

$$p=-\tfrac{1}{2}+\tfrac{1}{2}\sqrt{17},\quad p'=-\tfrac{1}{2}-\tfrac{1}{2}\sqrt{17},$$

ensuite l'équation qui donne q et q'' étant $q^2-pq-1=0$, on en tire

$$q=\tfrac{1}{2}p+\tfrac{1}{2}\sqrt{(p^2+4)},\quad q''=\tfrac{1}{2}p-\tfrac{1}{2}\sqrt{(p^2+4)},$$

soit pour abréger $\alpha=\sqrt{17}$ et $\beta=\sqrt{(2\alpha^2-2\alpha)}$, on aura $q=\frac{1}{4}(\alpha-1+\beta)$

$q''=\frac{1}{4}(\alpha-1-\beta)$. A l'égard de q' qui doit être positif on peut le déduire de l'équation $q'^2-p'q'-1=0$, qui donne

$$q'=\frac{1}{2}p'+\sqrt{(\frac{1}{4}p'^2+1)}=\frac{1}{4}[-\alpha-1+\sqrt{(2\alpha^2+2\alpha)}]$$

ou $q'=\frac{\alpha+1}{16}(\beta-4)$.

Connaissant q et q', l'équation $t^2-qt+q'=0$, qui a pour racines $t=2\cos.\frac{2\pi}{17}$, $t^{v}=2\cos.\frac{8\pi}{17}=2\sin.\frac{\pi}{34}$, donnera

$$\cos.\frac{2\pi}{17}=\frac{1}{4}q+\frac{1}{4}\sqrt{(q^2-4q')}=\frac{1}{16}(\alpha-1+\beta)+\frac{1}{8}\sqrt{[(\alpha+3)(\alpha-\frac{1}{2}\beta)]}$$

$$\sin.\frac{\pi}{34}=\frac{1}{4}q-\frac{1}{4}\sqrt{(q^2-4q')}=\frac{1}{16}(\alpha-1+\beta)-\frac{1}{8}\sqrt{[(\alpha+3)(\alpha-\frac{1}{2}\beta)]}.$$

Ainsi au moyen de trois extractions de racines carrées, on aura la valeur de $2\sin.\frac{\pi}{34}$, côté du polygone de 34 côtés, et celle de $2\left(1-\cos.\frac{2\pi}{17}\right)$, carré du côté du polygone de 17 côtés. On aura en même temps par la formule $x=\cos.\frac{2\pi}{17}+\sqrt{-1}\sin.\frac{2\pi}{17}$, une racine de l'équation $X=0$; laquelle servira à déterminer toutes les autres.

(536) S'il s'agissait de résoudre l'équation $x^{257}-1=0$ ou de diviser la circonférence en 257 parties égales, le problème ne serait guère plus compliqué que celui qu'on vient de résoudre; il y aurait seulement quatre équations du second degré de plus à résoudre, de sorte que le polygone de 257 côtés pourrait s'inscrire géométriquement comme celui de 17. Il en est de même du polygone de $2^{16}+1$ ou 65537 côtés, qui est inscriptible géométriquement, ainsi que ceux de 2^{16} et de $2^{16}-1$ côtés, puisque $2^{16}-1=(2^8-1)(2^8+1)=255.257=15.17.257$.

En effet, si sur une circonférence donnée C on peut construire l'arc égal à $\frac{1}{15}$C et l'arc égal à $\frac{1}{17}$C, leur différence sera $\frac{2}{255}$C, et la moitié de cette différence donne l'arc égal à $\frac{1}{255}$C. De même connaissant cet arc et l'arc égal à $\frac{1}{257}$C, on connaîtra l'arc égal à $\left(\frac{1}{255}-\frac{1}{257}\right)$C ou $\frac{2}{255.257}$C, dont la moitié est sous-tendue par le côté du polygone qui a 65535 côtés.

Exemple V. $n=41$.

(537) En mettant $n-1$ sous la forme 8×5, nous formerons d'abord l'équation du cinquième degré qui a pour racines les périodes $p=(8:1)$, $p'=(8:g)$, $p''=(8:g^2)$, $p'''=(8:g^3)$, $p^{\text{iv}}=(8:g^4)$. Les racines simples comprises dans ces périodes sont déterminées comme il suit, d'après la racine primitive $g=13$ (1) qui satisfait à l'équation $g^{20}+1=\mathfrak{M}(41)$, ou simplement $g^{20}=-1$, sans qu'on ait $g^4=-1$.

$$p\ =(1\ ,38,\ 9\ ,14,40,\ 3\ ,32,27)$$
$$p'\ =(13,\ 2\ ,35,18,28,39,\ 6\ ,23)$$
$$p''=(\ 5\ ,26,\ 4\ ,29,36,15,37,12)$$
$$p'''=(24,10,11,\ 8\ ,17,31,30,33)$$
$$p^{\text{iv}}=(25,\ 7\ ,20,22,16,34,21,19).$$

De là on tire par le théorème de l'art. 500 les valeurs linéaires de pp', pp'', p^2, et celles qui en dérivent, comme il suit :

$$p\,p'=3p+2p''+p'''+2p^{\text{iv}} \qquad p\,p''=2p+2p'+2p''+p'''+p^{\text{iv}}$$
$$p'\,p''=3p'+2p'''+p^{\text{iv}}+2p \qquad p'\,p'''=2p'+2p''+2p'''+p^{\text{iv}}+p$$
$$p''\,p'''=3p''+2p^{\text{iv}}+p+2p' \qquad p''\,p^{\text{iv}}=2p''+2p'''+2p^{\text{iv}}+p+p'$$
$$p'''\,p^{\text{iv}}=3p'''+2p+p'+2p'' \qquad p'''\,p=2p'''+2p^{\text{iv}}+2p+p'+p''$$
$$p^{\text{iv}}\,p=3p^{\text{iv}}+2p'+p''+2p''' \qquad p^{\text{iv}}\,p'=2p^{\text{iv}}+2p+2p'+p''+p'''$$

$$p^2=8+3p'+2p''+2p'''$$
$$p'^2=8+3p''+2p'''+2p^{\text{iv}}$$
$$p''^2=8+3p'''+2p^{\text{iv}}+2p$$
$$p'''^2=8+3p^{\text{iv}}+2p+2p'$$
$$p^{\text{iv}\,2}=8+3p+2p'+2p''.$$

---

(1) On a choisi 13 parmi les 16 valeurs que peut avoir dans ce cas la racine primitive : ces 16 valeurs sont $\pm(6, 7, 11, 12, 13, 15, 17, 19)$.

Au moyen de ces équations il est facile de déterminer les valeurs de $p', p'', p''', p^{\text{iv}}$, exprimées par le moyen de p, ce qui conduira assez promptement à l'équation du cinquième degré en p.

En effet la valeur de p^2 combinée avec l'équation $0 = 1 + p + p' + p'' + p''' + p^{\text{iv}}$, donne d'abord

$$p^2 + 2p - 6 = p' - 2p^{\text{iv}}.$$

Multipliant chaque membre par p et substituant dans le second les valeurs linéaires de pp' et pp^{iv}, on aura

$$p^3 + 2p^2 - 13p - 4 = 4p'' + p'''.$$

Multipliant celle-ci par p et faisant de semblables réductions, on aura

$$p^4 + 2p^3 - 13p^2 - 8p + 6 = 3p' + 3p''.$$

Enfin multipliant de nouveau par p, il viendra

$$p^5 + 2p^4 - 13p^3 - 8p^2 - 3p + 6 = 6p'' + 3p^{\text{iv}}.$$

De ces équations on tire deux valeurs de $9p^{\text{iv}}$, qui étant égalées entre elles donnent l'équation cherchée

$$p^5 + p^4 - 16p^3 + 5p^2 + 21p - 9 = 0. \qquad \text{(A)}$$

C'est ce qu'on obtiendrait directement par les formules de l'art. 503. Ces mêmes équations donnent les valeurs de $p', p'', p''', p^{\text{iv}}$, exprimées en fonctions de p, comme il suit :

$$\begin{aligned} 9p' &= 2p^4 + 2p^3 - 29p^2 + 10p + 12 \\ 9p'' &= p^4 + 4p^3 - 10p^2 - 34p + 6 \\ 9p''' &= -4p^4 - 7p^3 + 58p^2 + 19p - 60 \\ 9p^{\text{iv}} &= p^4 + p^3 - 19p^2 - 4p + 33, \end{aligned}$$

ou plus simplement

$$\begin{aligned} 3p' &= p^2 - 10 + \frac{6}{p} \\ 3p'' &= p^3 + 2p^2 - 13p - 5 + \frac{3}{p} \\ 3p''' &= -p^3 - 2p^2 + 13p + 8 - \frac{12}{p} \\ 3p^{\text{iv}} &= -p^2 - 3p + 4 + \frac{3}{p}. \end{aligned}$$

Voici pour fixer les idées, les valeurs approchées de ces racines, en désignant par p la plus grande des racines positives

$$\begin{aligned}
p &= 3.0625390796\\
p' &= 0.4461014296\\
p'' &= 1.2162875038\\
p''' &= -1.1958668406\\
p^{\text{iv}} &= -4.5290611724.
\end{aligned}$$

(538) Il faut maintenant partager les cinq périodes de 8 termes désignées par p, p', etc., chacune en deux autres désignées par q, comme il suit :

$$\begin{aligned}
p &= q + q^{\text{v}} &&\begin{cases} q = (1, 9, 40, 32) \\ q^{\text{v}} = (38, 14, 3, 27) \end{cases}\\
p' &= q' + q^{\text{vi}} &&\begin{cases} q' = (13, 35, 28, 6) \\ q^{\text{vi}} = (2, 18, 39, 23) \end{cases}\\
p'' &= q'' + q^{\text{vii}} &&\begin{cases} q'' = (5, 4, 36, 37) \\ q^{\text{vii}} = (26, 29, 15, 12) \end{cases}\\
p''' &= q''' + q^{\text{viii}} &&\begin{cases} q''' = (24, 11, 17, 30) \\ q^{\text{viii}} = (10, 8, 31, 33) \end{cases}\\
p^{\text{iv}} &= q^{\text{iv}} + q^{\text{ix}} &&\begin{cases} q^{\text{iv}} = (25, 20, 16, 21) \\ q^{\text{ix}} = (7, 22, 34, 19). \end{cases}
\end{aligned}$$

Le produit qq^{v} est la somme des quatre périodes $(4:39)$, $(4:15)$, $(4:4)$, $(4:28)$; ces périodes sont $q^{\text{vi}}, q^{\text{vii}}, q'', q'$, et leur somme $= p' + p''$; donc l'équation du second degré dont les racines sont q et q^{v}, est $q^2 - pq + p' + p'' = 0$; d'après cette équation on obtient toutes les autres, comme il suit :

racines q	et q^{v}	équation	$q^2 - pq + p' + p'' = 0$
q'	et q^{vi}		$q^2 - p'q + p'' + p''' = 0$
q''	et q^{vii}		$q^2 - p''q + p''' + p^{\text{iv}} = 0$
q'''	et q^{vii}		$q^2 - p'''q + p^{\text{iv}} + p = 0$
q^{iv}	et q^{ix}		$q^2 - p^{\text{iv}}q + p + p' = 0.$

(539) Enfin il reste à partager chaque période de 4 termes désignée par q, en deux autres de deux termes désignées par t; voici les valeurs de t et les équations qui les contiennent deux à deux :

$$
\begin{array}{lll}
q = t + t^{\mathrm{x}} & \left\{\begin{array}{l} t = r^{1} + r^{40} \\ t^{\mathrm{x}} = r^{9} + r^{32} \end{array}\right\} & t^2 - qt + q^{\mathrm{viii}} = 0 \\
q' = t' + t^{\mathrm{xi}} & \left\{\begin{array}{l} t' = r^{13} + r^{28} \\ t^{\mathrm{xi}} = r^{35} + r^{6} \end{array}\right\} & t^2 - q't + q^{\mathrm{ix}} = 0 \\
q'' = t'' + t^{\mathrm{xii}} & \left\{\begin{array}{l} t'' = r^{5} + r^{36} \\ t^{\mathrm{xii}} = r^{4} + r^{37} \end{array}\right\} & t^2 - q''t + q = 0 \\
q''' = t''' + t^{\mathrm{xiii}} & \left\{\begin{array}{l} t''' = r^{24} + r^{17} \\ t^{\mathrm{xiii}} = r^{11} + r^{30} \end{array}\right\} & t^2 - q'''t + q' = 0 \\
q^{\mathrm{iv}} = t^{\mathrm{iv}} + t^{\mathrm{xiv}} & \left\{\begin{array}{l} t^{\mathrm{iv}} = r^{25} + r^{16} \\ t^{\mathrm{xiv}} = r^{20} + r^{21} \end{array}\right\} & t^2 - q^{\mathrm{iv}}t + q'' = 0 \\
q^{\mathrm{v}} = t^{\mathrm{v}} + t^{\mathrm{xv}} & \left\{\begin{array}{l} t^{\mathrm{v}} = r^{38} + r^{3} \\ t^{\mathrm{xv}} = r^{14} + r^{27} \end{array}\right\} & t^2 - q^{\mathrm{v}}t + q''' = 0 \\
q^{\mathrm{vi}} = t^{\mathrm{vi}} + t^{\mathrm{xvi}} & \left\{\begin{array}{l} t^{\mathrm{vi}} = r^{2} + r^{39} \\ t^{\mathrm{xvi}} = r^{18} + r^{23} \end{array}\right\} & t^2 - q^{\mathrm{vi}}t + q^{\mathrm{iv}} = 0 \\
q^{\mathrm{vii}} = t^{\mathrm{vii}} + t^{\mathrm{xvii}} & \left\{\begin{array}{l} t^{\mathrm{vii}} = r^{26} + r^{15} \\ t^{\mathrm{xvii}} = r^{29} + r^{12} \end{array}\right\} & t^2 - q^{\mathrm{vii}}t + q^{\mathrm{v}} = 0 \\
q^{\mathrm{viii}} = t^{\mathrm{viii}} + t^{\mathrm{xviii}} & \left\{\begin{array}{l} t^{\mathrm{viii}} = r^{10} + r^{31} \\ t^{\mathrm{xviii}} = r^{8} + r^{33} \end{array}\right\} & t^2 - q^{\mathrm{viii}}t + q^{\mathrm{vi}} = 0 \\
q^{\mathrm{ix}} = t^{\mathrm{ix}} + t^{\mathrm{xix}} & \left\{\begin{array}{l} t^{\mathrm{ix}} = r^{7} + r^{34} \\ t^{\mathrm{xix}} = r^{22} + r^{19} \end{array}\right\} & t^2 - q^{\mathrm{ix}}t + q^{\mathrm{vii}} = 0
\end{array}
$$

L'équation du second degré qui a pour racines q et q^{v} ne détermine pas celle des deux racines qui doit être prise pour q; il en est de même de l'équation qui a pour racines q' et q^{vi} et des trois autres semblables. Pour faire disparaître à cet égard toute indétermination, autre que celle qui est inévitable entre q et q^{v}, il faudra chercher, conformément à la théorie précédente, les valeurs des puissances q^2, q^3, q^4, q^5 de la racine q, exprimées en termes linéaires $q, q', q'' \ldots q^{\mathrm{ix}}$; on réduira ces valeurs à ne contenir que les inconnues q', q'', q''', q^{iv}, puisqu'on peut substituer pour les autres racines les expressions $q^{\text{v}}=p-q$, $q^{\text{vi}}=p'-q'$, $q^{\text{vii}}=p''-q''$, $q^{\text{viii}}=p'''-q'''$, $q^{\text{ix}}=p^{\text{iv}}-q^{\text{iv}}$. De cette manière on aura quatre équations au moyen desquelles on pourra exprimer q', q'', q''', q^{iv} par les puissances de q, sans aucune ambiguité, ce qui déterminera en même temps les autres racines q^{v}, $q^{\text{vi}} \ldots q^{\text{ix}}$.

(540) Le choix étant donc fait pour la valeur de q entre les deux racines de l'équation $q^2-pq+p'+p''=0$, toutes les autres quantités q', q'', etc., deviennent connues et déterminées. Lorsqu'on passe ensuite des périodes q de quatre termes aux périodes t de deux termes, déterminées par dix équations du second degré, on rencontre une première ambiguité inévitable dans la valeur de t qui peut être indifféremment l'une des deux racines de l'équation $t^2-qt+q^{\text{viii}}=0$; on pourra ensuite éviter toute ambiguité pour la détermination des 19 autres racines $t, t'' \ldots t^{\text{xix}}$, en faisant usage du même procédé que nous avons indiqué pour les racines $q', q'' \ldots q^{\text{ix}}$. Mais ces calculs sont d'une longueur rebutante, et il faut avouer que c'est un défaut de la méthode dont nous donnons ici le développement, de ne présenter aucun moyen simple, pris dans la même analyse, d'écarter toute ambiguité dans la détermination des périodes déduites des périodes d'un ordre supérieur. M. Gauss, auteur de cette méthode, a senti cet inconvénient, et il a proposé pour y remédier d'employer les valeurs approchées des différents termes que l'on cherche en les tirant d'une table de sinus naturels. Ainsi dans notre exemple où l'on a $r=\cos.\frac{2k\pi}{41}+\sqrt{-1}\sin.\frac{2k\pi}{41}$, ce qui donne en général $r^a+r^{n-a}=2\cos.\frac{2ka\pi}{41}$, si on fait pour abréger $k=1$, on aura $r^a+r^{n-a}=2\cos.\frac{2a\pi}{41}$. Au moyen de cette formule les quantités q, q', etc., s'expriment très-simplement et d'une manière déterminée, comme il suit :

$$q = 2\cos.\frac{2\pi}{41} + 2\cos.\frac{18\pi}{41}$$
$$q' = 2\cos.\frac{26\pi}{41} + 2\cos.\frac{12\pi}{41}$$
$$q'' = 2\cos.\frac{10\pi}{41} + 2\cos.\frac{8\pi}{41}$$
etc.

Lorsque ensuite on passe des périodes de quatre termes désignées par q aux périodes de deux termes désignées par t, on a pour ces dernières les valeurs très-simples,

$$t = 2\cos.\frac{2\pi}{41}, \qquad t^{\text{I}} = 2\cos.\frac{18\pi}{41}$$
$$t' = 2\cos.\frac{26\pi}{41}, \qquad t^{\text{II}} = 2\cos.\frac{12\pi}{41}$$
$$t'' = 2\cos.\frac{10\pi}{41}, \qquad t^{\text{III}} = 2\cos.\frac{8\pi}{41}$$
etc. etc.

Et d'après les valeurs approchées de ces quantités, combinées avec leurs signes, il n'y a plus d'ambiguité à craindre dans la résolution des équations du second degré qui donnent les diverses valeurs de q et de t.

(541) On voit d'ailleurs *a priori* pourquoi la solution générale est sujette à des ambiguités multipliées, même en usant de toutes les ressources que fournit la méthode pour déduire d'une période donnée toutes les autres périodes d'un même nombre de termes; c'est que la solution générale a lieu quel que soit le nombre entier k; et puisque ce nombre peut prendre toutes les valeurs de 1 à $n-1$, il est évident que chaque changement fait dans la valeur de k, doit intervertir l'ordre des périodes composées d'un même nombre de termes.

Dans l'exemple dont nous nous occupons $n-1=40$, ainsi il y a 40 valeurs différentes à prendre pour k, lesquelles prises deux à deux produisent les mêmes valeurs de t, puisque la valeur $t=2\cos.\frac{2k\pi}{n}$ ne change pas en mettant $n-k$ à la place de k. On doit donc trouver

20 valeurs différentes pour une même racine t^x dans laquelle α serait constant, et ces 20 valeurs, différentes entre elles, représentent la suite entière $t, t', t'' \ldots t^{\text{xix}}$.

Le nombre 20 de ces combinaisons, composé des trois facteurs 5.2.2, s'explique naturellement par les cinq valeurs de p déduites de l'équation (A), par les deux de q déduites de l'équation... $q^2 - pq + p' + p'' = 0$, et par les deux de t déduites de l'équation $t^2 - qt + q^{\text{viii}} = 0$.

(542) Si on n'a pour but que d'obtenir le résultat final, soit pour avoir toutes les racines de l'équation $X = 0$, soit pour diviser la circonférence en n parties égales, on pourra éviter en très-grande partie les difficultés que nous venons de signaler, et il ne faudra jamais qu'un petit nombre d'essais pour parvenir à une ou plusieurs solutions réduites à la forme la plus simple dont elles sont susceptibles. C'est ce que nous allons faire voir dans le cas de $n = 41$.

Il faut d'abord chercher la valeur approchée d'une racine de l'équation, puis déduire de cette racine, désignée par p, les quatre autres désignées par $p', p'', p''', p^{\text{iv}}$; voici le résultat de cette opération pour laquelle on a donné ci-dessus les formules nécessaires.

Racines approchées.		*Leurs logarithmes.*
$p =$	3.06253 90796	0.48608 163926
$p' =$	0.44610 14296	9.64943 32150
$p'' =$	1.21628 75038	0.08503 624496
$p''' =$	−1.19586 68406	0.07768 28238
$p^{\text{iv}} =$	−4.52906 11724	0.65600 81866

Au moyen de ces racines on calculera les valeurs de q et q^{v}, ainsi que celles de q'' et q^{vii}, savoir :

q et q^{v} par la formule $q = \frac{1}{2}p \pm \sqrt{\left(\frac{1}{4}p^2 - p' - p''\right)} = \begin{cases} 2.35734\,30658 \\ 0.70519\,60138 \end{cases}$

q'' et q^{vii} par la formule $q = \frac{1}{2}p'' \pm \sqrt{\left(\frac{1}{4}p''^2 - p''' - p^{\text{iv}}\right)} = \begin{cases} 3.07690\,19087 \\ -1.86061\,44049 \end{cases}$

Remarquons ensuite que parmi les équations qui déterminent deux à deux les 20 valeurs de t, on trouve l'équation $t^2 - q''t + q = 0$ qui donne ces deux valeurs $t = \frac{1}{2}q'' \pm \sqrt{[(\frac{1}{2}q'')^2 - q]}$. Or par le résultat précédent, q doit être l'un des deux nombres 2.357..., 0.705..., et q'' l'un des deux 3.0769..., —1.8606... Ainsi on n'aura que ces quatre suppositions à faire :

$$\text{I}\left\{\begin{array}{l} q\ = 2.35734\,30658 \\ q'' = 3.07690\,19087 \end{array}\right. \qquad \text{II}\left\{\begin{array}{l} q\ = \ \ 2.35734\,30658 \\ q'' = -1.86061\,44049 \end{array}\right.$$

$$\text{III}\left\{\begin{array}{l} q\ = 0.70519\,60138 \\ q'' = 3.07690\,19087 \end{array}\right. \qquad \text{IV}\left\{\begin{array}{l} q\ = \ \ 0.70519\,60138 \\ q'' = -1.86061\,44049 \end{array}\right.$$

La seconde supposition ne peut avoir lieu parce que les valeurs de t qui en résultent seraient imaginaires; la troisième n'a pas lieu non plus, parce qu'il en résulterait une valeur de t plus grande que 2, laquelle par conséquent ne pourrait être représentée, comme elle doit l'être, par $2\cos.\omega$. Ainsi il ne reste à calculer que les valeurs de t qui résultent de la première et de la quatrième hypothèse. Ces valeurs sont :

$$\text{Dans la I}^{\text{re}}\text{ hyp.}\left\{\begin{array}{l} t = \ \ 1.63585\,87205 = 2\cos.(\ 35^\circ\ 7'\,19''.0244) \\ t = \ \ 1.44104\,31882 = 2\cos.(\ 43^\circ\,54'\ \ 8''.7804) \end{array}\right.$$

$$\text{Dans la IV}^{\text{e}}\text{ hyp.}\left\{\begin{array}{l} t = -0.52996\,300385 = 2\cos.(105^\circ\,21'\,57''.07311) \\ t = -1.33065\,140105 = 2\cos.(131^\circ\,42'\,26''.34157) \end{array}\right.$$

or on a

$$\frac{8\pi}{41} = 35^\circ\ 7'\,19''.02439, \qquad \frac{10\pi}{41} = 43^\circ\,54'\ 8''.78049$$

$$\frac{24\pi}{41} = 105^\circ\,21'\,57''.07317, \qquad \frac{30\pi}{41} = 131^\circ\,42'\,26''.34146$$

Ainsi on peut conclure de là que les quatre valeurs trouvées pour t dans nos deux hypothèses, seraient égales rigoureusement à $2\cos.\frac{8\pi}{41}$, $2\cos.\frac{10\pi}{41}$, $2\cos.\frac{24\pi}{41}$, $2\cos.\frac{30\pi}{41}$, si on substituait dans les formules les valeurs exactes des racines $p, p', p'', p''', p^{\text{iv}}$. De là résultent ces quatre solutions,

$$
\begin{array}{ll}
1^{re}\text{ sol. } 2\cos.\frac{8\pi}{41}=\tfrac{1}{2}q'+\tfrac{1}{2}\sqrt{(q''^2-4q)} & \left\{ q=\tfrac{1}{2}p+\tfrac{1}{2}\sqrt{(p^2-4p'-4p'')} \right. \\
2^{e}\text{ sol. } 2\cos.\frac{10\pi}{41}=\tfrac{1}{2}q''-\tfrac{1}{2}\sqrt{(q''^2-4q)} & \left. q''=\tfrac{1}{2}p''+\tfrac{1}{2}\sqrt{(p''^2-4p'''-4p^{iv})} \right\} \\
3^{e}\text{ sol. } 2\cos.\frac{24\pi}{41}=\tfrac{1}{2}q''+\tfrac{1}{2}\sqrt{(q''^2-4q)} & \left\{ q=\tfrac{1}{2}p-\tfrac{1}{2}\sqrt{(p^2-4p'-4p')} \right. \\
4^{e}\text{ sol. } 2\cos.\frac{30\pi}{41}=\tfrac{1}{2}q''-\tfrac{1}{2}\sqrt{(q''^2-4q)} & \left. q''=\tfrac{1}{2}p''-\tfrac{1}{2}\sqrt{(p''^2-4p'''-4p^{iv})} \right.
\end{array}
$$

Une seule de ces solutions suffit pour avoir toutes les racines de l'équation $X=0$; car si on fait, par exemple, $r=\cos.\frac{8\pi}{41}+\sqrt{-1}\sin.\frac{8\pi}{41}$, cette racine fera connaître toutes les autres par les puissances successives $r^2, r^3 \ldots r^{40}$.

(543) Voyons maintenant l'usage de la même analyse pour décomposer la fonction X du degré $n-1$ en facteurs des degrés sous-multiples de $n-1$.

Si on veut seulement la partager en deux facteurs du degré $m=\frac{1}{2}(n-1)$, il suffira de mettre $4X$ sous la forme $Y^2 \pm nZ^2$, savoir : Y^2+nZ^2 si n est de la forme $4i-1$ et Y^2-nZ^2 si n est de la forme $4i+1$. Dans ce dernier cas seulement les facteurs du degré m sont réels puisqu'on a $4X=(Y+Z\sqrt{n})(Y-Z\sqrt{n})$.

En général si on fait $n-1=mk$, on pourra décomposer le polynome X du degré mk, en k polynomes du degré m, ce qui fera autant de décompositions possibles qu'il y a de manières de partager $n-1$ en deux facteurs.

Dans l'exemple dont nous nous occupons où $n-1=40=2^3.5$, on pourra décomposer le polynome X du 40ième degré de cinq manières différentes, savoir :

en deux	facteurs	du degré 20
en quatre		du degré 10
en cinq		du degré 8
en dix		du degré 4
et en vingt		du degré 2.

Nous allons développer ces différents cas.

D'après les calculs précédents les vingt facteurs du degré 2, sont :

$$\begin{aligned}
T &= x^2 - tx + 1\\
T' &= x^2 - t'x + 1\\
T'' &= x^2 - t''x + 1\\
&\cdot\\
&\cdot\\
&\cdot\\
T^{xix} &= x^2 - t^{xix}x + 1.
\end{aligned}$$

Par le produit des deux facteurs T et T^{ix} on formera le facteur Q du quatrième degré ; de même par le produit des deux facteurs T', T^{x}, on formera le facteur Q' et ainsi jusqu'au facteur Q^{ix} ; de sorte que les dix facteurs $Q, Q', Q'' \ldots Q^{ix}$, seront ainsi exprimés :

$$\begin{aligned}
Q &= (x^2+1)^2 - x(x^2+1)q + q^{viii}x^2\\
Q' &= (x^2+1)^2 - x(x^2+1)q' + q^{ix}x^2\\
Q'' &= (x^2+1)^2 - x(x^2+1)q'' + qx^2\\
&\cdot\\
&\cdot\\
&\cdot\\
Q^{ix} &= (x^2+1)^2 - x(x^2+1)q^{ix} + q^{vii}x^2.
\end{aligned}$$

Les facteurs du huitième degré se formeront par la réunion de deux facteurs du quatrième en cette sorte $P = QQ^{v}$, $P' = Q'Q^{vi}$, $P'' = Q''Q^{vii}$, $P''' = Q'''Q^{viii}$, $P^{iv} = Q^{iv}Q^{ix}$. Or en effectuant la multiplication, on a

$$\begin{aligned}
P = (x^2+1)^4 - x(x^2+1)^3(q+q^{v}) + x^2(x^2+1)^2(q''' + q^{viii} + qq^{v})\\
- x^3(x^2+1)(qq''' + q^{v}q^{viii}) + x^4q'''q^{viii}.
\end{aligned}$$

Dans cette expression les coefficients réduits d'abord à la forme linéaire, s'expriment ultérieurement par le moyen des racines p, et parce que la valeur du facteur P fait connaître les quatre autres facteurs, le système de ces facteurs sera comme il suit :

$$\begin{aligned}
P &= (x^2+1)^4 - x(x^2+1)^3 p + x^2(x^2+1)^2(p'+p''+p''') \\
&\quad + x^3(x^2+1)(1+p) + x^4(p+p^{\text{iv}}) \\
P' &= (x^2+1)^4 - x(x^2+1)^3 p' + x^2(x^2+1)^2(p''+p'''+p^{\text{iv}}) \\
&\quad + x^3(x^2+1)(1+p') + x^4(p'+p) \\
P'' &= (x^2+1)^4 - x(x^2+1)^3 p'' + x^2(x^2+1)^2(p'''+p^{\text{iv}}+p) \\
&\quad + x^3(x^2+1)(1+p'') + x^4(p''+p') \\
P''' &= (x^2+1)^4 - x(x^2+1)^3 p''' + x^2(x^2+1)^2(p^{\text{iv}}+p+p') \\
&\quad + x^3(x^2+1)(1+p''') + x^4(p'''+p'') \\
P^{\text{iv}} &= (x^2+1)^4 - x(x^2+1)^3 p^{\text{iv}} + x^2(x^2+1)^2(p+p'+p'') \\
&\quad + x^3(x^2+1)(1+p^{\text{iv}}) + x^4(p^{\text{iv}}+p''').
\end{aligned}$$

(544) On a déja formé les deux facteurs du vingtième degré qui divisent le polynome X; cherchons maintenant les quatre facteurs du dixième degré. Pour cela il faut d'abord avoir les valeurs des quatre périodes $\rho=(10:1)$, $\rho'=(10:g)$, $\rho''=(10:g^2)$, $\rho'''=(10:g^3)$, dont le développement est, en supposant toujours $g=13$:

$$\begin{aligned}
\rho &= (1, 25, 10, 4, 18; 40, 16, 31, 37, 23) \\
\rho' &= (13, 38, 7, 11, 29; 28, 3, 34, 30, 12) \\
\rho'' &= (5, 2, 9, 20, 8; 36, 39, 32, 21, 33) \\
\rho''' &= (24, 26, 35, 14, 22; 17, 15, 6, 27, 19).
\end{aligned}$$

De là résulte suivant le théorème de l'art. 500

$$\begin{aligned}
&\rho^2 = 8 - 2\rho + \rho'' + 2\rho''', && \rho\rho' = -2 + 2\rho', && \rho\rho'' = -2 + \rho + \rho'' \\
&\rho'^2 = 8 - 2\rho' + \rho''' + 2\rho, && \rho'\rho'' = -2 + 2\rho'', && \rho'\rho''' = -2 + \rho' + \rho''' \\
&\rho''^2 = 8 - 2\rho'' + \rho + 2\rho', && \rho''\rho''' = -2 + 2\rho''', && \\
&\rho'''^2 = 8 - 2\rho''' + \rho' + 2\rho'', && \rho'''\rho = -2 + 2\rho &&
\end{aligned}$$

Pour avoir l'équation du quatrième degré qui détermine ρ, je forme les équations successives

$$\begin{aligned}
\rho^2 + 2\rho - 8 &= \rho'' + 2\rho''' \\
\rho^3 + 2\rho^2 - 13\rho + 6 &= \rho'' \\
\rho^4 + 2\rho^3 - 13\rho^2 + 5\rho + 2 &= \rho'',
\end{aligned}$$

et par les deux dernières j'ai l'équation cherchée

$$\rho^4+\rho^3-15\rho^2+18\rho-4=0,$$

résultat qu'on obtiendrait directement par la formule du n° 517, et qu'on trouve dans le tableau du n° 522.

Connaissant une racine ρ de cette équation, on aura les trois autres de la manière la plus simple par les formules

$$\rho'=\frac{2}{2-\rho},\quad \rho''=1+\frac{1}{1-\rho},\quad \rho'''=2-\frac{2}{\rho}.$$

Au reste l'équation dont il s'agit se décompose en deux équations du second degré qui sont, en faisant $\alpha=\sqrt{41}$,

$$\rho^2-\tfrac{1}{2}\rho(\alpha-1)+\tfrac{1}{2}(\alpha-5)=0$$
$$\rho^2+\tfrac{1}{2}\rho(\alpha+1)-\tfrac{1}{2}(\alpha+5)=0,$$

on en tire

$$\left.\begin{matrix}\rho\\ \rho''\end{matrix}\right\}=\quad \tfrac{1}{4}(\alpha-1)\pm\tfrac{1}{4}\sqrt{(2\alpha^2-10\alpha)}$$
$$\left.\begin{matrix}\rho'\\ \rho'''\end{matrix}\right\}=-\tfrac{1}{4}(\alpha+1)\pm\tfrac{1}{4}\sqrt{(2\alpha^2+10\alpha)}.$$

Les valeurs numériques approchées sont

$$\begin{aligned}\alpha&=6.40312\,423809\\ \sqrt{(2\alpha^2-10\alpha)}&=4.23895\,713816\\ \sqrt{(2\alpha^2+10\alpha)}&=12.08433\,872337\\ \rho&=0.29104\,177498\\ \rho'&=1.17030\,362132\\ \rho''&=2.41052\,0344065\\ \rho'''&=-4.87186\,5820365.\end{aligned}$$

Par les fractions continues on trouverait les valeurs suivantes qui se déduisent les unes des autres, et qui sont à peu près aussi approchées que les précédentes,

$$\rho=\frac{5065}{17403},\quad \rho'=\frac{34806}{29741},\quad \rho''=\frac{29741}{12338},\quad \rho'''=-\frac{24676}{5065}.$$

Il est remarquable que les racines $\rho, \rho', \rho'', \rho'''$ se déduiraient des valeurs trouvées ci-dessus pour t, t', t'', etc. On a en effet

$$\begin{aligned}
\rho &= t + t^{\text{iv}} + t^{\text{viii}} + t^{\text{xii}} + t^{\text{xvi}} \\
\rho' &= t' + t^{\text{v}} + t^{\text{ix}} + t^{\text{xiii}} + t^{\text{xvii}} \\
\rho'' &= t'' + t^{\text{vi}} + t^{\text{x}} + t^{\text{xiv}} + t^{\text{xviii}} \\
\rho''' &= t''' + t^{\text{vii}} + t^{\text{xi}} + t^{\text{xv}} + t^{\text{xix}}.
\end{aligned}$$

Ainsi les valeurs de ρ qui s'expriment par de simples racines carrées, s'expriment aussi par les quantités t qui dépendent chacune d'une équation du cinquième degré et de deux du second; identité qu'il serait comme impossible de constater *a posteriori*, d'après les valeurs de p que nous donnerons ci-après.

(345) Maintenant si on veut avoir le facteur du dixième degré qui contient toutes les racines de la période ρ, il suffira de former le produit

$$x^5(y-t)(y-t^{\text{iv}})(y-t^{\text{viii}})(y-t^{\text{xii}})(y-t^{\text{xvi}}),$$

dans lequel $y = \frac{x^2+1}{x}$. Représentons ce produit développé par

$$x^5(y^5 - \alpha y^4 + \beta y^3 - \gamma y^2 + \delta y - \varepsilon).$$

Nous aurons d'abord $\alpha = \rho$; ensuite des valeurs $t = r + r^{40}, \ldots$ $t^{\text{iv}} = r^{16} + r^{25}$, $t^{\text{viii}} = r^{10} + r^{31}$, $t^{\text{xii}} = r^{4} + r^{37}$, $t^{\text{xvi}} = r^{18} + r^{23}$, on tire

$$\begin{aligned}
\beta &= S(tt^{\text{iv}}) + S(tt^{\text{viii}}) = -1 - \rho + \rho''' \\
\gamma &= S(tt^{\text{iv}}t^{\text{viii}}) + S(tt^{\text{iv}}t^{\text{xii}}) = -2 - \rho + \rho' \\
\delta &= S(tt^{\text{iv}}t^{\text{viii}}t^{\text{xii}}) = -3 - \rho'' - 3\rho''' \\
\varepsilon &= tt^{\text{iv}}t^{\text{viii}}t^{\text{xii}}t^{\text{xvi}} = 1 - \rho;
\end{aligned}$$

donc le polynome cherché du dixième degré est

$$\begin{aligned}
&(x^2+1)^5 - \rho x(x^2+1)^4 - (1+\rho-\rho''')x^2(x+1)^3 \\
&+ (2+\rho-\rho')x^3(x^2+1)^2 - (3+\rho''+3\rho''')x^4(x^2+1) - (1-\rho)x^5.
\end{aligned}$$

Cette fonction jointe aux trois autres qui s'en déduisent en avançant chaque lettre ρ d'un rang, donnera les quatre facteurs dont le produit $=X$. Ainsi l'équation $X=0$ du quarantième degré est immédiatement décomposée en quatre autres du dixième degré dont les coefficients ne dépendent que des quantités ρ déterminées par de simples extractions de racines carrées.

§ IV. *Méthode de réduction pour compléter la théorie précédente.*

(546) Il ne sera pas inutile de résumer ici en peu de mots la théorie que nous avons développée.

Étant proposée l'équation $x^n - 1 = 0$ où l'exposant n est un nombre premier, et mettant à part le facteur $x - 1$, tout se réduit à trouver les racines imaginaires de l'équation $X = 0$; et parce que chaque racine doit être de la forme $\cos.\frac{2k\pi}{n} + \sqrt{-1}\sin.\frac{2k\pi}{n}$, il suffit d'avoir l'une des valeurs réelles de $x + \frac{1}{x}$ qui sera toujours représentée par $2\cos.\frac{2k\pi}{n}$. C'est à quoi on parvient par la résolution d'une suite d'équations dont les degrés, multipliés entre eux, donnent le produit $\frac{1}{2}(n-1)$, et qui auront toutes leurs racines réelles.

Soit k le plus grand nombre premier qui divise $n-1$, et soit $n-1 = mk$; on formera d'abord l'équation du degré k qui a pour racines les périodes de m termes, savoir : $(m:1)$, $(m:g)$, $(m:g^2)\ldots(m:g^{k-1})$, g étant l'une des racines primitives de n. Cette équation, qui sera de la forme $p^k + p^{k-1} + \alpha' p^{k-2} + \mathfrak{6}' p^{k-3} + \text{etc.} = 0$, et dont les coefficients α', $\mathfrak{6}'$, etc. seront toujours des nombres entiers, jouit de ces deux propriétés remarquables :

1° Les racines p, p', p'', etc., étant les valeurs des périodes de m termes rangées dans l'ordre $(m:1)$, $(m:g)$, $(m:g^2)$, etc., ou en général dans l'ordre $(m:\alpha)$, $(m:\alpha g)$, $(m:\alpha g^2)$, etc., l'une de ces racines étant connue et désignée par p, toutes les suivantes p', p'', $\ldots p^{k-1}$, se déduiront de p et de ses puissances successives p^2, p^3, $\ldots p^{k-1}$, par une expression de la forme $A + Bp + Cp^2 \ldots + Lp^{k-1}$, dans laquelle les coefficients A, B, etc. seront rationnels;

2° Etant donnée une fonction φ rationnelle et entière des racines

p, p', p'', etc., ou *de quelques-unes d'entre elles seulement,* si on avance les lettres p d'un rang pour passer successivement de la fonction φ à la fonction φ', puis de la fonction φ' à la fonction φ'', etc., jusqu'à ce qu'on parvienne à la fonction φ^{k-1} de rang $k-1$, la somme de ces k fonctions désignée par $S(\varphi)$ sera égale à un nombre entier. Dans ces changements progressifs de la fonction φ, chaque racine $p^{(\alpha)}$ qui y est contenue prendra successivement toutes les valeurs $p^{(\alpha)}$, $p^{(\alpha+1)}, p^{(\alpha+2)} \ldots p^{(\alpha-1)}$, contenues dans la suite $p, p', p'' \ldots p^{(k-1)}$ qui est rentrante sur elle-même, et dont un terme quelconque peut être pris pour le premier terme.

(547) L'équation en p étant résolue, appelons k' le plus grand nombre premier qui divise m (k' pouvant être égal à k), et soit $m = m'k'$; il faudra partager la période $p = (m : \alpha)$ en k' périodes de m' termes, savoir : $(m' : \alpha)$, $(m' : \alpha h)$, $(m' : \alpha h^2) \ldots (m' : \alpha h^{k'-1})$, où l'on a $h = g^k$. Ces périodes désignées par $q, q^{(k)}, q^{(2k)} \ldots q^{(k'k-k)}$ seront les racines d'une équation en q du degré k', dont tous les coefficients s'exprimeront d'une manière linéaire par les racines connues p, p', p'', etc.

Les autres périodes de m termes, savoir : $(m : \alpha g)$, $(m : \alpha g^2)$, etc., se partageront de même en k' périodes de m' termes, au moyen d'une suite d'équations en q qui dérivent de la première équation trouvée, en avançant successivement les lettres p d'un rang. Mais il suffit de résoudre la première de ces équations; car d'une racine donnée q de cette équation, on peut déduire les valeurs de toutes les autres périodes de m' termes, par des expressions rationnelles et qui ne laissent aucune indétermination. On trouve de même que toute fonction φ rationnelle et entière des racines q ou de quelques-unes d'entre elles, prenant kk' valeurs successives, lorsqu'on fait parcourir à chaque racine $q^{(\alpha)}$ le cercle entier des valeurs dont elle est susceptible, la somme de toutes ces fonctions désignée par $S(\varphi)$, pourra être exprimée d'une manière linéaire par les racines connues p, p', p'', etc.

Continuant ces subdivisions jusqu'à ce que le dernier terme de la suite m, m', m'', etc. soit 2, on aura enfin les équations qui ont pour racines les périodes de deux termes, représentées en général par $x^{\mu} + x^{-\mu}$, et qui donneront ainsi la solution complète du problème.

(548) La théorie dont nous venons d'indiquer les principaux résultats, laisse à résoudre les équations en p, q, etc. qui sont pourvues de tous leurs termes, et qui pourraient à quelques égards présenter des difficultés plus grandes que l'équation $x^n - 1 = 0$ qui est le principal objet de ces recherches. Pour obvier à cet inconvénient, M. Gauss a indiqué une méthode particulière au moyen de laquelle la résolution des équations auxiliaires dont nous parlons se réduit dans chaque cas à celle d'une équation à deux termes de même degré, dont le terme connu est de la forme $a + b\sqrt{-1}$; de sorte qu'alors une équation complète du degré k peut se résoudre par la section d'un angle dont le cosinus et le sinus sont connus, ou du moins sont déterminés, en supposant connue la division du cercle en k parties égales.

Cette méthode de réduction est d'autant plus remarquable qu'à l'époque où son auteur l'a publiée, les géomètres pouvaient la regarder comme le premier exemple un peu général qui eût été produit jusqu'alors, de la résolution des équations au-delà du quatrième degré.

Nous nous proposons ici d'exposer cette méthode sous un nouveau point de vue qui en facilitera beaucoup les applications et fera disparaître entièrement la prolixité qui avait jusqu'ici paru inévitable dans cette sorte de calculs.

Pour qu'on saisisse plus facilement l'esprit de la méthode et la loi des résultats, nous ne considérons pas seulement un cas particulier, mais nous allons résoudre en général l'équation du cinquième degré qui a pour racines les cinq périodes de m termes qui ont lieu en supposant $n = 5m + 1$. Nous ferons voir ensuite comment on peut résoudre l'équation du septième degré qui a lieu lorsque $n = 7m + 1$.

De l'équation auxiliaire du cinquième degré qu'il faut résoudre lorsque $n = 5m + 1$.

(549) Cette équation que avons représentée ci-dessus par

$$o = p^5 + p^4 + Pp^3 - Qp^2 + Rp - \Omega$$

a pour racines les cinq périodes de m termes dans lesquelles se partage la période $(5m, 1)$ comprenant toutes les racines de l'équation $X = o$.

Soient $p, p', p'', p''', p^{\text{iv}}$, les cinq racines de l'équation dont il s'agit, nous supposerons

$$T = p + p'R + p''R^2 + p'''R^3 + p^{\text{iv}}R^4,$$

R étant une des racines imaginaires de l'équation $R^5 - 1 = o$; si on élève au carré la valeur de T et qu'on le mette sous la forme

$$T^2 = a + bR^2 + cR^4 + dR^6 + eR^8,$$

il est facile de voir qu'on aura

$$\begin{aligned}
a &= p^2 + 2p'p^{\text{iv}} + 2p''p''' \\
b &= p'^2 + 2p''p + 2p'''p^{\text{iv}} \\
c &= p''^2 + 2p'''p' + 2p^{\text{iv}}p \\
d &= p'''^2 + 2p^{\text{iv}}p'' + 2pp' \\
e &= p^{\text{iv}2} + 2pp''' + 2p'p''.
\end{aligned}$$

Dans chaque cas particulier il faudra, d'après la valeur prise pour la racine primitive g, réduire ces coefficients à la forme linéaire, et on voit d'avance que si le coefficient a s'exprime par

$$\alpha p + \beta p' + \gamma p'' + \delta p''' + \varepsilon p^{\text{iv}},$$

le coefficient b s'exprimera par la même formule dans laquelle on avancera les lettres p d'un rang, en considérant p^{v} comme égal à p. On procédera de même pour avoir l'expression des coefficients suivants b, c, d, e, et de cette manière la valeur de T^2 sera ainsi exprimée :

$$\begin{aligned} T^2 = {} & \alpha p + \beta p' + \gamma p'' + \delta p''' + \varepsilon p^{\text{iv}} \\ & + R^2(\alpha p' + \beta p'' + \gamma p''' + \delta p^{\text{iv}} + \varepsilon p) \\ & + R^4(\alpha p'' + \beta p''' + \gamma p^{\text{iv}} + \delta p + \varepsilon p') \\ & + R^6(\alpha p''' + \beta p^{\text{iv}} + \gamma p + \delta p' + \varepsilon p'') \\ & + R^8(\alpha p^{\text{iv}} + \beta p + \gamma p' + \delta p'' + \varepsilon p'''). \end{aligned}$$

(550) Je remarque maintenant que cette même valeur ordonnée par rapport aux racines $p, p', p'', p''', p^{\text{iv}}$, prendra la forme suivante :

$$\begin{aligned} T^2 = {} & p\,(\alpha + \varepsilon R^2 + \delta R^4 + \gamma R^6 + \beta R^8 \\ & + p'\,(\beta + \alpha R^2 + \varepsilon R^4 + \delta R^6 + \gamma R^8) \\ & + p''(\gamma + \beta R^2 + \alpha R^4 + \varepsilon R^6 + \delta R^8) \\ & + p'''(\delta + \gamma R^2 + \beta R^4 + \alpha R^6 + \beta R^8) \\ & + p^{\text{iv}}(\varepsilon + \delta R^2 + \gamma R^4 + \beta R^6 + \alpha R^8). \end{aligned}$$

Appelons A la fonction de R qui multiplie p, il est aisé de voir que AR^2, AR^4, AR^6, AR^8, seront semblablement les fonctions de R qui multiplient $p', p'', p''', p^{\text{iv}}$; ainsi en faisant

$$A = \alpha + \varepsilon R^2 + \delta R^4 + \gamma R^6 + \beta R^8,$$

on aura

$$T^2 = A(p + p'R^2 + p''R^4 + p'''R^6 + p^{\text{iv}}R^8),$$

formule où le second membre est le produit de A, fonction de R seule, par le polynome

$$p + p'R^2 + p''R^4 + p'''R^6 + p^{\text{iv}}R^5,$$

qui n'est autre chose que le polynome T dans lequel on met R^2 à la place de R. On pourrait semblablement mettre R^3 et R^4 à la place de R et former ainsi les quatre polynomes

$$(1) \qquad \begin{aligned} T \; &= p + p'R + p''R^2 + p'''R^3 + p^{\text{iv}}R^4 \\ T' &= p + p'R^2 + p''R^4 + p'''R^6 + p^{\text{iv}}R^8 \\ T'' &= p + p'R^3 + p''R^6 + p'''R^9 + p^{\text{iv}}R^{12} \\ T''' &= p + p'R^4 + p''R^8 + p'''R^{12} + p^{\text{iv}}R^{16}. \end{aligned}$$

Il convient aussi de considérer les quatre polynomes semblablement formés par le moyen du premier A ; savoir :

$$\begin{aligned}
&A = \alpha + \varepsilon R^2 + \delta R^4 + \gamma R^6 + \beta R^8\\
&A' = \alpha + \varepsilon R^4 + \delta R^8 + \gamma R^{12} + \beta R^{16}\\
(2)\quad &A'' = \alpha + \varepsilon R^6 + \delta R^{12} + \gamma R^{18} + \beta R^{24}\\
&A''' = \alpha + \varepsilon R^8 + \delta R^{16} + \gamma R^{24} + \beta R^{32}.
\end{aligned}$$

Et ces deux sortes de fonctions vont nous fournir des théorèmes aussi généraux qu'intéressants.

(551) Le premier de ces théorèmes est celui que présente le résultat contenu dans l'équation déja trouvée

$$T^2 = A\,T'.$$

Il a lieu quel que soit le nombre premier n de forme $5m + 1$ auquel répond l'équation à résoudre. Voyons maintenant les conséquences qu'on peut déduire de ce premier résultat.

L'équation $T^2 = A\,T'$, où l'on peut mettre successivement R^2, R^3, R^4, à la place de R, en fournit trois autres, de sorte qu'on a les quatre équations

$$(3)\qquad T^2 = A\,T',\ T'^2 = A'\,T''',\ T''^2 = A''\,T,\ T'''^2 = A'''\,T'',$$

qui étant multipliées entre elles donnent

$$T\,T'\,T''\,T''' = A\,A'\,A''\,A'''.$$

On voit aussi que les trois polynomes T', T'', T''', peuvent s'exprimer rationnellement par le moyen de T de la manière suivante :

$$T' = \frac{T^2}{A},\quad T''' = \frac{T^4}{A^2 A'},\quad T'' = \frac{T^8}{A^4 A'^2 A'''},$$

valeurs qui étant substituées dans l'équation $T\,T'\,T''\,T''' = A\,A'\,A''\,A'''$, ou dans l'équation $T''^2 = A''\,T$, donneront également pour résultat

$$(4)\qquad T^{15} = A^8 A'^4 A'''^2 A''.$$

Ainsi nous avons déja un moyen de déterminer le polynome T en fonction des quantités A qui sont toutes connues; car le nombre n étant donné, il est facile de connaître les coefficients $\alpha, \beta, \gamma, \delta, \varepsilon$ qui entrent dans la valeur linéaire de $a = p^2 + 2p''p''' + 2p'p^{\text{iv}}$, et qui sont tous des nombres entiers. Ainsi en faisant $n = 41$ et prenant pour racine primitive le nombre $g = 13$, on trouve par l'art. 537 $a = -2p + 3p' + 2p'' - 4p'''$, ce qui donne dans ce cas $\alpha = -2$, $\beta = 3$, $\gamma = 2$, $\delta = -4$, $\varepsilon = 0$.

Connaissant T on en déduira, par les formules précédentes, les valeurs de T′, T″, T‴. Puis ajoutant les quatre équations (1) auxquelles on joindra l'équation $-1 = p + p' + p'' + p''' + p^{\text{iv}}$, on aura pour déterminer p, l'équation

$$(5) \qquad 5p = -1 + T + T' + T'' + T'''.$$

On voit donc immédiatement la possibilité de déterminer la racine p par le moyen des quantités A qui sont des fonctions de R. Mais cette solution serait trop composée, puisqu'elle déterminerait T par l'équation (4), c'est-à-dire par l'extraction d'une racine 15ième, tandis qu'il est facile de la déterminer par une racine 5ième seulement, comme nous allons le faire voir.

(552) Si on multiplie entre eux les deux polynomes T et T‴ qui sont des fonctions semblables de R et de R^4, le produit sera

$$TT''' = \int p^2 + R\int pp' + R^2\int pp'' + R^3\int pp''' + R^4\int pp^{\text{iv}}.$$

Mais en faisant toujours $n = 5m + 1$, on a trouvé ci-dessus (art. 537).

$$\int p^2 = n - m, \int pp' = \int pp'' = \int pp''' = \int pp^{\text{iv}} = -m.$$

Donc $TT''' = n - m(1 + R + R^2 + R^3 + R^4)$, ou simplement

$$TT''' = n,$$

car l'équation $R^5 - 1 = 0$, dont le premier membre $= (R - 1)(1 + R + R^2 + R^3 + R^4)$, exige qu'on ait $0 = 1 + R + R^2 + R^3 + R^4$, puisqu'on ne peut supposer $R - 1 = 0$.

On trouverait semblablement $T'T'' = n$, mais il est facile de voir que cette équation n'est qu'une conséquence de la précédente. En effet si T est désigné par ΦR, on aura $T' = \Phi(R^2)$, $T'' = \Phi(R^3)$, $T''' = \Phi(R^4)$, et l'équation $TT''' = n$ deviendra $\Phi(R)\Phi(R^4) = n$. Mettons dans cette équation R^2 à la place de R et comme alors R^8 se réduit à R^3, nous aurons $\Phi(R^2)\Phi(R^3) = n$, ou $T'T'' = n$.

(553) Les propriétés que nous venons de démontrer pour les fonctions T, ont lieu également pour les fonctions A. En effet si la seconde et la troisième des équations (3) sont multipliées entre elles, le produit donne $(T'T'')^2 = A'A''TT'''$, ou $n^2 = nA'A''$; donc

$$A'A'' = n.$$

De même en multipliant la première par la quatrième, on aura $(TT''')^2 = AA'''T'T''$, ou $n^2 = nAA'''$; donc

$$AA''' = n;$$

on a donc ces deux séries d'équations

$$(6) \qquad \begin{aligned} n &= TT''' = T'T'' \\ n &= AA''' = A'A''. \end{aligned}$$

Comme on peut supposer en général $R = \cos.\frac{2k\pi}{5} + \sqrt{-1}\sin.\frac{2k\pi}{5}$, k étant l'un des nombres 1, 2, 3, 4, il est visible que la quantité A, fonction rationnelle et entière de R, pourra s'exprimer par la formule

$$A = r(\cos.\theta + \sqrt{-1}\sin.\theta).$$

Et puisqu'on a $AA''' = n$, il en résulte

$$A''' = \frac{n}{r}(\cos.\theta - \sqrt{-1}\sin.\theta).$$

D'un autre côté on a la valeur

$$A + A''' = 2\alpha + \epsilon\left(R^2 + \frac{1}{R^2}\right) + \delta\left(R^4 + \frac{1}{R^4}\right) \\ + \gamma\left(R^6 + \frac{1}{R^6}\right) + 6\left(R^8 + \frac{1}{R^8}\right),$$

d'où il suit que $A + A'''$ est une quantité réelle ainsi exprimée :

$$A+A'''=2\alpha+2\varepsilon\cos.\frac{4k\pi}{5}+2\delta\cos.\frac{8k\pi}{5}+2\gamma\cos.\frac{12k\pi}{5}+2\beta\cos.\frac{16k\pi}{5}.$$

Donc il faut qu'on ait $r-\frac{n}{r}=0$, ou $r=\sqrt{n}$. Donc on a en général

$$A=n^{\frac{1}{2}}(\cos.\theta+\sqrt{-1}\sin.\theta);$$

c'est-à-dire que le module réel de la quantité imaginaire A est toujours égal à $n^{\frac{1}{2}}$; on trouvera semblablement

$$A'=n^{\frac{1}{2}}(\cos.\theta'+\sqrt{-1}\sin.\theta'),$$

et par ces denx formules, on aura

$$A''=n^{\frac{1}{2}}(\cos.\theta'-\sqrt{-1}\sin.\theta')$$
$$A'''=n^{\frac{1}{2}}(\cos.\theta-\sqrt{-1}\sin.\theta).$$

(554) Il faut maintenant faire voir *a priori* que la forme des valeurs de T sera la même que celle des quantités A, et que $n^{\frac{1}{2}}$ servira encore de module à ces quantités.

En effet on a trouvé $TT'''=n$, et la somme des quantités T, T''' pouvant se mettre sous la forme

$$T+T'''=p+p'\left(R+\frac{1}{R}\right)+p''\left(R^2+\frac{1}{R^2}\right)$$
$$+p'''\left(R^2+\frac{1}{R^2}\right)+p^{\text{iv}}\left(R+\frac{1}{R}\right).$$

On voit que cette somme est égale à la quantité réelle

$$p+2(p'+p^{\text{iv}})\cos.\frac{2k\pi}{5}+2(p''+p''')\cos.\frac{4k\pi}{5}.$$

Supposant donc de nouveau $T=\rho(\cos.\varphi+\sqrt{-1}\sin.\varphi)$, on aura $T'''=\frac{n}{\rho}(\cos.\varphi-\sqrt{-1}\sin.\varphi)$, et puisque $T+T'''$ est une quantité réelle, il faudra qu'on ait $\rho-\frac{n}{\rho}=0$ ou $\rho=n^{\frac{1}{2}}$. Donc les deux quantités T et T‴ devront être de la forme

$$T = n^{\frac{1}{2}}(\cos.\varphi + \sqrt{-1}\sin.\varphi)$$
$$T''' = n^{\frac{1}{2}}(\cos.\varphi - \sqrt{-1}\sin.\varphi).$$

On démontrera la même chose des quantités T′ et T″, pour lesquelles on aura

$$T' = n^{\frac{1}{2}}(\cos.\varphi' + \sqrt{-1}\sin.\varphi')$$
$$T'' = n^{\frac{1}{2}}(\cos.\varphi' - \sqrt{-1}\sin.\varphi').$$

Mais cette propriété se déduit plus immédiatement des valeurs de T, T′, T″, T‴, qu'on peut exprimer par le moyen des quantités A, A′, A″, A‴.

(555) En effet les deux équations $T^2 = AT'$, $T'^2 = A'T'''$, donnent $T^4 = A^2T'^2 = A^2A'T'''$, et par conséquent

$$T^5 = nA^2A'.$$

Substituant les valeurs $A = n^{\frac{1}{2}}(\cos.\theta + \sqrt{-1}\sin.\theta)$, $A' = n^{\frac{1}{2}}(\cos.\theta' + \sqrt{-1}\sin.\theta')$, on aura

$$T^5 = n^{\frac{5}{2}}[\cos.(2\theta + \theta') + \sqrt{-1}\sin.(2\theta + \theta')],$$

et par conséquent

$$T = n^{\frac{1}{2}}\left[\cos.\frac{2\theta + \theta'}{5} + \sqrt{-1}\sin.\frac{2\theta + \theta'}{5}\right],$$

expression où l'on voit que le facteur $n^{\frac{1}{2}}$ est en effet le module réel de la quantité imaginaire T.

La valeur de T qu'on vient de trouver renferme implicitement cinq valeurs différentes. Car la quantité qui exprime T^5 peut être écrite ainsi :

$$T^5 = n^{\frac{5}{2}}[\cos.(2\theta + \theta' + 2i\pi) + \sqrt{-1}\sin.(2\theta + \theta' + 2i\pi)],$$

i étant l'un des nombres 0, 1, 2, 3, 4, à volonté. De là résultent les cinq solutions suivantes où l'on a fait $\omega = \frac{2\theta + \theta'}{5}$,

$$T = n^{\frac{1}{2}} (\cos. \omega + \sqrt{-1} \sin. \omega)$$
$$T = n^{\frac{1}{2}} \left[\cos. \left(\omega + \frac{2\pi}{5}\right) + \sqrt{-1} \sin. \left(\omega + \frac{2\pi}{5}\right)\right]$$
$$T = n^{\frac{1}{2}} \left[\cos. \left(\omega + \frac{4\pi}{5}\right) + \sqrt{-1} \sin. \left(\omega + \frac{4\pi}{5}\right)\right]$$
$$T = n^{\frac{1}{2}} \left[\cos. \left(\omega + \frac{6\pi}{5}\right) + \sqrt{-1} \sin. \left(\omega + \frac{6\pi}{5}\right)\right]$$
$$T = n^{\frac{1}{2}} \left[\cos. \left(\omega + \frac{8\pi}{5}\right) + \sqrt{-1} \sin. \left(\omega + \frac{8\pi}{5}\right)\right].$$

(556) Ayant pris à volonté pour T l'une de ces cinq valeurs les trois autres quantités T', T'', T''', deviennent entièrement déterminées.

En effet supposant $T = n^{\frac{1}{2}} (\cos. \omega + \sqrt{-1} \sin. \omega)$, si on substitue cette valeur ainsi que celle de $A = n^{\frac{1}{2}} (\cos. \theta + \sqrt{-1} \sin. \theta)$ dans l'équation $T' = \frac{T^2}{A}$, on aura

$$T = n^{\frac{1}{2}} [\cos. (2\omega - \theta) + \sqrt{-1} \sin. (2\omega - \theta].$$

Ensuite des équations $TT''' = n$, $T'T'' = n$, on déduira

$$T'' = n^{\frac{1}{2}} [\cos. (2\omega - \theta) - \sqrt{-1} \sin. (2\omega - \theta)]$$
$$T''' = n^{\frac{1}{2}} (\cos. \omega - \sqrt{-1} \sin. \omega).$$

Maintenant pour déterminer les racines $p, p', p'', p''', p^{\text{iv}}$, il ne reste qu'à substituer les valeurs de T, T', T'', T''', dans l'équation (5), et on aura

$$p = -\frac{1}{5} + \frac{2n^{\frac{1}{2}}}{5} [\cos. \omega + \cos. (2\omega - \theta)].$$

Cette formule qui donne la valeur de la racine p, donnera également celle des quatre autres racines $p', p'', p''', p^{\text{iv}}$, soit dans l'ordre déterminé par la racine primitive g soit dans l'ordre inverse, pourvu qu'à la place de ω on mette successivement $\omega+\frac{2\pi}{5}$, $\omega+\frac{4\pi}{5}$, $\omega+\frac{6\pi}{5}$, $\omega+\frac{8\pi}{5}$. On obtient donc ainsi la résolution générale de l'équation proposée, laquelle ne dépend que de la quintisection d'un angle $\omega=2\theta+\theta'$ qu'on peut construire géométriquement

(557) Revenons aux formules qui donnent les valeurs des angles θ et θ'. Si on fait $\frac{2k\pi}{5}=\mu$, on aura

$$\begin{aligned}
R &= \cos.\ \mu+\sqrt{-1}\sin.\mu\\
R^2 &= \cos.2\mu+\sqrt{-1}\sin.2\mu\\
R^3 &= \cos.2\mu-\sqrt{-1}\sin.2\mu\\
R^4 &= \cos.\ \mu-\sqrt{-1}\sin.\mu;
\end{aligned}$$

et l'équation $0=1+R+R^2+R^3+R^4$ deviendra

$$0=1+2\cos.\mu+2\cos.2\mu.$$

Cette équation, qu'on peut mettre sous la forme

$$0=4\cos.^2\mu+2\cos.\mu-1,$$

donne en général $\cos.\mu=\frac{-1\pm\sqrt{5}}{4}$, de sorte que $\cos.\mu$ aura toujours l'une ou l'autre de ces deux valeurs, quel que soit le nombre k, pourvu qu'il ne soit pas divisible par 5. Si l'on fait, par exemple, $k=1$, ou $\mu=\frac{2\pi}{5}=72°$, on aura

$$\cos.\mu=\frac{-1+\sqrt{5}}{4},\ \cos.2\mu=\frac{-1-\sqrt{5}}{4}.$$

Cela posé si l'on substitue la valeur de R dans l'équation

$$A=\alpha+\varepsilon R^2+\delta R^4+\gamma R^6+6R^8,$$

et qu'on mette en même temps pour A sa valeur $a^{\frac{1}{2}}(\cos\theta+\sqrt{-1}\sin.\theta)$, on aura, pour déterminer θ, les deux équations (1),

$$n^{\frac{1}{5}}\cos.\theta = \alpha + (\gamma+\delta)\cos.\mu + (\varepsilon+6)\cos.2\mu$$
$$n^{\frac{1}{5}}\sin.\theta = (\gamma-\delta)\sin.\mu + (\varepsilon-6)\sin.2\mu.$$

Il suffira ensuite de mettre 2μ à la place de μ, pour avoir la valeur de A' représentée par $n^{\frac{1}{5}}(\cos.\theta'+\sqrt{-1}\sin.\theta')$, de sorte qu'on aura

$$n^{\frac{1}{5}}\cos.\theta' = \alpha + (\gamma+\delta)\cos.2\mu + (\varepsilon+6)\cos.\mu$$
$$n^{\frac{1}{5}}\sin.\theta' = (\gamma-\delta)\sin.2\mu - (\varepsilon-6)\sin.\mu.$$

Dans les cas particuliers la valeur donnée du nombre premier $n=5m+1$, et celle du nombre g racine primitive de n, feront connaître les valeurs des coefficients $\alpha, 6, \gamma, \delta, \varepsilon$, comme on l'a vu dans le cas de $n=41, g=13$ (art. 551), où nous avons trouvé $\alpha=-2$, $6=3, \gamma=2, \delta=-4, \varepsilon=0$. Ainsi on doit regarder comme bien déterminés par les formules précédentes, les angles θ et θ', d'où résulte $\omega=\frac{2\theta+\theta'}{5}$; il ne reste donc plus rien d'inconnu dans l'expression de la racine p, qui contient implicitement celle des autres racines $p', p'', p''', p^{\text{iv}}$. Mais nous allons profiter des équations en θ et θ', pour établir quelques relations générales entre les coefficients $\alpha, 6, \gamma, \delta, \varepsilon$.

---

(1) On voit ici deux équations pour déterminer l'angle ou l'arc θ; la raison en est que l'extrémité de l'arc θ est un point de la circonférence qui ne peut être entièrement déterminé que par ses deux coordonnées cos. θ et sin. θ, dont les valeurs doivent être connues aussi bien que les signes. Si on ne connaissait qu'une de ces coordonnées, elle serait commune à deux points de la circonférence et il y aurait incertitude sur celui des deux points qui doit terminer l'arc θ. Quant au multiplicateur $n^{\frac{1}{5}}$ qui affecte cos. θ et sin. θ, il doit toujours être pris positivement comme représentant le *module* d'une quantité imaginaire. En effet, dans la formule $r(\cos.\varphi+\sqrt{-1}\sin.\varphi)$ qui représente une quantité imaginaire quelconque, le module r doit toujours être supposé positif, puisqu'on est maître de changer à volonté le signe de cette quantité, en mettant $\pi+\varphi$ à la place de φ.

(558) Nous observerons d'abord qu'on a en général

$$\alpha+6+\gamma+\delta+\varepsilon=-1.$$

Car ayant fait ci-dessus $a=p^2+2p''p'''+2p'p^{\text{IV}}$, puis ayant représenté cette même quantité réduite en termes linéaires, par la formule

$$a=\alpha p+6p'+\gamma p''+\delta p'''+\varepsilon p^{\text{IV}},$$

si l'on considère les quatre autres coefficients b, c, d, e déduits du coefficient a, en avançant successivement d'un rang chacune des lettres $p, p', p'', p''', p^{\text{IV}}$, et mettant p à la place de p^{V}, la somme des cinq valeurs de a ainsi formées aura deux expressions; la première sera

$$\int a=\int p^2+2\int p''p'''+2\int p'p^{\text{IV}};$$

mais $\int p^2=n-m$, $\int p''p'''=\int pp'=-m$, $\int p'p^{\text{IV}}=\int pp''=-m$; donc $\int a=n-5m=1$.

La seconde expression sera

$$\int a=(\alpha+6+\gamma+\delta+\varepsilon)\int p,$$

et puisque $\int p=-1$, la comparaison des deux valeurs de $\int a$ donne $\int \alpha$, ou

$$\alpha+6+\gamma+\delta+\varepsilon=-1.$$

Maintenant si on élève au carré les deux équations qui donnent les valeurs de $n^{\frac{1}{2}}\cos.\theta$ et $n^{\frac{1}{2}}\sin.\theta$, on trouvera en les ajoutant

$$\begin{aligned} n= \quad & \alpha^2+2\alpha(\gamma+\delta)\cos.\mu+2\alpha(\varepsilon+6)\cos.2\mu \\ & +6^2+\gamma^2+\delta^2+\varepsilon^2+2\gamma\delta\cos.2\mu+26\varepsilon\cos.\mu \\ & +2(\gamma\varepsilon+6\delta)\cos.\mu+2(6\gamma+\delta\varepsilon)\cos.2\mu; \end{aligned}$$

ou si l'on fait

$$\begin{aligned} P&=\alpha^2+6^2+\gamma^2+\delta^2+\varepsilon^2=\int\alpha^2 \\ Q&=\alpha\gamma+6\delta+\gamma\varepsilon+\delta\alpha+\varepsilon 6=\int\alpha\gamma \\ R&=\alpha 6+6\gamma+\gamma\delta+\delta\varepsilon+\varepsilon\alpha=\int\alpha 6, \end{aligned}$$

on aura

$$n = P + 2Q\cos.\mu + 2R\cos.2\mu.$$

Mettant 2μ à la place de μ, on aura le résultat que donneraient semblablement les deux équations qui déterminent l'angle θ', savoir :

$$n = P + 2Q\cos.\mu + 2R\cos.\mu.$$

Comparant ces deux équations, il en résulte d'abord

$$Q = R,$$

ensuite $n = P + Q(2\cos.2\mu + 2\cos.\mu) = P - Q$.

Mais $P + 2Q + 2R$ est visiblement le carré de la somme... $\alpha + \beta + \gamma + \delta + \varepsilon$, et puisque cette somme $= -1$, on aura $P + 4Q = 1$, donc $n = 1 - 5Q$, et $Q = -m$; d'où l'on voit que les coefficients $\alpha, \beta, \gamma, \delta, \varepsilon$, satisfont à ces trois équations

$$1 + 4m = \alpha^2 + \beta^2 + \gamma^2 + \delta^2 + \varepsilon^2 = \int \alpha^2$$
$$-m = \alpha\beta + \beta\gamma + \gamma\delta + \delta\varepsilon + \varepsilon\alpha = \int \alpha\beta$$
$$-m = \alpha\gamma + \beta\delta + \gamma\varepsilon + \delta\alpha + \varepsilon\beta = \int \alpha\gamma,$$

dont une est la suite de l'équation

$$-1 = \alpha + \beta + \gamma + \delta + \varepsilon.$$

La première fait voir en général que la plus grande des quantités $\alpha, \beta, \gamma, \delta, \varepsilon$, sans égard à son signe, doit être plus petite que $\sqrt{(1 + 4m)}$, et plus grande que $\sqrt{\left(\frac{1+4m}{5}\right)}$.

(559) Puisque nous n'avons que trois équations pour déterminer les cinq quantités $\alpha, \beta, \gamma, \delta, \varepsilon$, on voit que la question de les déduire *a priori* du seul nombre premier $n = 5m + 1$, est fort indéterminée.

Nous avons trouvé ci-dessus les formules

$$pp' = Ap + Bp' + Cp'' + Dp''' + Ep^{\text{iv}}$$
$$pp'' = A'p + Cp' + C'p'' + Dp''' + Dp^{\text{iv}},$$

où il y a six coefficients A, B, A', C', C, D, entre lesquels on a les deux équations simples :

$$\begin{aligned} A + B &= m - 2C - D \\ A' + C' &= m - C - 2D, \end{aligned}$$

et deux autres plus composées, savoir :

$$\begin{aligned} A'C' + AB &= (A + B - D)^2 + C^2 - CD + D^2 - C - D \\ A'(A - B) &= C^2 - C(A + 2B - D + 1) + A^2 + BD - D^2; \end{aligned}$$

d'où l'on voit qu'il restait encore à disposer de deux indéterminées sur six, comme nous venons de trouver qu'il reste à disposer de deux indéterminées sur les cinq $\alpha, \beta, \gamma, \delta, \varepsilon$.

On accordera facilement ces résultats en mettant la valeur de a qui est $p^2 + 2p''p''' + 2p'p^{\text{iv}}$ sous la forme linéaire $\alpha p + \beta p' + \gamma p'' + \delta p''' + \varepsilon p^{\text{iv}}$, ce qui donnera

$$\begin{aligned} \alpha &= -1 - 2m + 5(C + D) \\ \beta &= 2C' - B - D \\ \gamma &= 2A - C' - C \\ \delta &= 2B - A' - C \\ \varepsilon &= 2A' - A - D. \end{aligned}$$

Car en substituant ces valeurs dans l'équation

$$\alpha^2 + \beta^2 + \gamma^2 + \delta^2 + \varepsilon^2 = 4m + 1,$$

on aura pour résultat l'équation de condition :

$$AB + A'C' = m^2 - (4m + 1)(C + D) + 5C^2 + 7CD + D^2,$$

qui peut se mettre sous la forme suivante où l'on a fait $a = C + D$, $b = C - D$, $t = A - B$, $u = A' - C'$,

$$0 = 4m^2 - 4a(5m + 2) + 25a^2 + 5b^2 + 2t^2 + 2u^2.$$

Une seconde équation de condition se déduira de l'équation... $0 = l\alpha\beta - l\alpha\gamma$, qu'on peut écrire ainsi :

$$t^2 - 4tu - u^2 = (4 + 10m)b - 25ab.$$

Or on trouve aisément que ces deux équations de condition s'accordent avec les deux que nous avons rapportées dans l'art. précédent, lesquelles ont été trouvées ci-dessus par une voie très-différente; et il ne paraît pas qu'il en existe une troisième propre à diminuer l'indétermination qui reste sur les coefficients A, B, A', C', C, D. Au reste cette indétermination est dans la nature des choses, puisque les coefficients dont il s'agit dépendent du choix qu'on peut faire entre les différentes racines primitives qui servent à les déterminer; mais d'un autre côté il faut observer qu'aucun de ces coefficients ne peut être négatif, et on peut conclure des résultats déja trouvés, que l'indétermination qui subsiste encore à leur égard, se réduit à ce que A — B soit échangé avec C' — A' en même temps que C avec D.

C'est aussi ce que confirment les quatre équations données, art. 563, pour déterminer θ et θ'. Car comme ces angles doivent rester les mêmes, quelque valeur qu'on ait prise pour la racine primitive, et qu'ils peuvent seulement être échangés entre eux; le changement de la racine primitive ne pourra avoir d'autre effet sur les quantités $\beta, \gamma, \delta, \varepsilon$ que de remplacer γ et δ par β et ε, ainsi que β et ε par δ et γ; dans tous les cas α restera le même.

(560) Si nous faisons maintenant l'application des formules précédentes au cas de $n=41$, qui donne $m=8$, nous tirerons de l'art. 528 les valeurs $A=3$, $B=0$, $C=2$, $D=1$, $A'=2$, $C'=2$, d'où résulte $\alpha=-2$, $\beta=3$, $\gamma=2$, $\delta=-4$, $\varepsilon=0$. On connaîtra ensuite les angles θ et θ' par les équations suivantes où l'on a $\mu=\frac{2k\pi}{5}$,

$$n^{\frac{1}{2}}\cos.\theta = -2 - 2\cos.\mu + 3\cos.2\mu$$
$$n^{\frac{1}{2}}\sin.\theta = \quad 6\sin.\mu - 3\sin.2\mu$$
$$n^{\frac{1}{2}}\cos.\theta' = -2 - 2\cos.2\mu + 3\cos.\mu$$
$$n^{\frac{1}{2}}\sin.\theta' = \quad 6\sin.2\mu + 3\sin.\mu,$$

Soit $k=1$, on aura comme dans l'art. 557,

$$\cos.\mu = \frac{-1+\sqrt{5}}{4}, \quad \cos.2\mu = \frac{-1-\sqrt{5}}{4}.$$

Substituant ces valeurs dans celles de $\cos.\theta$ et $\cos.\theta'$, on aura

$$\cos.\theta = \frac{-9-5\sqrt{5}}{2\sqrt{41}}, \quad \cos.\theta' = \frac{-9+5\sqrt{5}}{2\sqrt{41}},$$

ou plus simplement pour le calcul trigonométrique,

$$\sin.\theta = \sqrt{\left(\frac{45\sqrt{5}}{82}\cos.72^\circ\right)}, \quad \sin.\theta' = \sqrt{\left(\frac{45\sqrt{5}}{82}\cos.36^\circ\right)},$$

ce qui donne, eu égard à la valeur négative de $\cos.\theta$,

$$\begin{aligned}
\theta &= 141^\circ.59'.26''.21430\\
\theta' &= 85\ .\ 6\ .59\ .81875\\
2\theta+\theta' &= 369\ .\ 5\ .52\ .24735\\
\omega &= 73^\circ.49'.10''.44947.
\end{aligned}$$

D'après ces valeurs de θ, θ', et ω, les cinq valeurs de la racine p, tant exactes qu'approchées, seront ainsi exprimées :

$$\begin{aligned}
p &= -\tfrac{1}{5}+\tfrac{2}{5}(41)^{\frac{1}{2}}[\cos.\omega+\cos.(2\omega-\theta)] &&= 3.06253\,90840\\
p &= -\tfrac{1}{5}+\tfrac{2}{5}(41)^{\frac{1}{2}}[\cos.(\omega+\mu)+\cos.(2\omega+2\mu-\theta)] &&= -4.52906\,11770\\
p &= -\tfrac{1}{5}+\tfrac{2}{5}(41)^{\frac{1}{2}}[\cos.(\omega+2\mu)+\cos.(2\omega+4\mu-\theta)] &&= -1.19586\,68420\\
p &= -\tfrac{1}{5}+\tfrac{2}{5}(41)^{\frac{1}{2}}[\cos.(\omega+3\mu)+\cos.(2\omega+6\mu-\theta)] &&= 1.21628\,75050\\
p &= -\tfrac{1}{5}+\tfrac{2}{5}(41)^{\frac{1}{2}}[\cos.(\omega+4\mu)+\cos.(2\omega+8\mu-\theta)] &&= 0.44610\,14295
\end{aligned}$$

Quant à l'ordre qui règne parmi ces cinq racines, il est l'inverse de celui que donnent les formules de l'art. 537. On aura ainsi, en faisant $p = 3.06253\,9084$, les mêmes valeurs de p', p'', p''', p^{iv}, qui ont été trouvées ci-dessus, sauf les petites erreurs qui peuvent être attribuées aux tables trigonométriques à dix décimales.

Au moyen de ces valeurs de p, p', etc., on connaîtra comme au nº 542 l'une des quantités $\cos.\frac{8\pi}{41}$, $\cos.\frac{10\pi}{41}$, etc. qui servent, soit à résoudre complètement l'équation du 40ème degré $X=0$, soit à diviser la circonférence en 41 parties égales; et puisque les quantités p dont on a donné les valeurs approchées, peuvent s'exprimer exactement par des radicaux cinquièmes appliqués à des quantités de la forme $M + N\sqrt{-1}$, il est clair qu'on pourra aussi exprimer par ces radicaux, concurremment avec des radicaux du second degré. toutes les racines de l'équation $x^{41} - 1 = 0$.

(561) Si on appliquait la même méthode de réduction à l'équation auxiliaire

$$p^5 + p^4 - 4p^3 - 3p^2 + 3p + 1 = 0,$$

qui se rapporte à l'équation $x^{11} - 1 = 0$, on parviendrait aux mêmes résultats qui se trouvent dans les Mémoires de l'Académie des Sciences, an. 1771, pag. 416. Il paraît donc que c'est à *Vandermonde* qu'est due la première idée de cette sorte d'analyse qui permet d'exprimer d'une manière explicite toutes les racines d'une équation du 5ème degré, dont dépend l'équation $x^{11} - 1 = 0$. On doit même ajouter que cet auteur a proposé sa méthode comme étant applicable à la résolution de toute équation à deux termes; mais il ne lui a pas donné les développements nécessaires pour justifier son assertion.

De l'équation auxiliaire du septième degré qui a pour racines les périodes de m *termes, en supposant* $n = 7m + 1$.

(562) Nous représenterons par $p, p', p'', p''', p^{\text{iv}}, p^{\text{v}}, p^{\text{vi}}$, les racines de l'équation à résoudre qui sera toujours de la forme

$$p^7 + p^6 + Pp^5 \ldots\ldots - \Omega = 0.$$

Cela posé désignant par R une des racines imaginaires de l'équation $R^7 - 1 = 0$, c'est-à-dire, faisant

$$R = \cos.\frac{2k\pi}{7} + \sqrt{-1}\sin.\frac{2k\pi}{7},$$

k étant l'un des nombres 1, 2, 3, 4, 5, 6, nous supposerons

$$T = p + p'R + p''R^2 + p'''R^3 + p^{\text{iv}}R^4 + p^{\text{v}}R^5 + p^{\text{vi}}R^6,$$

puis élevant cette quantité au carré et faisant

$$T^2 = a + bR^2 + cR^4 + dR^6 + eR^8 + fR^{10} + gR^{12},$$

il est aisé de voir qu'on aura

$$\begin{aligned}
a &= p^2 + 2p'p^{\text{vi}} + 2p''p^{\text{v}} + 2p'''p^{\text{iv}}\\
b &= p'^2 + 2p''p + 2p'''p^{\text{vi}} + 2p^{\text{iv}}p^{\text{v}}\\
c &= p''^2 + 2p'''p' + 2p^{\text{iv}}p + 2p^{\text{v}}p^{\text{vi}}\\
d &= p'''^2 + 2p^{\text{iv}}p'' + 2p^{\text{v}}p' + 2p^{\text{vi}}p\\
e &= p^{\text{iv}2} + 2p^{\text{v}}p''' + 2p^{\text{vi}}p'' + 2pp'\\
f &= p^{\text{v}2} + 2p^{\text{vi}}p^{\text{iv}} + 2pp''' + 2p'p''\\
g &= p^{\text{vi}2} + 2pp^{\text{v}} + 2p'p^{\text{iv}} + 2p''p'''.
\end{aligned}$$

Il faut ensuite réduire ces coefficients à la forme linéaire, en sorte qu'on ait

$$a = \alpha p + \beta p' + \gamma p'' + \delta p''' + \varepsilon p^{\text{iv}} + \zeta p^{\text{v}} + \eta p^{\text{vi}},$$

et on voit que l'expression de a fera connaître celle des coefficients suivants b, c, d, etc.; car pour passer d'un terme au suivant, il suffit d'avancer d'un rang toutes les lettres p, p', p'', etc., les coefficients α, β, γ, etc. restant les mêmes. On aura donc l'expression suivante de T^2 :

$$\begin{aligned}
T^2 = {} & \alpha p + \beta p' + \gamma p'' + \delta p''' + \varepsilon p^{\text{iv}} + \zeta p^{\text{v}} + \eta p^{\text{vi}}\\
& + R^2(\alpha p' + \beta p'' + \gamma p''' + \delta p^{\text{iv}} + \varepsilon p^{\text{v}} + \zeta p^{\text{vi}} + \eta p)\\
& + R^4(\alpha p'' + \beta p''' + \gamma p^{\text{iv}} + \delta p^{\text{v}} + \varepsilon p^{\text{vi}} + \zeta p + \eta p')\\
& + R^6(\alpha p''' + \beta p^{\text{iv}} + \gamma p^{\text{v}} + \delta p^{\text{vi}} + \varepsilon p + \zeta p' + \eta p'')\\
& + R^8(\alpha p^{\text{iv}} + \beta p^{\text{v}} + \gamma p^{\text{vi}} + \delta p + \varepsilon p' + \zeta p'' + \eta p''')\\
& + R^{10}(\alpha p^{\text{v}} + \beta p^{\text{vi}} + \gamma p + \delta p' + \varepsilon p'' + \zeta p''' + \eta p^{\text{iv}})\\
& + R^{12}(\alpha p^{\text{vi}} + \beta p + \gamma p' + \delta p'' + \varepsilon p''' + \zeta p^{\text{iv}} + \eta p^{\text{v}}).
\end{aligned}$$

(563) Cette même quantité ordonnée par rapport aux racines p, p', p'', etc., sera

$$\begin{aligned}T^2 = {} & p\ (\alpha + \eta R^2 + \zeta R^4 + \varepsilon R^6 + \delta R^8 + \gamma R^{10} + \beta R^{12}) \\ & + p'\ (\beta + \alpha R^2 + \eta R^4 + \zeta R^6 + \varepsilon R^8 + \delta R^{10} + \gamma R^{12}) \\ & + p''\ (\gamma + \beta R^2 + \alpha R^4 + \eta R^6 + \zeta R^8 + \varepsilon R^{10} + \delta R^{12}) \\ & + p'''\ (\delta + \gamma R^2 + \beta R^4 + \alpha R^6 + \eta R^8 + \zeta R^{10} + \varepsilon R^{12}) \\ & + p^{\text{iv}}\ (\varepsilon + \delta R^2 + \gamma R^4 + \beta R^6 + \alpha R^8 + \eta R^{10} + \zeta R^{12}) \\ & + p^{\text{v}}\ (\zeta + \varepsilon R^2 + \delta R^4 + \gamma R^6 + \beta R^8 + \alpha R^{10} + \eta R^{12}) \\ & + p^{\text{vi}}\ (\eta + \zeta R^2 + \varepsilon R^4 + \delta R^6 + \gamma R^8 + \beta R^{10} + \alpha R^{12}).\end{aligned}$$

Maintenant si on appelle A le coefficient de p, il est facile de voir que AR^2, AR^4, AR^6, etc., seront les coefficients de p', p'', p''', etc., en sorte qu'on aura

$$T^2 = A(p + p'R^2 + p''R^4 + p'''R^6 + p^{\text{iv}}R^8 + p^{\text{v}}R^{10} + p^{\text{vi}}R^{12}),$$

et le second membre se réduit à AT' en désignant par T' ce que devient T lorsqu'on met R^2 à la place de R. Nous désignerons semblablement par T'' ce que devient T lorsqu'on met T^3 à la place de R, et continuant ainsi nous formerons les six polynomes :

$$\begin{aligned}T\ &= p + p'R + p''R^2 + p'''R^3 + p^{\text{iv}}R^4 + p^{\text{v}}R^5 + p^{\text{vi}}R^6 \\ T'\ &= p + p'R^2 + p''R^4 + p'''R^6 + p^{\text{iv}}R^8 + p^{\text{v}}R^{10} + p^{\text{vi}}R^{12} \\ T''\ &= p + p'R^3 + p''R^6 + p'''R^9 + p^{\text{iv}}R^{12} + p^{\text{v}}R^{15} + p^{\text{vi}}R^{18} \\ T'''\ &= p + p'R^4 + p''R^8 + p'''R^{12} + p^{\text{iv}}R^{16} + p^{\text{v}}R^{20} + p^{\text{vi}}R^{24} \\ T^{\text{iv}} &= p + p'R^5 + p''R^{10} + p'''R^{15} + p^{\text{iv}}R^{20} + p^{\text{v}}R^{25} + p^{\text{vi}}R^{30} \\ T^{\text{v}}\ &= p + p'R^6 + p''R^{12} + p'''R^{18} + p^{\text{iv}}R^{24} + p^{\text{v}}R^{30} + p^{\text{vi}}R^{36}.\end{aligned}$$

Le septième qu'on formerait par analogie sous le nom de T^{vi} se réduirait à $p + p' + p'' + p''' + p^{\text{iv}} + p^{\text{v}} + p^{\text{vi}}$, quantité égale à -1.

Il est nécessaire aussi de rapporter le tableau des valeurs de A, comme il suit :

$$\begin{aligned}A\ &= \alpha + \eta R^2 + \zeta R^4 + \varepsilon R^6 + \delta R^8 + \gamma R^{10} + \beta R^{12} \\ A'\ &= \alpha + \eta R^4 + \zeta R^8 + \varepsilon R^{12} + \delta R^{16} + \gamma R^{20} + \beta R^{24} \\ A''\ &= \alpha + \eta R^6 + \zeta R^{12} + \varepsilon R^{18} + \delta R^{24} + \gamma R^{30} + \beta R^{36} \\ A'''\ &= \alpha + \eta R^8 + \zeta R^{16} + \varepsilon R^{24} + \delta R^{32} + \gamma R^{40} + \beta R^{48} \\ A^{\text{iv}} &= \alpha + \eta R^{10} + \zeta R^{20} + \varepsilon R^{30} + \delta R^{40} + \gamma R^{50} + \beta R^{60} \\ A^{\text{v}}\ &= \alpha + \eta R^{12} + \zeta R^{24} + \varepsilon R^{36} + \delta R^{48} + \gamma R^{60} + \beta R^{72}.\end{aligned}$$

(564) Cela posé l'équation $T^2 = AT'$, dans laquelle on mettra successivement R^2, R^3, R^4, R^5, R^6 au lieu de R, fournira les six équations suivantes :

$$T^2 = AT',\ T'^2 = A'T''',\ T''^2 = A''T^{v},\ T'''^2 = A'''T,\ T^{iv\,2} = A^{iv}T'',$$
$$T^{v\,2} = A^{v}T^{iv}.$$

Si on multiplie ensuite les valeurs de T et T^{v}, on aura

$$TT^{v} = \int p^2 + R\int pp' + R^2\int pp'' + R^3\int pp''' + R^4\int pp^{iv} + R^5\int pp^{v} + R^6\int pp^{vi}.$$

Mais on a en général $\int p^2 = n - m$, $\int pp' = \int pp'' = \int pp''' = \int pp^{iv} = \int pp^{v} = \int pp^{vi} = -m$. Donc $TT^{v} = n - m(1 + R + R^2 + R^3 + R^4 + R^5 + R^6) = n$. Une semblable analyse donnera $T'T^{iv} = n$ et $T''T''' = n$; d'ailleurs ces deux équations se déduisent aisément de la première $TT^{v} = n$, mise sous la forme $\Phi(R)\Phi\left(\frac{1}{R}\right) = n$, il suffit pour cela de mettre dans celle-ci R^2 et R^3 à la place de R.

Enfin on démontrera comme dans l'art 554 que les quantités T, T', T'', etc. sont toutes de la forme $n^{\frac{1}{2}}(\cos.\varphi + \sqrt{-1}\sin.\varphi)$, de sorte que le module réel de ces quantités imaginaires est constamment $n^{\frac{1}{2}}$.

Il en est de même des quantités A, A', etc., ce qu'on peut démontrer directement; mais ces propriétés peuvent être déduites de celles des polynomes T. En effet, si on multiplie entre elles les deux équations $T^2 = AT'$, $T^{v\,2} = A^{v}T^{iv}$, on aura $(TT^{v})^2 = AA^{v}T'T^{iv}$, ou $n^2 = nAA^{v}$; donc $AA^{v} = n$; on trouvera de même $A'A^{iv} = n$ et $A''A''' = n$. Enfin de ce qu'on peut supposer $T = n^{\frac{1}{2}}(\cos.\varphi + \sqrt{-1}\sin.\varphi)$, $T' = n^{\frac{1}{2}}(\cos.\varphi' + \sqrt{-1}\sin.\varphi')$, il s'ensuit qu'on a $\frac{T^2}{T'}$ ou $A = n^{\frac{1}{2}}[\cos.(2\varphi - \varphi') + \sqrt{-1}\sin.(2\varphi - \varphi')]$, et ainsi le module réel de A est encore $n^{\frac{1}{2}}$, ce qui a également lieu pour les autres quantités analogues A', A'', etc.

(565) Voyons maintenant comment on peut exprimer la valeur de T en fonction des quantités A. Nous aurons d'abord $T^4 = A^2T'^2 = A^2A'T'''$; de là $T^8 = A^4A'^2T'''^2 = A^4A'^2A'''T$, ou $T^7 = A^4A'^2A'''$,

ainsi le polynome T peut s'exprimer par les quantités A qui sont fonctions de R seule.

Si on fait $\frac{2k\pi}{7}=\mu$, k étant l'un des nombres 1, 2, 3, 4, 5, 6 à volonté, on aura

$$\begin{aligned}
R &= \cos.\mu + \sqrt{-1}\sin.\mu \\
R^2 &= \cos.2\mu + \sqrt{-1}\sin.2\mu \\
R^3 &= \cos.3\mu + \sqrt{-1}\sin.3\mu \\
R^4 &= \cos.3\mu - \sqrt{-1}\sin.3\mu \\
R^5 &= \cos.2\mu - \sqrt{-1}\sin.2\mu \\
R^6 &= \cos.\mu - \sqrt{-1}\sin.\mu.
\end{aligned}$$

Et comme l'équation $R^7-1=0$ dégagée du facteur $R-1$, n'est autre chose que $0=1+R+R^2+R^3+R^4+R^5+R^6$, l'angle μ satisfera à l'équation

$$0=1+2\cos.\mu+2\cos.2\mu+2\cos.3\mu,$$

ou en faisant $2\cos.\mu=x$,

$$0=x^3+x^2-2x-1,$$

et les trois racines de cette équation seront $2\cos.\mu$, $2\cos.2\mu$, $2\cos.3\mu$, dont une positive et deux négatives.

Si l'on fait par exemple $k=1$, on aura par approximation

$$\begin{aligned}
2\cos.\mu &= \frac{63889}{51235} = 1.24697\,96037 \\
2\cos.2\mu &= -\frac{51235}{115124} = -0.44504\,18678 \\
2\cos.3\mu &= -\frac{115124}{63889} = -1.80193\,77362
\end{aligned}$$

Substituant les valeurs de R et de ses puissances dans la formule $A=\alpha+\eta R^2+\zeta R^4+\text{etc.}=n^{\frac{1}{2}}(\cos.\theta+\sqrt{-1}\sin.\theta)$, on aura pour déterminer l'angle θ les équations

$$n^{\frac{1}{2}}\cos.\theta = \alpha + (\eta + \beta)\cos.2\mu + (\zeta + \gamma)\cos.3\mu + (\varepsilon + \delta)\cos.\mu$$
$$n^{\frac{1}{2}}\sin.\theta = \qquad (\eta - \beta)\sin.2\mu + (\gamma - \zeta)\sin.3\mu + (\delta - \varepsilon)\sin.\mu.$$

Semblablement si l'on fait $A' = n^{\frac{1}{2}}(\cos.\theta' + \sqrt{-1}\sin.\theta')$, $A'' = n^{\frac{1}{2}}(\cos.\theta'' + \sqrt{-1}\sin.\theta'')$, $A''' = n^{\frac{1}{2}}(\cos.\theta'' - \sqrt{-1}\sin.\theta'')$; on aura pour déterminer θ' et θ'' des équations qui se déduisent des précédentes en mettant successivement 2μ et 3μ à la place de μ, ce qui donnera

$$n^{\frac{1}{2}}\cos.\theta' = \alpha + (\eta + \beta)\cos.3\mu + (\zeta + \gamma)\cos.\mu + (\varepsilon + \delta)\cos.2\mu$$
$$n^{\frac{1}{2}}\sin.\theta' = -(\eta - \beta)\sin.3\mu - (\gamma - \zeta)\sin.\mu + (\delta - \varepsilon)\sin.2\mu$$
$$n^{\frac{1}{2}}\cos.\theta'' = \alpha + (\eta + \beta)\cos.\mu + (\zeta + \gamma)\cos.2\mu + (\varepsilon + \delta)\cos.3\mu$$
$$n^{\frac{1}{2}}\sin.\theta'' = -(\eta - \beta)\sin.\mu + (\gamma - \zeta)\sin.2\mu + (\delta - \varepsilon)\sin.3\mu.$$

Ces trois angles étant ainsi déterminés de 0° à 360°, la substitution des valeurs de A dans l'équation $T^7 = A^4 A'^2 A'''$, donnera

$$T^7 = n^{\frac{7}{2}}[\cos.(4\theta + 2\theta' - \theta'') + \sqrt{-1}\sin.(4\theta + 2\theta' - \theta'')].$$

Ainsi en faisant $\omega = \frac{4\theta + 2\theta' - \theta''}{7}$, on aura

$$T = n^{\frac{1}{2}}(\cos.\omega + \sqrt{-1}\sin.\omega),$$

et l'on remarquera que dans cette valeur qui en renferme implicitement sept, on peut augmenter ω graduellement de $\frac{2\pi}{7}$, $\frac{4\pi}{7}$, $\frac{6\pi}{7}$, $\frac{8\pi}{7}$, $\frac{10\pi}{7}$, $\frac{12\pi}{7}$.

(566) Il faut maintenant d'après la valeur de T déterminer, sans aucune ambiguité, les valeurs de T', T'', T''', T^{iv}, T^{v}. Pour cela nous avons les équations $T' = \frac{T^2}{A}$, $T''' = \frac{T'^2}{A'}$, $T'' = \frac{n}{T'''}$, $T^{\text{iv}} = \frac{n}{T'}$, $T^{\text{v}} = \frac{n}{T}$, d'où l'on tire

$$T' = n^{\frac{1}{2}}[\cos.(2\omega - \theta) + \sqrt{-1}\sin.(2\omega - \theta)]$$
$$T''' = n^{\frac{1}{2}}[\cos.(4\omega - 2\theta - \theta') + \sqrt{-1}\sin.(4\omega - 2\theta - \theta')]$$
$$T'' = n^{\frac{1}{2}}[\cos.(4\omega - 2\theta - \theta') - \sqrt{-1}\sin.(4\omega - 2\theta - \theta')]$$
$$T^{\text{iv}} = n^{\frac{1}{2}}[\cos.(2\omega - \theta) - \sqrt{-1}\sin.(2\omega - \theta)]$$
$$T^{\text{v}} = n^{\frac{1}{2}}[\cos\omega - \sqrt{-1}\sin.\omega].$$

Mais en ajoutant toutes les valeurs de T, T' jusqu'à T^{vi} ou -1, on a $-1 + T + T' + T'' + T''' + T^{\text{iv}} + T^{\text{v}} = 7p$; donc

$$p = -\frac{1}{7} + \frac{2n^{\frac{1}{2}}}{7}[\cos.\omega + \cos.(2\omega - \theta) + \cos.(4\omega - 2\theta - \theta')]$$

Cette formule servira en même temps à trouver les six autres valeurs de p, il suffira pour cela de mettre successivement pour ω, $\omega + \frac{2\pi}{7}$, $\omega + \frac{4\pi}{7}, \ldots \omega + \frac{12\pi}{7}$.

Dans les applications aux valeurs particulières de n, il faudra déterminer par les voies ordinaires les coefficients $\alpha, \beta, \gamma \ldots \eta$, ce qui se fait au moyen d'une valeur de la racine primitive g qu'on choisira à volonté.

(567) Nous remarquerons encore que les équations trouvées fournissent trois équations de condition entre les sept coefficients $\alpha, \beta, \gamma \ldots \eta$, outre l'équation connue $-1 = \alpha + \beta + \gamma + \delta + \varepsilon + \zeta + \eta$. En effet, si on élève au carré les valeurs trouvées pour $n^{\frac{1}{2}}\cos.\theta$, $n^{\frac{1}{2}}\sin.\theta$, on trouvera, en ajoutant ces deux carrés, l'équation de condition :

$$n = L + 2M\cos.\mu + 2N\cos.2\mu + 2P\cos.3\mu,$$

dans laquelle

$$L = \alpha^2 + \beta^2 + \gamma^2 + \delta^2 + \varepsilon^2 + \zeta^2 + \eta^2 = \int \alpha^2$$
$$M = \alpha\delta + \beta\varepsilon + \gamma\zeta + \delta\eta + \varepsilon\alpha + \zeta\beta + \eta\gamma = \int \alpha\delta$$
$$N = \alpha\beta + \beta\gamma + \gamma\delta + \delta\varepsilon + \varepsilon\zeta + \zeta\eta + \eta\alpha = \int \alpha\beta$$
$$P = \alpha\gamma + \beta\delta + \gamma\varepsilon + \delta\zeta + \varepsilon\eta + \zeta\alpha + \eta\beta = \int \alpha\gamma,$$

et il faut remarquer que $L + 2M + 2N + 2P$ est le carré de $\alpha + \beta + \gamma + \delta + \varepsilon + \zeta + \eta$, quantité égale à -1, et qu'ainsi on a

$$1 = L + 2M + 2N + 2P.$$

On peut ensuite dans notre équation changer μ en 2μ, ce qui donnera le résultat qu'on déduirait des valeurs de $n^{\frac{1}{2}}\cos.\theta'$ et $n^{\frac{1}{2}}\sin.\theta'$, de même qu'on peut changer μ en 3μ, ce qui donnera le résultat dû à l'élimination de θ''. Donc on aura les deux autres équations

$$n = L + 2M\cos.2\mu + 2N\cos.3\mu + 2P\cos.\mu$$
$$n = L + 2M\cos.3\mu + 2N\cos.\mu + 2P\cos.2\mu.$$

Maintenant si on met à la place de $2\cos.3\mu$ sa valeur $-1 - 2\cos.\mu - 2\cos.2\mu$, on aura

$$n = L - P + 2(M - P)\cos.\mu + 2(N - P)\cos.2\mu.$$

Et parce que les quantités $\cos.\mu$, $\cos.2\mu$, sont des irrationnelles non-réductibles l'une de l'autre, il faut pour que cette équation subsiste qu'on ait $M = P$, $N = P$; ainsi on aura $n = L - M$, d'ailleurs nous avons trouvé $1 = L + 2M + 2N + 2P$, donc $1 = L + 6M$, ou $L = 1 - 6M$, ce qui donne $n = 1 - 7M$; donc $M = N = P = -m$, et $L = 1 + 6m$. On aura donc les quatre équations de condition :

$$1 + 6m = \alpha^2 + \beta^2 + \gamma^2 + \delta^2 + \varepsilon^2 + \zeta^2 + \eta^2 = \int \alpha^2$$
$$-m = \alpha\beta + \beta\gamma + \gamma\delta + \delta\varepsilon + \varepsilon\zeta + \zeta\eta + \eta\alpha = \int \alpha\beta$$
$$-m = \alpha\gamma + \beta\delta + \gamma\varepsilon + \delta\zeta + \varepsilon\eta + \zeta\alpha + \eta\beta = \int \alpha\gamma$$
$$-m = \alpha\delta + \beta\varepsilon + \gamma\zeta + \delta\eta + \varepsilon\alpha + \zeta\beta + \eta\gamma = \int \alpha\delta.$$

au moyen desquelles l'équation $\alpha + \beta + \gamma + \delta + \varepsilon + \zeta + \eta = -1$ se trouve exprimée et ne fournit pas une nouvelle équation.

On voit aussi par la première équation que la plus grande des quantités $\alpha, \beta, \gamma \ldots \eta$, est $< \sqrt{(1 + 6m)}$ et $> \sqrt{\left(\frac{1 + 6m}{7}\right)}$.

(568) Ayant développé suffisamment la nouvelle méthode de ré-

duction pour les cas généraux de $n=5m+1$ et $n=7m+1$, il nous paraît inutile de pousser plus loin ces applications, et on voit que, quel que soit le nombre premier k, compris dans la valeur $n=km+1$, on parviendra toujours à résoudre aussi simplement qu'il est possible, l'équation auxiliaire du degré k qui a pour racines les périodes de m termes dans lesquelles se partage la période $(n-1, 1)$ comprenant toutes les racines de l'équation proposée $X=0$.

L'équation auxiliaire du 3e degré qui a lieu lorsque $n=3m+1$, et dont nous avons donné le type général (art. 514), étant facile à traiter par les méthodes ordinaires, nous n'avons pas cru devoir nous en occuper jusqu'à présent. Cependant, pour mettre plus d'uniformité dans cette théorie, il ne sera pas inutile d'appliquer aussi à cette équation notre méthode générale de réduction.

(569) L'équation à résoudre pour le cas de $n=3m+1$, est

$$p^3+p^2-mp+\tfrac{1}{3}(m^2-nC)=0.$$

Il faut pour déterminer C mettre $4n$ sous la forme $4n=a^2+27b^2$, comme cela est toujours possible, et on aura $C=\frac{n+1\pm a}{9}$, le signe ambigu étant déterminé de manière que $\frac{2\pm a}{3}$ soit un entier.

Cela posé, désignant par p, p', p'', les racines de l'équation précédente si on fait suivant la méthode générale,

$$T=p+p'R+p''R^2$$
$$\text{et } T'=p+p'R^2+p''R^4,$$

R étant une racine imaginaire de l'équation $R^3-1=0$, on supposera

$$T^2=a+bR^2+cR^4,$$

et on aura

$$a=p^2+2p'p'',\ b=p'^2+2p''p,\ c=p''^2+2pp'.$$

Il faudra à l'ordinaire réduire le coefficient a à la forme linéaire.

$$a=\alpha p+\beta p'+\gamma p'';$$

et de cette valeur de a, on déduira celles des deux autres coefficients b et c, en avançant successivement d'un rang les quantités p et regardant p''' comme égal à p.

Si on ordonne ensuite la valeur de T^2 par rapport à p, et qu'on fasse

$$A = \alpha + \gamma R^2 + \beta R^4$$
$$A' = \alpha + \gamma R^4 + \beta R^8,$$

on aura

$$T^2 = AT' \text{ et } T'^2 = A'T.$$

Enfin on trouvera par les moyens déja indiqués

$$TT' = n,$$

ce qui prouve qu'on peut faire à-la-fois

$$T = n^{\frac{1}{2}}(\cos.\omega + \sqrt{-1}\sin.\omega)$$
$$T' = n^{\frac{1}{2}}(\cos.\omega - \sqrt{-1}\sin.\omega).$$

Maintenant des deux équations $T^2 = AT'$, $T'^2 = A'T$, on tire $(TT')^2 = AA'T'T$, et par conséquent

$$AA' = TT' = n,$$

ce qui permet de supposer à-la-fois

$$A = n^{\frac{1}{2}}(\cos.\theta + \sqrt{-1}\sin.\theta)$$
$$A' = n^{\frac{1}{2}}(\cos.\theta - \sqrt{-1}\sin.\theta).$$

Mais des deux équations $T^2 = AT'$, $T'^2 = A'T$, on tire encore $T^4 = A^2T'^2 = A^2A'T$, ou

$$T^3 = A^2A' = nA.$$

Ainsi dès que A sera connu on aura immédiatement la valeur de T.

Or si on appelle μ l'angle $\frac{2k\pi}{3}$, k étant 1 ou 2, on aura

$$R = \cos.\mu + \sqrt{-1}\sin.\mu$$
$$R^2 = \cos.\mu - \sqrt{-1}\sin.\mu.$$

L'équation $o = 1 + R + R^2$ donnera donc $o = 1 + 2\cos.\mu$ ou.. $\cos.\mu = -\frac{1}{2}$, et on aura également $\cos.2\mu = -\frac{1}{2}$.

Substituant les valeurs de R et de R^2 dans l'équation $A = \alpha + \gamma R^2 + \beta R^4, = n^{\frac{1}{2}}(\cos.\theta + \sqrt{-1}\sin.\theta)$, on aura pour déterminer θ les deux équations :

$$n^{\frac{1}{2}}\cos.\theta = \alpha + (\gamma + \beta)\cos.\mu = \alpha - \tfrac{1}{2}(\gamma + \beta)$$

$$n^{\frac{1}{2}}\sin.\theta = (\beta - \gamma)\sin.\mu;$$

et parce qu'on a toujours $\alpha + \beta + \gamma = -1$, la première équation donne $n^{\frac{1}{2}}\cos.\theta = \frac{1}{2}(1 + 3\alpha)$. Mais au moyen des valeurs linéaires de p^2 et de pp', on trouve en général $\alpha = 3C - m - 1$; donc $n^{\frac{1}{2}}\cos.\theta = \frac{1}{2}(9C - n - 1) = \pm\frac{1}{2}a$, ou $\cos.\theta = \pm\frac{a}{2n^{\frac{1}{2}}}$.

Dans cette valeur de $\cos.\theta$ le signe $\pm$ n'est pas arbitraire; il est déterminé par la condition que $n + 1 \pm a$ soit divisible par 9; ainsi il n'y aura à choisir qu'entre les deux valeurs θ et $-\theta$, ou entre θ et $2\pi - \theta$; mais l'autre équation $n^{\frac{1}{2}}\sin.\theta = (\beta - \gamma)\sin.\mu$ qui détermine le signe de $\sin.\theta$, fera connaître celle des deux valeurs qui doit être admise.

(570) L'angle θ étant ainsi déterminé par le concours des valeurs de $\cos.\theta$ et $\sin.\theta$, l'équation $T^3 = nA = n^{\frac{3}{2}}(\cos.\theta + \sqrt{-1}\sin.\theta)$, combinée avec l'équation $TT' = n$, donnera les deux valeurs

$$T = n^{\frac{1}{2}}(\cos.\tfrac{1}{3}\theta + \sqrt{-1}\sin.\tfrac{1}{3}\theta)$$

$$T' = n^{\frac{1}{2}}(\cos.\tfrac{1}{3}\theta - \sqrt{-1}\sin.\tfrac{1}{3}\theta).$$

Mais en ajoutant les trois équations

$$-1 = p + p' + p''$$

$$T = p + p'R + p''R^2$$

$$T' = p + p'R^2 + p''R^4,$$

on a $3p = -1 + T + T'$, donc

$$p = -\frac{1}{3} + \frac{2n^{\frac{1}{2}}}{3}\cos.\frac{1}{3}\theta;$$

et parce qu'à la place de θ on peut mettre successivement $\theta + 2\pi$ et $\theta + 4\pi$, les trois racines de l'équation à résoudre seront ainsi exprimées

$$p = -\frac{1}{3} + \frac{2n^{\frac{1}{2}}}{3}\cos.\frac{\theta}{3}$$

$$p = -\frac{1}{3} + \frac{2n^{\frac{1}{2}}}{3}\cos.\frac{\theta + 2\pi}{3}$$

$$p = -\frac{1}{3} + \frac{2n^{\frac{1}{2}}}{3}\cos.\frac{\theta + 4\pi}{3}.$$

(571) Nous avons dit que la même solution se trouverait plus promptement par la méthode ordinaire. En effet, si dans l'équation proposée on fait $p = \frac{x-1}{3}$, on aura la transformée

$$x^3 - 3nx \mp na = 0,$$

d'où l'on déduit par la formule de Cardan,

$$x = \sqrt[3]{\left[\pm\frac{na}{2} + \frac{n}{2}b\sqrt{-b}\right]} + \sqrt[3]{\left[\pm\frac{na}{2} - \frac{n}{2}b\sqrt{-b}\right]}.$$

Soit donc $\pm\frac{a}{2} = n^{\frac{1}{2}}\cos.\theta$, $\frac{b\sqrt{b}}{2} = n^{\frac{1}{2}}\sin.\theta$, on aura

$$x = \sqrt[3]{[n^{\frac{3}{2}}(\cos.\theta + \sqrt{-1}\sin.\theta)]} + \sqrt[3]{[n^{\frac{3}{2}}(\cos.\theta - \sqrt{-1}\sin.\theta)]},$$

ou $x = 2n^{\frac{1}{2}}\cos.\frac{1}{3}\theta$, ce qui s'accorde avec le résultat précédent.

Soit par exemple $n = 991$, l'équation à résoudre sera (art. 515),

$$p^3 + p^2 - 330p - 2349 = 0;$$

alors on aura $4n = 61^2 + 27.3^2$, ce qui donne $a = 61$, $b = 31$, et comme a doit être pris avec le signe + pour que $n + 1 + a$ soit divisible par 9, il faudra faire $\cos.\theta = \frac{61}{2\sqrt{(991)}}$, et les racines de l'équation dont il s'agit seront :

$$p = -\frac{1}{3} + \frac{2n^{\frac{1}{3}}}{3}\cos.\frac{\theta}{3}$$

$$p' = -\frac{1}{3} + \frac{2n^{\frac{1}{3}}}{3}\cos.\frac{\theta + 2\pi}{3}$$

$$p'' = -\frac{1}{3} + \frac{2n^{\frac{1}{3}}}{3}\cos.\frac{\theta + 4\pi}{3}.$$

Cette équation aura en outre la propriété qu'une racine p étant donnée, les deux autres p' et p'' peuvent s'exprimer rationnellement par les formules

$$p' = \frac{-117 - 12p}{p + 9}, \quad p'' = \frac{-117 - 9p}{p + 12}.$$

(572) Nous avons vu qu'après avoir résolu l'équation en p du degré k, on a à résoudre successivement les k équations en q du degré k', puis les kk' équations en r du degré k'', et ainsi de suite jusqu'à ce qu'on parvienne aux équations qui embrassent les $\frac{n-1}{2}$ périodes de deux termes.

Dans ces auxiliaires successives des degrés k', k'', etc., les coefficients s'exprimeront toujours d'une manière linéaire par les racines de l'équation précédente, et on pourra appliquer à chacune d'entre elles la méthode de réduction que nous avons exposée pour la résolution de l'équation en p. Mais on voit que les formules se compliquent beaucoup, s'il y a plusieurs degrés d'auxiliaires, selon le nombre des facteurs de $n-1$; elles donneraient lieu aussi à des ambiguités qui augmenteraient en passant d'une auxiliaire à la suivante, de sorte qu'il sera très-difficile de parvenir par cette voie au résultat final qui donne la valeur de chaque période de deux termes représentée par $x^{\mu} + x^{-\mu}$ ou par la quantité réelle $2\cos.\frac{2\mu\pi}{n}$.

Heureusement qu'on peut se dispenser de résoudre successivement les différentes auxiliaires, et qu'il y a un moyen beaucoup plus simple de parvenir directement au résultat désiré. Il consiste à considérer tout d'un coup l'équation en p du degré $\frac{n-1}{2}$ qui a pour racines les $\frac{n-1}{2}$ périodes à deux termes représentées par $r^{\mu}+r^{-\mu}$ ou par $2\cos.\frac{2\mu\pi}{n}$. Cette équation dont tous les coefficients sont des nombres entiers connus, se résoudra par la même méthode de réduction que nous avons appliquée aux valeurs $k=5$, 7, 3, et les formules géuérales qu'on en déduira seront infiniment plus simples que celles qu'on obtiendrait par la résolution des auxiliaires successives. C'est ce que nous allons faire voir dans le paragraphe suivant.

§ V. *Méthode pour parvenir à la résolution générale de l'équation* $X=0$.

(573) Au moyen de la substitution $x+\frac{1}{x}=p$, l'équation $X=0$, qui est du degré $n-1=2k$, peut être réduite à une équation du degré k, savoir :

$$\text{(A)}\quad 0=\begin{cases} p^{k}-(k-1)p^{k-2}+\frac{k-2.k-3}{1.2}p^{k-4}-\frac{k-3.k-4.k-5}{1.2.3}p^{k-6}+\text{etc.} \\ +p^{k-1}-(k-2)p^{k-3}+\frac{k-3.k-4}{1.2}p^{k-5}-\frac{k-4.k-5.k-6}{1.2.3}p^{k-7}+\text{etc.} \end{cases}$$

En effet désignons par P_k le polynome

$$p^{k}-(k-1)p^{k-2}+\frac{k-2.k-3}{1.2}p^{k-4}-\frac{k-3.k-4.k-5}{1.2.3}p^{k-6}+\text{etc.}$$

qui devra être borné au nombre de termes $\frac{k+2}{2}$ ou $\frac{k+1}{2}$, selon que k est pair ou impair; si on forme semblablement les polynomes P_{k-1} et P_{k-2}, en mettant $k-1$ et $k-2$ à la place de k, il est facile de voir qu'on aura en général

$$P_k=pP_{k-1}-P_{k-2},$$

de sorte que la suite infinie $P_0+P_1z+P_2z^2\ldots+P_kz^k+$ etc., sera une suite récurrente formée par le développement d'une fraction dont le dénominateur est $1-pz+z^2$; d'ailleurs comme on a $p=x+x^{-1}$, ce dénominateur sera le produit des deux facteurs $(1-xz)(1-x^{-1}z)$; d'où il suit que le terme général P_k peut être ainsi exprimé :

$$P_k=\alpha x^k+\beta x^{-k},$$

α et β étant des constantes.

Mais si l'on fait successivement $k=0$ et $k=1$ ce qui donne $P_0=1$, et $P_1=p=x+x^{-1}$, on aura pour déterminer α et β, les deux équations

$$1=\alpha+\beta$$
$$x+x^{-1}=\alpha x+\beta x^{-1},$$

d'où résulte $\alpha=-\frac{x^2}{1-x^2}$, $\beta=\frac{1}{1-x^2}$. Donc on a

$$P_k=\frac{x^{-k}-x^{k+2}}{1-x^2}$$
$$P_{k-1}=\frac{x^{-k+1}-x^{k+1}}{1-x^2};$$

et enfin $P_k+P_{k-1}=x^{-k}\cdot\frac{1-x^{2k+1}}{1-x}=x^{-k}X$. Donc l'équation $X=0$ est représentée généralement par une équation en p du degré k, laquelle est $P_k+P_{k-1}=0$.

(574) Maintenant il faut appliquer à l'équation (A) où l'on a $k=\frac{n-1}{2}$, la même méthode de réduction dont nous avons donné divers exemples dans le paragraphe précédent. Mais cette méthode, déja sujette à quelques modifications lorsque k n'est pas un nombre premier, exige des changements assez notables, lorsque k est un nombre pair et surtout lorsque ce nombre a plusieurs diviseurs. C'est pourquoi nous allons considérer successivement diverses valeurs de n, choisies de manière que les différents exemples dont nous donnerons la solution, réunissent à peu près toutes les difficultés qui peuvent se présenter dans tout autre cas proposé.

Exemple I. $n=31$, $k=15$.

(575) Alors l'équation en p qu'il s'agit de résoudre sera

$$0=\left\{\begin{array}{l} p^{15}-14p^{13}+78p^{11}-220p^9+330p^7-252p^5+84p^3-8p \\ +p^{14}-13p^{12}+66p^{10}-165p^8+210p^6-126p^4+28p^2-1, \end{array}\right.$$

et on sait *a priori* que toutes ses racines sont réelles et de la forme $p=2\cos.\frac{2i\pi}{31}$.

Si l'on prend pour racine primitive de 31 le nombre $g=3$, les différentes racines de notre équation seront ainsi exprimées, suivant l'ordre qui leur est assigné par les valeurs $p=(2,1)$, $p'=(2,g)$, $p''=(2,g^2)$, etc.

$$\begin{array}{lll} p=r^1+r^{-1} & p^{\mathrm{v}}=r^5+r^{-5} & p^{\mathrm{x}}=r^6+r^{-6} \\ p'=r^3+r^{-3} & p^{\mathrm{vi}}=r^{15}+r^{-15} & p^{\mathrm{xi}}=r^{13}+r^{-13} \\ p''=r^9+r^{-9} & p^{\mathrm{vii}}=r^{14}+r^{-14} & p^{\mathrm{xii}}=r^8+r^{-8} \\ p'''=r^4+r^{-4} & p^{\mathrm{viii}}=r^{11}+r^{-11} & p^{\mathrm{xiii}}=r^7+r^{-7} \\ p^{\mathrm{iv}}=r^{12}+r^{-12} & p^{\mathrm{ix}}=r^2+r^{-2} & p^{\mathrm{xiv}}=r^{10}+r^{-10}. \end{array}$$

D'après ces valeurs il faut réduire à la forme linéaire le coefficient

$$a=p^2+2p'p^{\mathrm{xiv}}+2p''p^{\mathrm{xiii}}+2p'''p^{\mathrm{xii}}+2p^{\mathrm{iv}}p^{\mathrm{xi}}$$
$$+2p^{\mathrm{v}}p^{\mathrm{x}}+2p^{\mathrm{vi}}p^{\mathrm{ix}}+2p^{\mathrm{vii}}p^{\mathrm{viii}}.$$

Or on trouve immédiatement la valeur développée des différents termes qui composent le second membre, savoir :

$$\begin{array}{ll} p^2=2+p^{\mathrm{ix}} & p^{\mathrm{iv}}p^{\mathrm{xi}}=p+p^{\mathrm{x}} \\ p'p^{\mathrm{xiv}}=p^{\mathrm{xi}}+p^{\mathrm{xiii}} & p^{\mathrm{v}}p^{\mathrm{x}}=p+p^{\mathrm{viii}} \\ p''p^{\mathrm{xiii}}=p^{\mathrm{vi}}+p^{\mathrm{ix}} & p^{\mathrm{vi}}p^{\mathrm{ix}}=p^{\mathrm{vii}}+p^{\mathrm{xi}} \\ p'''p^{\mathrm{xii}}=p'''+p^{\mathrm{iv}} & p^{\mathrm{vii}}p^{\mathrm{viii}}=p'+p^{\mathrm{x}}. \end{array}$$

De là on déduit

$$a=2+4p+2p'+2p'''+2p^{\mathrm{v}}+2p^{\mathrm{vi}}+2p^{\mathrm{vii}}+3p^{\mathrm{ix}}+4p^{\mathrm{x}}$$
$$+4p^{\mathrm{xi}}+2p^{\mathrm{xiii}},$$

ou en mettant au lieu de 2 sa valeur $-2p-2p'-2p''$, etc.,

$$a=2p-2p''-2p^{\mathrm{v}}+p^{\mathrm{ix}}+2p^{\mathrm{x}}+2p^{\mathrm{xi}}-2p^{\mathrm{xii}}-2p^{\mathrm{xiv}}.$$

(576) Soit R une racine imaginaire de l'équation $R^{15}-1=0$, prise parmi celles qui ont la propriété de produire par leurs puis-

sances successives R^2, R^3, R^4, etc., toutes les autres racines de la même équation. On peut prendre $R = \cos.\frac{2\pi}{15} + \sqrt{-1}\sin.\frac{2\pi}{15}$, ou en général $R = \cos.\frac{2k\pi}{15} + \sqrt{-1}\sin.\frac{2k\pi}{15}$, k étant un des huit nombres plus petits que 15 et premiers à 15. Nous avons vu que la fonction A qui entre dans l'équation $T^2 = AT'$, peut se déduire de la valeur linéaire qu'on vient de trouver pour le coefficient a, il suffit pour cela de changer chaque terme p^μ en $R^{30-2\mu}$, ce qui donnera

$$(1)\qquad A = 2 - 2R^2 - 2R^6 + 2R^8 + 2R^{14} + R^{12} - 2R^{20} - 2R^{26}.$$

Ayant donc fait à l'ordinaire

$$(2)\qquad T = p + p'R + p''R^2 + p'''R^3 \ldots + p^{xiv}R^{14},$$

on aura l'équation $T^2 = AT'$ qui en fournit plusieurs autres très-utiles pour la solution de notre problème; car il faut se rappeler que nous avons désigné par T', T'', T''', etc. ce que devient le polynome T lorsqu'on y substitue successivement R^2, R^3, R^4, etc. à la place de R. De même A', A'', A''', etc. sont ce que devient le polynome A, déterminé par l'équation (1), en y substituant R^2, R^3, R^4, etc. à la place de R.

Cela posé l'équation $T^2 = AT'$ et celles qu'on en peut déduire composent la série suivante :

$$(3)\qquad \begin{array}{l} T^2 = AT',\ T'^2 = A'T''',\ T''^2 = A''T^{v},\ T'''^2 = A'''T^{vii} \\ T^{iv\,2} = A^{iv}T^{ix},\ T^{v\,2} = A^{v}T^{xi},\ T^{vi\,2} = A^{vi}T^{xiii},\ T^{vii\,2} = A^{vii}T, \\ T^{viii\,2} = A^{viii}T^{ii},\ T^{ix\,2} = A^{ix}T^{iv},\ T^{x\,2} = A^{x}T^{vi},\ T^{xi\,2} = A^{xi}T^{viii} \\ T^{xii\,2} = A^{xii}T^{x},\ T^{xiii\,2} = A^{xiii}T^{xii}. \end{array}$$

D'ailleurs on démontrera aisément comme dans le § précédent, que les fonctions T satisfont à l'équation $T^{i}T^{13-i} = n$, et qu'il en est de même des fonctions A, de sorte qu'on a cette double série d'équations

$$n = TT^{xiii} = T'T^{xii} = T''T^{xi} = T'''T^{x} = T^{iv}T^{ix} = T^{v}T^{viii} = T^{vi}T^{vii}$$
$$n = AA^{xiii} = A'A^{xii} = A''A^{xi} = A'''A^{x} = A^{iv}A^{ix} = A^{v}A^{viii} = A^{vi}A^{vii}.$$

Ces équations contiennent les principaux éléments de la solution générale que nous allons développer.

(577) Il faut d'abord procéder à la détermination des angles θ, θ', θ'', etc. qui donnent les valeurs des quantités A, A', A'', etc., suivant la formule générale

$$A^{(m)} = n^{\frac{1}{2}}(\cos.\theta^{(m)} + \sqrt{-1}\sin.\theta^{(m)}).$$

Pour cela ayant déja fait $R = \cos.\mu + \sqrt{-1}\sin.\mu$, et $\mu = \frac{2\pi}{15} = 24°$, nous savons que $A^{(m)}$ se déduit de A en mettant R^{m+1} au lieu de R dans l'expression de A; ainsi on aura en général, d'après l'équation (1):

$$A^{(m)} = 2 - 2R^{2m+2} - 2R^{6m+6} + 2R^{8m+8} + 2R^{10m+10} + R^{12m+12} - 2R^{20m+20} - 2R^{26m+26},$$

formule qui, à cause de $R^{15} = 1$, se réduit à la suivante:

(5) $$A^{(m)} = 2 - 2R^{2m+2} - 2R^{6m+6} + 2R^{8m+8} + 2R^{10m+10} + R^{12m+12} - 2R^{5m+5} - 2R^{11m+11}.$$

De là on tirera deux équations générales pour déterminer l'angle $\theta^{(m)}$, savoir:

$$n^{\frac{1}{2}}\cos.\theta^{(m)} = 2 - 2\cos.(2m+2)\mu - 2\cos.(5m+5)\mu - 2\cos.(6m+6)\mu + 2\cos.(8m+8)\mu + 2\cos.(10m+10)\mu - 2\cos.(11m+11)\mu + \cos.(12m+12)\mu$$

$$n^{\frac{1}{2}}\sin.\theta^{(m)} = -2\sin.(2m+2)\mu - 2\sin.(5m+5)\mu - 2\sin.(6m+6)\mu + 2\sin.(8m+8)\mu + 2\sin.(10m+10)\mu - 2\sin.(11m+11)\mu + \sin.(12m+12)\mu.$$

Mais puisque $15\mu = 2\pi$, on a en général $\cos.(15a \pm b)\mu = \cos.b\mu$

et $\sin.(15a \pm b)\mu = \pm \sin.b\mu$, ce qui réduit ces deux équations à la forme suivante :

$$n^{\frac{1}{2}}\cos.\theta^{(m)} = 2 - 2\cos.(2m+2)\mu + \cos.(3m+3)\mu - 2\cos.(4m+4)\mu$$
$$- 2\cos.(6m+6)\mu + 2\cos.(7m+7)\mu$$

$$n^{\frac{1}{2}}\sin.\theta^{(m)} = -2\sin.(2m+2)\mu - \sin.(3m+3)\mu + 2\sin.(4m+4)\mu$$
$$- 4\sin.(5m+5)\mu - 2\sin.(6m+6)\mu - 2\sin.(7m+7)\mu.$$

De là résultent les formules particulières

$$n^{\frac{1}{2}}\cos.\theta = 2 - 2\cos.2\mu + \cos.3\mu - 2\cos.4\mu - 2\cos.6\mu + 2\cos.7\mu$$

$$n^{\frac{1}{2}}\sin.\theta = -2\sin.2\mu - \sin.3\mu + 2\sin.4\mu - 4\sin.5\mu - 2\sin.6\mu$$
$$- 2\sin.7\mu$$

$$n^{\frac{1}{2}}\cos.\theta' = 2 - 2\cos.4\mu + \cos.6\mu - 2\cos.7\mu - 2\cos.3\mu + 2\cos.\mu$$

$$n^{\frac{1}{2}}\sin.\theta' = -2\sin.4\mu - \sin.6\mu - 2\sin.7\mu + 4\sin.5\mu + 2\sin.3\mu$$
$$+ 2\sin.\mu$$

$$n^{\frac{1}{2}}\cos.\theta'' = 2 + \cos.6\mu - 4\cos.3\mu$$

$$n^{\frac{1}{2}}\sin.\theta'' = -4\sin.3\mu - 3\sin.6\mu$$

$$n^{\frac{1}{2}}\cos.\theta''' = 2 - 2\cos.\mu + 2\cos.2\mu - \cos.6\mu - 2\cos.7\mu$$

$$n^{\frac{1}{2}}\sin.\theta''' = 2\sin.\mu + 2\sin.2\mu + \sin.3\mu - 4\sin.5\mu + 2\sin.6\mu + 2\sin.7\mu$$

$$n^{\frac{1}{2}}\cos.\theta^{\text{iv}} = 1 - 2\cos.5\mu = 2$$

$$n^{\frac{1}{2}}\sin.\theta^{\text{iv}} = 6\sin.5\mu = 3\sqrt{3}$$

$$n^{\frac{1}{2}}\cos.\theta^{\text{v}} = 2 + \cos.3\mu - 4\cos.6\mu$$

$$n^{\frac{1}{2}}\sin.\theta^{\text{v}} = 3\sin.3\mu - 4\sin.6\mu$$

$$n^{\frac{1}{2}}\cos.\theta^{\text{vi}} = 2 - 2\cos.\mu - 2\cos.2\mu - 2\cos.3\mu + 2\cos.4\mu + \cos.6\mu$$

$$n^{\frac{1}{2}}\sin.\theta^{\text{vi}} = -2\sin.\mu + 2\sin.2\mu - 2\sin.3\mu + 2\sin.4\mu + 4\sin.5\mu$$
$$+ \sin.6\mu.$$

Ces valeurs peuvent se simplifier au moyen des propriétés connues de l'angle $\mu = \frac{2\pi}{15} = 24°$; en effet par ces propriétés on a

$$\cos. 4\mu = \tfrac{1}{2} + \cos. 3\mu - \cos. \mu$$
$$\cos. 5\mu = -\tfrac{1}{2}$$
$$\cos. 6\mu = -\tfrac{1}{2} - \cos. 3\mu \qquad , \sin. 6\mu = \sin. 4\mu - \sin. \mu$$
$$\cos. 7\mu = -\cos. 2\mu - \cos. 3\mu, \ \sin. 7\mu = \sin. 3\mu - \sin. 2\mu.$$

Il en résulte les valeurs suivantes, tant exactes qu'approchées :

$$n^{\frac{1}{2}} \cos. \theta \ = 2 + 2\cos. \mu - 4\cos. 2\mu - \cos. 3\mu \qquad = \ 0.84155\ 14954\ 75$$
$$n^{\frac{1}{2}} \cos. \theta' = \tfrac{1}{2} + 4\cos. \mu + 2\cos. 2\mu - 3\cos. 3\mu \qquad = \ 4.56539\ 20601\ 63$$
$$n^{\frac{1}{2}} \cos. \theta'' = \tfrac{3}{2} - 5\cos. 3\mu \qquad = -0.04508\ 49718\ 75$$
$$n^{\frac{1}{2}} \cos. \theta''' = 3 - 2\cos. \mu + 4\cos. 2\mu + 5\cos. 3\mu \qquad = \ 5.39451\ 64820\ 25$$
$$n^{\frac{1}{2}} \cos. \theta^{\text{iv}} = 2 \qquad = \ 2$$
$$n^{\frac{1}{2}} \cos. \theta^{\text{v}} = 4 + 5\cos. 3\mu \qquad = \ 5.54508\ 49718\ 75$$
$$n^{\frac{1}{2}} \cos. \theta^{\text{vi}} = \tfrac{5}{4} - 4\cos. \mu - 2\cos. 2\mu - \cos. 3\mu \qquad = -2.80146\ 00376\ 63$$
$$n^{\frac{1}{2}} \sin. \theta \ = 2\sin. \mu - 3\sin. 3\mu - 4\sin. 5\mu \qquad = -5.50379\ 78778\ 71$$
$$n^{\frac{1}{2}} \sin. \theta' = 2\sin. 2\mu - 3\sin. 6\mu + 4\sin. 5\mu \qquad = \ 3.18703\ 55092\ 15$$
$$n^{\frac{1}{2}} \sin. \theta'' = -4\sin. 3\mu - 3\sin. 6\mu \qquad = -5.56758\ 18220\ 57$$
$$n^{\frac{1}{2}} \sin. \theta''' = 3\sin. 3\mu + 2\sin. 4\mu - 4\sin. 5\mu \qquad = \ 1.37811\ 07242\ 84$$
$$n^{\frac{1}{2}} \sin. \theta^{\text{iv}} = 6\sin. 5\mu \qquad = \ 5.19615\ 24227\ 06$$
$$n^{\frac{1}{2}} \sin. \theta^{\text{v}} = 3\sin. 3\mu - 4\sin. 6\mu \qquad = \ 0.50202\ 85397\ 15$$
$$n^{\frac{1}{2}} \sin. \theta^{\text{vi}} = 2\sin. 2\mu - 2\sin. 3\mu + 3\sin. 6\mu + 4\sin. 5\mu = \ 4.81163\ 39903\ 80$$

Par ces valeurs numériques on voit que des sept angles $\theta, \theta' \ldots \theta^{\text{vi}}$, deux, savoir θ et θ'', ont des sinus négatifs, c'est-à-dire sont comptés entre 180° et 360° ; les cinq autres sont compris entre zéro et 180°. Voici le résultat du calcul de ces angles où la précision a été portée jusqu'à la 6e décimale de seconde.

35.

$$\begin{aligned}
\theta &= -\ 81^\circ\ 18'\ 23''.727116\\
\theta' &= \quad 34\ \ 55\ \ \ 6\ .050634\\
\theta'' &= -\ 90\ \ 27\ \ 50\ .247518\\
\theta''' &= \quad 14\ \ 19\ \ 50\ .090193\\
\theta^{\text{iv}} &= \quad 68\ \ 56\ \ 53\ .792033\\
\theta^{\text{v}} &= \quad\ \ 5\ \ 10\ \ 23\ .569784\\
\theta^{\text{vii}} &= \ 120\ \ 12\ \ 32\ .728371
\end{aligned}$$

Nous connaissons par conséquent toutes les valeurs des auxiliaires A, A', A'' jusqu'à A^{xiii}; car on a en général

$$A^{(m)} = n^{\frac{1}{2}}(\cos.\theta^{(m)} + \sqrt{-1}\sin.\theta^{(m)}),$$

et son complément

$$A^{(13-m)} = n^{\frac{1}{2}}(\cos.\theta^{(m)} - \sqrt{-1}\sin.\theta^{(m)}).$$

(578) Venons maintenant à la détermination des quantités T, qui est l'objet principal de ces calculs; on déduira d'abord des équations (3) les valeurs suivantes:

$$T' = \frac{T^2}{A},\quad T''' = \frac{T'^2}{A'} = \frac{T^4}{A^2 A'},$$

$$T^{\text{vii}} = \frac{T'''^2}{A'''} = \frac{T^8}{A^4 A'^2 A'''}$$

$$T = \frac{T^{\text{vii}\,2}}{A^{\text{vii}}} = \frac{T^{16}}{A^8 A'^4 A'''^2 A^{\text{vii}}}.$$

La dernière donne

$$T^{15} = A^8 A'^4 A'''^2 A^{\text{vii}},$$

ou en substituant les valeurs de A, A', A''', A^{vii},

$$T^{15} = n^{\frac{15}{2}}[\cos.(8\theta + 4\theta' + 2\theta''' + \theta^{\text{vii}}) + \sqrt{-1}\sin.(8\theta + 4\theta' + 2\theta''' + \theta^{\text{vii}})].$$

Donc si on prend l'angle ω tel qu'on ait

$$\omega = \frac{8\theta + 4\theta' + 2\theta''' + \theta^{\text{vii}}}{15},$$

la valeur de T sera

$$T = n^{\frac{1}{2}}(\cos.\omega + \sqrt{-1}\,\sin.\omega).$$

T étant connu, si on fait $T' = n^{\frac{1}{2}}(\cos.\omega' + \sqrt{-1}\,\sin.\omega'), \ldots\ldots$ $T''' = n^{\frac{1}{2}}(\cos.\omega''' + \sqrt{-1}\,\sin.\omega''')$, et en général

$$T^{(m)} = n^{\frac{1}{2}}(\cos.\omega^{(m)} + \sqrt{-1}\,\sin.\omega^{(m)}),$$

les équations $T' = \frac{T^2}{A}$, $T''' = \frac{T'^2}{A'}$, $T^{vii} = \frac{T'''^2}{A'''}$; donneront immédiatement

$$\omega' = 2\omega - \theta$$
$$\omega''' = 4\omega - 2\theta - \theta'$$
$$\omega^{vii} = 8\omega - 4\theta - 2\theta' - \theta'''.$$

Ainsi on connaît déja les quatre fonctions T, T', T''', T^{vii}, et leurs compléments $T^{xiii}, T^{xii}, T^{x}, T^{vi}$; et on voit que la somme de ces huit fonctions est représentée par

$$2n^{\frac{1}{2}}[\cos.\omega + \cos.(2\omega - \theta) + \cos.(4\omega - 2\theta - \theta') + \cos.(8\omega - 4\theta - 2\theta' - \theta''')].$$

(579) Pour avoir les fonctions T'' et T^{v}, j'observe que des équations (3), on tire

$$T^{v} = \frac{T''^2}{A''};\quad T^{xi} = \frac{T^{v2}}{A^{v}} = \frac{T''^4}{A''^2 A^{v}}.$$

Ensuite comme on a $T''T^{xi} = n$, il en résulte

$$T''^5 = nA''^2A^{v},$$

ou

$$T''^5 = n^{\frac{5}{2}}[\cos.(2\theta'' + \theta^{v}) + \sqrt{-1}\,\sin.(2\theta'' + \theta^{v})].$$

Donc si l'on fait

$$\omega'' = \frac{2\theta'' + \theta^{v}}{5},$$

on aura

$$T'' = n^{\frac{1}{2}}(\cos.\omega'' + \sqrt{-1}\,\sin.\omega'').$$

De cette valeur on déduira ensuite

$$T^{v} = \frac{T''^2}{A''} = n^{\frac{1}{2}}[\cos.(2\omega'' - \theta'') + \sqrt{-1}\,\sin.(2\omega'' - \theta'')],$$

et ces deux fonctions feront connaître leurs compléments ou inverses T'' et T'''', savoir :

$$T'' = n^{\frac{1}{5}}(\cos.\omega'' - \sqrt{-1}\sin.\omega'')$$
$$T'''' = n^{\frac{1}{5}}[\cos.(2\omega''-\theta'') + \sqrt{-1}\sin.(2\omega''-\theta'')];$$

d'où l'on voit que la somme de ces quatre fonctions serait

$$2n^{\frac{1}{5}}[\cos.\omega'' + \cos.(2\omega''-\theta'')]:$$

mais ici il se présente une difficulté.

Lorsque nous avons déduit T'' de T'^{5}, l'angle $2\theta''+\theta^{v}$ compris dans l'expression de T''^{5}, au lieu d'être désigné simplement par $2\theta''+\theta^{v}$, pouvait l'être par $2\theta''+\theta^{v}+2i\pi$, i étant un nombre entier quelconque, positif ou négatif. Ainsi la valeur de ω'' que nous en avons tirée, pouvait être exprimée plus généralement par

$$\omega'' = \frac{2\theta''+\theta^{v}}{5} + \frac{2i\pi}{5}.$$

Il y a donc réellement cinq valeurs différentes de T'' qui résultent de cinq valeurs de ω'', lesquelles sont :

$$\omega'' = \frac{2\theta''+\theta^{v}}{5},\quad \omega'' = \frac{2\theta''+\theta^{v}}{5} + \frac{2\pi}{5},\quad \omega'' = \frac{2\theta''+\theta^{v}}{5} + \frac{4\pi}{5},$$
$$\omega'' = \frac{2\theta''+\theta^{v}}{5} + \frac{6\pi}{5},\quad \omega'' = \frac{2\theta''+\theta^{v}}{5} + \frac{8\pi}{5}.$$

Pour savoir laquelle de ces cinq valeurs doit être employée, il faut trouver moyen de déduire directement T'' de T sans ambiguité.

(580) Pour cela soit $\frac{TT'}{T''} = M$, je dis que M sera une fonction de R seule, indépendante des racines p; en effet, si on avance d'un rang les quantités p, les polynomes T, T', T'', deviendront $\frac{T}{R}$, $\frac{T'}{R^2}$, $\frac{T''}{R^3}$; donc $\frac{TT'}{T''}$ restera constant. Il ne s'agit donc que de trouver la fonction M d'après l'équation $TT' = MT''$, et il résulte de cette équation que M devra être de la forme $n^{\frac{1}{5}}(\cos.\Theta + \sqrt{-1}\sin.\Theta)$; car comme

on a

$$T = n^{\frac{1}{2}}(\cos.\omega + \sqrt{-1}\sin.\omega)$$
$$T' = n^{\frac{1}{2}}(\cos.\omega' + \sqrt{-1}\sin.\omega')$$
$$T'' = n^{\frac{1}{2}}(\cos.\omega'' + \sqrt{-1}\sin.\omega''),$$

il s'ensuit que la valeur de M est

$$M = n^{\frac{1}{2}}[\cos.(\omega + \omega' - \omega'') + \sqrt{-1}\sin.(\omega + \omega' - \omega'')].$$

Ainsi on devra avoir $\omega + \omega' - \omega'' = \Theta$, et lorsque Θ sera connu, on déduira de cette équation la valeur de ω''.

Pour avoir la valeur de M il faudra développer le produit des deux polynomes,

$$T = p + p'R + p''R^2 + p'''R^3 \ldots\ldots + p^{xiv}R^{14}$$
$$T' = p + p'R^2 + p''R^4 + p'''R^6 \ldots\ldots + p^{xiv}R^{28},$$

et réduire les différents termes à la forme linéaire en p, p', p'', etc. Dans ce développement on peut se borner aux seuls termes qui contiennent p; car comme on doit avoir $TT' = MT'' = M(p + p'R^3 + p''R^6 + \text{etc.})$, il est évident que M sera égal à la somme des termes qui multiplient p.

J'observe d'abord que le terme constant 2 se trouve dans l'expression des carrés $p^2 = 2 + p^{ix}$, $p'^2 = 2 + p^{x}$, $p''^2 = 2 + p^{xi}$, etc., et que 2 peut être remplacé par sa valeur $-2p - 2p' - 2p'' \ldots - 2p^{xiv}$; ainsi le produit TT' contient une première partie affectée de p, savoir :

$$-2p(1 + R^3 + R^6 \ldots\ldots + R^{42}),$$

provenant des termes $p^2 + p'^2R^3 + p''^2R^6 + \text{etc.}$

Mais il est facile de voir que cette partie se réduit à zéro, car elle est égale à $-2p.\frac{1-R^{45}}{1-R^3} = -2p.\frac{1-R^{15}}{1-R^3}.(1 + R^{15} + R^{30})$; or on est convenu de prendre pour R une valeur imaginaire qui rend $R^{15} = 1$, sans rendre $R^3 = 1$. Ainsi les termes du produit TT' affectés des carrés p^2, p'^2, etc., ne produisent aucun terme linéaire affecté de p, si ce n'est le terme $(p^{\text{vi}})^2 R^{18}$, qui se réduit à $(2+p)R^{18}$, et qui donne ainsi dans la valeur de M une première partie R^{18} ou R^3.

Maintenant si les racines p, exprimées en général par $r^{\alpha} + r^{-\alpha}$, sont rangées dans l'ordre numérique des exposants α, on aura

$$\begin{array}{lll}
p = r^1 + r^{-1} & p^{\text{x}} = r^6 + r^{-6} & p^{\text{viii}} = r^{11} + r^{-11} \\
p^{\text{ix}} = r^2 + r^{-2} & p^{\text{xiii}} = r^7 + r^{-7} & p^{\text{iv}} = r^{12} + r^{-12} \\
p' = r^3 + r^{-3} & p^{\text{xii}} = r^8 + r^{-8} & p^{\text{xi}} = r^{13} + r^{-13} \\
p''' = r^4 + r^{-4} & p'' = r^9 + r^{-9} & p^{\text{vii}} = r^{14} + r^{-14} \\
p^{\text{v}} = r^5 + r^{-5} & p^{\text{xiv}} = r^{10} + r^{-10} & p^{\text{vi}} = r^{15} + r^{-15}.
\end{array}$$

Par cette disposition on voit immédiatement que dans le produit TT' le terme linéaire affecté de p, ne peut résulter que du produit de deux termes consécutifs de la suite précédente, savoir des termes,

$$pp^{\text{ix}},\ p^{\text{ix}}p',\ p'p''',\ p'''p^{\text{v}} \ldots \ldots p^{\text{vii}}p^{\text{vi}}.$$

Et comme chacun de ces produits $p^m p^n$ appartient à deux termes $p^m p^n R^{m+2n}$, $p^m p^n R^{2m+n}$ du produit TT', il en résultera deux termes $R^{m+2n} + R^{2m+n}$ dans la valeur de M. Ajoutant donc toutes les quantités ainsi formées, réduisant les exposants, lorsqu'il y a lieu, d'après l'équation $R^{15} = 1$, et joignant à cette somme la partie déja trouvée R^3, on aura la quantité cherchée

$$\begin{aligned} M = 2 + 2 + 2R + 4R^3 + 3R^4 + 4R^5 + 2R^6 + 2R^7 \\ + R^8 + R^9 + 2R^{10} + 4R^{11} + R^{13} + R^{14}. \end{aligned}$$

Or il existe des réductions générales dans les puissances de R; on a d'abord l'équation

$$0 = 1 + R + R^2 + R^3 \ldots\ldots + R^{14}.$$

Ensuite puisque la valeur de R est choisie de manière qu'on n'a ni $1 - R^3 = 0$, ni $1 - R^5 = 0$, on pourra déduire de l'équation $1 - R^{15} = 0$ les deux suivantes :

$$o = 1 + R^3 + R^6 + R^9 + R^{12}$$
$$o = 1 + R^5 + R^{10},$$

au moyen desquelles la valeur de M peut s'exprimer ainsi :

$$M = -2R + 3R^3 + 2R^4 + 2R^5 - 2R^6 + 2R^7.$$

Substituant les valeurs $M = n^{\frac{1}{5}}(\cos.\Theta + \sqrt{-1}\sin.\Theta)$, $R = \cos.\mu + \sqrt{-1}\sin.\mu)$, on aura les équations

$$n^{\frac{1}{5}}\cos.\Theta = 1 - 4\cos.\mu - 2\cos.2\mu - 5\cos.3\mu = -2.4473580714\,13$$

$$n^{\frac{1}{5}}\sin.\Theta = -2\sin.2\mu + 5\sin.3\mu + 2\sin.5\mu = 5.0010437380\,90,$$

d'où résulte

$$\Theta = 116^\circ 4' 32''.571039.$$

(581) Les valeurs trouvées de θ, θ', θ''', θ^{vii}, donnent par approximation

$$15\omega = -361^\circ 54' 32''.705635;$$

on peut prendre simplement

$$15\omega = -1^\circ 54' 32''.705635.$$

ce qui suppose $15\omega = 8\theta + 4\theta' + 2\theta''' + \theta^{vii} + 2\pi$, et on aura

$$\begin{array}{rrrrl} \omega = & -0^\circ & 7' & 38'' & .180376 \\ 2\omega - \theta = \omega' = & 81 & 3 & 7 & .366364 \\ 2\omega' - \theta' = \omega''' = & 127 & 11 & 8 & .682094. \end{array}$$

Pour avoir ensuite la vraie valeur de ω'', c'est-à-dire celle qui doit correspondre à la valeur prise pour ω, il faut la déduire de l'équation $\omega'' = \omega + \omega' - \Theta$; on aura ainsi

$$\omega'' = -35^\circ 9' 3'' 385051,$$

valeur qui s'accorde suffisamment avec la première des cinq que nous avons données ci-dessus, savoir :

$$\omega'' = \frac{2\theta'' + \theta^{v}}{5} = -35^\circ 9' 3''.385054.$$

Nous en conclurons que l'angle Θ satisfait exactement, et non pas simplement par approximation, à la condition

$$\Theta = \omega + \omega' - \tfrac{1}{5}(2\theta'' + \theta^{v}) = 3\omega - \theta - \tfrac{1}{5}(2\theta'' + \theta^{v})$$

ou

$$5\Theta = 15\omega - 5\theta - 2\theta'' - \theta^{v} = 2\pi + 3\theta + 4\theta' + 2\theta''' + \theta^{vii} - \theta^{v}.$$

Connaissant ω'', l'équation $T''^{2} = A''T^{v}$ donnera la valeur de T^{v}, au moyen de l'angle

$$\omega^{v} = 2\omega'' - \theta'' = 6\omega - 2\theta - 2\Theta - \theta''.$$

Donc la somme des deux termes $T'' + T^{v}$ jointe à celle de leurs compléments $T^{xi} + T^{viii}$, sera

$$2n^{\frac{1}{2}}[\cos.(3\omega - \theta - \Theta) + \cos(6\omega - 2\theta - \theta'' - 2\Theta)].$$

(582) Pour former la somme de toutes les quantités $T, T', T'' \ldots T^{xiii}$, il ne reste plus qu'à trouver la valeur de T^{iv} et de son complément T^{ix}; or on a $T^{iv2} = A^{iv}T^{ix}$, et par conséquent $T^{iv3} = A^{iv}T^{iv}T^{ix} = nA^{iv}$; faisant donc à l'ordinaire $T^{iv} = n^{\frac{1}{2}}(\cos.\omega^{iv} + \sqrt{-1}\sin.\omega^{iv})$, on aura

$$3\omega^{iv} - \theta^{iv} = 0,\ 2\pi,\ \text{ou}\ 4\pi,$$

ce qui donne ω^{iv} égal à l'une des quantités

$$\frac{\theta^{iv}}{3},\quad \frac{\theta^{iv} + 2\pi}{3},\quad \frac{\theta^{iv} + 4\pi}{3}.$$

Pour savoir laquelle de ces trois valeurs doit être employée concurremment avec celle de ω, il faut recourir au même principe qui nous a servi à déterminer la valeur de ω''.

Pour cet effet soit $TT''' = M'T^{iv}$, on prouvera aisément que M' doit être une fonction de R indépendante des racines p. Donc M' sera le coefficient de p dans la valeur du produit TT''', développée de manière que les différents termes ne contiennent les racines $p, p', p'' \ldots$ que sous forme linéaire. Or par une analyse semblable à celle qui nous a donné la valeur de M dans l'équation $TT' = MT''$, on trouvera

$$M' = 2R^2 + 2R^6 + 2R^8 + 2R^9 - 5R^{11};$$

cette quantité étant représentée à l'ordinaire par .... $n^{\frac{1}{3}}(\cos.\Theta' + \sqrt{-1}\sin.\Theta')$, on aura pour déterminer Θ', les deux équations

$$n^{\frac{1}{3}}\cos.\Theta' = \tfrac{1}{2} - 6\cos.3\mu \qquad = -1.35410\ 19662\ 50$$

$$n^{\frac{1}{3}}\sin.\Theta' = 4\sin.2\mu - 2\sin.3\mu + 5\sin.5\mu = \ 5.40059\ 32882\ 41,$$

d'où résulte

$$\Theta' = 104°4'32''.571039.$$

Comparant cette valeur à celle de Θ, il est manifeste qu'on doit avoir $\Theta' = \Theta - 12° = \Theta - \frac{1}{2}\mu$; et en effet cette équation peut être démontrée rigoureusement au moyen des équations qui déterminent les cosinus et sinus des angles Θ et Θ'.

(583) Connaissant Θ' on aura la valeur de ω^{v} correspondante à celle de ω, savoir :

$$\omega^{\text{v}} = \omega + \omega''' - \Theta' = 22°58'57''.930679.$$

Mais d'un autre côté on a

$$\tfrac{1}{3}\theta^{\text{iv}} = 22°58'57''.930678.$$

Ainsi la valeur de ω^{v} coïncide exactement avec celle de $\frac{\theta^{\text{iv}}}{3}$, d'où résulte la nouvelle équation de condition $\omega + \omega''' = \Theta' + \frac{1}{3}\theta^{\text{iv}}$, ou

$$5\omega - 2\theta - \theta' = \Theta' + \tfrac{1}{3}\theta^{\text{iv}} = \Theta - 12° + \tfrac{1}{3}\theta^{\text{iv}}.$$

Multipliant cette équation par 3 et mettant au lieu de 15ω sa valeur $8\theta + 4\theta' + 2\theta''' + \theta^{\text{vi}} + 360°$, on aura

$$3\Theta = 2\theta + \theta' + 2\theta''' - \theta^{\text{iv}} + \theta^{\text{vi}} + 396°.$$

Enfin la comparaison des valeurs de ces différents angles donne l'équation $\Theta = \theta + \theta' - \theta'' + 72°$, qu'on pourrait sans doute démontrer rigoureusement par nos formules. Ainsi nous avons entre les angles θ deux équations, savoir :

$$-\theta+\theta'+\theta^{\text{IV}}-\theta^{\text{V}}=180^\circ$$
$$2\theta+\theta'-3\theta''=2\theta'''-\theta^{\text{V}}+\theta^{\text{VII}},$$

lesquelles peuvent servir à déterminer deux de ces éléments par le moyen des cinq autres.

Si on réunit maintenant dans une seule somme toutes les valeurs de T depuis T, T', T''... jusqu'à T^{XIII}, et qu'on y joigne l'équation $-1=p+p'+p''\ldots+p^{\text{XIV}}$, on aura pour déterminer p l'équation

$$15p=-1+2n^{\frac{1}{2}}(\cos.\omega+\cos.\omega'+\cos.\omega''+\cos.\omega'''+\cos.\omega^{\text{IV}}+\cos.\omega^{\text{V}}+\cos.\omega^{\text{VII}}),$$

où il ne reste plus qu'à substituer les valeurs des angles ω, déterminées par les calculs précédents.

Voici les valeurs de ces angles, tant exactes qu'approchées :

$$\begin{array}{ll}
\omega=\omega & \\
\omega'=2\omega+\alpha' & \omega^{\text{IV}}=5\omega+\alpha^{\text{IV}}\\
\omega''=3\omega+\alpha'' & \omega^{\text{V}}=6\omega+\alpha^{\text{V}}\\
\omega'''=4\omega+\alpha''' & \omega^{\text{VII}}=8\omega+\alpha^{\text{VII}}
\end{array}$$

$$\begin{array}{lll}
\alpha'=-\theta & = & 81^\circ\ 18'\ 23''.727116\\
\alpha''=-\theta-\Theta & =- & 34\ 46\ 8\ .843924\\
\alpha'''=-2\theta-\theta' & = & 127\ 41\ 41\ .403598\\
\alpha^{\text{IV}}=\alpha'''-\Theta+\frac{1}{2}\mu & = & 23\ 37\ 8\ .832558\\
\alpha^{\text{V}}=-2\theta-\theta''-2\Theta & = & 20\ 55\ 32\ .559670\\
\alpha^{\text{VII}}=-4\theta-2\theta'-\theta''' & =- & 118\ 56\ 27\ .282997
\end{array}$$

(584) Il nous reste à substituer dans la formule générale la valeur trouvée ci-dessus pour ω, afin de calculer au moins approximativement cette formule, ce qui fera connaître celle des racines $p=\frac{2i\pi}{31}$ que la formule représente. Voici donc la valeur des différents angles ω dont il faudra calculer les cosinus :

$$
\begin{array}{lrrrl}
\omega = - & 0^\circ & 7' & 38'' & .180376 \\
\omega' = & 81 & 13 & 7 & .366363 \\
\omega'' = - & 35 & 9 & 3 & .385054 \\
\omega''' = & 127 & 11 & 8 & .682091 \\
\omega^{\text{iv}} = & 22 & 58 & 57 & .930675 \\
\omega^{\text{v}} = & 20 & 9 & 43 & .477410 \\
\omega^{\text{vii}} = - & 119 & 57 & 32 & .726010
\end{array}
$$

Il suffirait pour notre objet de calculer ces cosinus par le moyen des tables à sept décimales seulement, mais pour plus d'exactitude nous donnons ici le résultat du calcul fait avec des tables à quatorze décimales :

$$
\begin{array}{rl}
2n^{\frac{1}{2}}(\cos.\omega + \cos.\omega') = & 12.86749\,02836\,4577 \\
2n^{\frac{1}{2}}(\cos.\omega'' + \cos.\omega^{\text{v}}) = & 19.55799\,20442\,6960 \\
2n^{\frac{1}{2}}\cos.\omega^{\text{iv}} = & 10.25161\,70782\,9619 \\
\hline
 & 42.67709\,94062\,1156 \\
-1 + 2n^{\frac{1}{2}}(\cos.\omega''' + \cos.\omega^{\text{vii}}) = & -13.29120\,11688\,2311 \\
\hline
30\cos.\frac{2i\pi}{31} = & 29.38589\,82373\,8845 \\
\cos.\frac{2i\pi}{31} = & 0.97952\,99412\,4628
\end{array}
$$

Or par les tables de la *Trig. Brit.*, on trouve

$$\cos.\frac{2\pi}{31} = 0.97952\,99412\,5247.$$

On voit par conséquent que la valeur de $\frac{1}{2}p$ donnée par notre formule est celle de $\cos.\frac{2\pi}{31}$.

(585) Si la valeur de ω est augmentée successivement de μ, 2μ, 3μ, etc., μ étant $\frac{2\pi}{15}$ ou 24°, et que d'après chaque valeur de ω on forme les valeurs correspondantes de ω', $\omega'' \ldots \omega^{\text{v}}$, ω^{vii}, la formule donnera successivement toutes les autres valeurs de p ou de $2\cos.\frac{2i\pi}{31}$,

dans l'ordre $p, p', p'' \ldots p^{\text{xiv}}$, indiqué par la racine primitive que nous avons adoptée ou dans l'ordre inverse. Ainsi à partir de $2\cos.\frac{2\pi}{31}$ que nous avons déterminé, on obtiendra les valeurs des quinze racines $2\cos.\frac{2i\pi}{31}$, soit dans l'ordre

$$2\cos.\frac{2\pi}{31},\ 2\cos.\frac{6\pi}{31},\ 2\cos.\frac{18\pi}{31},\ 2\cos.\frac{8\pi}{31},\ 2\cos.\frac{24\pi}{31}$$
$$2\cos.\frac{10\pi}{31},\ 2\cos.\frac{30\pi}{31},\ 2\cos.\frac{28\pi}{31},\ 2\cos.\frac{22\pi}{31},\ 2\cos.\frac{4\pi}{31}$$
$$2\cos.\frac{12\pi}{31},\ 2\cos.\frac{26\pi}{31},\ 2\cos.\frac{16\pi}{31},\ 2\cos.\frac{14\pi}{31},\ 2\cos.\frac{20\pi}{31},$$

indiqué par la racine primitive $g=3$, soit dans l'ordre inverse

$$2\cos.\frac{2\pi}{31},\ 2\cos.\frac{20\pi}{31},\ 2\cos.\frac{14\pi}{31},\ 2\cos.\frac{16\pi}{31},\ \text{etc.}$$

On déterminera aisément lequel de ces deux ordres a lieu, en calculant la formule d'après la valeur de ω augmentee de $24°$, c'est-à-dire d'après la valeur

$$\omega = 23°\,52'\,21''.82,\ \text{etc.}$$

L'addition de μ à la valeur de ω en produit une de 2μ sur la valeur de ω'. de 3μ sur celle de ω'', etc. On aura donc les valeurs suivantes:

$$\begin{aligned}
\omega &= 23°\,52'\,21''.82\\
\omega' &= 129\ \ 3\ \ 7\ .37\\
\omega'' &= 36\ \ 50\ \ 56\ .615\\
\omega''' &= 223\ \ 11\ \ 8\ .68\\
\omega^{\text{iv}} &= 142\ \ 58\ \ 57\ .93\\
\omega^{\text{v}} &= 164\ \ 9\ \ 43\ .48\\
\omega^{\text{vi}} &= 72\ \ 2\ \ 27\ .27
\end{aligned}$$

Et en se bornant à sept décimales le calcul de la formule donnera $\frac{1}{2}p = -0.4403947$: ce cosinus répond aussi exactement qu'il est possible à l'angle $\frac{20\pi}{31} = 116°\,7'\,44''\,52$.

Ainsi en augmentant successivement de μ ou 24° la valeur de ω, et calculant les valeurs correspondantes de $\omega', \omega'' \ldots \omega^{vii}$, on obtient toutes les racines de l'équation proposée dans l'ordre p, $p^{iv}, p^{viii} \ldots p'$, inverse de celui qui est indiqué par la racine primitive $g=3$. Ces racines suivraient l'ordre direct si, au lieu d'augmenter continuellement la valeur de ω, on la diminuait de la même quantité en mettant successivement au lieu de ω les valeurs $\omega-\mu$, $\omega-2\mu$, $\omega-3\mu$, etc.

(586) Quoi qu'il en soit la formule générale

$$\begin{aligned}\tfrac{1}{2}p=-\frac{1}{30}+\frac{2n^{\frac{1}{2}}}{30}[&\cos.\omega+\cos.(2\omega+\alpha')+\cos.(3\omega+\alpha'')\\&+\cos.(4\omega+\alpha''')+\cos.(5\omega+\alpha^{iv})\\&+\cos.(6\omega+\alpha^{v})+\cos.(8\omega+\alpha^{vii})],\end{aligned}$$

qui donne la valeur exacte de la racine $\cos.\frac{2\pi}{31}$, lorsqu'on fait

$$\omega=\frac{8\theta+4\theta'+2\theta'''+\theta^{vii}+2\pi}{15},$$

donnera aussi à volonté la valeur de toute autre racine désignée par $\cos.\frac{2i\pi}{31}$; il suffit pour cela de mettre dans la formule $\omega+m\mu$ à la place de ω, m étant le rang de $2i$ dans la suite

20, 14, 16; 26, 12, 4; 22, 28, 30; 10, 24, 8; 18, 6, 2.

Par exemple, pour obtenir directement la valeur de $\cos.\frac{30\pi}{31}$ ou de $-\cos.\frac{\pi}{31}$, il faudra mettre dans la formule $\omega+9\mu$ ou $\omega+216°$ à la place de ω.

Nous sommes donc parvenus à une formule générale qui donne à volonté toutes les racines de l'équation en p, ou toutes les valeurs de $\cos.\frac{2i\pi}{31}$, i étant tout nombre proposé de 1 à 15.

Dans cet exemple tous les angles θ peuvent se construire géométriquement, puisque les angles μ dont ils dépendent, supposent seulement la division de la circonférence en 15 parties. Par conséquent la division de la circonférence en 31 parties peut s'exécuter par la division en 15 parties d'un arc 15ω déterminable géométriquement.

Cette division en 15 parties s'opère par la division du même arc en 5 et en 3 parties. Si suivant la méthode ordinaire nous eussions résolu l'équation en p, d'abord par une équation du 5e degré, puis par une équation du 3e degré, la première aurait exigé la division d'un arc en 5 parties, et la seconde la division d'un autre arc en 3 parties; à cet égard comme à plusieurs autres la solution eût été moins simple que celle que nous venons d'exposer.

Exemple II. $n=13$, $k=6$.

587) Dans ce cas l'équation à résoudre est

$$0=p^6+p^5-5p^4-4p^3+6p^2+3p-1.$$

Soient $p, p', p'', p''', p^{\text{IV}}, p^{\text{V}}$, les racines de cette équation; si on prend pour racine primitive de 13 le nombre $g=2$, ces racines représenteront les périodes de deux termes (2 : 1), (2 : 2), (2 : 4), (2 : 5), (2 : 3), (2 : 6), et en désignant par r une racine imaginaire quelconque de l'équation $x^{13}-1=0$, on aura

$$\begin{aligned} p &= r^1+r^{-1} & p''' &= r^5+r^{-5} \\ p' &= r^2+r^{-2} & p^{\text{IV}} &= r^3+r^{-3} \\ p'' &= r^4+r^{-4} & p^{\text{V}} &= r^6+r^{-6}. \end{aligned}$$

De là on tire les carrés et les produits deux à deux des racines, réduits à la forme linéaire, comme il suit :

$$\begin{aligned}
p^2 &= 2+p' & pp' &= p+p^{\text{IV}} & pp'' &= p'''+p^{\text{IV}} & pp''' &= p''+p^{\text{V}} \\
p'^2 &= 2+p'' & p'p'' &= p'+p^{\text{V}} & p'p''' &= p^{\text{IV}}+p^{\text{V}} & p'p^{\text{IV}} &= p'''+p \\
p''^2 &= 2+p''' & p''p''' &= p''+p & p''p^{\text{IV}} &= p^{\text{V}}+p & p''p^{\text{V}} &= p^{\text{IV}}+p' \\
p'''^2 &= 2+p^{\text{IV}} & p'''p^{\text{IV}} &= p'''+p' & p'''p^{\text{V}} &= p+p' \\
p^{\text{IV}2} &= 2+p^{\text{V}} & p^{\text{IV}}p^{\text{V}} &= p^{\text{IV}}+p'' & p^{\text{IV}}p &= p'+p'' \\
p^{\text{V}2} &= 2+p & p^{\text{V}}p &= p^{\text{V}}+p''' & p^{\text{V}}p' &= p''+p'''
\end{aligned}$$

(588) Soit R une racine imaginaire de l'équation $R^6 - 1 = 0$; nous prendrons $R = \cos.\mu + \sqrt{-1}\sin.\mu$ en faisant $\mu = \frac{2\pi}{6} = 60^\circ$ $\left(\text{on pourrait prendre également } \mu = \frac{4\pi}{6}\right)$. Nous ferons ensuite

$$T = p + p'R + p''R^2 + p'''R^3 + p^{\text{iv}}R^4 + p^{\text{v}}R^5,$$

et nous désignerons à l'ordinaire par T', T'', T''', T^{iv}, ce que devient le polynome T, lorsqu'au lieu de R on met R^2, R^3, R^4, R^5, respectivement.

Lorsque k est pair comme dans cet exemple et dans tous ceux où n est de la forme $4m + 1$, on ne peut plus supposer la valeur de T^2 composée seulement avec des puissances paires de R, comme nous l'avons fait pour les cas où le nombre k est impair; il faut alors supposer

$$\begin{aligned} T^2 = \;& a + a'R^2 + a''R^4 \\ & + bR + b'R^3 + b''R^5, \end{aligned}$$

et on continuerait ces suites plus loin, savoir jusqu'à la puissance R^{k-1}, si k était plus grand que 6. Dans cette formule les coefficients a, a', a'', seront assujétis à une loi, et les coefficients b, b', b'', à une autre loi. On aura en effet

$$\begin{aligned} a &= p^2 + p'''^2 + 2p'p^{\text{v}} + 2p''p^{\text{iv}} & b &= 2pp' + 2p^{\text{v}}p'' + 2p^{\text{iv}}p''' \\ a' &= p'^2 + p^{\text{iv}2} + 2p''p + 2p'''p^{\text{v}} & b' &= 2p'p'' + 2pp''' + 2p^{\text{v}}p^{\text{iv}} \\ a'' &= p''^2 + p^{\text{v}2} + 2p'''p' + 2p^{\text{iv}}p & b'' &= 2p''p''' + 2p'p^{\text{iv}} + 2pp^{\text{v}} \end{aligned}$$

Ces coefficients doivent être réduits à la forme linéaire, mais il suffira de calculer les deux premiers a et b, car on voit bien que les autres se déduiront de ceux-ci en avançant progressivement d'un rang les lettres $p, p' \ldots p^{\text{v}}$. On trouvera de cette manière

$$\begin{aligned} a &= 2 - p' - p^{\text{iv}} & b &= 2p + 4p' + 2p''' + 4p^{\text{iv}} \\ a' &= 2 - p'' - p^{\text{v}} & b' &= 2p' + 4p'' + 2p^{\text{iv}} + 4p^{\text{v}} \\ a'' &= 2 - p''' - p & b'' &= 2p'' + 4p''' + 2p^{\text{v}} + 4p \end{aligned}$$

et la valeur de T^2 sera

$$\begin{aligned}T^2 = \; & 2(1+R^2+R^4) && +R\,(2p+4p'+2p'''+4p^{\text{iv}})\\ & -p'-p''R^2-p'''R^4 && +R^3(2p'+4p''+2p^{\text{iv}}+4p^{\text{v}})\\ & -p^{\text{iv}}-p^{\text{v}}R^2-pR^4 && +R^5(2p''+4p'''+2p^{\text{v}}+4p).\end{aligned}$$

Il faut ensuite ordonner cette quantité par rapport à $p, p' \ldots p^{\text{v}}$, après avoir mis préalablement la partie constante $2+2R^2+2R^4$ (1) sous la forme

$$-(2+2R^2+2R^4)(p+p'+p''+p'''+p^{\text{iv}}),$$

ce qui donnera

$$\begin{aligned}T^2 = \; & p\;(-2+2R-2R^2-3R^4+4R^5)\\ & +p'\,(-3+4R-2R^2+2R^3-2R^4)\\ & +p''(-2-3R^2+4R^3-2R^4+2R^5)\\ & +p'''(-2+2R-2R^2-3R^4+4R^5)\\ & +p^{\text{iv}}(-3+4R-2R^2+2R^3-2R^4)\\ & +p^{\text{v}}\,(-2-3R^2+4R^3-2R^4+2R^5).\end{aligned}$$

Soit A le coefficient de p dans cette expression, il est facile de voir que AR^2 sera le coefficient de p', AR^4 celui de p'', etc. Donc en faisant

$$A = -2+2R-2R^2-3R^4+4R^5,$$

on aura

$$T^2 = AT',$$

équation qui a lieu, comme on voit, pour toute valeur de k, paire ou impaire.

---

(1) S'il ne s'agissait que d'avoir la valeur du coefficient A et même celle de A′, on pourrait omettre entièrement cette partie, parce que la valeur imaginaire prise pour R satisfait à l'équation $0=1+R^2+R^4$, et même à l'équation $0=1+R^4+R^8$ qui résulte de la précédente en mettant R^2 à la place de R; mais comme la formule générale par laquelle on veut exprimer A doit servir aussi à exprimer A″, en mettant R^3 à la place de R, la quantité $1+R^2+R^4$ deviendrait par cette substitution $1+R^6+R^{12}$ et serait égale à 3 au lieu d'être nulle; il faut donc conserver la partie dont il s'agit dans l'expression de A.

(589) La valeur de A peut se trouver d'une manière plus simple en observant que A doit être égale au coefficient de p dans la valeur de T^2 développée et réduite à la forme linéaire. Mais d'abord il convient de ranger les racines p, toutes de la forme $r^\alpha + r^{-\alpha}$, suivant l'ordre numérique des exposants α, comme on le voit ici :

$$p = r^1 + r^{-1}, \quad p' = r^2 + r^{-2}, \quad p^{\text{iv}} = r^3 + r^{-3},$$
$$p'' = r^4 + r^{-4}, \quad p''' = r^5 + r^{-5}, \quad p^{\text{v}} = r^6 + r^{-6}.$$

Il en résulte que les seuls produits de deux lettres qui produisent p, sont $pp', p'p^{\text{iv}}, p^{\text{iv}}p'', p''p''', p'''p^{\text{v}}$.

Cela posé le développement de T^2 donne une première partie

$$p^2 + p'^2 R^2 + p''^2 R^4 + p'''^2 R^6 + p^{\text{iv}2} R^8 + p^{\text{v}2} R^{10},$$

dans laquelle il faut substituer les valeurs $p^2 = 2 + p', p'^2 = 2 + p''$, $p''^2 = 2 + p'''$, etc. ; et d'abord comme le terme constant 2 contenu dans toutes ces valeurs, est équivalent à $-2p - 2p' - 2p'' - 2p'''$ $- 2p^{\text{iv}} - 2p^{\text{v}}$, la partie que ce terme constant introduit dans A sera

$$-2(1 + R^2 + R^4 + R^6 + R^8 + R^{10}).$$

Elle pourrait être négligée pour la détermination de A et de A', mais elle ne peut l'être pour la détermination de A'', parce que l'équation $0 = 1 + R^2 + R^4 + R^6 + R^8 + R^{10}$ cesse d'avoir lieu lorsqu'on met R^3 à la place de R.

On observera encore que le terme $p^{\text{v}2} R^{10}$, où l'on a $p^{\text{v}2} = 2 + p$, donne un coefficient R^{10} ou R^4 qui doit faire partie de A.

La seconde partie du développement de T^2 à laquelle il faut avoir égard est celle que fournissent les termes

$$2pp'R + 2p'p^{\text{iv}}R^5 + 2p^{\text{iv}}p''R^6 + 2p''p'''R^5 + 2p'''p^{\text{v}}R^8;$$

elle donne dans l'expression de A une troisième partie

$$2R + 2R^5 + 2R^6 + 2R^5 + 2R^8,$$

laquelle étant réunie aux deux autres, forme la valeur complète de

A, savoir :

$$(1) \qquad A = -2 + 2R - 2R^3 - 3R^4 + 4R^5,$$

ce qui s'accorde avec le résultat déja trouvé.

(590) L'équation $T^2 = AT'$ dans laquelle on mettra successivement R^2, R^3, R^4, R^5, à la place de R, produit cette suite d'équations :

$$(2) \qquad \begin{array}{l} T'^2 = AT'', \; T''^2 = A'T'''', \; T'''^2 = A''T^v = -A'', \\ T''''^2 = A'''T', \; T^{iv2} = A^{iv}T''', \end{array}$$

où il faut remarquer que dans la troisième $T'''^2 = -A''$, on a mis -1 à la place de T^v, parce que T^v étant ce que devient le polynome T lorsqu'on met R^6 ou 1 à la place de R, on a $T^v = p + p' + p'' + p''' + p^{iv} + p^v = -1$, et par conséquent $T'''^2 = -A''$. D'un autre côté A'' étant la valeur de A lorsqu'on met R^3 à la place de R^3, j'observe que la valeur de R tirée de l'équation $R^6 - 1 = 0$ est choisie de manière qu'elle ne satisfait pas à l'équation $R^3 - 1 = 0$, sans quoi les puissances successives de R ne donneraient pas toutes les racines de l'équation $R^6 - 1 = 0$; donc cette valeur satisfait à l'équation $R^3 + 1 = 0$. Mais en substituant dans l'équation (1) la valeur $R^3 = -1$ à la place de R, le second membre se réduit à $-13 = -n$; donc on a

$$A'' = -n,$$

et par conséquent $T'''^2 = n$, ou $T''' = \pm\sqrt{n}$.

Ce résultat s'accorde avec celui de l'art. 509; car T''' n'étant autre chose que le polynome T dans lequel on substitue R^3 ou -1 à la place de R, on a

$$T''' = p - p' + p'' - p''' + p^{iv} - p^v,$$

quantité qui d'après l'art. cité a pour valeur $\pm\sqrt{n}$.

L'ambiguité du signe se justifie ici, parce que la série des racines $p, p', p'' \ldots p^v$ peut commencer par tel terme qu'on voudra. Ainsi en supposant

$$p - p' + p'' - p''' + p^{iv} - p^v = +\sqrt{n},$$

on aura en même temps

$$p' - p'' + p''' - p^{\text{iv}} + p^{\text{v}} - p = -\sqrt{n}.$$

Les autres conséquences qu'on peut tirer des équations (2), sont

$$\text{T}\,\text{T}^{\text{iv}} = \text{A}\,\text{A}^{\text{iv}}, \quad \text{T}'\text{T}''' = \text{A}'\text{A}'''.$$

Or il est facile de prouver qu'on a $\text{T}\text{T}^{\text{iv}} = \text{T}'\text{T}''' = n$, et qu'ainsi on aura semblablement $\text{A}\,\text{A}^{\text{iv}} = \text{A}'\text{A}''' = n$.

En effet si on développe le produit des deux polynomes

$$\begin{aligned} \text{T} &= p + p'\text{R} + p''\text{R}^2 + p'''\text{R}^3 + p^{\text{iv}}\text{R}^4 + p^{\text{v}}\text{R}^5 \\ \text{T}^{\text{iv}} &= p + p'\text{R}^5 + p''\text{R}^{10} + p'''\text{R}^{15} + p^{\text{iv}}\text{R}^{20} + p^{\text{v}}\text{R}^{25}, \end{aligned}$$

on aura, comme on l'a vu dans des cas semblables,

$$\text{T}\text{T}^{\text{iv}} = \int p^2 + \text{R}\int pp' + \text{R}^2\int pp'' + \text{R}^3\int pp''' + \text{R}^4\int pp^{\text{iv}} + \text{R}^5\int pp^{\text{v}}.$$

Or $\int p^2 = 2.6 - 1 = 13 - 2 = n - 2$, $\int pp' = \int pp'' = \int pp''' = \int pp^{\text{iv}} = \int pp^{\text{v}} = -2$; donc $\text{T}\text{T}^{\text{iv}} = n - 2(1 + \text{R} + \text{R}^2 + \text{R}^3 + \text{R}^4 + \text{R}^5) = n$.

On trouverait de même $\text{T}'\text{T}''' = n$ et $(\text{T}'')^2 = n$; ainsi on a la double série d'équations

$$(3) \qquad n = \text{T}\text{T}^{\text{iv}} = \text{T}'\text{T}''' = (\text{T}'')^2, \quad n = \text{A}\,\text{A}^{\text{iv}} = \text{A}'\text{A}'''.$$

(591) Maintenant il est facile de déterminer les quantités T en fonctions de A. En effet il résulte des équations (2), qu'on a $\text{T}^6 = n\,\text{A}^3\text{A}'$; soit donc

$$\begin{aligned} \text{A} &= n^{\frac{1}{2}}(\cos.\theta + \sqrt{-1}\sin.\theta) \\ \text{A}' &= n^{\frac{1}{2}}(\cos.\theta' + \sqrt{-1}\sin.\theta'), \end{aligned}$$

on aura

$$\text{T}^6 = n^3[\cos.(3\theta + \theta') + \sqrt{-1}\sin.(3\theta + \theta')],$$

et par conséquent

$$\text{T} = n^{\frac{1}{2}}(\cos.\omega + \sqrt{-1}\sin.\omega),$$

en faisant $\omega = \frac{3\theta + \theta'}{6}$. Ensuite de l'équation $\text{T}^2 = \text{A}\,\text{T}'$, on déduira

$$T'=n^{\frac{1}{2}}[\cos.(2\omega-\theta)+\sqrt{-1}\sin.(2\omega-\theta)].$$

Par les quantités T et T' on connaît leurs inverses T^{iv} et T''' en changeant simplement le signe de $\sqrt{-1}$. Substituant ensuite ces valeurs et celle de $T''=\pm\sqrt{n}$, dans l'équation

$$6p=-1+T+T'+T''+T'''+T^{iv},$$

on aura

$$(4)\qquad p=-\frac{1}{6}\pm\frac{n^{\frac{1}{2}}}{6}+\frac{2n^{\frac{1}{2}}}{6}[\cos.\omega+\cos.(2\omega-\theta)],$$

formule qui contient implicitement les six racines de l'équation proposée.

Il ne reste plus qu'à calculer les angles θ et θ'; pour cela il faut dans l'équation (1) substituer la valeur $R=\cos.\mu+\sqrt{-1}\sin.\mu$, ce qui donnera :

$$n^{\frac{1}{2}}\cos.\theta=-2+2\cos.\mu-2\cos.2\mu-3\cos.4\mu+4\cos.5\mu$$
$$n^{\frac{1}{2}}\sin.\theta=\qquad 2\sin.\mu-2\sin.2\mu-3\sin.4\mu+4\sin.5\mu.$$

Mettant R^2 à la place de R ou 2μ à la place de μ, on aura semblablement

$$n^{\frac{1}{2}}\cos.\theta'=-2+2\cos.2\mu-2\cos.4\mu-3\cos.8\mu+4\cos.10\mu$$
$$n^{\frac{1}{2}}\sin.\theta'=\qquad 2\sin.2\mu-2\sin.4\mu-3\sin.8\mu+4\sin.10\mu;$$

ces équations dans lesquelles l'angle $\mu=\frac{2\pi}{6}=60°$, se réduisent aux suivantes :

$$n^{\frac{1}{2}}\cos.\theta=\ 4-\cos.\mu=\ \frac{7}{2},\quad n^{\frac{1}{2}}\sin.\theta=-\sin.\mu=-\frac{1}{2}\sqrt{3}$$
$$n^{\frac{1}{2}}\cos.\theta'=-1-3\cos.\mu=-\frac{5}{2},\quad n^{\frac{1}{2}}\sin.\theta'=-3\sin.\mu=-\frac{3}{2}\sqrt{3},$$

d'où l'on déduit les valeurs approchées

$$\theta=-\ 13°\,53'\,52''.3904929$$
$$\theta'=-133°\,53'\,52''.3904929.$$

Elles montrent qu'on a exactement $\theta'=\theta-120°$, ce qu'on peut vérifier par les formules précédentes, d'où l'on tire $\cos.(\theta-\theta')=\cos.2\mu$ et $\sin.(\theta-\theta')=\sin.2\mu$.

Connaissant θ et $\theta'=\theta-120°$, on aura $\omega=\frac{3\theta+\theta'}{6}=\frac{2\theta'}{3}+60°$, et par conséquent

$$\omega=-29°\ 15'\ 54''.92699526$$
$$2\omega-\theta=-44\ \ 37\ \ 57\ .46349763.$$

(592) Avant de substituer ces valeurs dans la formule (4), si on veut savoir quel signe on doit prendre pour $n^{\frac{1}{2}}$, il faudra chercher *a priori* la valeur que doit avoir T″ pour correspondre à la valeur prise pour ω.

Pour cela il faut déterminer T″ par l'équation $TT'=MT''$, où M doit être une fonction de R seule. Cette fonction qu'il s'agit de déterminer sera le coefficient de p dans le produit TT' développé et réduit à la forme linéaire. Or si on multiplie entre eux les deux polynomes :

$$T=p+p'R+p''R^2+p'''R^3+p^{\text{iv}}R^4+p^{\text{v}}R^5$$
$$T'=p+p'R^2+p''R^4+p'''R^6+p^{\text{iv}}R^8+p^{\text{v}}R^{10},$$

on aura une première partie

$$p^2+p'^2R^3+p''^2R^6+p'''^2R^9+p^{\text{iv}2}R^{12}+p^{\text{v}2}R^{15},$$

dans laquelle il faut substituer les valeurs $p^2=2+p'$, $p'^2=2+p''\ldots p^{\text{v}2}=2+p$; à raison du terme constant 2, on aura dans M la partie

$$2(1+R^3+R^6+R^9+R^{12}+R^{15});$$

et parce qu'on peut supposer $R^3=-1$, cette partie se réduit à zéro. Ensuite le terme p contenu dans $p^{\text{v}2}$, produit dans M le terme R^{15} ou simplement -1.

La seconde partie du produit TT' à laquelle il faut avoir égard est

$$pp'(R+R^2)+p'p^{\text{iv}}(R^6+R^9)+p^{\text{v}}p''(R^8+R^{10})$$
$$+p''p'''(R^7+R^8)+p'''p^{\text{v}}(R^{11}+R^{13});$$

elle donne dans M les termes $R+R^3+R^6+R^9+$ etc., lesquels étant ajoutés au terme déja trouvé -1 donnent

$$M=-1+R+R^3+R^6+R^9+R^8+R^{10}+R^7+R^8+R^{11}+R^{13}.$$

Réduisant cette valeur d'après l'équation $R^3=-1$, on trouve.. $M=-1+2R+2R^2=-3+4R$. Soit $M=n^{\frac{1}{2}}(\cos.\Theta+\sqrt{-1}\sin.\Theta)$, on aura

$$n^{\frac{1}{2}}\cos.\Theta=-3+4\cos.\mu=-1$$
$$n^{\frac{1}{2}}\sin.\Theta=\qquad 4\sin.\mu=2\sqrt{3};$$

de là on tire la valeur exacte $\Theta=\theta+120°$. Ensuite l'équation.. $TT'=MT''$ donnera

$$T''=n^{\frac{1}{2}}[\cos.(3\omega-\theta-\Theta)+\sqrt{-1}\sin.(3\omega-\theta-\Theta)],$$

ou $T''=n^{\frac{1}{2}}\cos.(-180°)=-n^{\frac{1}{2}}$, valeur dont le signe est maintenant déterminé.

(593) Il ne reste plus qu'à calculer la formule

$$p=-\frac{1}{6}-\frac{n^{\frac{1}{2}}}{6}+\frac{2n^{\frac{1}{2}}}{6}[\cos.\omega+\cos.(2\omega-\theta)]$$

pour savoir laquelle des six valeurs de p représentées par $2\cos.\frac{2i\pi}{13}$, correspond à la valeur prise pour ω. Voici le résultat du calcul :

$$\frac{n^{\frac{1}{2}}}{3}\cos.\omega=1.04845\ 32790$$
$$\frac{n^{\frac{1}{2}}}{3}\cos.(2\omega-\theta)=0.85526\ 80937$$
$$1.90372\ 13727$$
$$\frac{1}{6}(1+n^{\frac{1}{2}})=0.76759\ 18792$$
$$2\cos.\frac{2i\pi}{13}=1.13612\ 94935$$
$$\cos.\frac{2i\pi}{13}=0.56806\ 47467\ 5$$

Or on trouve que ce cosinus répond à $\frac{4\pi}{13}$, car la valeur de cos. $\frac{4\pi}{13}$ calculée par les tables de la *Trig.Brit.*, en ayant égard aux troisièmes différences, est

$$\cos.\frac{4\pi}{13} = 0.56806\ 47467\ 31155.$$

Pour avoir les autres valeurs de p il faut mettre progressivement dans la formule $\omega + \mu$, $\omega + 2\mu$, $\omega + 3\mu$, etc. à la place de ω, et changer à chaque fois le signe du terme $n^{\frac{1}{2}}$ qui représente T″. Et d'abord si on ajoute 60° à la première valeur

$$\omega = -29^\circ\ 15'\ 54''.926995,$$

on aura une seconde valeur

$$\omega = 30^\circ\ 44'\ 5''.073005,$$

au moyen de laquelle la formule à calculer sera

$$p = -\frac{1}{6} + \frac{n^{\frac{1}{2}}}{6} + \frac{2n^{\frac{1}{2}}}{6}[\cos.\omega + \cos.(2\omega - \theta)]:$$

elle donne pour résultat

$$\tfrac{1}{2}p = 0.88545\ 60254\ 6,$$

ce qui est la valeur de cos. $\frac{2\pi}{17}$.

Or les racines $p, p', p'', p''', p^{\text{iv}}, p^{\text{v}}$, rangées dans l'ordre que leur donne la racine primitive $g=2$, sont

$$2\cos.\frac{2\pi}{13},\ 2\cos.\frac{2g\pi}{13},\ 2\cos.\frac{2g^2\pi}{13},\ 2\cos.\frac{2g^3\pi}{13},\ 2\cos.\frac{2g^4\pi}{13},$$
$$2\cos.\frac{2g^5\pi}{13},$$

ou en réduisant :

$$2\cos.\frac{2\pi}{13},\ 2\cos.\frac{4\pi}{13},\ 2\cos.\frac{8\pi}{13},\ 2\cos.\frac{10\pi}{13},\ 2\cos.\frac{6\pi}{13},\ 2\cos.\frac{12\pi}{13}.$$

On voit donc qu'en commençant par $2\cos.\frac{4\pi}{13}$, l'ordre des racines sera l'inverse de celui que donnerait notre formule. Quoi qu'il en soit, les six racines de notre équation pourront être exprimées de la manière suivante, au moyen des valeurs $\omega = -29^\circ\, 15'\, 54'' \ldots$, $\theta = -13^\circ\, 53'\, 52'' \ldots$:

$$2\cos.\frac{2\pi}{13} = -\frac{1}{6} + \frac{n^{\frac{1}{2}}}{6} + \frac{2n^{\frac{1}{2}}}{6}\left[\cos.\left(\omega + \frac{\pi}{3}\right) + \cos.\left(2\omega + \frac{2\pi}{3} - \theta\right)\right]$$

$$2\cos.\frac{4\pi}{13} = -\frac{1}{6} - \frac{n^{\frac{1}{2}}}{6} + \frac{2n^{\frac{1}{2}}}{6}\left[\cos.\omega + \cos.(2\omega - \theta)\right]$$

$$2\cos.\frac{8\pi}{13} = -\frac{1}{6} + \frac{n^{\frac{1}{2}}}{6} + \frac{2n^{\frac{1}{2}}}{6}\left[\cos.\left(\omega - \frac{\pi}{3}\right) + \cos.\left(2\omega - \frac{2\pi}{3} - \theta\right)\right]$$

$$2\cos.\frac{10\pi}{13} = -\frac{1}{6} - \frac{n^{\frac{1}{2}}}{6} + \frac{2n^{\frac{1}{2}}}{6}\left[\cos.\left(\omega - \frac{2\pi}{3}\right) + \cos.\left(2\omega - \frac{4\pi}{3} - \theta\right)\right]$$

$$2\cos.\frac{6\pi}{13} = -\frac{1}{6} + \frac{n^{\frac{1}{2}}}{6} + \frac{2n^{\frac{1}{2}}}{6}\left[\cos.(\omega - \pi) + \cos.(2\omega - \theta)\right]$$

$$2\cos.\frac{12\pi}{13} = -\frac{1}{6} - \frac{n^{\frac{1}{2}}}{6} + \frac{2n^{\frac{1}{2}}}{6}\left[\cos.\left(\omega - \frac{4\pi}{3}\right) + \cos.\left(2\omega - \frac{2\pi}{3} - \theta\right)\right].$$

On peut aussi par une seule formule exprimer toutes ces racines; cette formule est :

$$2\cos.\frac{2i\pi}{13} = -\frac{1}{6} - \frac{n^{\frac{1}{2}}\cos.m\pi}{6} + \frac{2n^{\frac{1}{2}}}{6}\left[\cos.\left(\omega - \frac{m\pi}{3}\right) + \cos.\left(2\omega - \frac{2m\pi}{3} - \theta\right)\right],$$

m étant le rang qu'occupe $2i$ dans la suite 8, 10, 6, 12, 2, 4.

Dans ce cas la solution générale du problème s'obtient par la simple trisection d'un arc θ' déterminable géométriquement, puisqu'on a $\omega = \frac{2\theta'}{3} + \frac{\pi}{3}$, et $\theta = \theta' + \frac{2\pi}{3}$.

Exemple III. $n=41$, $k=20$.

(594) Alors l'équation en p du degré 20, qu'il s'agit de résoudre, sera

$$o=\left\{\begin{array}{l} p^{20}-19p^{18}+\frac{18.17}{1.2}p^{16}-\text{etc.} \\ +p^{19}-18p^{17}+\frac{17.16}{1.2}p^{15}-\text{etc.}, \end{array}\right.$$

et les valeurs des racines $p, p', p'' \ldots p^{\text{xix}}$, sont les mêmes qu'on a désignées ci-dessus (n° 539) par $t, t', t'' \ldots t^{\text{xix}}$, en supposant toutefois qu'on continue de prendre $g=13$ pour racine primitive de 41. Voici les valeurs de ces racines exprimées en fonctions de r, r étant une des racines imaginaires de l'équation $x^{41}-1=o$.

$$\begin{array}{llll}
p=r^{1}+r^{-1} & p^{\text{v}}=r^{3}+r^{-3} & p^{\text{x}}=r^{9}+r^{-9} & p^{\text{xv}}=r^{14}+r^{-14} \\
p'=r^{13}+r^{-13} & p^{\text{vi}}=r^{2}+r^{-2} & p^{\text{xi}}=r^{6}+r^{-6} & p^{\text{xvi}}=r^{18}+r^{-18} \\
p''=r^{5}+r^{-5} & p^{\text{vii}}=r^{15}+r^{-15} & p^{\text{xii}}=r^{4}+r^{-4} & p^{\text{xvii}}=r^{12}+r^{-12} \\
p'''=r^{17}+r^{-17} & p^{\text{viii}}=r^{10}+r^{-10} & p^{\text{xiii}}=r^{11}+r^{-11} & p^{\text{xviii}}=r^{8}+r^{-8} \\
p^{\text{iv}}=r^{16}+r^{-16} & p^{\text{ix}}=r^{7}+r^{-7} & p^{\text{xiv}}=r^{20}+r^{-20} & p^{\text{xix}}=r^{19}+r^{-19}
\end{array}$$

Ces mêmes racines rangées dans l'ordre numérique des exposants de r, forment le tableau suivant :

$$(1)\quad \begin{array}{llll}
p=r^{1}+r^{-1} & p^{\text{xi}}=r^{6}+r^{-6} & p^{\text{xiii}}=r^{11}+r^{-11} & p^{\text{iv}}=r^{16}+r^{-16} \\
p^{\text{vi}}=r^{2}+r^{-2} & p^{\text{ix}}=r^{7}+r^{-7} & p^{\text{xvii}}=r^{12}+r^{-12} & p'''=r^{17}+r^{-17} \\
p^{\text{v}}=r^{3}+r^{-3} & p^{\text{xviii}}=r^{8}+r^{-8} & p'=r^{13}+r^{-13} & p^{\text{xvi}}=r^{18}+r^{-18} \\
p^{\text{xii}}=r^{4}+r^{-4} & p^{\text{x}}=r^{9}+r^{-9} & p^{\text{xv}}=r^{14}+r^{-14} & p^{\text{xix}}=r^{19}+r^{-19} \\
p''=r^{5}+r^{-5} & p^{\text{viii}}=r^{10}+r^{-10} & p^{\text{vii}}=r^{15}+r^{-15} & p^{\text{xiv}}=r^{20}+r^{-20}
\end{array}$$

(595) Soit R une racine imaginaire de l'équation $R^{20}-1=o$, racine qui doit être prise de manière que par ses puissances successives elle donne toutes les racines de l'équation $R^{20}-1=o$; cette condition sera remplie si dans la valeur $R=\cos.\mu+\sqrt{-1}\sin.\mu$, on fait $\mu=\frac{2\pi}{20}$; elle le serait également si on faisait $\mu=\frac{2i\pi}{20}$, i étant

l'un des huit nombres plus petits que 20 et premiers à 20, savoir : 1, 3, 7, 9, 11, 13, 17, 19. Cela posé nous ferons à l'ordinaire :

$$T = p + p'R + p''R^2 + p'''R^3 \ldots\ldots + p^{xix}R^{19},$$

et nous désignerons par T', T'', T''' ... T^{xviii}, les polynomes semblablement formés en mettant successivement R^2, R^3, R^4 ... R^{19} à la place de R. Il s'agit ensuite de trouver la quantité A, fonction de R seule, qui satisfait à l'équation $T^2 = AT'$.

On peut, pour cet effet, mettre T^2 sous la forme que donne son développement, savoir :

$$\begin{aligned} T^2 = \quad & a + a'R^2 + a''R^4 + a'''R^6 \ldots\ldots + a^{ix}R^{18} \\ & + bR + b'R^3 + b''R^5 + b'''R^7 \ldots\ldots + b^{ix}R^{19}, \end{aligned}$$

et alors on aura

$$\begin{aligned} a &= p^2 + (p^x)^2 + 2p'p^{xix} + 2p''p^{xviii} + 2p'''p^{xvii} \ldots + 2p^{ix}p^{xi} \\ b &= 2pp' + 2p''p^{xix} + 2p'''p^{xviii} + 2p^{iv}p^{xvii} \quad \ldots + 2p^{x}p^{xi}, \end{aligned}$$

valeurs qui serviront à trouver l'expression des autres coefficients a', a'' ... b', b'' ..., en avançant les lettres p d'un rang quand on passe de a à a', de a' à a'', etc. Mais il suffira de faire cette opération sur les valeurs des coefficients a et b réduits à la forme linéaire; ces valeurs sont, d'après les différents produits des deux lettres p, qui supposent la racine primitive $g = 13$ (art. 537),

$$\begin{aligned} a = & -2p - 2p'' - 2p''' - 4p^{iv} - 2p^{v} - p^{vi} - 2p^{vii} - 4p^{viii} - 2p^{ix} \\ & - 2p^{x} - 2p^{xii} - 2p^{xiii} - 4p^{xiv} - 2p^{xv} - p^{xvi} - 2p^{xvii} - 4p^{xviii} - 2p^{xix} \\ b = \quad & 2p + 2p' + 2p'' + 2p''' + 4p^{iv} + 4p^{v} + 4p^{vii} \\ & + 2p^{x} + 2p^{xi} + 2p^{xii} + 2p^{xiii} + 4p^{xiv} + 4p^{xv} + 4p^{xvii}. \end{aligned}$$

Au moyen de ces valeurs on trouve immédiatement le coefficient de p dans chacun des termes du polynome $a + a'R^2 + a''R^4 \ldots + a^{ix}R^{18}$, leur somme est $-2 - 2R^2 - 4R^4 - 2R^6 - R^8 - 2R^{10} - 4R^{12} - 2R^{14} - 2R^{16}$; prenant de même le coefficient de p dans chacun des termes du polynome $bR + b'R^3 + b''R^5 \ldots + b^{ix}R^{19}$, la somme de ces coefficients sera $2R + 4R^7 + 4R^{11} + 4R^{13} + 2R^{15} + 2R^{17} + 2R^{19}$.

Réunissant ces deux sommes on aura la valeur totale de A, savoir:

$$(2)\quad A=\begin{cases}-2-2R^2-4R^4-2R^6-R^8-2R^{10}-4R^{12}-2R^{14}-2R^{16}\\ +2R+4R^7+4R^{11}+4R^{13}+2R^{15}+2R^{17}+2R^{19}.\end{cases}$$

(596) On aurait pu trouver plus simplement cette valeur par le procédé indiqué art. 589. Voici ce second calcul confirmatif du premier.

Considérons d'abord dans T^2 la partie affectée des carrés des racines $p, p', p'' \ldots$, cette partie est

$$p^2+p'^2R^2+p''^2R^4+p'''^2R^6\ldots+p^{xix\,2}R^{38}.$$

Si l'on y substitue les valeurs $p^2=2+p^{vi}$, $p'^2=2+p^{vii}$, etc., le terme constant 2 pour lequel on doit mettre $-2p-2p'-2p''\ldots-2p^{xix}$, donne dans la valeur de A un coefficient de p égal à la suite

$$-2(1+R^2+R^4+R^6\ldots+R^{38}),$$

valeur qui se réduit à zéro non-seulement pour A mais pour tous ses dérivés $A', A'', A''' \ldots A^{xviii}$, excepté seulement pour A^{x}, qui résulte de A en mettant R^{10} à la place de R, et alors la suite précédente, au lieu de se réduire à zéro, devient égale à -40, c'est-à-dire en général à $-n+1$.

Ainsi pour avoir un résultat absolument général nous devons conserver la suite précédente dans laquelle seulement on peut faire $R^{20}=1$, ce qui la réduit à $-4(1+R^2+R^4+R^6\ldots+R^{18})$. Nous avons en outre le terme $p^{xiv\,2}R^{28}$, dans lequel $p^{xiv\,2}=2+p$, ce qui donne dans A le coefficient R^{28} ou R^8.

Il ne reste plus qu'à tenir compte des termes de T^2 qui sont de la forme $2p^{\mu}p^{\nu}R^{\mu+\nu}$; or parmi ces termes les seuls qui, réduits à la forme linéaire, contiennent p, sont d'après le tableau (1),

$$\begin{aligned}&2pp^{vi}R^6+2p^{vi}p^{v}R^{11}+2p^{v}p^{xii}R^{17}+2p^{xii}p''R^{14}\\ &+2p''p^{xi}R^{13}+2p^{xi}p^{ix}R^{20}+2p^{ix}p^{xviii}R^{27}+2p^{xviii}p^{x}R^{28}\\ &+2p^{x}p^{viii}R^{18}+2p^{viii}p^{xiii}R^{21}+2p^{xiii}p^{xvii}R^{30}+2p^{xvii}p'R^{18}\\ &+2p'p^{xv}R^{16}+2p^{xv}p^{vii}R^{22}+2p^{vii}p^{iv}R^{11}+2p^{iv}p'''R^{7}\\ &+2p'''p^{xvi}R^{19}+2p^{xvi}p^{xix}R^{35}+2p^{xix}p^{xiv}R^{33}.\end{aligned}$$

La partie de A qui en résulte est donc

$$2R^{6}+2R^{11}+2R^{17}+2R^{14}+2R^{13}+2R^{20}+2R^{27}+2R^{28}$$
$$+2R^{18}+2R^{21}+2R^{30}+2R^{18}+2R^{16}+2R^{22}+2R^{11}+2R^{7}$$
$$+2R^{19}+2R^{35}+2R^{33},$$

ou en réduisant les exposants d'après l'équation $R^{20}=1$,

$$2+2R+2R^{2}+2R^{6}+4R^{7}+2R^{8}+2R^{10}+4R^{11}+4R^{13}$$
$$+2R^{14}+2R^{15}+2R^{16}+2R^{17}+4R^{18}+2R^{19}.$$

On peut encore réduire cette valeur d'après l'équation .... $0=1+R+R^{2}\ldots+R^{19}$, ce qui donnera

$$-2R^{3}-2R^{4}-2R^{5}+2R^{7}-2R^{9}+2R^{11}-2R^{12}+2R^{13}+2R^{18}.$$

Si l'on ajoute maintenant les trois parties trouvées, on aura

$$A=-4(1+R^{2}+R^{4}+R^{6}+R^{8}+R^{10}+R^{12}+R^{14}+R^{16}+R^{18})+R^{8}$$
$$-2R^{3}-2R^{4}-2R^{5}+2R^{7}-2R^{9}+2R^{11}-2R^{12}+2R^{13}+2R^{18},$$

valeur qui étant combinée avec l'équation $0=1+R+R^{2}+R^{3}\ldots+R^{19}$, donnera le résultat déja trouvé dans l'équation (2).

(597) Maintenant que nous connaissons une valeur de A de laquelle on peut déduire toutes les dérivées $A', A'' \ldots A^{xvii}$ sans exception, nous pouvons établir la série d'équations qui résultent de la formule $T^{2}=AT'$: voici cette série

$$T^{2}=AT',\ T'^{2}=A'T''',\ T''^{2}=A''T^{v},\ T'''^{2}=A'''T^{vii},$$
$$T^{iv\,2}=A^{iv}T^{ix},\ T^{v\,2}=A^{v}T^{xi},\ T^{vi\,2}=A^{vi}T^{xiii},\ T^{vii\,2}=A^{vii}T^{xv},$$
$$T^{viii\,2}=A^{viii}T^{xvii},\ T^{ix\,2}=A^{ix}T^{xix}$$
$$(3)\quad T^{x\,2}=A^{x}T',\ T^{xi\,2}=A^{xi}T''',\ T^{xii\,2}=A^{xii}T^{v},\ T^{xiii\,2}=A^{xiii}T^{vii}$$
$$T^{xiv\,2}=A^{xiv}T^{ix},\ T^{xv\,2}=A^{xv}T^{xi},\ T^{xvi\,2}=A^{xvi}T^{xiii}$$
$$T^{xvii\,2}=A^{xvii}T^{xv},\ T^{xviii\,2}=A^{xviii}T^{xvii}.$$

Parmi ces équations on remarquera l'équation $T^{ix\,2}=A^{ix}T^{xix}$ dans laquelle T^{xix} étant ce que devient T lorsqu'on met R^{20} ou 1 à la place de R, on a $T^{\text{xix}} = \int p = -1$, et par conséquent $T^{\text{ix}2} = -A^{\text{ix}}$. Mais T^{ix} étant ce que devient T lorsqu'on met R^{10} ou -1 à la place de R, on aura

$$T^{\text{ix}} = p - p' + p'' - p''' + p^{\text{iv}} - p^{\text{v}} \ldots\ldots + p^{\text{xviii}} - p^{\text{xix}},$$

et cette suite, relative au nombre premier $n = 41$, est égale à $\pm\sqrt{n}$, suivant la formule de l'art. 509; donc pour que l'équation.... $T^{\text{ix}2} = -A^{\text{ix}}$ subsiste, il faut qu'on ait $A^{\text{ix}} = -n = -41$. C'est en effet la valeur qu'on tirera de la formule (2) en mettant R^{10} ou -1 à la place de R. Ainsi l'équation dont il s'agit est vérifiée dans le cas de $n = 41$ ou $m = 10$. Mais en général une semblable équation aura lieu pour toute valeur du nombre premier $n = 4m + 1$; cette équation sera $(T^{m-1})^2 = A^{m-1} T^{2m-1}$, $m - 1$ et $2m - 1$ étant des indices et non des exposants. En effet T^{m-1} représente la série

$$p - p' + p'' - p''' \ldots\ldots + p^{2m-2} - p^{2m-1},$$

dont la valeur est $\pm\sqrt{n}$, suivant l'article cité, et T^{2m-1} ou T^{k-1} étant la valeur de T lorsqu'on met R^k ou 1 à la place de R, on a $T^{2m-1} = p + p' + p'' \ldots + p^{2m-1} = -1$; donc il faut qu'on ait généralement $A^{m-1} = -n$, équation que nous venons de vérifier dans le cas de $n = 41$ et qui l'a été également dans le cas de $n = 13$.

Le cas de A^{ix} étant ainsi discuté et résolu, nous pouvons simplifier la formule (2), en employant l'équation

$$0 = 1 + R^2 + R^4 + R^6 \ldots + R^{18},$$

qui a lieu pour toute valeur prise dans la série $R, R^2, R^3 \ldots R^{19}$, excepté le seul terme R^{10} qui se réduit à -1, et qui doit être substitué dans le cas de A^{ix} dont nous n'avons plus à nous occuper. Avec cette seule exception, la formule (2) peut se mettre sous la forme

$$(4)\quad A = -2R^3 - 2R^4 - 2R^5 + 2R^7 + R^8 - 2R^9 + 2R^{11} - 2R^{12} + 2R^{13} + 2R^{18},$$

d'où nous déduirons bientôt les valeurs particulières de A, A', A'', A''', A^{iv}, A^{v}, A^{vi}, A^{vii} et A^{viii}.

(598) Les propriétés des fonctions T et A sont comprises en grande partie dans les équations (3), mais on a de plus deux autres séries d'équations particulières à chacune de ces fonctions. La première est le développement de l'équation générale $T^{(z)}T^{(k-2-z)}=n$, elle comprend dans le cas présent les dix équations suivantes :

$$(5)\quad \begin{aligned} n &= T\,T^{xviii} = T'T^{xvii} = T''T^{xvi} = T'''T^{xv} = T^{iv}T^{xiv} \\ &= T^{v}T^{xiii} = T^{vi}T^{xii} = T^{vii}T^{xi} = T^{viii}T^{x} = (T^{ix})^2. \end{aligned}$$

Il suffirait de donner la démonstration d'une de ces équations, d'où l'on déduirait aisément celle de toutes les autres, mais cette démonstration serait entièrement semblable à celles que nous avons données dans plusieurs autres exemples, et il est inutile de nous y arrêter.

Maintenant si on multiplie entre elles les deux équations $T^2=AT'$, $T^{xviii\,2}=A^{xviii}T^{xvii}$, prises dans le tableau (3), on aura....... $(T\,T^{xviii})^2=(T'T^{xvii})(A\,A^{xviii})$, ou $n^2=nA\,A^{xviii}$; donc $n=A\,A^{xviii}$. Dans cette équation la fonction A peut être désignée par $\Phi(R)$, et alors la fonction A^{xviii} sera désigné par $\Phi(R^{19})$ ou $\Phi\left(\frac{1}{R}\right)$; on aura donc $\Phi R\Phi\frac{1}{R}=n$; mettant dans cette équation R^2, R^3, etc. à la place de R, on aura $\Phi R^2\Phi\frac{1}{R^2}=n$, $\Phi R^3\Phi\frac{1}{R^3}=n$, etc., ce qui donnera $n=A'A^{xvii}$, $n=A''A^{xvi}$, etc., d'où l'on voit qu'on aura pour les fonctions A une série d'équations semblable à la série (5) qui a lieu pour les fonctions T, savoir :

$$(6)\quad \begin{aligned} n &= A\,A^{xviii} = A'A^{xvii} = A''A^{xvi} = A'''A^{xv} = A^{iv}A^{xiv} \\ &= A^{v}A^{xiii} = A^{vi}A^{xii} = A^{vii}A^{xi} = A^{viii}A^{x}; \end{aligned}$$

mais cette série de neuf équations ne s'étend pas jusqu'à la dixième, comme cela a lieu pour la série (5), car on a prouvé que l'équation $(A^{ix})^2=n$ serait inexacte, et doit être remplacée par l'équation $A^{ix}=-n$.

(599) Nous conclurons des deux séries (5) et (6), que $n^{\frac{1}{2}}$ est le

module réel des quantités imaginaires T et A, de sorte qu'on peut faire

$$T = n^{\frac{1}{2}}(\cos.\omega + \sqrt{-1}\sin.\omega),\quad A = n^{\frac{1}{2}}(\cos.\theta + \sqrt{-1}\sin.\theta)$$
$$T' = n^{\frac{1}{2}}(\cos.\omega' + \sqrt{-1}\sin.\omega'),\quad A' = n^{\frac{1}{2}}(\cos.\theta' + \sqrt{-1}\sin.\theta'),$$

et en général

$$T^{(m)} = n^{\frac{1}{2}}(\cos.\omega^{(m)} + \sqrt{-1}\sin.\omega^{(m)}),$$
$$A^{(m)} = n^{\frac{1}{2}}(\cos.\theta^{(m)} + \sqrt{-1}\sin.\omega^{(m)}).$$

De plus on voit que les fonctions inverses de $T^{(m)}$ et $A^{(m)}$, savoir : $T^{(k-2-m)}$ et $A^{(k-2-m)}$, s'expriment en changeant simplement le signe de $\sqrt{-1}$ dans les valeurs de $T^{(m)}$ et $A^{(m)}$; de sorte qu'on a

$$T^{(k-2-m)} = n^{\frac{1}{2}}(\cos.\omega^{(m)} - \sqrt{-1}\sin.\omega^{(m)}),$$
$$A^{(k-2-m)} = n^{\frac{1}{2}}(\cos.\theta^{(m)} - \sqrt{-1}\sin.\theta^{(m)}).$$

Donc si on réunit la somme des fonctions $T + T' + T'' \ldots + T^{\mathrm{viii}}$ à celle de leurs inverses $T^{\mathrm{xviii}} + T^{\mathrm{xvii}} + T^{\mathrm{xvi}} \ldots + T^{\mathrm{x}}$, la somme totale sera

$$2n^{\frac{1}{2}}(\cos.\omega + \cos.\omega' + \cos.\omega'' \ldots + \cos.\omega^{\mathrm{viii}}).$$

Si l'on joint ensuite à cette somme la fonction $T^{\mathrm{ix}} = \pm\sqrt{n}$, et la fonction T^{xix} qui n'est autre chose que $p + p' + p'' \ldots + p^{\mathrm{xix}} = -1$, on aura l'équation

$$(7)\quad 20p = -1 \pm n^{\frac{1}{2}} + 2n^{\frac{1}{2}}(\cos.\omega + \cos.\omega' + \cos.\omega'' \ldots + \cos.\omega^{\mathrm{viii}}),$$

de laquelle on pourra déduire toutes les racines de l'équation en p, et par conséquent toutes celles de l'équation proposée $X = 0$. Car chaque racine p étant de la forme $p = 2\cos.\frac{2i\pi}{n}$, on en tire deux racines de l'équation $X = 0$, savoir : $x = \cos.\frac{2i\pi}{n} \pm \sqrt{-1}\sin.\frac{2i\pi}{n}$.

Tout se réduit donc à trouver les valeurs des angles $\omega, \omega', \omega'' \ldots \omega^{\mathrm{viii}}$;

mais pour cela il faut connaître préalablement celles des angles θ, θ', $\theta''\ldots\theta^{\text{VIII}}$ qui servent à déterminer les quantités $A, A', A''\ldots A^{\text{VIII}}$.

(600) Pour rendre la formule (4) applicable à tout terme A^{m} de la série $A, A', A''\ldots A^{\text{VIII}}$, il faut substituer R^{1+m} à R, et on aura généralement

$$A^{(m)}=-2R^{3+3m}-2R^{4+4m}-2R^{5+5m}+2R^{7+7m}+R^{8+8m}$$
$$-2R^{9+9m}+2R^{11+11m}-2R^{12+12m}+2R^{13+13m}+2R^{18+18m}$$

Faisant ensuite $R=\cos.\mu+\sqrt{-1}\sin.\mu$, et. ....
$A^{(m)}=n^{\frac{1}{2}}(\cos.\theta^{(m)}+\sqrt{-1}\sin.\theta^{(m)})$, on aura pour déterminer $\theta^{(m)}$ les deux équations

$$\begin{aligned}n^{\frac{1}{2}}\cos.\theta^{(m)}=&-2\cos.(3+3m)\mu-2\cos.(4+4m)\mu-2\cos.(5+5m)\mu\\&+2\cos.(7+7m)\mu+\cos.(8+8m)\mu-2\cos.(9+9m)\mu\\&+2\cos.(11+11m)\mu-2\cos.(12+12m)\mu+2\cos.(13+13m)\mu\\&+2\cos.(18+18m)\mu.\end{aligned}$$

$$\begin{aligned}n^{\frac{1}{2}}\sin.\theta^{(m)}=&-2\sin.(3+3m)\mu-2\sin.(4+4m)\mu-2\sin.(5+5m)\mu\\&+2\sin.(7+7m)\mu+\sin.(8+8m)\mu-2\sin.(9+9m)\mu\\&+2\sin.(11+11m)\mu-2\sin.(12+12m)\mu+2\sin.(13+13m)\mu\\&+2\sin.(18+18m)\mu.\end{aligned}$$

Réduisant ces deux équations d'après la valeur $\mu=\frac{2\pi}{20}$, qui donne pour un entier quelconque a,

$$\cos.(20a\mu\pm b\mu)=\cos.b\mu,\quad \sin.(20a\mu\pm b\mu)=\pm\sin.b\mu,$$

on aura

$$\begin{aligned}n^{\frac{1}{2}}\cos.\theta^{(m)}=&\ \ 2\cos.(2+2m)\mu-2\cos.(3+3m)\mu-2\cos.(4+4m)\mu\\&+4\cos.(7+7m)\mu-\cos.(8+8m)\mu+2\sin.\frac{m\pi}{2}\end{aligned}$$

$$\begin{aligned}n^{\frac{1}{2}}\sin.\theta^{(m)}=&-2\sin.(2+2m)\mu-2\sin.(3+3m)\mu-2\sin.(4+4m)\mu\\&+3\sin.(8+8m)\mu-4\sin.(9+9m)\mu-2\cos.\frac{m\pi}{2}.\end{aligned}$$

Voici les résultats que fournissent ces formules appliquées aux valeurs particulières $m = 0, 1, 2, 3$, etc.; ils sont réduits à la forme la plus simple, au moyen des équations que donne la valeur $10\mu = \pi$, savoir : $\cos.(10-b)\mu = -\cos. b\mu$, $\sin.(10-b)\mu = \sin. b\mu$, $\sin.\mu = \cos. 4\mu$, $\sin. 2\mu = \cos. 3\mu$, $\sin. 3\mu = \cos. 2\mu$, $\sin. 4\mu = \cos.\mu$, $\cos. 4\mu = -\frac{1}{2} + \cos. 2\mu$, $\sin. 3\mu = \frac{1}{2} + \sin.\mu$:

$$n^{\frac{1}{2}} \cos.\theta = 1 + \cos. 2\mu - 6\cos. 3\mu \qquad = -1.71769\,45193\,7989$$
$$n^{\frac{1}{2}} \sin.\theta = \sin. 2\mu - 6\sin. 3\mu - 2\sin. 4\mu = -6.16842\,97465\,4752$$
$$\theta = -105^\circ\,33'\,38''.4567363$$

$$n^{\frac{1}{2}} \cos.\theta' = \frac{5}{2} + \cos. 2\mu \qquad = \quad 3.30901\,69943\,7495$$
$$n^{\frac{1}{2}} \sin.\theta' = 2\sin. 2\mu - 7\sin. 4\mu \qquad = -5.48182\,51094\,8113$$
$$\theta' = -58^\circ\,53'\,0''.18138297$$

$$n^{\frac{1}{2}} \cos.\theta'' = 6\cos.\mu + 2\cos. 2\mu - 3\cos. 4\mu = \quad 6.39732\,21033\,9598$$
$$n^{\frac{1}{2}} \sin.\theta'' = -6\sin.\mu + 2\sin. 2\mu + \sin. 4\mu = \quad 0.27252\,50546\,3042$$
$$\theta'' = 2^\circ\,26'\,21''.5432637.$$

D'après cette valeur on a $\theta'' = \theta + 108^\circ = \theta + 6\mu$, et en effet on peut démontrer que cette équation a lieu rigoureusement, d'après les valeurs connues de $\sin.\theta$, $\cos.\theta$, $\sin.\theta''$ et $\cos.\theta''$.

$$n^{\frac{1}{2}} \cos.\theta''' = -1 - 5\cos. 2\mu \qquad = -5.04508\,49718\,74735$$
$$n^{\frac{1}{2}} \sin.\theta''' = -3\sin. 2\mu + 6\sin. 4\mu \qquad = \quad 3.94298\,33408\,93505$$
$$\theta''' = 141^\circ\,59'\,26''.21430\,00993$$

$$n^{\frac{1}{2}} \cos.\theta^{\text{iv}} = -5$$
$$n^{\frac{1}{2}} \sin.\theta^{\text{iv}} = -4$$
$$\theta^{\text{iv}} = -141^\circ\,20'\,24''.69028\,52726$$

$$n^{\frac{1}{2}} \cos.\theta^{\text{v}} = \quad 3 - \cos. 2\mu \qquad = 2.19098\,30056\,25053$$
$$n^{\frac{1}{2}} \sin.\theta^{\text{v}} = 7\sin. 2\mu + 2\sin. 4\mu \qquad = 6.01660\,97986\,37619$$
$$\theta^{\text{v}} = 69^\circ\,59'\,26''.21430\,00993 = \theta''' - 4\mu.$$

L'égalité $\theta^{\text{v}} = \theta''' - 4\mu$ est rigoureusement démontrée par les formules qui donnent θ''' et θ^{v},

$$n^{\frac{1}{2}}\cos.\theta^{\text{vi}} = \tfrac{3}{2} - 6\cos.\mu - \cos.2\mu \qquad = -5.01535\,60921\,45871$$

$$n^{\frac{1}{2}}\sin.\theta^{\text{vi}} = -6\sin.\mu - 2\sin.2\mu - \sin.4\mu = -3.98072\,89871\,29782$$

$$\theta^{\text{vi}} = -141°\,33'\,38''.4567363 = \theta - 2\mu.$$

$$n^{\frac{1}{2}}\cos.\theta^{\text{vii}} = -\tfrac{7}{2} + 5\cos.2\mu \qquad = 0.54508\,49718\,74735$$

$$n^{\frac{1}{2}}\sin.\theta^{\text{vii}} = \quad 6\sin.2\mu + 3\sin.4\mu \qquad = 6.37988\,10626\,40300$$

$$\theta^{\text{vii}} = 85°\,6'\,59''.81861\,703 = \theta' + 8\mu$$

$$n^{\frac{1}{2}}\cos.\theta^{\text{viii}} = \quad 1 + \cos.2\mu + 6\cos.3\mu \quad = \quad 5.33572\,85081\,29785$$

$$n^{\frac{1}{2}}\sin.\theta^{\text{viii}} = -\sin.2\mu - 6\sin.3\mu + 2\sin.4\mu = -3.53977\,41859\,51847$$

$$\theta^{\text{viii}} = -33°\,33'\,38''.4567363 = \theta + 4\mu$$

Rapprochant tous ces résultats, on a le tableau suivant des valeurs de θ, où l'on voit que quatre de ces quantités telles que $\theta, \theta', \theta''', \theta^{\text{v}}$ suffisent pour déterminer les cinq autres

$$(9)\qquad \begin{array}{lrrrll}
\theta & = -105° & 33' & 38'' & .4567363 & \\
\theta' & = -\ 58 & 53 & 0 & .18138297 & \\
\theta'' & = \quad 2 & 26 & 21 & .5432637 & = \theta + 108° \\
\theta''' & = \quad 141 & 59 & 26 & .2143000993 & \\
\theta^{\text{iv}} & = -141 & 20 & 24 & .6902852726 & \\
\theta^{\text{v}} & = \quad 69 & 59 & 26 & .2143000993 & = \theta''' - 72° \\
\theta^{\text{vi}} & = -141 & 33 & 38 & .4567363 & = \theta - 36° \\
\theta^{\text{vii}} & = \quad 85 & 6 & 59 & .81861703 & = \theta' + 144° \\
\theta^{\text{viii}} & = -\ 33 & 33 & 38 & .4567363 & = \theta + 72°
\end{array}$$

(601) Venons maintenant au calcul des angles ω. On a par les équations (3)

$$T' = \frac{T^2}{A},\ T''' = \frac{T'^2}{A'} = \frac{T^4}{A^2 A'},\ T^{\text{vii}} = \frac{T'''^2}{A'''} = \frac{T^8}{A^4 A'^2 A'''},$$

$$T^{\text{xv}} = \frac{T^{\text{vii}\,2}}{A^{\text{vii}}} = \frac{T^{16}}{A^8 A'^4 A'''^2 A^{\text{vii}}}.$$

Multipliant la valeur de T^{vii} par celle de T''', et observant que par les équations (5) on a $T^{xv}T''' = n$, le produit donne

$$T^{20} = n A^{10} A'^{5} A'''^{2} A^{vii}.$$

Substituant dans cette équation les valeurs de A, A', A''', A^{vii}, exprimées en fonctions de $\theta, \theta', \theta''', \theta^{vii}$; substituant également pour T sa valeur en fonction de ω, on aura

$$20\omega = 10\theta + 5\theta' + 2\theta''' + \theta^{vii},$$

et par conséquent

$$(10) \qquad \omega = \frac{10\theta + 6\theta' + 2\theta'' + 144^\circ}{20} = \frac{5\theta + 3\theta' + \theta'' + 72^\circ}{10}.$$

Substituant enfin dans cette formule les valeurs approchées des angles θ, on a la valeur approchée

$$\omega = -49^\circ\, 2'\, 46''.66135\,3031.$$

Cette valeur est nécessaire pour nous diriger dans la détermination des autres angles ω, de manière à éviter toute espèce d'ambiguïté dans la formule générale de solution.

ω étant connu on a les valeurs tant exactes qu'approchées des angles $\omega', \omega''', \omega^{vii}$, savoir :

$$\begin{aligned}
\omega' &= 2\omega - \theta &&= 7^\circ\ 28'\ \ 5''.13403\,0238\\
\omega''' &= 4\omega - 2\theta - \theta' &&= 73\ \ 49\ \ 10\ .44944\,3446\\
\omega^{vii} &= 8\omega - 4\theta - 2\theta' - \theta''' &&= \ \ 5\ \ 38\ \ 54\ .68458\,6793
\end{aligned}$$

Ces premiers résultats font connaître la valeur des quatre fonctions T, T', T''', T^{vii} et de leurs inverses $T^{xviii}, T^{xvii}, T^{xv}, T^{xi}$.

(602) Pour aller plus loin il faut commencer par chercher la valeur de T'' au moyen des deux équations $T''^{2} = A'' T^{v}$, $T^{v2} = A^{v} T^{xi}$, d'où l'on tire

$$T''^{4} = A''^{2} A^{v} T^{xi} = \frac{n A''^{2} A^{v}}{T^{vii}},$$

et par conséquent

$$4\omega'' = 2\theta'' + \theta^{v} - \omega^{vii}.$$

Mais comme le second membre de cette équation peut être augmenté à volonté de 2π, 4π et 6π, on aura quatre valeurs de ω'', savoir :

$$\omega''=\frac{2\theta''+\theta^{v}-\omega^{vii}}{4},\quad \omega''=\frac{2\theta''+\theta^{v}-\omega^{vii}}{4}+\tfrac{1}{2}\pi$$
$$\omega''=\frac{2\theta''+\theta^{v}-\omega^{vii}}{4}+\pi,\quad \omega''=\frac{2\theta''+\theta^{v}-\omega^{vii}}{4}+\tfrac{3}{2}\pi,$$

entre lesquelles il faut choisir celle qui devra correspondre à la valeur prise pour ω.

Pour faire ce choix il faut recourir au principe dont nous avons déja donné diverses applications ; il consiste à déduire T″ du produit TT′, au moyen de l'équation $TT'=MT''$ dans laquelle M doit être une fonction de R seule qu'il s'agit de déterminer. Je remarque d'abord que cette quantité M, en tant qu'elle résulte de l'équation $M=\frac{TT'}{T''}$, a pour expression

$$M=n^{\frac{1}{2}}[\cos.(\omega+\omega'-\omega'')+\sqrt{-1}\sin.(\omega+\omega'-\omega'')],$$

ce qui assimile sa forme à celle des quantités T, A, T′, A′, etc. Si donc on trouve directement

$$M=n^{\frac{1}{2}}(\cos.\Theta+\sqrt{-1}\sin.\Theta),$$

on aura $\omega+\omega'-\omega''=\Theta$, et par conséquent

$$\omega''=\omega+\omega'-\Theta=3\omega-\theta-\Theta.$$

Comparant ensuite cette valeur aux quatre déja trouvées, on verra laquelle de ces quatre valeurs doit être adoptée.

Tout se réduit donc à trouver la valeur de M d'après l'équation $TT'=MT''$, et on voit que M doit être égal au coefficient de p dans le produit développé et réduit à la forme linéaire des deux polynomes

$$T=p+p'R+p''R^2+p'''R^3\ldots\ldots+p^{xix}R^{19}$$
$$T'=p+p'R^2+p''R^4+p'''R^6\ldots\ldots+p^{xix}R^{38}.$$

Considérons d'abord la partie

$$p^2 + p'^2 R^3 + p''^2 R^6 + p'''^2 R^9 \ldots\ldots + p^{xix2} R^{57},$$

dans laquelle il faudra substituer les valeurs des carrés $p^2 = 2 + p^{vi}$, $p'^2 = 2 + p^{vii}$, etc. : le terme constant 2, commun à tous ces carrés, étant la même chose que $-2p - 2p' -$ etc., le coefficient de p qui en résulte pour faire partie de M, est

$$-2(1 + R^3 + R^6 + R^9 \ldots\ldots + R^{57}).$$

Cette quantité multipliée par $1 - R^3$ qui n'est pas nulle (même quand on mettrait à la place de R un terme quelconque de la suite $R^2, R^3, R^4 \ldots R^{19}$), donne le produit $-2(1 - R^{60})$ qui est nul : elle peut donc être entièrement omise dans la valeur de M.

Il ne faut donc considérer dans cette première partie du produit TT' que le seul terme $p^{xiv2} R^{42} = (2 + p) R^{42}$ qui donnera dans M le terme R^{42} ou R^2.

Soient p^μ, p^ν deux termes consécutifs du tableau (1), il y aura dans le produit TT' deux termes

$$p^\mu p^\nu (R^{2\mu+\nu} + R^{\mu+2\nu}),$$

qui, à raison de la partie p comprise dans $p^\mu p^\nu$, donneront dans M les deux termes $R^{2\mu+\nu} + R^{\mu+2\nu}$. Voici le résultat de tous les termes formés semblablement d'après le tableau (1),

pp^{vi}	$\ldots R^6 + R^{12}$	$p^{xviii}p^{x}$	$\ldots R^{38} + R^{46}$	$p^{vii}p^{iv}$	$\ldots R^{15} + R^{18}$
$p^{vi}p^{v}$	$\ldots R^{16} + R^{17}$	$p^{x}p^{viii}$	$\ldots R^{26} + R^{28}$	$p^{iv}p'''$	$\ldots R^{10} + R^{11}$
$p^{v}p^{xii}$	$\ldots R^{22} + R^{29}$	$p^{viii}p^{xiii}$	$\ldots R^{29} + R^{34}$	$p'''p^{xvi}$	$\ldots R^{22} + R^{35}$
$p^{xii}p^{ii}$	$\ldots R^{16} + R^{26}$	$p^{xiii}p^{xvii}$	$\ldots R^{43} + R^{47}$	$p^{xvi}p^{xix}$	$\ldots R^{51} + R^{54}$
$p^{ii}p^{xi}$	$\ldots R^{15} + R^{24}$	$p^{xvii}p'$	$\ldots R^{19} + R^{35}$	$p^{xix}p^{xiv}$	$\ldots R^{47} + R^{52}$
$p^{xi}p^{ix}$	$\ldots R^{29} + R^{31}$	$p'p^{xv}$	$\ldots R^{17} + R^{31}$		
$p^{ix}p^{xviii}$	$\ldots R^{36} + R^{45}$	$p^{xv}p^{vii}$	$\ldots R^{29} + R^{37}$		

Ajoutant toutes ces puissances de R au terme déja trouvé R^2, et réduisant les exposants d'après l'équation $R^{20} = 1$, on aura

$$(11)\qquad \begin{aligned} M = {} & 3R^2 + R^3 + R^4 + R^5 + 4R^6 + 2R^7 + R^8 + 4R^9 + R^{10} \\ & + 4R^{11} + 2R^{12} + 2R^{14} + 4R^{15} + 3R^{16} + 3R^{17} + 2R^{18} + R^{19}. \end{aligned}$$

Cette quantité, réduite ultérieurement au moyen des équations $R^{10} = -1$, $1 - R^2 + R^4 - R^6 + R^8 = 0$, donne enfin

$$(12)\qquad M = -5R + 2R^3 - 4R^5 + 2R^9.$$

(603) Substituant dans cette formule les valeurs............ $R = \cos.\mu + \sqrt{-1}\sin.\mu$, $M = n^{\frac{1}{2}}(\cos.\Theta + \sqrt{-1}\sin.\Theta)$, on aura pour déterminer Θ les deux équations,

$$n^{\frac{1}{2}}\cos.\Theta = -7\cos.\mu + 2\cos.3\mu = -5.48182\,5109481$$
$$n^{\frac{1}{2}}\sin.\Theta = -3 - \sin.\mu \qquad\qquad = -3.30901\,6994375$$

d'où l'on tire

$$\Theta = -148^\circ\,53'\,0''\,18138\,297 = \theta' - \tfrac{1}{2}\pi.$$

Il suffit d'ailleurs de comparer les formules qui donnent Θ et θ' pour s'assurer que l'équation $\Theta = \theta' - \frac{1}{2}\pi$, n'est pas seulement approchée, mais qu'elle est rigoureuse.

Connaissant Θ, l'équation $\omega'' = 3\omega - \theta - \Theta$ donnera

$$\omega'' = 107^\circ\,18'\,18''.654060177.$$

D'un autre côté on a

$$\frac{2\theta'' + \theta^{v} - \omega^{vii}}{4} = 17^\circ\,18'\,18''.65406\,0177,$$

on voit donc que parmi les quatre valeurs de ω'' rapportées ci-dessus, celle qu'on doit choisir pour correspondre à la valeur prise pour ω est

$$\omega'' = \frac{2\theta'' + \theta^{v}\omega^{vii}}{4} + \tfrac{1}{2}\pi.$$

On a aussi en d'autres termes $\omega'' = \omega + \omega' - \Theta$, ou

$$\omega'' = 3\omega - \theta - \theta' + \tfrac{1}{2}\pi,$$

ensuite ω^{v} se déduira de l'équation $T^{v}=\frac{T'''^{2}}{A''}$ qui donne

$$\omega^{v}=2\omega''-\theta''=6\omega-2\theta-2\theta'-\theta''+\pi,$$

ou

$$\omega^{v}=6\omega-3\theta-2\theta'+72^{\circ}=212^{\circ}\,10'\,15''.76485\,6654.$$

Au moyen des angles ω'' et ω^{v} on connaît maintenant les fonctions T'' et T^{v}, ainsi que leurs inverses T^{xvi} et T^{xiii}. Il ne nous reste plus à trouver que les valeurs de T^{iv}, T^{vi} et T^{viii} qui feront connaître leurs inverses T^{xiv}, T^{xii} et T^{x}.

(604) La valeur de T^{iv} peut être tirée des équations $T^{iv2}=A^{iv}T^{ix}$, $T^{ix2}=n$, d'où résulte $T^{iv4}=nA^{iv2}$, et par conséquent

$$4\omega^{iv}=2\theta^{iv}+2h\pi,\ \text{ou}\ \omega^{iv}=\tfrac{1}{2}\theta^{iv}+\tfrac{1}{2}h\pi,$$

h devant avoir l'une des valeurs 0, 1, 2, 3.

Pour fixer cette incertitude nous aurons recours à l'équation $TT'''=NT^{iv}$ où N doit être une fonction de R seule, ainsi exprimée

$$N=n^{\frac{1}{2}}[\cos.(\omega+\omega'''-\omega^{iv})+\sqrt{-1}\sin.(\omega+\omega'''-\omega^{iv})].$$

Donc si on trouve directement

$$N=n^{\frac{1}{2}}(\cos.\lambda+\sqrt{-1}\sin.\lambda),$$

on aura $\omega+\omega'''-\omega^{iv}=\lambda$, ou

$$\omega^{iv}=\omega+\omega'''-\lambda;$$

on aura donc aussi $\omega+\omega'''-\lambda=\frac{1}{2}\theta^{iv}+\frac{1}{2}h\pi$, ou

$$\lambda=\omega+\omega'''-\tfrac{1}{2}\theta^{iv}-\tfrac{1}{2}h\pi=5\omega-2\theta-\theta'-\tfrac{1}{2}\theta^{iv}-\tfrac{1}{2}h\pi.$$

D'ailleurs on a $5\omega=\frac{5}{2}\theta+\frac{3}{2}\theta'+\frac{1}{2}\theta'''+36^{\circ}$; donc

$$\lambda=\tfrac{1}{2}(\theta+\theta'+\theta'''-\theta^{iv})+36^{\circ}-\tfrac{1}{2}h\pi,$$

ou en valeurs numériques

$$\lambda=95^{\circ}\,26'\,36''.13323\,3051-\tfrac{1}{2}h\pi.$$

Maintenant la valeur de N, calculée directement, n'est autre chose que le coefficient de p dans la valeur du produit TT''' développé et réduit à la forme linéaire; or, par le même procédé qui nous a servi à déterminer le coefficient M, on trouve

$$(13)\quad N=\begin{cases}-10(1+R^5+R^{10}+R^{15})+R^{10}\\ +2+4R+2R^2+3R^3+R^4+R^5+3R^6+3R^7+2R^8+3R^9\\ +2R^{10}+3R^{12}+2R^{13}+R^{14}+R^{15}+R^{16}+R^{18}+3R^{19}.\end{cases}$$

Cette valeur de N a lieu quand même au lieu de R on mettrait R^2, R^3, R^4... jusqu'à R^{19}, ce qui changerait N en $N', N'', N'''\ldots N^{xviii}$. Mais pour les valeurs $N, N'', N^{iv}\ldots N^{xviii}$ dont l'indice est pair, on pourra simplifier la formule en faisant $R^{10}=-1$, et $1-R^2+R^4-R^6+R^8=0$, ce qui donnera la valeur réduite

$$(14)\qquad N=-2+4R+R^3-R^4+3R^6+3R^7.$$

Comme il ne s'agit ici que de la première valeur de N qui répond à la valeur $R=\cos.\mu+\sqrt{-1}\sin.\mu$, et qui est représentée par $n^{\frac{1}{2}}(\cos.\Lambda+\sqrt{-1}\sin.\Lambda)$, on aura les deux équations suivantes pour déterminer Λ,

$$n^{\frac{1}{2}}\cos.\Lambda=4\cos.\mu-4\cos.2\mu-2\cos.3\mu=-0.60741\,24169\,04118$$
$$n^{\frac{1}{2}}\sin.\Lambda=2+8\sin\mu+2\sin.4\mu\qquad=\quad 6.37424\,89875\,89876$$

Ces équations donnent

$$\Lambda=95^\circ\,26'\,36''.13324,$$

d'où il suit qu'on a $h=0$ et $\omega^{iv}=\frac{1}{2}\theta^{iv}$, ou par approximation

$$\omega^{iv}=-70^\circ\,40'\,12''.34514\,26363.$$

On peut aussi mettre ω^{iv} sous la forme

$$\omega^{iv}=5\omega-\tfrac{5}{2}\theta-\tfrac{3}{2}\theta'-\tfrac{1}{2}\theta'''+\tfrac{1}{2}\theta^{iv}-36^\circ,$$

comprise dans la formule générale $\omega^{(m)}=(m+1)\omega+\alpha^{(m)}$, $\alpha^{(m)}$ étant une quantité qui ne dépend que des quatre angles $\theta, \theta', \theta''', \theta^{iv}$, et de l'angle $\mu=18^\circ$.

La valeur de T^{iv} étant connue par celle de ω^{iv}, on connaît en même temps son inverse T^{xiv}; de plus cette même valeur détermine celle de T^{ix} par l'équation $T^{ix} = \frac{T^{iv,2}}{A^{iv}}$; car ayant $\omega^{iv} = \frac{1}{2}\theta^{iv}$, on a $T^{iv,2} = n(\cos.\theta^{iv} + \sqrt{-1}\sin.\theta^{iv}) = n^{\frac{1}{2}}A^{iv}$, et par conséquent $T^{ix} = n^{\frac{1}{2}}$. Nous savions déja que T^{ix} ne pouvait être que $+n^{\frac{1}{2}}$ ou $-n^{\frac{1}{2}}$; ainsi il ne reste plus d'incertitude sur cette détermination.

(605) Venons maintenant aux fonctions T^{vi} et T^{viii}, les seules qui nous restent à déterminer avec leurs inverses T^{xii} et T^{x}.

On peut tirer T^{vi} de l'équation $T^{vi,2} = A^{vi}T^{xiii} = \frac{nA^{vi}}{T^{v}}$, qui donne $2\omega^{vi} = \theta^{vi} - \omega^{v}$ ou $2\omega^{vi} = \theta^{vi} - \omega^{v} + 2\pi$, et par conséquent

$$\omega^{vi} = \frac{\theta^{vi} - \omega^{v}}{2} \text{ ou } \omega^{vi} = \frac{\theta^{vi} - \omega^{v}}{2} + \pi.$$

De même T^{viii} peut être tiré de l'équation $T^{viii,2} = A^{viii}T^{xvii} = \frac{nA^{viii}}{T'}$ qui donne les deux valeurs

$$\omega^{viii} = \frac{\theta^{viii} - \omega'}{2}, \quad \omega^{viii} = \frac{\theta^{viii} - \omega'}{2} + \pi.$$

Ensuite pour décider, dans chacun de ces cas, quelle est la valeur qu'on doit adopter, on pourrait recourir à la méthode ordinaire qui consiste à chercher les quantités P et Q, fonctions de R seule, d'après les équations $TT^{vi} = PT^{vii}$, $TT^{vii} = QT^{viii}$. Car connaissant T et T^{vii}, ces équations donneront les valeurs de T^{vi} et T^{viii}, ou celles des angles ω^{vi} et ω^{viii}.

Mais il se présente dans ce cas un moyen plus simple de parvenir aux résultats cherchés; et ce moyen qui pourra être employé dans des cas semblables, a l'avantage de fournir une nouvelle suite de théorèmes sur les fonctions T.

(606) Reprenons l'équation $TT' = MT''$, et supposons que dans cette équation on substitue successivement $R^2, R^3, R^4 \ldots$ jusqu'à R^{19} à la place de R; ce qui changera M en $M', M'', M''' \ldots M^{xvii}$. On formera ainsi une nouvelle série d'équations qui sont autant de théo-

rèmes sur les fonctions T, savoir :

$$\begin{aligned}
&TT' = MT'',\ T'T''' = M'T^{v},\ T''T^{v} = M''T^{viii},\ T'''T^{vii} = M'''T^{xi},\\
&T^{iv}T^{ix} = M^{iv}T^{xiv},\ T^{v}T^{xi} = M^{v}T^{xvii},\ T^{vi}T^{xiii} = M^{vi}T,\ T^{vii}T^{xv} = M^{vii}T'',\\
(15)\quad &T^{viii}T^{xvii} = M^{viii}T^{vi},\ T^{ix}T^{xix} = M^{ix}T^{ix},\ T^{x}T^{i} = M^{x}T^{xii},\ T^{xi}T''' = M^{xi}T^{xv},\\
&T^{xii}T^{v} = M^{xii}T^{xviii},\ T^{xiii}T^{vii} = M^{xiii}T',\ T^{xiv}T^{ix} = M^{xiv}T^{iv},\ T^{xv}T^{xi} = M^{xv}T^{vii},\\
&T^{xvi}T^{xiii} = M^{xvi}T^{x},\ T^{xvii}T^{xv} = M^{xvii}T^{xiii},\ T^{xviii}T^{xvii} = M^{xviii}T^{xvi}.
\end{aligned}$$

Dans la série précédente si on multiplie entre elles les équations extrêmes, ainsi que deux équations quelconques également éloignées des extrêmes, les produits offriront une propriété des fonctions M analogue à celle des fonctions A, et contenue dans les équations suivantes :

$$(16)\quad \begin{aligned}
n &= MM^{xviii} = M'M^{xvii} = M''M^{xvi} = M'''M^{xv} = M^{iv}M^{xiv} = M^{v}M^{xiii}\\
&= M^{vi}M^{xii} = M^{vii}M^{xi} = M^{viii}M^{x}.
\end{aligned}$$

Cette suite ne s'étend pas jusqu'à l'équation $n = (M^{ix})^2$ qui serait inexacte; on voit au contraire par la 10e des équations (15) qu'on a $M^{ix} = T^{xix} = -1$.

Il résulte de ces équations qu'un terme quelconque de la suite M, M', M'', etc. peut se représenter par la formule

$$M^{(m)} = n^{\frac{1}{2}}(\cos.\Theta^{(m)} + \sqrt{-1}\sin.\Theta^{m}).$$

Dans le cas de $m = 0$, nous avons déja trouvé par la formule (12), $M = n^{\frac{1}{2}}(\cos.\Theta + \sqrt{-1}\sin.\Theta)$, $\Theta = \theta' - \frac{1}{2}\pi$. Lorsque m sera un nombre pair, ce qui a lieu pour tous les termes M'', M^{iv}, M^{vi}, etc., on pourra calculer encore par la formule (12) l'angle $\Theta^{(m)}$ qui répond à $M^{(m)}$, en mettant dans cette formule R^{m+1} ou R^{2i+1} à la place de R : il en résultera les deux équations,

$$(15)\quad \begin{aligned}
n^{\frac{1}{2}}\cos.\Theta^{(2i)} &= -5\cos.(2i+1)\mu + 2\cos.(6i+3)\mu\\
&\quad -4\cos.(10i+5)\mu + 2\cos.(18i+9)\mu\\
n^{\frac{1}{2}}\sin.\Theta^{(2i)} &= -5\sin.(2i+1)\mu + 2\sin.(6i+3)\mu\\
&\quad -4\sin.(10i+5)\mu + 2\sin.(18i+9)\mu.
\end{aligned}$$

Par exemple pour trouver la valeur de Θ'' dans la formule.... $M''=n^{\frac{1}{2}}(\cos.\Theta''+\sqrt{-1}\sin.\Theta'')$, on fera $2i=2$, ce qui donnera les deux équations

$$n^{\frac{1}{2}}\cos.\Theta''=-2\cos.\mu-7\cos.3\mu$$
$$n^{\frac{1}{2}}\sin.\Theta''=\quad 3-\sin.3\mu.$$

Comparant ces équations à celles qui déterminent θ^{v} (art. 600), on en déduira

$$\Theta''=\theta^{v}+\tfrac{1}{2}\pi.$$

De même pour avoir la valeur de θ^{vi} qui donne.............. $M^{vi}=n^{\frac{1}{2}}(\cos.\Theta^{vi}+\sqrt{-1}\sin.\Theta^{vi})$, il faut faire $2i=6$, et on aura

$$n^{\frac{1}{2}}\cos.\Theta^{vi}=2\cos.\mu+7\cos.3\mu$$
$$n^{\frac{1}{2}}\sin.\Theta^{vi}=3-\sin.3\mu.$$

Donc $\Theta^{vi}=\pi-\Theta''=\frac{1}{2}\pi-\theta^{v}$. Ces deux résultats vont nous servir à compléter la solution de notre problème.

(607) Pour revenir aux équations (15) qui sont autant de théorèmes nouveaux sur les fonctions T, nous remarquerons que les coefficients de rang pair M', M''', M^{v}, etc., produits par la substitution de R^2, R^4, R^6, etc. au lieu de R dans M, doivent se tirer de la formule générale (11) et non de la formule réduite (12) qui n'a pas lieu pour ces coefficients de rang pair. En effet l'équation $R^{10}=-1$ que suppose la formule (12), cesse d'être exacte, lorsqu'au lieu de R on met R^2, R^4, ou en général R^{2i}, puisqu'on n'a pas $R^{20i}=-1$, mais bien $R^{20i}=+1$.

Ainsi, par exemple, pour avoir la valeur de M' on mettra R^2 au lieu de R dans la formule (11), et on aura

$$M'=-4-3R^2-2R^6-2R^5$$
$$n^{\frac{1}{2}}\cos.\Theta'=-5+\cos.2\mu$$
$$n^{\frac{1}{2}}\sin.\Theta'=-5\sin.2\mu-2\sin.4\mu.$$

De là on tire la valeur exacte

$$\Theta' = \theta' - 72^\circ = \theta' - 4\mu,$$

qui donne

$$M' = n^{\frac{1}{5}}[\cos.(\theta' - 4\mu) + \sqrt{-1}\sin.(\theta' - 4\mu)].$$

Par cette valeur de M′ on calculera directement celle de T^v au moyen de l'équation $T'T''' = M'T^v$, et on aura

$$\omega^v = \omega' + \omega''' - \theta' + 4\mu,$$

ou

$$\omega^v = 6\omega - 3\theta - 2\theta' + 4\mu,$$

valeur qui s'accorde avec celle que nous avons déja trouvée.... $\omega^v = 6\omega - 2\theta - 2\theta' - \theta'' + 10\mu$; car en les égalant on trouve $\theta'' = \theta + 6\mu$, ce qui est en effet la valeur de θ''.

Après avoir déduit des équations $T^2 = AT'$, $TT' = MT''$ les deux suites de théorèmes compris dans les équations (3) et (15), on doit voir maintenant qu'il serait facile de déduire une suite de théorèmes semblables de l'équation $TT''' = NT^{iv}$, et de beaucoup d'autres de la même nature telles que $TT'' = BT'''$, $TT^{iv} = DT^v$, etc. Mais ces théorèmes, si faciles à multiplier, sont inutiles pour l'objet que nous avons en vue, c'est-à-dire, pour la détermination des divers polynomes T, T', T'', etc. en fonctions de la racine R; car le petit nombre d'applications que nous avons faites de la série (15) et de l'équation $TT''' = NT^{iv}$, suffit pour la détermination dont il s'agit, ainsi que pour la résolution générale de l'équation $X = 0$ dans le cas de $n = 41$.

(608) En effet, au moyen de la valeur $\Theta'' = \theta^v + \frac{1}{2}\pi$, qui détermine M'', l'équation $T''T^v = M''T^{viii}$ qui est la troisième des équations (15), donnera l'angle ω^{viii} qui détermine T^{viii}, savoir :

$$\omega^{viii} = \omega'' + \omega^v - \Theta'' = 9\omega - 3\theta - 3\theta' - \theta'' + \pi - \theta^v,$$

ou

$$\omega^{viii} = 9\omega - 4\theta - 3\theta' - \theta''' + 144^\circ.$$

En second lieu, la valeur $\Theta^{vi} = \frac{1}{2}\pi - \theta^v = 162^\circ - \theta'''$ qui détermine M^{vi}, fera connaître ω^{vi} par l'équation $T^{vi} = \frac{M^{vi}T}{T^{xiii}} = \frac{M^{vi}TT^v}{n}$, prise dans la série (15), et d'où résulte

$$\omega^{\text{VI}}=\omega+\omega^{\text{V}}+\Theta^{\text{VI}}=7\omega-2\theta-2\theta'-\theta''-\theta'''+2\pi-18^\circ,$$

ou en négligeant 2π,

$$\omega^{\text{VI}}=7\omega-3\theta-2\theta'-\theta'''-126^\circ.$$

Ces valeurs de ω^{VI} et ω^{VIII} s'accordent avec celles de l'art. 605, en les choisissant de cette manière,

$$\omega^{\text{VI}}=\frac{\theta^{\text{VI}}-\omega^{\text{V}}}{2}+\pi,\quad \omega^{\text{VIII}}=\frac{\theta^{\text{VIII}}-\omega'}{2}+\pi.$$

Au reste dans ces comparaisons une différence de 2π ou d'un multiple de 2π est regardée comme nulle, parce qu'elle ne change rien à la position du point qu'elles déterminent sur la circonférence.

(609) Pour rassembler sous un même point de vue tous les résultats des calculs précédents, nous avons formé le tableau suivant :

$\omega=\frac{5\theta+3\theta'+\theta''+72^\circ}{10}$	$=-$	49°	$2'$	$46''$	.66135 3031	
$\omega'=2\omega+\alpha'$	$=$	7°	$28'$	$5''$	.13403 0238	
$\omega''=3\omega+\alpha''$	$=$	107	18	18	.65406 0177	
$\omega'''=4\omega+\alpha'''$	$=$	73	49	10	.44944 3446	
$\omega^{\text{IV}}=5\omega+\alpha^{\text{IV}}$	$=-$	70	40	12	.34514 2636	(A)
$\omega^{\text{V}}=6\omega+\alpha^{\text{V}}$	$=-$	147	49	44	.23514 3346	
$\omega^{\text{VI}}=7\omega+\alpha^{\text{VI}}$	$=-$	176	51	57	.11079 6477	
$\omega^{\text{VII}}=8\omega+\alpha^{\text{VII}}$	$=$	5	38	54	.68458 6793	
$\omega^{\text{VIII}}=9\omega+\alpha^{\text{VIII}}$	$=$	159	29	8	.20461 6731	

$\alpha'=-\theta$	$=$	105°	$33'$	$38''$	.4567363
$\alpha''=-\theta-\theta'+\frac{1}{2}\pi$	$=$	254	26	38	.63811 927
$\alpha'''=-2\theta-\theta'$	$=$	270	0	17	.09485 557
$\alpha^{\text{IV}}=-\frac{5}{2}\theta-\frac{3}{2}\theta'-\frac{1}{2}\theta'''+\frac{1}{2}\theta^{\text{IV}}-\frac{2\pi}{10}$	$=$	174	33	40	.96162 252
$\alpha^{\text{V}}=-3\theta-2\theta'+\frac{4\pi}{10}$	$=$	146	26	55	.73297 484
$\alpha^{\text{VI}}=-3\theta-2\theta'-\theta'''-\frac{7\pi}{10}$	$=-$	193	32	30	.48132 526
$\alpha^{\text{VII}}=-4\theta-2\theta'-\theta'''$	$=$	38	1	7	.97541 104
$\alpha^{\text{VIII}}=-4\theta-3\theta'-\theta'''-\frac{12\pi}{10}$	$=-$	119	5	51	.84320 599

Si l'on substitue maintenant les valeurs trouvées pour ω, ω', ω'' ... ω^{viii}, dans la formule

$$p = \frac{-1+n^{\frac{1}{2}}}{20} + \frac{2n^{\frac{1}{2}}}{20}(\cos.\omega + \cos.\omega' + \cos.\omega'' \ldots + \cos.\omega^{\text{viii}}),$$

on trouvera, en faisant le calcul par les tables à sept décimales seulement

$$p = 2\cos.\, 79^\circ\, 1'\, 27''.8.$$

Cette valeur est à très-peu près celle de $2\cos.\frac{18\pi}{41}$; ainsi on connaît la racine que représente exactement la formule calculée d'après la première valeur de ω.

(610) Pour avoir les autres racines il faut à la place de ω substituer successivement $\omega + \frac{2\pi}{20}$, $\omega + \frac{4\pi}{20}$, $\omega + \frac{6\pi}{20}$.... jusqu'à $\omega + \frac{38\pi}{20}$; et il faut observer 1° qu'à chaque substitution le terme $n^{\frac{1}{2}}$ qui représente T^{ix} doit changer de signe, parce que la série des racines p qui peut être représentée par

$$2\cos.\lambda,\ 2\cos.\lambda g,\ 2\cos.\lambda g^2,\ 2\cos.\lambda g^3, \text{ etc.},$$

g étant la racine primitive de n, donne en général pour T^{ix} la valeur

$$2\cos.\lambda - 2\cos.\lambda g + 2\cos.\lambda g^2 - 2\cos.\lambda g^3, \text{ etc.},$$

laquelle change de signe lorsque le premier terme $2\cos.\lambda$ est remplacé par le suivant $2\cos.\lambda g$; 2° qu'en augmentant ω du multiple $h\mu$ ou $h.\frac{2\pi}{20}$, on doit augmenter en même temps ω' de $2h\mu$, ω'' de $3h\mu$, ω''' de $4h\mu$, et ainsi de suite, comme on le voit par les équations (A) que nous venons de rapporter.

Cela posé si l'on fait le calcul en augmentant ω de 18°, c'est-à-dire en donnant à ω la nouvelle valeur

$$\omega = -31^\circ\, 2'\, 46''.66,$$

et augmentant dans la proportion indiquée les autres angles ω',

$\omega'' \ldots \omega^{\text{viii}}$, la formule dans laquelle on changera le signe de $n^{\frac{1}{2}}$, donnera pour résultat $2\cos.\frac{14\pi}{41}$. Or je remarque que dans la série des racines déterminées par la racine primitive $g=13$, la racine $2\cos.\frac{14\pi}{41}$ précède la racine $2\cos.\frac{18\pi}{41}$. D'où il suit que les substitutions successives de $\omega+\mu, \omega+2\mu, \omega+3\mu$, etc. à la place de ω, donneront toutes les racines de l'équation proposée dans l'ordre inverse de celui qu'indique la racine primitive $g=13$; en vertu de cette valeur de g, on aurait, à partir de la racine $p=2\cos.\frac{2\pi}{41}$, la série des racines p, p', p'', etc. dans l'ordre suivant :

$$p = 2\cos.\frac{2\pi}{41}, p' = 2\cos.\frac{26\pi}{41}, p'' = 2\cos.\frac{10\pi}{41}, p''' = 2\cos.\frac{34\pi}{41},$$
$$p^{\text{iv}} = 2\cos.\frac{32\pi}{41}, p^{\text{v}} = 2\cos.\frac{6\pi}{41}, p^{\text{vi}} = 2\cos.\frac{4\pi}{41}, p^{\text{vii}} = 2\cos.\frac{30\pi}{41},$$
$$p^{\text{viii}} = 2\cos.\frac{20\pi}{41}, p^{\text{ix}} = 2\cos.\frac{14\pi}{41}, p^{\text{x}} = 2\cos.\frac{18\pi}{41}, p^{\text{xi}} = 2\cos.\frac{12\pi}{41},$$
$$p^{\text{xii}} = 2\cos.\frac{8\pi}{41}, p^{\text{xiii}} = 2\cos.\frac{22\pi}{41}, p^{\text{xiv}} = 2\cos.\frac{40\pi}{41}, p^{\text{xv}} = 2\cos.\frac{28\pi}{41},$$
$$p^{\text{xvi}} = 2\cos.\frac{36\pi}{41}, p^{\text{xvii}} = 2\cos.\frac{24\pi}{41}, p^{\text{xviii}} = 2\cos.\frac{16\pi}{41}, p^{\text{xix}} = 2\cos.\frac{38\pi}{41}.$$

La formule donnera donc, à partir du premier terme $2\cos.\frac{18\pi}{41}$ qu'on peut toujours désigner par p, les termes de la même série pris dans un ordre inverse, de sorte qu'on aura successivement

$$2\cos.\frac{18\pi}{41} = -\frac{1}{20} + \frac{n^{\frac{1}{2}}}{20} + \frac{2n^{\frac{1}{2}}}{20}[\cos.\omega + \cos.(2\omega+\alpha') + \cos.(3\omega+\alpha'') + \cos.(4\omega+\alpha''') \ldots + \cos.(9\omega+\alpha^{\text{viii}})]$$

$$2\cos.\frac{14\pi}{41} = -\frac{1}{20} - \frac{n^{\frac{1}{2}}}{20} + \frac{2n^{\frac{1}{2}}}{20}[\cos.(\omega+\mu) + \cos.(2\omega+2\mu+\alpha') + \cos.(3\omega+3\mu+\alpha'') \ldots + \cos.(9\omega+9\mu+\alpha^{\text{viii}})]$$

$$2\cos.\frac{20\pi}{41} = -\frac{1}{20} + \frac{n^{\frac{1}{2}}}{20} + \frac{2n^{\frac{1}{2}}}{20}[\cos.(\omega+2\mu) + \cos.(2\omega+4\mu+\alpha') + \cos.(3\omega+6\mu+\alpha'') \ldots + \cos.(9\omega+18\mu+\alpha^{\text{viii}})],$$

etc.

En général on pourra exprimer une racine quelconque $2\cos.\frac{2i\pi}{41}$ par la formule

$$2\cos.\frac{2i\pi}{41}=-\frac{1}{20}+\frac{n^{\frac{1}{2}}\cos.m\pi}{20}$$
$$+\frac{2n^{\frac{1}{2}}}{20}[\cos.\Omega+\cos.(2\Omega+\alpha')+\cos.(3\Omega+\alpha'')+\cos.(4\Omega+\alpha''')$$
$$+\cos.(5\Omega+\alpha^{\text{iv}})+\cos.(6\Omega+\alpha^{\text{v}})+\cos.(7\Omega+\alpha^{\text{vi}})$$
$$+\cos.(8\Omega+\alpha^{\text{vii}})+\cos.(9\Omega+\alpha^{\text{viii}})],$$

en faisant $\Omega=\omega+m\mu$, $m+1$ étant le rang qu'occupe $2i$ dans la suite 18, 14, 20, etc., comme on le voit ici :

$$\begin{array}{l} 2i=18,14,20,30,4;6,32,34,10,26;2,38,16,24,36;28,40,22,8,12 \\ m=0,1,2,3,4;5,6,7,8,9;10,11,12,13,14;15,16,17,18,19 \end{array}$$

Par exemple pour que la formule exprime la valeur de $2\cos.\frac{2\pi}{41}$, il faudra faire $m=10$ et $\Omega=\omega+10\mu=\omega+\pi$, ce qui donnera le résultat suivant :

$$2\cos.\frac{2\pi}{41}=-\frac{1}{20}+\frac{n^{\frac{1}{2}}}{20}$$
$$+\frac{2n^{\frac{1}{2}}}{20}[-\cos.\omega+\cos.(2\omega+\alpha')-\cos.(3\omega+\alpha'')$$
$$+\cos.(4\omega+\alpha''')-\ldots-\cos.(9\omega+\alpha^{\text{viii}})].$$

Ces divers exemples dont les calculs ont été développés avec toute l'étendue nécessaire, prouvent qu'il est toujours possible de trouver une formule générale qui contienne et donne à volonté toutes les racines de l'équation en p, d'où l'on peut déduire toutes celles de l'équation $X=0$, n étant un nombre premier quelconque.

Exemple IV. $n=17$, $k=8$.

(611) Quoique la résolution de cet exemple ait été déja donnée (art. 535), cependant il ne sera pas inutile de faire voir comment notre nouvelle méthode conduit à une formule générale qui com-

prend sous la forme la plus simple toutes les racines de l'équation à résoudre. Cette équation est :

$$0 = p^8 + p^7 - 7p^6 - 6p^5 + 15p^4 + 10p^3 - 10p^2 - 4p + 1,$$

et nous supposerons à l'ordinaire que ses racines sont $p, p', p'' \ldots p^{\text{vii}}$. Si on prend la valeur $g = 3$ pour racine primitive de 17, ces racines désigneront les huit périodes à deux termes $(2:1)$, $(2:g)$, $(2:g^2) \ldots (2:g^7)$, et en conséquence elles devront être rangées dans l'ordre suivant :

$$\begin{array}{ll} p = r^1 + r^{-1} & p^{\text{iv}} = r^4 + r^{-4} \\ p' = r^3 + r^{-3} & p^{\text{v}} = r^5 + r^{-5} \\ p'' = r^8 + r^{-8} & p^{\text{vi}} = r^2 + r^{-2} \\ p''' = r^7 + r^{-7} & p^{\text{vii}} = r^6 + r^{-6} \end{array}$$

On peut aussi, pour les applications que nous avons à faire, ranger ces mêmes racines dans l'ordre des exposants de r, comme il suit :

$$(1) \quad \begin{array}{ll} p = r^1 + r^{-1} & p^{\text{v}} = r^5 + r^{-5} \\ p^{\text{vi}} = r^2 + r^{-2} & p^{\text{vii}} = r^6 + r^{-6} \\ p' = r^3 + r^{-3} & p''' = r^7 + r^{-7} \\ p^{\text{iv}} = r^4 + r^{-4} & p'' = r^8 + r^{-8}. \end{array}$$

(612) Nous supposerons à l'ordinaire

$$T = p + p'R + p''R^2 + p'''R^3 \ldots + p^{\text{vii}}R^7,$$

R étant une racine imaginaire de l'équation $R^8 - 1 = 0$, racine qui doit être choisie de manière que par ses puissances successives elle donne toutes les racines de la même équation. Telle est par exemple, la racine $R = \cos.\mu + \sqrt{-1}\sin.\mu$, en faisant $\mu = \frac{2\pi}{8} = 45°$.

Nous désignerons également par T', T'', T''', T^{iv}, T^{v}, T^{vi}, ce que devient la fonction T, lorsqu'on met successivement R^2, R^3, R^4, R^5, R^6, R^7 à la place de R.

Cela posé nous avons vu en général que dans l'équation $T^2 = AT'$, A doit être une fonction de R indépendante des racines p, et qu'ainsi

A est égale au coefficient de p dans la valeur du carré T^2, développée et réduite à la forme linéaire $Ap + Bp' + Cp'' +$ etc.

Dans ce développement nous devons d'abord considérer la partie

$$p^2 + p'^2 R^2 + p''^2 R^4 + p'''^2 R^6 + p^{\text{iv}\,2} R^8 + p^{\text{v}\,2} R^{10} + p^{\text{vi}\,2} R^{12} + p^{\text{vii}\,2} R^{14},$$

où il faut substituer les valeurs $p^2 = 2 + p^{\text{iv}}$, $p'^2 = 2 + p^{\text{vii}}$, $p''^2 = 2 + p$, $p'''^2 = 2 + p'$, etc. Et parce que le terme constant 2 qui se trouve dans chacune de ces valeurs, est l'équivalent de $-2p - 2p' - 2p'' -$ etc., il est visible que les termes de A, dus à cette première partie du développement de T^2, sont :

$$-2(1 + R^2 + R^4 \ldots + R^{14}) + R^4.$$

La seconde partie du développement de T^2 est composée d'une suite de termes de la forme $2p^{\mu} p^{\nu} R^{\mu+\nu}$; mais parmi ces termes nous ne devons considérer que ceux dans lesquels le produit $p^{\mu} p^{\nu}$ contient p, et nous voyons par le tableau (1) qu'il n'y a que sept de ces produits qui remplissent cette condition, savoir :

$$pp^{\text{vi}},\ p^{\text{vi}}p',\ p'p^{\text{iv}},\ p^{\text{iv}}p^{\text{v}},\ p^{\text{v}}p^{\text{vii}},\ p^{\text{vii}}p''',\ p'''p''.$$

Chaque produit $p^{\mu} p^{\nu}$ donnera dans A le coefficient $2R^{\mu+\nu}$; et la somme de ces coefficients donnera dans la valeur de A la partie

$$2R^6 + 2R^7 + 2R^5 + 2R^9 + 2R^{11} + 2R^{10} + 2R^5.$$

Réunissant donc ces deux parties on aura la valeur totale de A, savoir :

$$(2)\quad A = \left\{ \begin{array}{l} -2(1 + R^2 + R^4 + R^6 + R^8 + R^{10} + R^{12} + R^{14}) + R^4 \\ + 4R^5 + 2R^6 + 2R^7 + 2R^9 + 2R^{10} + 2R^{11}. \end{array} \right.$$

(613) On sait par la théorie précédente qu'il ne suffit pas de connaître la quantité A, mais qu'il faut aussi connaître les quantités A', A'', A''' ... A^{vi}, déduites de A en mettant $R^2, R^3, R^4 \ldots R^7$ à la place de R, ce qui est la même loi suivant laquelle les fonctions T', T'', T''' ... T^{vi} se déduisent de T. Il faut donc regarder la formule (2)

comme représentant sept quantités différentes A, A′, A″... A^{vi}, qui résulteront des substitutions indiquées; or à l'égard de toutes ces quantités, excepté seulement A‴, on peut supposer la partie... $-2(1+R^2+R^4+\ldots R^{14})$ égale à zéro, parce que cette partie multipliée par $1-R^2$ (qui n'est zéro que quand au lieu de R on met R^4, afin d'avoir A‴) donne pour produit $-2(1-R^{16})=0$. Ainsi la valeur de A se réduira dans tous les cas dont il s'agit (excepté celui de A‴) à la forme plus simple

$$A=R^4+4R^5+2R^6+2R^7+2R^9+2R^{10}+2R^{11}.$$

Celle-ci étant réduite de nouveau au moyen de l'équation $R^8=1$, de laquelle on peut exclure la racine $R=1$, et qui devient ainsi $0=1+R+R^2+R^3+R^4+R^5+R^6+R^7$, on aura

$$(3) \qquad A=-2-2R^3+R^4+2R^5.$$

Cette formule très-simple va nous donner successivement les valeurs de A, A′, A″, A^{iv}, A^{v} et A^{vi}; quant à celle de A‴, elle doit être déduite immédiatement de la formule (2) en mettant R^4, c'est-à-dire -1 à la place de R; car l'équation $0=1-R^8=(1-R^4)(1+R^4)$ ne peut subsister qu'en supposant $R^4=-1$, puisqu'on ne peut pas avoir $R^4=1$. Substituant donc -1 à la place de R dans l'équation (2), on aura

$$A'''=-17=-n,$$

ce qui s'accorde avec la théorie que nous avons développée dans d'autres exemples.

(614) Maintenant si dans la formule (3) on substitue les valeurs $A=n^{\frac{1}{2}}(\cos.\theta+\sqrt{-1}\sin.\theta)$, $R=\cos.\mu+\sqrt{-1}\sin.\mu$, on aura pour déterminer θ les deux équations:

$$(4) \qquad \begin{aligned} n^{\frac{1}{2}}\cos.\theta &= -2-2\cos.3\mu+\cos.4\mu+2\cos.5\mu \\ n^{\frac{1}{2}}\sin.\theta &= -2\sin.3\mu+\sin.4\mu+2\sin.5\mu. \end{aligned}$$

Puis faisant $\mu=\frac{2\pi}{8}=45°$, on aura

$$n^{\frac{1}{2}}\cos.\theta = -3,\quad n^{\frac{1}{2}}\sin.\theta = -2\sqrt{2},$$

d'où résulte la valeur approchée $\theta = -136^\circ\, 41'\, 10''.12$.

Pour avoir la valeur de θ' qui donne celle de A', il suffira de mettre 2μ à la place de μ dans les équations (4), ce qui revient à mettre R' au lieu de R dans l'équation (3); on aura ainsi

$$n^{\frac{1}{2}}\cos.\theta' = -2 - 2\cos.6\mu + \cos.8\mu + 2\cos.10\mu = -1$$
$$n^{\frac{1}{2}}\sin.\theta' = -2\sin.6\mu + \sin.8\mu + 2\sin.10\mu = 4,$$

ce qui donne $\theta' = 104^\circ\, 2'\, 10''.48$.

Pour avoir θ'' on mettra semblablement 3μ à la place de μ dans les équations (4), ce qui donnera

$$n^{\frac{1}{2}}\cos.\theta'' = -2 - 2\cos.9\mu + \cos.12\mu + 2\cos.15\mu = -3$$
$$n^{\frac{1}{2}}\sin.\theta'' = \qquad -2\sin.9\mu + \sin.12\mu + 2\sin.15\mu = -2\sqrt{2};$$

donc $\theta'' = \theta = -136^\circ\, 41'\, 10''.12$.

Comme on a déja déterminé θ''', qui est le cas d'exception, il est inutile d'aller plus loin, parce qu'on sait *a priori* qu'on doit avoir $A''A^{\text{IV}} = n$, $A'A^{\text{V}} = n$, $AA^{\text{VI}} = n$, et qu'ainsi on doit trouver... $\theta^{\text{IV}} = -\theta'' = -\theta$, $\theta^{\text{V}} = -\theta'$, $\theta^{\text{VI}} = -\theta$. C'est aussi ce qu'on déduirait aisément des équations (4). Car pour avoir θ^{IV} par exemple, il faut mettre 5μ à la place de μ dans les équation (4), ce qui donnera

$$n^{\frac{1}{2}}\cos.\theta^{\text{IV}} = -2 - 2\cos.15\mu + \cos.20\mu + 2\cos.25\mu = -3$$
$$n^{\frac{1}{2}}\sin.\theta^{\text{IV}} = \qquad -2\sin.15\mu + \sin.20\mu + 2\sin.25\mu = 2\sqrt{2};$$

donc $\theta^{\text{IV}} = -\theta''$.

De même si on met 6μ à la place de μ, on aura

$$n^{\frac{1}{2}}\cos.\theta^{\text{V}} = -2 - 2\cos.18\mu + \cos.24\mu + 2\cos.30\mu = -1$$
$$n^{\frac{1}{2}}\sin.\theta^{\text{V}} = \qquad -2\sin.18\mu + \sin.24\mu + 2\sin.30\mu = -4;$$

donc $\theta^{\text{V}} = -\theta'$.

On trouverait enfin $\theta^{\text{VI}} = -\theta$; ce qui est une nouvelle vérification des propriétés connues des quantités A.

(615) Venons maintenant à la détermination des fonctions T; nous aurons pour cet effet la série d'équations

$$(5)\quad \begin{array}{l} T^2=AT',\ T'^2=A'T''',\ T''^2=A''T^{v},\ T'''^2=A'''T^{vi},\\ T^{vi\,2}=A^{vi}T^{v},\ T^{v\,2}=A^{v}T''',\ T^{iv\,2}=A^{iv}T', \end{array}$$

à laquelle on peut joindre les deux séries

$$(6)\quad \begin{array}{l} n=TT^{vi}=T'T^{v}=T''T^{iv}=T'''^2\\ n=AA^{vi}=A'A^{v}=A''A^{iv}=-A'''. \end{array}$$

On trouve d'abord par les équations (5) $T^4=n^{\frac{1}{2}}A^2A'$, d'où il suit qu'en supposant à l'ordinaire $T=n^{\frac{1}{2}}(\cos.\omega+\sqrt{-1}\sin.\omega)$, on aura

$$\omega=\frac{2\theta+\theta'}{4}=-42°20'2''.44.$$

Connaissant ω et par conséquent T, on aura $T'=\frac{T^2}{A}$, ce qui donne

$$\omega'=2\omega-\theta=52°1'5''.24;$$

et ensuite l'équation $T'''=\frac{T'^2}{A'}$ donne

$$\omega'''=2\omega'-\theta'=4\omega-2\theta-\theta'=0.$$

Cette valeur apprend que $T'''=n^{\frac{1}{2}}$; l'équation $T'''^2=A'''T^{vi}$, dans laquelle $A'''=-n$, et $T^{vi}=-1$, donnerait $T'''^2=n$, et par conséquent $T'''=\pm\sqrt{n}$: l'incertitude des signes est fixée par la valeur nulle de ω''' qui donne $T'''=+\sqrt{n}$.

Nous connaissons T et T', ainsi que leurs inverses T^{vi} et T^{v}, il ne reste plus à déterminer que la fonction T'' qui fera connaître son inverse T^{iv}. Pour cela nous avons l'équation $T''^2=A''T^{v}=\frac{nA''}{T'}$ qui donne $2\omega''=\theta''-\omega'$ ou $\theta''-\omega'+2\pi$. Donc la valeur de ω'' ne peut être que l'une des deux

$$\omega''=\frac{\theta''-\omega'}{2},\quad \omega''=\frac{\theta''-\omega'}{2}+\pi,$$

ou en valeurs numériques

$$\omega'' = -94^\circ\, 21'\, 7''.68$$
$$\omega'' = +85^\circ\, 38'\, 52''.32.$$

(616) Pour décider *a priori* laquelle de ces deux valeurs doit être prise pour correspondre à la valeur de ω, il faut avoir recours à l'équation $TT' = MT''$, dans laquelle M doit être une fonction de R seule ; et l'on voit que M sera le coefficient de p dans le produit TT' développé et réduit à la forme linéaire. Or on trouve par la méthode dont nous avons déja donné plusieurs exemples,

$$M = 2 + 3R + R^3 + R^4 + 3R^5 + 4R^6 + R^7,$$

valeur qui, au moyen de l'équation $R^4 = -1$, se réduit à la forme très-simple

$$M = 1 - 4R^2.$$

Faisant donc $M = n^{\frac{1}{2}}(\cos.\theta + \sqrt{-1}\sin.\theta)$ et $R = \cos.\mu + \sqrt{-1}\sin.\mu$, on aura pour déterminer θ les deux équations

$$n^{\frac{1}{2}}\cos.\theta = 1 - 4\cos.2\mu = 1, \quad n^{\frac{1}{2}}\sin.\theta = -4\sin.2\mu = -4;$$

mais on a trouvé ci-dessus $n^{\frac{1}{2}}\cos.\theta' = -1$ et $n^{\frac{1}{2}}\sin.\theta' = 4$; donc $\theta = \theta' - \pi$.

Cela posé, de l'équation $TT' = MT''$ on tirera

$$\omega'' = \omega + \omega' - \theta = \omega + \omega' - \theta' + \pi,$$

ou

$$\omega'' = 3\omega - \theta - \theta' + \pi = \frac{\theta - \omega'}{2} + \pi.$$

Ainsi on voit que c'est la seconde des deux valeurs trouvées ci-dessus qui doit avoir lieu, savoir :

$$\omega'' = 3\omega - \theta - \theta' + \pi = 85^\circ\, 38'\, 52''.32.$$

Maintenant si on fait une somme des trois quantités T, T', T'' et de leurs inverses $T^{\mathrm{vi}}, T^{\mathrm{v}}, T^{\mathrm{iv}}$; si ensuite à cette somme on ajoute

$T''' = n^{\frac{1}{2}}$ et $T^{\text{v}''} = -1$, on aura la formule

$$p = -\frac{1}{8} - \frac{n^{\frac{1}{2}}}{8} + \frac{2n^{\frac{1}{2}}}{8}(\cos.\omega + \cos.\omega' + \cos.\omega'').$$

Calculant cette formule d'après les valeurs trouvées pour ω, ω' et ω'', on trouve $\frac{1}{2}p = \cos.\frac{2i\pi}{17} = 0.93247\,223$: ce cosinus diffère à peine de la vraie valeur de $\cos.\frac{2\pi}{17}$ laquelle est $0.93247\,217$; d'où l'on voit que la formule calculée d'après des valeurs rigoureuses de θ et θ' donnerait la valeur exacte de $2\cos.\frac{2\pi}{17}$.

(617) Si l'on met dans la formule $\omega + \mu$ ou $\omega + 45°$ à la place de ω, il faudra augmenter ω' de 90° et ω'' de 135°, ce qui donnera

$$\begin{aligned} \omega &= 2°\,39'\,57''.56 \\ \omega' &= 142\,1\,5.24 \\ \omega'' &= 220\,38\,52.32 \end{aligned}$$

d'où résulte $2n^{\frac{1}{2}}(\cos.\omega + \cos.\omega' + \cos.\omega'')$ $= -4.5190484$

Il faudra pour cette seconde valeur de ω prendre $n^{\frac{1}{2}}$ avec le signe —, et retrancher par conséquent de la quantité précédente

$1 + n^{\frac{1}{2}} = 5.12310\,055$ .... -5.1231055

ce qui donnera pour la seconde valeur de $\frac{1}{2}p$.... $-0.6026346\,2$.

Or ce cosinus est celui de $\frac{12\pi}{17}$ à très-peu près. Donc en augmentant ω de μ la racine p, qui était $2\cos.\frac{2\pi}{17}$, est suivie de la racine $2\cos.\frac{12\pi}{17}$. Mais les racines $p, p', p'' \ldots p^{\text{vii}}$ rangées suivant l'ordre déterminé par la racine primitive $g = 3$, et mises sous la forme $2\cos.\frac{2i\pi}{17}$ sont

$$p = 2\cos.\frac{2\pi}{17},\; p' = 2\cos.\frac{6\pi}{17},\; p'' = 2\cos.\frac{16\pi}{17},\; p''' = 2\cos.\frac{14\pi}{17},$$
$$p^{\text{iv}} = 2\cos.\frac{8\pi}{17},\; p^{\text{v}} = 2\cos.\frac{10\pi}{17},\; p^{\text{vi}} = 2\cos.\frac{4\pi}{17},\; p^{\text{vii}} = 2\cos.\frac{12\pi}{17}.$$

Ainsi on voit que pour passer d'un terme de cette série au terme précédent, il faut augmenter simultanément ω de μ, ω' de 2μ, ω'' de 3μ, et changer le signe de $n^{\frac{1}{2}}$. On obtiendra ainsi toutes les racines de l'équation proposée, dans un ordre inverse de celui qui est indiqué par la racine primitive $g=3$. On obtiendrait l'ordre direct, en diminuant progressivement ω de μ, ω' de 2μ et ω'' de 3μ.

(618) Cela posé nous aurons la formule générale

$$\cos.\frac{2i\pi}{17}=\frac{-1+n^{\frac{1}{2}}\cos.m\pi}{16}$$
$$+\frac{2n^{\frac{1}{4}}}{16}\big[\cos.(\omega-m\mu)+\cos.(2\omega-2m\mu-\theta)$$
$$+\cos.(3\omega-3m\mu-\theta-\theta'+\pi)\big],$$

dans laquelle $m+1$ est le rang qu'occupe $2i$ dans la suite

$$2, 6, 16, 14, 8, 10, 4, 12.$$

On peut dire aussi que m se déduira du nombre donné i par la condition que $3^m \pm i$ soit divisible par 17.

Les données qui entrent dans notre formule générale se réduisent aux seuls angles θ et θ' déterminés par les équations

$$\cos.\theta=-\frac{3}{\sqrt{17}},\ \sin.\theta=\frac{-2\sqrt{2}}{\sqrt{17}},$$
$$\cos.\theta'=-\frac{1}{\sqrt{17}},\ \sin.\theta'=\frac{4}{\sqrt{17}}.$$

Car par ces angles qu'on peut construire géométriquement, on construira semblablement la troisième donnée $\omega=\frac{2\theta+\theta'}{4}$; on pourra donc au moyen de notre formule construire géométriquement les diverses valeurs de $\cos.\frac{2i\pi}{17}$, ce qui confirme tout ce qu'on a dit et répété sur la division de la circonférence en 17 parties égales.

SIXIÈME PARTIE.

DÉMONSTRATION DE DIVERS THÉORÈMES D'ANALYSE INDÉTERMINÉE.

§ I *où l'on se propose de décomposer un nombre donné en quatre carrés, de manière que la somme de leurs racines, prises positivement, soit égale à un nombre donné.*

(619) Il s'agit en général de satisfaire aux deux équations

$$(1)\qquad \begin{aligned} a &= s^2 + t^2 + u^2 + v^2, \\ b &= s + t + u + v. \end{aligned}$$

dans lesquelles a et b sont des nombres donnés, et où l'on suppose les quatre racines s, t, u, v positives.

J'observe d'abord que $x^2 + x$ étant toujours un nombre pair, il faut que $a + b$ soit aussi un nombre pair; ainsi les nombres donnés a et b devront être *de la même espèce*, c'est-à-dire tous deux pairs, ou tous deux impairs.

En second lieu, si les quatre nombres s, t, u, v étaient égaux, on aurait $a = 4s^2$, $b = 4s$, d'où $b = \sqrt{4a}$; et si, de ces quatre nombres, trois étaient nuls, on aurait $a = s^2$, $b = s$, ce qui donnerait $b = \sqrt{a}$; donc en général b doit toujours être compris entre les limites $\sqrt{a}$ et $\sqrt{4a}$.

Ces conditions ne sont pas les seules qui doivent avoir lieu pour que le problème soit possible; mais avant de le considérer dans toute sa généralité, nous examinerons d'abord le cas où l'un des nombres s, t, u, v serait zéro.

(620) Nous aurons, dans ce cas, à résoudre les deux équations

$$(2) \qquad \begin{aligned} a &= t^2 + u^2 + v^2, \\ b &= t + u + v, \end{aligned}$$

et voici les conditions de leur possibilité.

1° Il faut que a ne soit pas de la forme $4^k(8n+7)$; car on sait qu'aucun nombre de cette forme n'est la somme de trois carrés.

2° Le nombre b doit toujours être de même espèce que a; mais il faudra de plus, dans ce cas, que b soit compris entre les limites $\sqrt{a}$ et $\sqrt{3a}$. En effet, si les trois nombres t, u, v étaient égaux, on aurait $a=3t^2$, $b=3t$, ce qui donnerait $b=\sqrt{3a}$; c'est la plus grande valeur de b; la plus petite est, comme dans le cas général, $b=\sqrt{a}$.

Cela posé, des trois nombres t, u, v, l'un au moins sera de même espèce que a. Soit t ce nombre, les deux autres u et v devront être tous deux pairs ou tous deux impairs. Faisant donc $u+v=2p$, $u-v=2q$, ce qui donne $u=p+q$, $v=p-q$, $t=b-2p$, il restera à satisfaire à l'équation $a=(b-2p)^2+(p+q)^2+(p-q)^2$, ou à la suivante :

$$\frac{3a-b^2}{2}=(3p-b)^2+3q^2.$$

De là on voit que la troisième condition nécessaire pour la possibilité de la solution, est que le nombre $\frac{3a-b^2}{2}$ se réduise à la forme x^2+3y^2, ce qui aura lieu si $\frac{3a-b^2}{2}$ n'a que des facteurs simples de la forme $6n+1$, auxquels peuvent se joindre le facteur 3, si b est divisible par 3, et le facteur 4, si a est de la forme $8n+3$, ou si a est divisible par 4^k, auquel cas b doit être divisible par 2^k.

Ayant donc fait $\frac{3a-b^2}{2}=f^2+3g^2$, on en tirera $q=g$, $p=\frac{b\pm f}{3}$, et si les trois valeurs $t=b-2p$, $u=p+q$, $v=p-q$, sont toutes positives, on aura la solution des équations (2).

(621) *Exemple I.* Soit $a=678$, $b=40$, les deux premières con-

ditions seront satisfaites; on aura ensuite $\frac{1}{4}(3a-b^2)=217=7.31$, et puisque les facteurs 7 et 31 sont de la forme $6n+1$, la troisième condition est encore remplie.

Il reste à mettre 7.31 sous la forme f^2+3g^2, ce qu'on peut faire de deux manières, soit par les valeurs $f=5$, $g=8$, soit par les valeurs $f=13$, $g=4$; et parce que, dans les deux cas, on trouve des valeurs positives pour les indéterminées t, u, v, il en résulte les deux solutions suivantes :

$$\begin{cases} 678=10^2+23^2+7^2 \\ 40=10+23+7 \end{cases} \qquad \begin{cases} 678=22^2+13^2+5^2 \\ 40=22+13+5 \end{cases}$$

(622) *Exemple II.* Soit $a=8003$, $b=121$, les deux premières conditions sont remplies; la troisième l'est également, puisqu'on a $\frac{1}{4}(3a-b^2)=4684=4.1171$, et que 1171 est un nombre premier de la forme $6n+1$. Ce nombre peut se mettre sous la forme $32^2+3.7^2$, et son produit par 4 ou $1^2+3.1^2$, prend les deux formes $53^2+3.25^2$, et $11^2+3.39^2$; mais ces deux formes ne conduisent qu'à une seule solution, laquelle est

$$\begin{aligned} 8003&=83^2+33^2+5^2 \\ 121&=83+33+5. \end{aligned}$$

(623) Au moyen des formules précédentes on pourra, dans beaucoup de cas, non-seulement décomposer en trois carrés un nombre donné qui n'est pas de la forme $4^k(8n+7)$, mais de plus, faire en sorte que la somme des racines de ces carrés soit égale à un nombre donné.

Si on veut décomposer un nombre donné N en trois triangulaires dont les côtés pris ensemble fassent une somme donnée c, il faudra satisfaire aux deux équations

$$\begin{aligned} N&=\frac{x^2+x}{2}+\frac{y^2+y}{2}+\frac{z^2+z}{2}, \\ c&=x+y+z. \end{aligned}$$

Or il est visible que ce problème est renfermé dans celui que nous venons de résoudre. Il faudra faire $a=8N+3$, $b=2c+3$, et après avoir trouvé les valeurs de t, u, v, on en déduira celles de x, y, z, savoir, $x=\frac{t-1}{2}$, $y=\frac{u-1}{2}$, $z=\frac{v-1}{2}$.

Par exemple, soit $N=1000$ et $c=59$, on aura $a=8003$ et $b=121$, ce qui donnera, d'après l'exemple II, la solution $x=41$, $y=16$, $z=2$. On a en effet,

$$1000=\frac{41.42}{2}+\frac{16.17}{2}+\frac{2.3}{2},$$
$$59=41+16+2.$$

(624) Venons maintenant à la résolution générale des équations (1); elles donnent d'abord ce résultat remarquable,

$$4a-b^2=(s+t-u-v)^2+(s+u-t-v)^2+(s+v-t-u)^2;$$

d'où l'on voit que $4a-b^2$ doit être décomposable en trois carrés, et qu'ainsi une troisième condition nécessaire pour la possibilité du problème, est que $4a-b^2$ ne soit pas de la forme $4^k(8n+7)$.

Si $4a-b^2$ n'est pas de cette forme, il sera toujours possible de satisfaire, d'une ou de plusieurs manières, à l'équation

$$4a-b^2=x^2+y^2+z^2;$$

on regardera donc x, y, z comme connus, et en supposant que s, t, u, v soient rangés par ordre de grandeur, ainsi que x, y, z, on aura, pour déterminer s, t, u, v, les quatre équations

$$s+t+u+v=b,$$
$$s+t-u-v=x,$$
$$s+u-t-v=y,$$
$$s+v-t-u=\pm z.$$

On a mis dans la troisième $\pm z$, parce que, quoiqu'on ait par hypothèse $s>t>u>v$, il n'arrivera cependant pas toujours que la somme $s+v$ soit plus grande que $t+u$.

Il faut maintenant que les valeurs de s, t, u, v, déduites des équations précédentes, soient positives, sans quoi le problème ne serait qu'improprement résolu. Or cette condition peut toujours être remplie en limitant convenablement la valeur de b. Pour le faire voir, il faut examiner successivement le cas où a et b sont impairs, et celui où ils sont pairs.

Premier cas, a *et* b *impairs*.

(625) Dans ce cas, $4a-b^2$ sera de la forme $8n+3$, et on pourra toujours satisfaire à l'équation

$$(3) \qquad 4a-b^2=x^2+y^2+z^2,$$

où $x^2+y^2+z^2$ désigne l'une des formes trinaires du nombre $4a-b^2$. Ensuite on déduira des équations de l'article précédent les valeurs des indéterminées s, t, u, v, comme il suit :

$$(4)\quad s=\frac{b+x+y\pm z}{4},\ t=\frac{b+x}{2}-s,\ u=\frac{b+y}{2}-s,\ v=\frac{b\pm z}{2}-s.$$

Puisque les nombres b, x, y, z sont tous impairs, il faudra que l'un des nombres $b+x+y+z$, $b+x+y-z$ soit de la forme $4n$, et l'autre de la forme $4n+2$; donc, en prenant convenablement le signe de z, dans l'expression de s, on aura un nombre entier pour la valeur de s, ce qui donnera ensuite des nombres entiers pour les valeurs des trois autres indéterminées. On voit par là qu'il n'y a qu'un des deux signes de z qui puisse être employé, et qu'ainsi on n'a qu'une solution pour chaque forme trinaire de $4a-b^2$.

(626) Maintenant, puisque nous avons supposé $x>y>z$, il est clair que les valeurs de s, t, u, v seront toujours positives, si celle de v l'est dans le cas le moins favorable, c'est-à-dire si l'on a $\frac{b-z}{2}-s>0$, ou $\frac{b-x-y-z}{4}>0$.

Il suffit, pour cela, qu'on ait $x+y+z<b+4$; car $b-x-y-z$ doit toujours être divisible par 4, dans le cas dont il s'agit. Or, d'après l'équation $4a-b^2=x^2+y^2+z^2$, on a $x+y+z<\sqrt{3(a-b^2)}$, et en faisant $(b+4)^2=3(4a-b^2)$, on tirera de cette équation

$$b=\sqrt{(3a-3)}-1.$$

Si donc b, qui doit toujours être plus petit que $\sqrt{4a}$, est supposé en même temps plus grand que la limite $\sqrt{(3a-3)}-1$, on sera assuré que les valeurs des indéterminées s, t, u, v, déduites des formules précédentes, seront toutes positives, et qu'ainsi le problème sera résolu.

Un seul cas fait exception, c'est celui où l'on aurait à-la-fois $x=y=z=\sqrt{\left(\frac{4a-b^2}{3}\right)}$ et $b=\sqrt{(3a-3)}-1$; car alors il en résulterait $x+y+z=b+4$, et par conséquent $v=-1$. Mais il est facile de faire en sorte que ce cas particulier ne puisse avoir lieu, il suffit pour cela d'augmenter aussi peu qu'on voudra la limite inférieure de b. Nous supposerons donc désormais que les limites de b sont

$$b>\sqrt{(3a-2)}-1, \qquad b<\sqrt{4a};$$

et dans cette hypothèse les formules (4) donneront toujours des valeurs positives pour les quatre indéterminées s, t, u, v, même quand b serait égale à sa limite inférieure.

(627) En admettant la limite $b>\sqrt{(3a-2)}-1$, on a la certitude que la solution sera donnée toujours en nombres positifs. Mais il ne s'ensuit pas que si on prenait b plus petit que cette limite (et cependant plus grand que $\sqrt{a}$), le problème ne pourrait être résolu en nombres positifs. Il arrivera, au contraire, assez souvent, surtout si a est un grand nombre, que des valeurs de b plus petites que la limite assignée donneront des solutions en nombres positifs; et ces solutions se trouveront également par les formules (4), toutes les fois qu'elles pourront avoir lieu. C'est ce dont on verra un grand nombre d'exemples ci-après.

Second cas, a *et* b *pairs.*

(628) Les nombres a et b étant pairs, $4a-b^2$ sera divisible par

4; et puisque cette quantité est représentée par $x^2+y^2+z^2$, il faudra que les trois nombres x, y, z soient pairs. On simplifiera donc l'équation en mettant $2x$, $2y$, $2z$ à la place de x, y, z, ce qui donnera

$$(5) \qquad a-(\tfrac{1}{2}b)^2=x^2+y^2+z^2.$$

Cela posé, si $a-(\frac{1}{2}b)^2$ n'est pas de la forme $4^k(8n+7)$, cette équation sera satisfaite par toute forme trinaire, propre ou impropre, du nombre $a-(\frac{1}{2}b)^2$. Connaissant donc les trois nombres x, y, z, on aura pour déterminer s, t, u, v, les quatre équations

$$\begin{aligned} s+t+u+v&=b,\\ s+t-u-v&=2x,\\ s+u-t-v&=2y,\\ s+v-t-u&=\pm 2z, \end{aligned}$$

d'où l'on tire les valeurs

$$(6)\ s=\frac{\frac{1}{2}b+x+y\pm z}{2},\ t=\tfrac{1}{2}b-s+x,\ u=\tfrac{1}{2}b-s+y,\ v=\tfrac{1}{2}b-s\pm z.$$

Ces valeurs seront des nombres entiers dans les deux cas que présente le signe ambigu; ainsi il en résultera toujours deux solutions, excepté le cas de $z=0$, où les deux solutions se réduisent à une seule.

(629) Maintenant, pour que ces solutions soient admissibles, il faut que les quatre nombres s, t, u, v soient positifs, ce qui aura lieu si dans le cas le moins favorable, v est positif, ou si l'on a $\frac{\frac{1}{2}b-x-y-z}{2}>0$.

Cette condition sera remplie comme dans le premier cas, en supposant $b>\sqrt{(3a-2)}-1$. D'ailleurs on devra faire les mêmes observations que dans l'art. 627, relativement aux solutions qui peuvent avoir lieu dans certains cas où b serait inférieur à la limite assignée.

(630) Il y a diverses remarques à faire sur la solution du problème précédent, selon les diverses formes du nombre a.

1° Si a est de la forme $4n+2$, le nombre $a-\frac{1}{4}b^2$ sera de l'une des formes $4n+1$, $4n+2$, lesquelles sont toujours décomposables en trois carrés, d'après la théorie exposée dans la troisième partie. Donc dans ce cas, les équations proposées seront toujours résolubles.

2° Si a est de la forme $8n+4$, on pourra satisfaire aux équations proposées de deux manières, les nombres s, t, u, v étant tous pairs ou tous impairs: ces deux solutions seront données par les formules (6); mais il faut, dans ce cas, que $a-\frac{1}{4}b^2$ ne soit pas de la forme $4^k(8n+7)$.

3° Si a est de la forme $8(2n+1)$, les nombres s, t, u, v devront être pairs, et en général si a est de la forme $2^{2k+1}(2n+1)$, ces nombres devront être divisibles par 2^k; leur somme b devra donc être aussi divisible par 2^k et même par 2^{k+1}, parce que le quotient devra être pair. Soit donc $a=2^{2k}a'$, $b=2^kb'$, $s=2^ks'$, $t=2^kt'$, $u=2^ku'$, $v=2^kv'$, la solution des équations proposées se réduira à celle des équations

$$\begin{aligned} a' &= s'^2+t'^2+u'^2+v'^2, \\ b' &= s'+t'+u'+v'; \end{aligned}$$

elle sera donc toujours possible, puisqu'alors a' est de la forme $4n+2$. Mais on remarquera que dans ce cas il ne suffit pas que b soit compris entre les limites $\sqrt{4a}$ et $\sqrt{(3a-2)}-1$, il faut encore que b soit divisible par 2^{k+1}. Les autres valeurs de b comprises entre les limites assignées, ne pouvant satisfaire, on trouverait qu'elles réduisent $a-\frac{1}{4}b^2$ à la forme $4^k(8n+7)$.

On pourra descendre au-dessous de la limite $\sqrt{(3a-2)}-1$, pour essayer s'il y a d'autres solutions; mais il faudra toujours que les valeurs de b soient divisibles par 2^{k+1}.

4° Enfin si a est de la forme $2^{2k+2}(2n+1)$, k n'étant pas zéro, il faudra que chacun des nombres s, t, u, v soit divisible par 2^k, et leur somme b par 2^{k+1}. C'est pourquoi faisant $a=2^{2k}a'$, $b=2^kb'$, $s=2^ks'$, $t=2^kt'$, $u=2^ku'$, $v=2^kv'$, les équations proposées se réduiront aux suivantes,

$$a' = s'^2 + t'^2 + u'^2 + v'^2,$$
$$b' = s' + t' + u' + v',$$

dans lesquelles a' sera de la forme $8n + 4$, et qui se rapporteront ainsi au second cas, comme le précédent se rapporte au premier.

(631) La théorie exposée dans ce chapitre, est la base de la démonstration générale du théorème de Fermat, dont nous nous occuperons dans le chapitre suivant; elle peut être utile dans plusieurs autres recherches d'analyse indéterminée.

On voit déja que cette théorie donne une extension remarquable aux deux premiers cas du théorème sur les nombres polygones, puisqu'elle offre les moyens non-seulement de décomposer un nombre donné en trois ou en quatre carrés, mais de faire en sorte que la somme des racines de ces carrés soit égale à un nombre donné pris entre certaines limites.

§ II. *Démonstration du Théorème de Fermat, sur les nombres polygones, et de quelques autres Théorèmes analogues.*

(632) On a fait voir ci-dessus (art. 156) qu'un nombre polygone de l'ordre $m+2$, a pour expression générale

$$\frac{m}{2}(x^2-x)+x,$$

x désignant le côté de ce polygone, ou le rang qu'il tient parmi les polygones du même ordre. Cette expression prouve que 0 et 1 sont deux termes communs aux polygones de tous les ordres.

Les nombres triangulaires résultent de la supposition $m=1$, et les carrés de la supposition $m=2$; dans ces deux premiers cas, il est indifférent de prendre x positif ou négatif, et on n'obtient qu'une seule et même suite, celle des nombres triangulaires ou celle des carrés.

Mais m étant >2, l'expression générale des nombres polygones donne deux suites différentes pour chaque ordre, selon qu'on suppose x positif ou négatif. Ces deux suites sont liées entre elles par une même loi, de sorte que l'une n'est que le prolongement de l'autre; mais dans l'application au théorème de Fermat, on fait toujours abstraction de la suite formée avec des valeurs négatives de x, et on ne considère que celle qui est formée avec les valeurs positives, comme les présente le tableau du n° 156.

(633) Cela posé, il faut démontrer qu'*un nombre quelconque est composé d'autant de polygones de l'ordre* m + 2, *qu'il y a d'unités dans* m + 2.

Le nombre des polygones qui composent un nombre donné, pourrait cependant être moindre que $m+2$; mais en regardant 0 comme un polygone complétif, le nombre des polygones pourra toujours être censé $m+2$, conformément à l'énoncé de la proposition.

Ce théorème ayant été démontré dans le Traité précédent, pour le cas des nombres triangulaires et pour celui des carrés, qui sont les deux premiers de la proposition générale, nous ne considérerons que les cas ultérieurs où l'on a $m>2$, savoir, $m=3$ pour les nombres pentagones, $m=4$ pour les hexagones, et ainsi de suite.

Or d'après ce qui a été démontré dans le § précédent, il ne reste plus à établir qu'un petit nombre de propositions subsidiaires pour parvenir à celle qui fait l'objet de ce chapitre.

(634) THÉORÈME I. « a étant un nombre impair quelconque, non « compris dans les dix suivants 1, 3, 5, 7, 11, 15, 19, 23, 37, 71, « il existe toujours deux nombres impairs consécutifs c, $c-2$, tels « qu'en faisant successivement $b=c$ et $b=c-2$, on pourra, dans « les deux cas, satisfaire aux équations

$$(1)\qquad \begin{aligned} a &= s^2+t^2+u^2+v^2, \\ b &= s+t+u+v, \end{aligned}$$

« avec la condition que les racines s, t, u, v soient toutes positives.»

En effet, 1° si la différence entre les limites $\sqrt{4a}$ et $\sqrt{(3a-2)}-1$, est égale à 4 ou plus grand que 4, il y aura au moins quatre nombres entiers consécutifs compris entre ces limites. De ces quatre nombres, deux seront impairs et pourront être pris pour b; les équations proposées seront donc résolubles, dans les deux cas, par les formules de l'art. 625.

Or en faisant $\sqrt{(4a)}-\sqrt{(3a-2)}+1=4$, on trouve $a=121$; donc le nombre 121 et tous les nombres impairs plus grands que 121, jouissent de la propriété mentionnée.

2° Si ensuite on examine tous les nombres impairs au-dessous de 121, on trouvera que pour une partie de ces nombres, il existe deux valeurs de b comprises entre les limites $\sqrt{4a}$ et $\sqrt{(3a-2)}-1$, et que pour l'autre partie il n'existe qu'une seule valeur de b.

Dans le second cas, on devra essayer, d'après les formules de l'art. 625, si le nombre impair immédiatement inférieur, quoique plus petit que la limite $\sqrt{(3a-2)}-1$, ne peut pas être pris pour b, et conduire à une solution des équations (1), dans laquelle les racines s, t, u, v soient prises positivement.

Cet essai réussira pour la plupart des nombres dont il s'agit, et il ne restera que les dix valeurs mentionnées de a, savoir, 1, 3, 5, 7, 11, 15, 19, 23, 37, 71, pour lesquelles il n'y a qu'une valeur de b qui satisfasse.

Voici un tableau qui contient le résultat de ces calculs.

a	b	a	b
119...111	21,19	29...25	9,7*
109	19,17*	23	9
107... 91	19,17	21	9,7
89,87	17,15*	19	7
85... 73	17,15	17	7,5*
71	15	15	7
69,67	15,13*	13	7,5*
65...57	15,13	11	5
55...49	13,11*	9	5,3*
47...43	13,11	7	5
41,39	11, 9*	5	3
37	11	3	3
35... 31	11, 9	1	1

(635) Pour mieux faire concevoir la construction de ce tableau, nous allons donner des exemples de chacun des trois cas qu'il présente.

Premier cas. Si on fait $a=65$, on trouve pour b les deux valeurs

15 et 13, comprises entre les limites $\sqrt{260}$ et $\sqrt{193}-1$. Les mêmes valeurs auraient également lieu pour les nombres 63, 61, 59, 57; aussi voit-on dans le tableau, que pour tous les nombres impairs de 65 à 57, les valeurs correspondantes de b sont 15 et 13.

Second cas. Si on fait $a=41$, on trouve qu'il n'y a que le nombre impair 11 qui soit compris entre les limites $\sqrt{164}$ et $\sqrt{121}-1$; mais si on essaie la valeur suivante $b=9$, quoiqu'inférieure à la limite $\sqrt{121}-1$, on trouve par les formules du n° 625, qu'elle satisfait aussi, puisqu'on a $41=6^2+2^2+1^2$ et $9=6+2+1$. On a donc mis dans la table les valeurs $b=11$, $b=9$, correspondantes au nombre $a=41$; mais on a distingué par une * la seconde valeur 9, pour avertir qu'elle est inférieure à la limite $\sqrt{(3a-2)}-1$.

Troisième cas. Si on fait $a=71$, on ne trouve qu'un nombre impair 15, compris entre les limites qui conviennent à cette valeur de a, savoir, $\sqrt{284}$ et $\sqrt{211}-1$. Si ensuite on essaie la valeur $b=13$, on trouve par les formules du n° 625, qu'elle n'est pas admissible, parce que l'une des indéterminées s, t, u, v serait négative. On n'a donc mis dans le tableau que la seule valeur $b=15$, correspondante au nombre $a=71$.

(636) Théorème II. « Soit a un nombre impair quelconque; soient « c, $c-2$, $c-4$,.... d, les diverses valeurs successives de b avec « lesquelles on peut résoudre en nombres positifs les équations (1); « soit enfin r un terme quelconque de la suite $0, 1, 2, 3 \ldots m-2$.

« Si on considère la fonction

$$Z=\frac{m}{2}(a-b)+b+r,$$

« dans laquelle b et r sont des termes pris à volonté dans les suites « qui leur sont propres, et qu'on appelle P ou P(a) la plus petite « valeur de cette fonction, Q ou Q(a) la plus grande; on aura

$$P(a)=\frac{m}{2}(a-c)+c,$$

$$Q(a)=\frac{m}{2}(a-d)+d+m-2.$$

« Cela posé, je dis, 1° que tous les nombres entiers compris depuis « $P(a)$ jusqu'à $Q(a)$, seront représentés par la fonction Z; 2° que « tous ces nombres pourront être décomposés chacun en $m+2$ « polygones de l'ordre $m+2$. »

En effet, 1° soit $Z=P(a)+p$, p étant un nombre pris à volonté depuis 1 jusqu'à $Q(a)-P(a)$, on aura pour déterminer b et r, l'équation

$$p=(m-2)\left(\frac{c-b}{2}\right)+r;$$

or puisque p et $m-2$ sont deux nombres donnés, on voit que r est le reste de la division de p par $m-2$, et que si on appelle q le quotient de cette division, on aura $\frac{c-b}{2}=q$, ou $b=c-2q$.

Il suit de là que pour chaque valeur donnée de p, on n'a qu'une solution, excepté lorsque le reste r est zéro; car alors on peut faire indifféremment $r=0$ ou $r=m-2$, et il y aura deux solutions. Cependant s'il s'agit du dernier des nombres $P(a)+p$, qui est $Q(a)$, il faudra prendre $r=m-2$, et il n'y aura qu'une solution, parce qu'en faisant $r=0$, on aurait $b=d-2$, nombre qui n'est pas compris dans la suite $c, c-4, \ldots . d$.

2° $P(a)+p$ ou $P+p$ étant un nombre quelconque pris dans la suite $P, P+1, P+2 \ldots \ldots Q$, puisqu'on peut toujours supposer $P+p=\frac{m}{2}(a-b)+b+r$, si on substitue dans cette expression les valeurs de a et b données par les équations (1), on aura

$$P+p= \frac{m}{2}(s^2-s+t^2-t+u^2-u+v^2-v)+r$$
$$+s+t+u+v.$$

Donc si on désigne en général par pol. x, le polygone de l'ordre $m+2$ dont le côté est x, on aura

$$P+p=\text{pol.}\,s+\text{pol.}\,t+\text{pol.}\,u+\text{pol.}\,v+r\,\text{pol.}\,1;$$

c'est-à-dire que le nombre $P+p$ sera composé de quatre polygones dont les côtés sont s, t, u, v, et de r polygones égaux à l'unité;

donc comme r est $< m-2$ ou tout au plus $= m-2$, il s'ensuit que le nombre $P+p$ sera composé de $m+2$ polygones de l'ordre $m+2$, dont $m-2$ sont égaux indifféremment à zéro ou à l'unité.

(637) Théorème III. « Lorsque $a=121$, la plus grande valeur « de b est 21, et alors on a $P(a)=\frac{m}{2}(a-b)+b=50m+21$, nom-« bre qui, suivant la proposition précédente, est la somme de quatre « polygones de l'ordre $m+2$.

« Cela posé, je dis que tout nombre entier plus grand que $50m+21$, « est la somme de $m+2$ polygones de l'ordre $m+2$, dont $m-2$ « seront égaux à zéro ou à l'unité. »

En effet, soit a un nombre impair quelconque plus grand que 121, il existera toujours, suivant le théorème I, deux nombres impairs consécutifs c, $c-2$, compris entre les limites $\sqrt{4a}$ et $\sqrt{(3a-2)}-1$, et il suit du théorème précédent que si l'on fait

$$P(a)=\frac{m}{2}(a-c)+c,$$

$$Q(a)=\frac{m}{2}(a-c+2)+c-2+m-2,$$

tous les nombres entiers compris depuis $P(a)$ jusqu'à $Q(a)$ inclusivement, seront la somme de $m+2$ polygones de l'ordre $m+2$.

Considérons maintenant le nombre $P(a+2)$, et soit c' le plus grand nombre impair compris dans $\sqrt{(4a+8)}$, comme c est le plus grand nombre impair compris dans $\sqrt{4a}$; il faut distinguer deux cas, selon qu'on a $c'=c$, ou $c'=c+2$; car il est évident qu'on ne peut faire aucune autre supposition sur la valeur de c'.

(638) Si l'on a $c'=c$, il suffira de mettre $a+2$ au lieu de a, dans l'expression de $P(a)$, et on aura

$$P(a+2)=\frac{m}{2}(a+2-c)+c;$$

comparant cette valeur avec celle de $Q(a)$, on en tire

$$P(a+2)=Q(a)-m+4.$$

Or la moindre valeur de m étant 3, on voit que le nombre $P(a+2)$ ne surpasse $Q(a)$ que dans le seul cas de $m=3$, où l'on a $P(a+2)=Q(a)+1$. Dans tout autre cas, $P(a+2)$ est compris dans la suite $P(a)$, $P(a)+1$, $P(a)+2, \ldots . Q(a)$.

Mais on a vu que tous les nombres de cette suite sont composés de $m+2$ polygones de l'ordre $m+2$, et dans le cas où le terme $P(a+2)$ sortirait de cette suite, pour y ajouter le terme suivant $Q(a)+1$, ce terme serait composé de quatre polygones seulement; donc tous les nombres entiers compris depuis $P(a)$ jusqu'à $P(a+2)$ inclusivement, sont composés de $m+2$ polygones de l'ordre $m+2$.

(639) En second lieu, soit $c'=c+2$, on aura

$$P(a+2)=\frac{m}{2}(a-c)+c+2,$$

et par conséquent $P(a+2)=P(a)+2=Q(a)-2(m-3)$. De là on voit que $P(a+2)$ est toujours plus petit que $Q(a)$, excepté dans le seul cas de $m=3$, où l'on a $P(a+2)=Q(a)$; donc tous les nombres entiers compris depuis $P(a)$ jusqu'à $P(a+2)$ inclusivement, sont décomposables en $m+2$ polygones de l'ordre $m+2$.

(640) Si on observe maintenant que dans le premier cas on a $P(a+2)=P(a)+m$, et dans le second $P(a+2)=P(a)+2$; on pourra en conclure qu'à compter d'un nombre donné a tel que $a=121$, la suite $P(a)$, $P(a+2)$, $P(a+4)$, etc., formée en augmentant toujours a de deux unités, s'étend à l'infini. Donc tous les nombres entiers compris depuis $P(121)$, ou $50m+21$ jusqu'à l'infini, sont décomposables en $m+2$ polygones de l'ordre $m+2$.

Il reste à démontrer que tous les nombres inférieurs à $50m+21$, jouissent de la même propriété; c'est l'objet de la proposition suivante, qui complète la démonstration générale du théorème de Fermat.

(641) Théorème IV. « Tout nombre entier plus petit que $P(121)$, « ou $50m+21$, est la somme de $m+2$ polygones de l'ordre $m+2$, « dont $m-2$ sont égaux à zéro ou à l'unité. »

Soit d'abord $a=5$; on voit par le tableau du n° 634 que 3 est la seule valeur correspondante de b; faisant donc $c=d=3$, les formules du n° 636 donneront

$$P(5)= m+3,$$
$$Q(5)=2m+1.$$

Au-dessous de $P(5)$, on a les nombres $1, 2, 3 \ldots m+2$, qui sont composés d'autant de polygones égaux à 1 qu'ils contiennent d'unités; ainsi le théorème est vrai à leur égard, on voit que même que le dernier de ces nombres $m+2$ est exprimé par un seul polygone, savoir, pol. 2.

Les nombres de $P(5)$ à $Q(5)$ sont composés comme l'énonce le théorème, puisque cette propriété a lieu en général pour tous les nombres de $P(a)$ à $Q(a)$. Ainsi le théorème est vérifié jusqu'au nombre $Q(5)=2m+1$.

Soit maintenant $a=7$, on aura, par la table du n° 634, $c=d=5$. ce qui donne

$$P(7)= m+5,$$
$$Q(7)=2m+3.$$

Comme la moindre valeur de m est 3, on voit que $P(7)$ ne surpasse $Q(5)$ que dans le seul cas où $m=3$, et alors on a $P(7)=Q(5)+1$. Donc la propriété générale est vérifiée par tous les nombres depuis 1 jusqu'à $Q(7)=2m+3$.

On pourrait continuer ainsi l'examen des cas particuliers jusqu'à $P(121)$; mais nous nous bornerons à un petit nombre de cas généraux qui renferment la solution de tous les cas particuliers. Il s'agit en général d'examiner si tous les nombres compris de $P(a)$ à $P(a+2)$ satisfont au théorème, ou s'il y a exception pour quelques-uns de ces nombres.

(642) *Premier cas*. Supposons que pour le nombre a il y ait deux valeurs correspondantes de b, savoir c et $c-2$, et que pour $a+2$ il y ait une ou plusieurs valeurs de b, dont la plus grande soit c, on trouvera, comme dans l'article 638, que tous les nombres de $P(a)$ à $P(a+2)$ satisfont au théorème.

Second cas. Supposons que c et $c-2$ étant les deux valeurs de b correspondantes au nombre a, on ait $c+2$ pour la plus grande ou la seule valeur de b correspondante au nombre $a+2$; on trouvera encore, comme dans le n° 639, que tous les nombres de $P(a)$ à $P(a+2)$ satisfont au théorème.

Troisième cas. Supposons que b n'ait que la seule valeur c correspondante au nombre a, et que pour $a+2$ on ait une ou plusieurs valeurs de b, dont la plus grande soit $c+2$, on aura, dans ce cas,

$$P(a)=\frac{m}{2}(a-c)+c,$$

$$Q(a)=\frac{m}{2}(a-c)+c+m-2,$$

$$P(a+2)=\frac{m}{2}(a-c)+c+2.$$

De là on voit que $P(a+2)$ ne peut surpasser $Q(a)$ que dans le seul cas de $m=3$; qu'alors on a $P(a+2)=Q(a)+1$; que dans tous les autres cas $P(a+2)$ sera plus petit que $Q(a)$, ou tout au plus égal à $Q(a)$, et qu'ainsi tous les nombres de $P(a)$ à $P(a+2)$ satisfont au théorème.

Quatrième cas. Supposons enfin que relativement à a on ait la seule valeur $b=c$, et relativement à $a+2$, une ou deux valeurs de b, dont la plus grande soit c, alors on a

$$P(a)=\frac{m}{2}(a-c)+c,$$

$$Q(a)=\frac{m}{2}(a-c)+c+m-2,$$

$$P(a+2)=\frac{m}{2}(a+2-c)+c.$$

On voit dans ce cas qu'il y a une lacune entre $Q(a)$ et $P(a+2)$, car on a $P(a+2)=Q(a)+2$, et l'intermédiaire qui manque est $Q(a)+1$. Ainsi, sauf cette exception, le théorème démontré jusqu'à $P(a)$, le sera jusqu'à $P(a+2)$.

(643) Il suffit maintenant de jeter un coup-d'œil sur le tableau du

n° 634, pour trouver quels sont les nombres $Q(a)+1$ qui tomberont dans l'exception du quatrième cas. Ces nombres se réduisent à quatre, savoir :

$$\begin{aligned}
Q(7)+1 &= 2m+4,\\
Q(15)+1 &= 5m+6,\\
Q(23)+1 &= 8m+8,\\
Q(37)+1 &= 14m+10;
\end{aligned}$$

or l'expression générale de pol. x (art. 632) donne

$$\begin{aligned}
\text{pol. }2 &= m+2,\\
\text{pol. }3 &= 3m+3,\\
\text{pol. }4 &= 6m+4,\\
\text{pol. }5 &= 10m+5,
\end{aligned}$$

et par le moyen de ces polygones on pourra exprimer les quatre nombres précédents comme il suit :

$$\begin{aligned}
2m+4 &= 2\,\text{pol. }2,\\
5m+6 &= 4\,\text{pol. }2+(m-2)\,\text{pol. }1,\\
8m+8 &= \text{pol. }4+2\,\text{pol. }2,\\
14m+10 &= \text{pol. }5+\text{pol. }3+\text{pol. }2.
\end{aligned}$$

Un seul cas, celui de $5m+6$, exige $m+2$ polygones; les trois autres n'en exigent que deux ou trois. Donc les exceptions rentrent dans la proposition générale; donc, *tout nombre entier est la somme de* $m+2$ *polygones de l'ordre* $m+2$, *dont* $m-2$ *seront égaux à zéro ou à l'unité.*

(644) La démonstration que nous venons de donner du théorème de Fermat, ne suppose connue que la démonstration du premier cas de ce théorème, concernant les nombres triangulaires. Or cette proposition fait partie de la théorie générale des formes trinaires des nombres, exposée dans la troisième partie. Nous avons d'ailleurs prouvé (n° 157), qu'en supposant ce premier cas démontré, on en déduit immédiatement que tout nombre entier est la somme de

quatre carrés, ce qui est le second cas du théorème de Fermat. Ainsi du premier cas on déduit tous les autres.

Comme on ne peut guère douter que Fermat n'ait été réellement en possession de la démonstration générale de son théorème sur les nombres polygones, il est à croire que cette démonstration était totalement différente de celle que nous venons d'exposer. En effet, il paraît d'abord que Fermat n'avait aucune connaissance de la théorie des formes trinaires des nombres, excepté dans le cas des nombres $8n+3$, qui revient au premier cas de son théorème, mais dont il ne fait pas mention, et dans le cas des nombres premiers $8n-1$, qu'il assure être de la forme $p^2+q^2+2r^2$, dont le double est la somme de trois carrés. Si Fermat eût connu la théorie dont il s'agit, il n'aurait pas restreint cette dernière propriété aux nombres premiers $8n-1$, puisqu'elle s'étend généralement à tous les nombres impairs. En second lieu, si la démonstration de Fermat eût été la même que la précédente, ou fondée sur les mêmes principes, il n'aurait pas manqué d'ajouter au théorème la condition qui lui donne plus de précision et d'élégance, savoir, que sur les $m+2$ polygones de l'ordre $m+2$ qui composent un nombre donné, il y en a toujours $m-2$ qu'on peut supposer égaux à zéro ou à l'unité.

M. Cauchy a donc fait une découverte importante dans la théorie des nombres, en donnant le premier la démonstration du théorème de Fermat, devenu plus précis par la condition qu'il y a ajoutée. Mais on peut aller encore plus loin en démontrant que, passé une certaine limite facile à assigner pour chaque ordre de polygones, tout nombre donné peut être décomposé en quatre polygones ou en cinq au plus. Cette nouvelle proposition fera l'objet des recherches suivantes.

(645) Supposons que le nombre donné A soit décomposable en quatre polygones de l'ordre $m+2$, il faudra faire

$$A=\frac{m}{2}(a-b)+b,$$

et déterminer les nombres a et b de manière qu'on puisse résoudre en nombres entiers positifs les équations

$$(1)\qquad \begin{aligned} a &= s^2 + t^2 + u^2 + v^2,\\ b &= s + t + u + v; \end{aligned}$$

or il sera possible de satisfaire à ces équations, si a et b sont de même espèce, si b est compris entre les limites $\sqrt{(4a)}$ et $\sqrt{(3a-2)}-1$, enfin si a est impair ou double d'un impair. Il y aurait d'autres valeurs de a et de b qui permettraient d'effectuer la résolution des équations (1); mais il suffira de considérer celles dont nous venons de faire mention.

(646) Si l'on fait successivement $b=\sqrt{4a}$ et $b=\sqrt{(3a-2)}-1$, on trouvera que les limites de b correspondantes au nombre donné A, sont

$$b < \frac{2m-4}{m} + \sqrt{\left[\frac{8A}{m} + \left(\frac{2m-4}{m}\right)^2\right]},$$
$$b > \frac{m-6}{2m} + \sqrt{\left[\frac{6A}{m} - 3 + \left(\frac{m-6}{2m}\right)^2\right]},$$

et si on suppose que A est un grand nombre, on aura à peu près $b<\sqrt{\frac{8A}{m}}$, $b>\sqrt{\frac{6A}{m}}$.

Connaissant les diverses valeurs de b par ces limites, on connaîtra a par l'équation $a=b+\frac{2}{m}(A-b)$; et comme $a-b$ doit être pair, il s'ensuit que $\frac{A-b}{m}$ est un entier. Soit cet entier $=x$, on aura

$$(2)\qquad \begin{aligned} b &= A - mx,\\ a &= b + 2x. \end{aligned}$$

Cela posé, on peut démontrer les propositions suivantes.

(647) Théorème V. « m étant un nombre impair, si A est un « nombre donné quelconque $> 28m^3$, je dis que A sera décomposable en quatre polygones de l'ordre $m+2$. »

Les limites de b étant connues, on connaîtra celles de x par l'équation $x=\frac{A-b}{m}$. Supposons que la différence des limites de b soit égale à $2m$ ou plus grande que $2m$, alors la différence des limites de x sera égale à 2 ou plus grande que 2; donc x aura au moins deux valeurs consécutives h, $h+1$; et puisque m est impair, les deux valeurs correspondantes de b, tirées de l'équation $b=A-mx$, seront l'une paire l'autre impaire. En prenant la valeur impaire, le nombre a sera aussi impair, puisqu'on a $a=b+2x$; on pourra donc résoudre les équations (1). Donc pour que le nombre A soit décomposable en quatre polygones de l'ordre $m+2$, il suffit qu'on ait $\sqrt{\frac{8A}{m}}-\sqrt{\frac{6A}{m}}>2m$, ou $A>m^3(\sqrt{8}+\sqrt{6})^2$, ou plus simplement $A>28m^3$; ce qui s'accorde avec l'énoncé du théorème.

On voit que ce théorème est d'une grande généralité, puisqu'il s'applique à tous les nombres plus grands que la limite $28m^3$, et qu'il suppose seulement que l'ordre des polygones, désigné par $m+2$, est impair.

(648) Théorème VI. « m étant pair, tout nombre impair $A>7m^3$, « sera décomposable en quatre polygones de l'ordre $m+2$; et tout « nombre pair $A+1>7m^3$ sera décomposable en cinq polygones « dont un sera égal à l'unité. »

En effet, si A est impair et m pair, il résulte immédiatement des équations (2) que b et a sont des nombres impairs, quel que soit x; ainsi la solution sera toujours possible s'il y a une valeur de x comprise entre les limites requises, c'est-à-dire si les limites de b diffèrent entre elles d'une quantité plus grande que m. On devra donc avoir $\sqrt{\left(\frac{8A}{m}\right)}-\sqrt{\left(\frac{6A}{m}\right)}>m$, ce qui donne $A>7m^3$.

Quant à la seconde partie du théorème, elle suit immédiatement de la première, puisqu'en retranchant 1 du nombre pair donné, on a un nombre impair qui est décomposable en quatre polygones de l'ordre $m+2$.

(649) Théorème VII. « Si m est pairement pair ou de la forme « $4n$, tout nombre pair $A>28m^3$ sera décomposable en quatre « polygones de l'ordre $m+2$. »

Car puisqu'on a $a=A-(m+2)x$, s'il y a deux valeurs $x=h$,

$x=h+1$, comprises entre les limites qui conviennent à x, ou si l'on a $A>28m^3$, et qu'on appelle a, a', les deux valeurs correspondantes de a, on aura $a-a'=m-2=4n-2$; donc des deux nombres a, a', il y en aura un impairement pair, et la solution sera possible.

(650) Théorème VIII. « Si m est impairement pair ou de la forme « $4n+2$, tout nombre impairement pair $A>7m^3$ sera décomposable en quatre polygones de l'ordre $m+2$. »

Car puisqu'on a $a=A-(m-2)x$, et que $m-2$ est de la forme $4n$, le nombre a sera impairement pair, quel que soit x. Il suffit donc que x ait une valeur, c'est-à-dire qu'on ait $A>7m^3$, et la solution sera toujours possible.

Au moyen de ces propositions, il est démontré que tout nombre A qui passe une certaine limite, est décomposable en quatre polygones de l'ordre $m+2$, excepté seulement le cas où $m+2$ et A seraient l'un et l'autre divisibles par 4. Or ce cas même peut être réduit à la moitié de son étendue par la proposition suivante.

(651) Théorème IX. « Si m est impairement pair, ou de la forme « $4m+2$, tout nombre pairement pair $4A'>28m^3$ sera décomposable en quatre polygones de l'ordre $m+2$, pourvu que $A'-m'$ « soit impair. »

Car puisqu'on a $a=4A'-4m'x$ et $b=4A'-2x$, si l'on fait $\frac{1}{4}a=a'$ et $\frac{1}{2}b=b'$, la résolution des équations (1) pourra être donnée par celles des mêmes équations où l'on mettrait a' et b' à la place de a et b; alors on aurait

$$a'=A'-m'x,$$
$$b'=2a'-x.$$

Or puisqu'on suppose $A'-m'$ impair, si on a une valeur impaire de x, les nombres a' et b' seront impairs, et on pourra résoudre les équations (1). Il suffit donc pour cela que les limites de x diffèrent entre elles de deux unités au moins, ce qui aura lieu si on a $4A' > 28m^3$.

Il est inutile de pousser plus loin ces recherches, puisque s'il existe des cas où un nombre pairement pair qui surpasse la limite $28m^3$, ou telle autre qu'on pourrait assigner, n'est pas décomposable en quatre polygones, on est sûr que ce même nombre sera décomposable en cinq polygones dont l'un sera égal à l'unité. Nous allons faire voir maintenant, par un exemple, comment on peut déterminer directement les polygones dont se compose un nombre donné quelconque.

(652) Soit proposé de décomposer le nombre 6484 en huit ou en un moindre nombre d'octogones.

Il faut, d'après le théorème général, que $A - r$ soit décomposable en quatre octogones, A étant le nombre proposé 6484, et r étant égal à l'un des nombres 0, 1, 2, 3, 4. Or dans le cas de $m = 6$, les limites de b sont, suivant les formules de l'art. 646,

$$b > \sqrt{(A - r - 3)}, \quad b < \tfrac{4}{3} + \sqrt{[\tfrac{4}{3}(A - r) + \tfrac{16}{9}]}.$$

On satisfera toujours à ces limites, en faisant dans la première $r = 0$, et dans la seconde $r = 4$, ce qui donnera

$$b > \sqrt{6481}, \quad b < \tfrac{4}{3} + \sqrt{(8641\tfrac{7}{9})}.$$

Ainsi on pourra prendre pour b un terme quelconque de la suite 81, 82, 83 . . . . . . 94.

Pour déterminer x, on a l'équation $x = \frac{A - r - b}{m} = 1080 - \left(\frac{b + r - 4}{6}\right)$, d'où il résulte que $\frac{b + r - 4}{6}$ doit être un entier; ainsi le nombre b devra être de l'une des formes $6n + 0, 1, 2, 3, 4$, auxquelles répondent les valeurs $r = 4, 3, 2, 1, 0$. Cela posé, en se conformant aux limites trouvées, on aura les valeurs de b et r, ensuite celles de x et a, comme il suit :

$b=81$,	$r=1$,	$x=1067$,	$a=2215$,
$b=82$,	$r=0$,	$x=1067$,	$a=2216$,
$b=84$,	$r=4$,	$x=1066$,	$a=2216$,
$b=85$,	$r=3$,	$x=1066$,	$a=2217$,
$b=86$,	$r=2$,	$x=1066$,	$a=2218$,
$b=87$,	$r=1$,	$x=1066$,	$a=2219$,
$b=88$,	$r=0$,	$x=1066$,	$a=2220$,
$b=90$,	$r=4$,	$x=1065$,	$a=2220$,
$b=91$,	$r=3$,	$x=1065$,	$a=2221$,
$b=92$,	$r=2$,	$x=1065$,	$a=2222$,
$b=93$,	$r=1$,	$x=1065$,	$a=2223$,
$b=94$,	$r=0$,	$x=1065$,	$a=2224$,

De là se déduisent plusieurs solutions du problème proposé.

1° Les trois valeurs impaires de a et b auxquelles correspond la valeur $r=1$, donneront trois solutions dont le résultat est que le nombre proposé 6484 se forme de quatre octogones et d'un cinquième égal à l'unité.

2° Les deux valeurs impaires de a et b auxquelles répond la valeur $r=3$, donneront deux solutions par lesquelles le nombre proposé se décompose en sept octogones, dont trois sont égaux à l'unité.

3° Les deux valeurs impairement paires de a qui correspondent à la valeur $r=2$, donneront deux solutions par lesquelles le nombre proposé se décompose en six octogones dont deux sont égaux à l'unité.

4° Les deux valeurs pairement paires de a auxquelles répond la valeur $r=4$, sont encore admissibles, parce que le nombre $a-\frac{1}{4}b^2$ qui en résulte, peut être décomposé en trois carrés. On obtient par là deux autres décompositions du nombre donné en huit octogones, dont quatre sont égaux à l'unité.

5° Enfin si on voulait déduire trois autres solutions des valeurs de a et b qui correspondent à la valeur $r=0$, on trouverait que ces solutions ne peuvent avoir lieu, parce que dans ces trois cas le nombre $a-\frac{1}{4}b^2$ se rapporte à la forme $4^k(8n-1)$, qui n'est point décomposable en trois carrés. Nous conclurons de là qu'il n'est pas possible de décomposer le nombre donné 6484 en quatre octogones seulement, au moins tant qu'on prend b supérieur à la limite $\sqrt{(3a-2)}-1$. Mais il peut arriver qu'en prenant des valeurs de b inférieures à cette limite, on trouve des solutions admissibles.

En effet, les valeurs de b qui répondent à $r=0$, étant 94, 88 et 82, celle qui suit immédiatement est $b=76$; cette valeur donne $a=2212$, et $a-\frac{1}{4}b^2=768=4^4.3$, nombre qui est décomposable en trois carrés. On trouve ensuite, par les formules de l'art. 628, que l'une des solutions est admissible, puisqu'elle donne $s=43$, $t=u=v=11$; donc le nombre proposé 6484 est égal à la somme des quatre octogones dont les côtés sont 43, 11, 11, 11.

On remarquera que le nombre $6484>28m^3$ a été choisi de manière qu'il ne soit pas compris dans le théorème IX, et cependant il se trouve décomposable en quatre octogones seulement.

§ III. *De l'équation* $x^3 + y^3 + z^3 = 0$.

(653) Nous supposerons qu'il existe trois nombres entiers x, y, z, positifs ou négatifs, qui satisfont à l'équation $x^3 + y^3 + z^3 = 0$, avec la condition que ces trois nombres soient premiers entre eux, deux étant impairs et le troisième pair; nous verrons quelles conséquences résultent de cette supposition. Notre démonstration sera divisée en trois parties.

Ire. *L'un des nombres* x, y, z, *doit être divisible par* 3.

En effet, tout nombre non-divisible par 3, positif ou négatif, est de la forme $3m \pm 1$, et son cube $27m^3 \pm 27m^2 + 9m \pm 1$ est de la forme $9n \pm 1$. Si donc aucun des nombres x, y, z, n'était divisible par 3, la somme de leurs cubes $x^3 + y^3 + z^3$ devrait être de l'une des quatre formes $9n \pm 1$, $9n \pm 3$, et ne pourrait par conséquent se réduire à zéro. Donc l'un des nombres x, y, z, est nécessairement divisible par 3.

IIe. *Celle des indéterminées qui est paire, est en même temps divisible par* 3.

Désignons par z l'indéterminée divisible par 2, et soit $z = -2^m u$, u étant un nombre impair, de sorte qu'on ait l'équation

$$x^3 + y^3 = 2^{3m} u^3;$$

je dis que u devra être divisible par 3.

En effet supposons, s'il est possible, que u ne soit pas divisible par 3; le premier membre $x^3 + y^3$ est le produit de deux facteurs $x + y$ et $(x + y)^2 - 3xy$ qui ne peuvent avoir que 3 pour commun diviseur; et puisque 3 ne divise pas le second membre $2^{3m}u^3$, il s'ensuit que ces deux facteurs sont premiers entre eux. Leur produit doit être un cube, il faut donc que chacun d'eux soit un cube; si l'on observe d'ailleurs que x^2-xy+y^2 est toujours un nombre impair, on en conclura que 2^{3m} doit être facteur de $x+y$; ainsi on devra faire

$$x+y=2^{3m}\alpha^3$$
$$x^2-xy+y^2=6^3,$$

ce qui suppose $u=\alpha 6$, 6 étant positif et premier à α.

Maintenant si l'on met la seconde équation sous cette forme

$$6^3=\left(\frac{x+y}{2}\right)^2+3\left(\frac{x-y}{2}\right)^2,$$

on voit que le second membre étant de la forme p^2+3q^2; son diviseur 6, qui est un nombre impair, devra être de la même forme. Faisant donc $6=f^2+3g^2$, ensuite $(f+g\sqrt{-3})^3=F+G\sqrt{-3}$, ce qui donne

$$F=f(f^2-9g^2)$$
$$G=3g(f^2-g^2),$$

on aura $6^3=F^2+3G^2$; de sorte qu'on satisfera généralement à l'équation précédente en faisant

$$\frac{x+y}{2}=F,\quad \frac{x-y}{2}=G,$$

ce qui donnera

$$x=f^3+3f^2g-9fg^2-3g^3$$
$$y=f^3-3f^2g-9fg^2+3g^3.$$

Or z étant supposé non-divisible par 3, il faudra que l'un des nombres x, y, soit divisible, ce qui exige que f soit aussi divisible par 3. Mais alors les deux nombres x et y seraient divisibles par 3, ainsi que le troisième z, ce qui est contre la supposition.

Donc l'indéterminée z divisible par 2 doit l'être aussi par 3, et on doit faire en général $z=-2^m 3^n u$, u étant premier au nombre 6; de sorte que l'équation proposée sera toujours de la forme $x^3+y^3=2^{3m}3^{3n}u^3$.

IIIe. *L'équation* $x^3+y^3=2^{3m}3^{3n}u^3$ *est impossible.*

Car supposons pour un moment qu'elle puisse être satisfaite, sans que l'une des indéterminées soit zéro, les deux facteurs du premier membre, savoir $x+y$ et x^2-xy+y^2, ont pour commun diviseur 3 et non une puissance plus élevée de 3, puisque 3 ne peut pas diviser xy; d'ailleurs le second facteur est impair; ainsi l'équation dont il s'agit se partagera nécessairement en deux autres comme il suit :

$$x+y=2^{3m}3^{3n-1}\alpha^3$$
$$x^2-xy+y^2=3\beta^3,$$

et on aura en même temps $u=\alpha\beta$.

La seconde de ces équations peut être mise sous la forme :

$$\beta^3=\left(\frac{x-y}{2}\right)^2+3\left(\frac{x+y}{6}\right)^2,$$

d'où il suit que β est encore de la forme p^2+3q^2. Faisant donc comme ci-dessus $\beta=f^2+3g^2$ et $\beta^3=F^2+3G^2$, on aura l'équation $\left(\frac{x-y}{2}\right)^2+3\left(\frac{x+y}{6}\right)^2=F^2+3G^2$, à laquelle on satisfait généralement en prenant $\frac{x-y}{2}=F$, $\frac{x+y}{6}=G$. Cette dernière donne, en faisant les substitutions,

$$2^{3m-1}3^{3n-3}\alpha^3=g(f^2-g^2).$$

Dans cette équation où f^2-g^2 est impair, puisque f^2+3g^2 l'est, il faut que g soit divisible par 2^{3m-1}; soit donc $g=2^{3m-1}A$, $f+g=B$, $f-g=C$, on aura $(3^{n-1}\alpha)^3=ABC$. Maintenant puisque le produit ABC est un cube et que les facteurs A, B, C sont premiers entre eux, il faut que chacun de ces facteurs soit un cube; ainsi on devra faire $A=\lambda^3$, $B=\mu^3$, $C=\nu^3$, ce qui donnera $f+g=\mu^3$, $f-g=\nu^3$, $g=2^{3m-1}\lambda^3$, et en même temps $\lambda\mu\nu=3^{n-1}\alpha$. On tire de là l'équation

$\mu^3 - \nu^3 = 2g = 2^{3m}\lambda^3$, semblable à la proposée, où il faut observer que l'un des trois nombres λ, μ, ν, doit contenir le facteur 3^{n-1}. Or, d'après ce qui a été démontré dans la seconde partie, le terme $2^m\lambda$ déja divisible par 2, est nécessairement aussi divisible par 3; donc il faut faire $\lambda = 3^{n-1}\theta$, ce qui donnera

$$\mu^3 - \nu^3 = (2^m 3^{n-1}\theta)^3.$$

Ainsi de l'équation $x^3 + y^3 = (2^m 3^n u)^3$, où l'une des indéterminées est divisible par 3^n, on déduit une équation semblable où l'indéterminée correspondante est divisible par 3^{n-1}. Continuant donc ces transformations autant de fois qu'il y a d'unités dans n, on parviendra à une dernière transformée $x'^3 + y'^3 = z'^3$ dans laquelle aucun des nombres x', y', z' ne serait divisible par 3. Cette équation est impossible en vertu de la première partie; donc l'équation proposée $x^3 + y^3 + z^3 = 0$ est pareillement impossible.

§ IV. *De l'équation* $x^5+y^5+z^5=0$.

(654) Il est facile de prouver que l'une des indéterminées doit être divisible par 5, et même par 25; soit x cette indéterminée, on en conclura que l'équation $y^5+z^5=-x^5$ se partage nécessairement en deux autres de cette manière :

$$y+z=5^4t^5,$$
$$y^4-y^3z+y^2z^2-yz^3+z^4=5r^5, \qquad (a)$$

ce qui suppose $x=-5tr$, r étant un nombre impair, positif et premier à $5t$.

Cela posé, il y a deux cas à distinguer selon que x sera pair ou impair.

Premier cas, où l'on suppose x *pair.*

(655) Alors t est pair, y et z sont impairs et la seconde des équations (a) pourra se mettre sous la forme

$$5\left(\frac{y^2+z^2}{2}\right)^2-\left(\frac{y^2+2yz+z^2}{2}\right)^2=5r^5.$$

Divisant par 5 et mettant au lieu de $y^2+2yz+z^2$ sa valeur 5^8t^{10}, on aura

$$\left(\frac{y^2+z^2}{2}\right)^2-5\left(\frac{5^7t^{10}}{2}\right)^2=r^5.$$

Dans notre hypothèse, les nombres $\frac{1}{2}(y^2+z^2)$ et $\frac{1}{2}.5^7t^{10}$ sont des entiers; d'ailleurs puisque le premier membre est de la forme p^2-5q^2, son diviseur r devra être de la même forme, de sorte qu'on pourra supposer $r=f^2-5g^2$, puis faisant $(f+g\sqrt{5})^5=F+G\sqrt{5}$, ce qui donne

$$F = f(f^4 + 50f^2g^2 + 125g^4),$$
$$G = 5g(f^4 + 10f^2g^2 + 5g^4),$$

on aura $r^5 = F^2 - 5G^2$, et par conséquent

$$\left(\frac{y^2+z^2}{2}\right)^2 - 5\left(\frac{5^7 t^{10}}{2}\right) = F^2 - 5G^2.$$

Pour avoir une solution générale de cette équation, il faut prendre deux nombres m et n, tels qu'on ait $(9 \pm 4\sqrt{5})^k = m + n\sqrt{5}$, k étant un entier quelconque, ces nombres satisferont en général à l'équation $m^2 - 5n^2 = 1$, et on pourra supposer

$$\frac{y^2+z^2}{2} + \frac{5^7 t^{10}}{2}\sqrt{5} = (F + G\sqrt{5})(m + n\sqrt{5}),$$

ce qui donnera

$$\tfrac{1}{2}(y^2 + z^2) = mF + 5nG,$$
$$\tfrac{1}{2}.5^7 t^{10} = mG + nF.$$

(656) Ces formules contiennent une infinité de solutions, puisqu'on peut prendre pour k un entier quelconque; mais ces solutions en nombre infini, ne sont susceptibles que de cinq formes différentes.

En effet, quel que soit l'exposant k, il sera toujours de l'une des cinq formes $5i$, $5i \pm 1$, $5i \pm 2$. Mais j'observe que la partie indéterminée $5i$ peut être supprimée comme étant comprise dans l'expression de r^5. Car on peut faire $(f + g\sqrt{5})(9 \pm 4\sqrt{5})^i = f' + g'\sqrt{5}$, et on aura de nouveau $r = f'^2 - 5g'^2$, de sorte qu'il suffira de mettre f' et g' à la place de f et g dans les valeurs de F et G. Il ne reste donc à considérer que les cinq valeurs $k = 0, \pm 1, \pm 2$, auxquelles répondent les valeurs de m et n, comme il suit :

$$m = 1, \quad 9, \quad 161,$$
$$n = 0, \pm 4, \pm 72,$$

(657) Nous observerons encore que dans l'équation....... $\tfrac{1}{2}.5^7 t^{10} = mG + nF$, où G est toujours divisible par 5, le terme nF

ne peut être divisible par 5 qu'autant que n le sera : car r étant premier à $5t$, et sa valeur étant f^2-5g^2, f ne peut être divisible par 5, ni par conséquent F. Donc des cinq valeurs de n on ne peut admettre que la valeur $n=0$ qui répond à $m=1$, ce qui donnera pour seule solution admissible

$$\tfrac{1}{2}.5^7t^{10}=G=5g(f^4+10f^2g^2+5g^4),$$

ou

$$\tfrac{1}{2}.5^6t^{10}=g(f^4+10f^2g^2+5g^4).$$

Dans cette équation, les deux facteurs du second membre sont premiers entre eux, et il faut supposer g pair; car si g était impair, f devrait être pair, et le second membre de notre équation serait impair, tandis que le premier est divisible par 2^9, puisque t est pair. On en conclura que l'équation précédente ne peut se partager en deux autres que de la manière suivante qui suppose $t=2ur'$,

$$g=5^6.2^9u^{10},$$
$$f^4+10f^2g^2+5g^4=r'^{10}.$$

Dans la seconde équation, le premier membre peut se mettre sous la forme $(f^2+5g^2)^2-5(2g^2)^2$; donc son diviseur r' doit être de la forme p^2-5q^2; il en est de même de r'^2, et on pourra par conséquent faire $r'^2=f'^2-5g'^2$, ce qui donnera $r'^{10}=F'^2-5G'^2$, F′ et G′ étant des fonctions semblables à F et G; on aura donc l'équation

$$(f^2+5g^2)^2-5(2g^2)^2=F'^2-5G'^2,$$

dans laquelle $2g^2=5^{12}.2^{19}u^{20}$, et on trouvera comme ci-dessus que la seule solution admissible est

$$5^{11}.2^{19}u^{20}=g'(f'^4+10f'^2g'^2+5g'^4).$$

Faisant encore $u=u'r''$, r'' étant premier à $10u'$, cette équation ne pourra se partager en deux autres que de cette manière

$$g'=5^{11}.2^{19}u'^{20},$$
$$f'^4+10f'^2g'^2+5g'^4=(r'')^{20}.$$

(658) Nous retombons ainsi sur des équations qui sont toujours de même forme et dont la série peut se continuer à l'infini.

Or ayant fait successivement $x=-5tr$, $t=2ur'$, $u=u'r''$, $u'=u''r'''$, etc., il s'ensuit que $t=2ur'=2u'r'r''=2u''r'r''r'''$, etc.; de sorte que le nombre des facteurs r augmente continuellement dans l'expression de t. Chacun de ces facteurs déterminé par une équation de la forme $r^{10n}=f^4+10f^2g^2+5g^4$, où f et g sont des nombres toujours croissans, puisqu'on a $g'=\frac{1}{5}(2g^2)^2$, $f'^2>5g'^2$, est certainement plus grand que 1, et ne peut comme nombre entier, être moindre que 2. Donc en supposant même que la suite u, u', u'', etc., eût pour limite 1, la valeur de t composée d'un nombre indéfini de facteurs 2, r', r'', r''', etc., qui ne peuvent être moindres que 2, surpassera bientôt toute quantité donnée, ce qui ne peut s'accorder avec la supposition faite que les valeurs primitives de x, y, z, sont données en nombres finis. Donc l'équation proposée est impossible, dans le premier cas où l'on suppose que l'une des indéterminées est divisible à la fois par 2 et par 5.

Second cas, où l'on suppose x *impair.*

(659) Alors les deux indéterminées y et z seront l'une paire, l'autre impaire, et la seconde des équations (a) pourra se mettre sous la forme

$$(y^2-\tfrac{1}{2}yz+z^2)^2-5(\tfrac{1}{2}yz)^2=5r^5,$$

où l'on voit que $\frac{1}{2}yz$ sera toujours un nombre entier, et que.. $y^2-\frac{1}{2}yz+z^2$ doit être divisible par 5; en effet on a $y^2-\frac{1}{2}yz+z^2=(y+z)^2-5(\frac{1}{2}yz)=5^8t^{10}-5(\frac{1}{2}yz)$. L'équation précédente peut donc s'écrire ainsi :

$$(\tfrac{1}{2}yz)^2-5\left(\frac{y^2-\frac{1}{2}yz+z^2}{5}\right)^2=-r^5,$$

et puisque le nombre impair r est diviseur d'un nombre de la forme p^2-5q^2, où p et q sont premiers entre eux, il sera lui-même de cette forme; il en est de même de $-r$; car on sait que tout nombre de la forme p^2-5q^2 est en même temps de la forme $5a^2-b^2$; nous pouvons donc supposer $-r=f^2-5g^2$, et faisant comme ci-dessus $(f+g\sqrt{5})^5=F+G\sqrt{5}$, nous aurons $-r^5=F^2-5G^2$, et l'équation à résoudre sera

$$(\tfrac{1}{2}yz)^2-5\left(\frac{y^2-\frac{1}{2}yz+z^2}{5}\right)^2=F^2-5G^2.$$

Supposant de nouveau $m+n\sqrt{5}=(9\pm 4\sqrt{5})^k$, la résolution générale de cette équation s'obtiendra en faisant

$$\tfrac{1}{2}yz+\frac{y^2-\frac{1}{2}yz+z^2}{5}\sqrt{5}=(F+G\sqrt{5})(m+n\sqrt{5}),$$

ce qui donne

$$\tfrac{1}{2}yz=mF+5nG,$$
$$\tfrac{1}{5}(y^2-\tfrac{1}{2}yz+z^2)=mG+nF.$$

On tire de ces deux équations $\frac{1}{5}(y+z)^2=(m+n)F+(m+5n)G$, ou

$$5^7t^{10}=(m+n)F+(m+5n)G.$$

(660) Puisque G est toujours divisible par 5 et que F ne l'est pas, cette équation ne peut subsister à moins que $m+n$ ne soit divisible par 5. Or d'après les cinq valeurs de m et n rapportées ci-dessus, on trouve que cette condition ne peut être remplie qu'en supposant $m=9$, $n=-4$, ce qui donnera

$$5^7t^{10}=5F-11G,$$

ou en divisant par 5 et substituant les valeurs de F et de G,

$$5^6t^{10}=f^4(f-11g)+10f^2g^2(5f-11g)+5g^4(25f-11g).$$

On voit par cette équation que $f-g$ doit être divisible par 5; soit donc $f=g+h$, h étant un nombre divisible par 5, et on aura $f+g\sqrt{5}=h+g(1+\sqrt{5})$, de sorte qu'on pourra faire directement

$$\begin{aligned}F+G\sqrt{5}&=[h+g(1+\sqrt{5})]^5\\&=h^5+5h^4g(1+\sqrt{5})+20h^3g^2(3+\sqrt{5})\\&+80h^2g^3(2+\sqrt{5})+40hg^4(7+3\sqrt{5})\\&+16g^5(11+5\sqrt{5}).\end{aligned}$$

On déduit de là les valeurs séparées de F et G, mais comme nous n'avons besoin que de la quantité $F-\frac{11}{5}G$, nous pourrons, dans cette équation, mettre $-\frac{11}{5}$ à la place de $\sqrt{5}$, ce qui donnera

$$F-\tfrac{11}{5}G=h(h^4-6h^3g+16h^2g^2-16hg^3+16g^4),$$

et par conséquent

$$5^6t^{10}=h(h^4-6h^3g+16h^2g^2-16hg^3+16g^4).$$

(661) Sachant déja que h est divisible par 5 et que g ne l'est pas, observant de plus que h doit être impair, et qu'ainsi les deux facteurs du second membre sont premiers entre eux, la seule manière de satisfaire à cette équation est de la partager en deux autres, comme il suit :

$$\begin{aligned}&h=5^6u^{10},\\&h^4-6h^3g+16h^2g^2-16hg^3+16g^4=r'^{10},\end{aligned}$$

ce qui suppose $t=ur'$, r' étant premier à $5u$.

La seconde équation peut se mettre sous la forme

$$r'^{10}=(h^2-3gh+6g^2)^2-5(gh-2g^2)^2,$$

d'où l'on voit que r' doit être de la forme p^2-5q^2; il en est de même de r'^2; on pourra donc faire $r'^2=f'^2-5g'^2$, ce qui donnera $r'^{10}=F'^2-5G'^2$, et on satisfera généralement à l'équation précédente en faisant

$$\begin{aligned}h^2-3gh+6g^2&=mF'+5nG',\\gh-2g^2&=nF'+mG',\end{aligned}$$

ce qui donne enfin h^2 ou

$$5^{12}u^{20}=(m+3n)F'+(3m+5n)G'.$$

Puisque G′ est divisible par 5 et que F′ ne l'est pas, cette équation ne peut subsister à moins que $m+3n$ ne soit divisible par 5. Les seules valeurs de m et n à prendre pour cela sont $m=161$, $n=-72$, ce qui donnera, en divisant par 5,

$$5^{11}u^{20}=\frac{123}{5}G'-11F',$$

ou en substituant les valeurs de F′ et G′,

$$5^{11}u^{20}=f'^4(123g'-11f')+10f'^2g'^2(123g'-55f')$$
$$+5g'^4(123g'-275f').$$

(662) Cette équation fait voir que $3g'-f'$ est divisible par 5; soit donc $f'=3g'-h'$, on aura

$$F'+G'\sqrt{5}=[-h'+g'(3+\sqrt{5})]^5,$$

ou en faisant le développement :

$$F'+G'\sqrt{5}=-h'^5+5h'^4g'(3+\sqrt{5})-20h'^3g'^2(7+3\sqrt{5})$$
$$+80h'^2g'^3(9+4\sqrt{5})-40h'g'^4(47+21\sqrt{5})$$
$$+16g'^5(123+55\sqrt{5}).$$

Multipliant tout par -11 et mettant au lieu de $11\sqrt{5}$ la valeur fictive $-\frac{123}{5}$, on aura $\frac{123}{5}G'-11F'$, ou

$$5^{11}u^{20}=h'(11h'^4-42h'^3g'+64h'^2g'^2-48h'g'^3+16g'^4).$$

Maintenant h' étant divisible par 5 et g' ne l'étant pas, cette équation ne peut se partager en deux autres que de cette manière

$$h'=5^{11}u'^{20}$$
$$11h'^4-42h'^3g'+64h'^2g'^2-48h'g'^3+16g'^4=r''^{20},$$

ce qui suppose $u=u'r''$ et r'' premier à $5u'$.

Cette dernière équation peut être mise sous la forme

$$4r''^{20}=(8g'^2-12g'h'+7h'^2)^2-5h'^4,$$

d'où il suit que r'' doit être de la forme p^2-5q^2; il en est de même de r''^4, on peut donc faire $r''^4=f''^2-5g''^2$, ce qui donnera....

$r''^{20} = F''^2 - 5G''^2$. Soit maintenant $4 = \mu^2 - 5\nu^2$, μ et ν étant des nombres impairs, on pourra supposer

$$8g'^2 - 12g'h' + 7h'^2 + h'^2\sqrt{5} = (F'' + G''\sqrt{5})(\mu + \nu\sqrt{5}),$$

ce qui donnera

$$h'^2 = \mu G'' + \nu F''.$$

Mais puisque h' et G'' sont divisibles par 5 et que F'' ne l'est pas, cette équation ne peut subsister à moins que ν ne soit divisible par 5. Et comme on a en général $\mu + \nu\sqrt{5} = (3 + \sqrt{5})(m + n\sqrt{5})$, ce qui donne $\mu = 3m + 5n$, $\nu = m + 3n$, on ne pourra admettre que les valeurs $m = 161$, $n = -72$, d'où résultent $\mu = 123$, $\nu = -55$, de sorte qu'on aura h'^2 ou

$$5^{22}u''^{40} = 123G'' - 55F''.$$

(663) Nous retombons ainsi sur une équation semblable à l'équation déja considérée $5^{12}u^{20} = 123G' - 55F'$; d'où il suit que les mêmes transformations pourront être continuées à l'infini, ce qui supposerait infinies les valeurs primitives des indéterminées.

Car ayant fait successivement $x = -5tr$, $t = ur'$, $u = u'r''$, $u' = u''r'''$, etc., on aura $t = ur' = u'r'r'' = u''r'r''r'''$, etc., de sorte que le nombre des facteurs r augmente continuellement dans l'expression de t. Ces facteurs sont déterminés par des équations qu'on peut réduire à la même forme, savoir $r'^{10} = r^4 + 5rh^2 + 5h^4$, $r''^{20} = r'^4 + 5r'^2h'^2 + 5h'^4$, etc., d'ailleurs on a $h = 5^6u^{10}$, $h' = 5^{12}u'^{20}$, $h'' = 5^{22}u''^{40}$, etc., de sorte que la suite h, h', h'', etc., est rapidement croissante, même en supposant que les nombres u, u', u'', etc., aient l'unité pour limite. Donc les nombres r, r', r'', etc., toujours plus grands que 1, ne pourront être moindres que 2, ce qui rendra infinie la valeur de t. Donc l'équation $x^5 + y^5 + z^5 = 0$ n'admet aucune solution en nombres entiers (1).

---

(1) On peut voir dans les Mémoires de l'Académie, année 1823, quelques autres recherches sur l'équation $0 = x^n + y^n + z^n$, n étant un nombre premier plus grand que 5.

§ V. *Théorèmes d'analyse suivis de formules nouvelles pour les sections angulaires.*

(664) THÉORÈME I. n étant un nombre premier quelconque, 2 excepté, si on fait $x^n - y^n = (x-y)P$, P désignant le polynome $x^{n-1} + yx^{n-2} + y^2x^{n-3} \ldots + y^{n-1}$, on pourra toujours satisfaire à l'équation

$$4P = Q^2 \pm nR^2,$$

savoir $4P = Q^2 + nR^2$, si n est de la forme $4m+3$, et $4P = Q^2 - nR^2$, si n est de la forme $4m+1$.

Ce théorème a été démontré ci-dessus, n° 510; on a fait voir de plus quelle est la manière de déterminer dans les deux cas les valeurs des fonctions Q et R; et quoique les formules auxquelles nous renvoyons supposent $y=1$, elles s'appliquent sans difficulté à une valeur quelconque de y en observant la loi des homogènes.

(665) THÉORÈME II. Soit n un nombre premier $4m+1$; si l'on fait $(f+g\sqrt{n})^n = F + G\sqrt{n}$, ensuite $F = fP$, $G = ngQ$, ce qui donne

$$P = f^{n-1} + \frac{n.n-1}{2} f^{n-3}.ng^2 + \frac{n.n-1.n-2.n-3}{2.3.4} f^{n-5}.n^2g^4 + \text{etc.}$$

$$Q = f^{n-1} + \frac{n-1.n-2}{2.3} f^{n-3}.ng^2 + \frac{n-1.n-2.n-3.n-4}{2.3.4.5} f^{n-5}.n^2g^4 + \text{etc.},$$

je dis que les polynomes P et Q peuvent en général se mettre sous la forme $X^2 - nY^2$, de sorte qu'on pourra faire

$$P = A^2 - nB^2, \quad Q = C^2 - nD^2,$$

A, B, C, D, étant des polynomes en f et g, du degré $2m$, dont les coefficients sont des entiers.

En effet, si on fait $p = f + g\sqrt{n}$, $q = f - g\sqrt{n}$, on aura.... $P = \frac{p^m + q^m}{p+q}$; mais en vertu du théorème I, la fonction $4P$ peut être mise sous la forme $X^2 - nY^2$, dans laquelle on aura

$$X = \left\{ \begin{array}{l} 2p^{2m} - p^{2m-1}q + a_2 p^{2m-2}q^2 + a_3 p^{2m-3}q^3 + \text{etc.} \\ +2q^{2m} - pq^{2m-1} + a_2 p^2 q^{2m-2} + a_3 p^3 q^{2m-3} + \text{etc.} \end{array} \right\} + a_m p^m q^m$$

$$Y = \left\{ \begin{array}{l} p^{2m-1}q + b_2 p^{2m-2}q^2 + b_3 p^{2m-3}q^3 + \text{etc.} \\ +pq^{2m-1} + b_2 p^2 q^{2m-2} + b_3 p^3 q^{2m-3} + \text{etc.} \end{array} \right\} + b_m p^m q^m$$

Et comme en général pq est rationnel, ainsi que $p^k + q^k$, k étant un entier quelconque, il s'ensuit que X et Y se réduisent à des polynomes en f et g, homogènes et du degré $2m$; ces polynomes divisés par 2, seront les valeurs de A et B dans l'équation $P = A^2 - nB^2$. On voit en même temps que la fonction P est composée des deux facteurs réels $A + B\sqrt{n}$, $A - B\sqrt{n}$, qui ne contiennent d'autre irrationnelle que $\sqrt{n}$.

On aura semblablement $Q = \frac{1}{n} \cdot \frac{p^m - q^m}{p - q}$; mais en faisant $p^m - q^m = (p-q)H$, le théorème I donne encore $4H = 4nQ = X'^2 - nY'^2$, et on aura

$$X' = \left\{ \begin{array}{l} 2p^{2m} + p^{2m-1}q + a_2 p^{2m-2}q^2 - a_3 p^{2m-3}q^3 + \text{etc.} \\ +2q^{2m} + pq^{2m-1} + a_2 p^2 q^{2m-2} - a_3 p^3 q^{2m-2} + \text{etc.} \end{array} \right\} + a_m(-pq)^m$$

$$Y' = \left\{ \begin{array}{l} -p^{2m-1}q + b_2 p^{2m-2}q^2 - b_3 p^{2m-3}q^3 + \text{etc.} \\ -pq^{2m-1} + b_2 p^2 q^{2m-2} - b_3 p^3 q^{2m-3} + \text{etc.} \end{array} \right\} + b_m(-pq)^m,$$

valeurs qui se réduiront de même à des polynomes rationnels en f et g. Mais d'après l'équation $4nQ = X'^2 - nY'^2$, il faut que X' soit divisible par n; faisant donc $X' = nZ$, on aura $4Q = nZ'^2 - Y'^2$. Enfin n étant un nombre premier de la forme $4m + 1$, la fonction Q pourra toujours se réduire à la forme $C^2 - nD^2$; il suffit pour cela de faire $C + D\sqrt{n} = (\frac{1}{2}Y' + \frac{1}{2}Z'\sqrt{n})(t - u\sqrt{n})$, t et u étant les plus petits nombres qui satisfont à l'équation $t^2 - nu^2 = -1$.

(666) Théorème III. Soit n un nombre premier $4m + 3$; si

on fait $(f+g\sqrt{-n})^n = F + G\sqrt{-n}$, ensuite $F = fP$, $G = ngQ$, ce qui donne

$$P = f^{n-1} - \frac{n.n-1}{2} f^{n-3}.ng^2 + \frac{n.n-1.n-2.n-3}{2.3.4} f^{n-5}.n^2g^4 - \text{etc.}$$

$$Q = f^{n-1} - \frac{n-1.n-2}{2.3} f^{n-3}.ng^2 + \frac{n-1.n-2.n-3.n-4}{2.3.4.5} f^{n-5}.n^2g^4 - \text{etc.}$$

je dis que les polynomes P et Q pourront être partagés, chacun en deux facteurs rationnels, de sorte qu'on aura

$$P = AB, \quad Q = CD,$$

A, B, C, D étant des polynomes en f et g, du degré $\frac{1}{2}(n-1)$.

En effet, soit $p = f + g\sqrt{-n}$, $q = f - g\sqrt{-n}$, on aura... $P = \frac{p^n + q^n}{p+q}$, et d'après cette forme on pourra faire $4P = X^2 + nY^2$, en supposant

$$X = \begin{cases} \;\;2p^{2m+1} - p^{2m}q + a_2 p^{2m-1}q^2 - a_3 p^{2m-2}q^3 + \text{etc.} \\ +2q^{2m+1} - pq^{2m} + a_2 p^2 q^{2m-1} - a_3 p^3 q^{2m-2} + \text{etc.} \end{cases}$$

$$Y = \begin{cases} \;\;p^{2m}q - b_2 p^{2m-1}q^2 + b_3 p^{2m-2}q^3 - \text{etc.} \\ -pq^{2m} + b_2 p^2 q^{2m-1} - b_3 p^3 q^{2m-2} - \text{etc.} \end{cases}$$

Or les quantités pq et $p^k + q^k$ étant réelles et rationnelles, la quantité X le sera également. Quant à la valeur de Y, elle est égale au produit de $p-q$ par le polynome

$$Z = pq.\frac{p^{2m-1} - q^{2m-1}}{p-q} - b_2 p^2 q^2.\frac{p^{2m-3} - q^{2m-3}}{p-q} + b_3 p^3 q^3.\frac{p^{2m-5} - q^{2m-5}}{p-q} - \text{etc.}$$

dont la valeur est réelle et rationnelle comme celle de X; donc puisque $p - q = 2g\sqrt{-n}$, on aura $4P = X^2 - 4n^2g^2Z^2$; donc P est égal au produit des deux polynomes $\frac{1}{2}X + ngZ$, $\frac{1}{2}X - ngZ$, lesquels seront les valeurs de A et B.

On aura semblablement $Q = \frac{1}{n}.\frac{p^n - q^n}{p-q}$; on pourra donc supposer $4nQ = X'^2 + nY'^2$, et en même temps

$$X'=\left\{\begin{array}{l}2p^{2m+1}+p^{2m}q+a_2p^{2m-1}q^2+a_3p^{2m-2}q^3+\text{etc.}\\ -2q^{2m+1}-pq^{2m}-a_2p^2q^{2m-1}-a_3p^3q^{2m-2}-\text{etc.}\end{array}\right.$$

$$Y'=\left\{\begin{array}{l}p^{2m}q+b_2p^{2m-1}q^2+b_3p^{2m-2}q^3+\text{etc.}\\ +pq^{2m}+b_2p^2q^{2m-1}+b_3p^3q^{2m-2}+\text{etc.}\end{array}\right.$$

La valeur de Y' se réduit à une quantité réelle et rationnelle; quant à la fonction X', elle est le produit de $p-q$ ou $2g\sqrt{-n}$ par le polynome

$$Z'=2.\frac{p^{2m+1}-q^{2m+1}}{p-q}+pq.\frac{p^{2m-1}-q^{2m-1}}{p-q}+a_2p^2q^2.\frac{p^{2m-3}-q^{2m-3}}{p-q}+\text{etc.},$$

dont la valeur est réelle et rationnelle. Donc on aura $X'=2gZ'\sqrt{-n}$, et $4Q=Y'^2-4g^2Z'^2$. Donc Q se décompose en deux facteurs rationnels $\frac{1}{2}Y'+gZ'$, $\frac{1}{2}Y'-gZ'$, qui seront les valeurs de C et D.

(667) Par exemple, dans le cas de $n=7$, le polynome

$$P=f^6-3n^2f^4g^2+5n^3f^2g^4-n^4g^6$$

se décomposera en deux facteurs, savoir:

$$\begin{aligned}A&=f^3+nf^2g-n^2fg^2+n^2g^3\\ B&=f^3-nf^2g-n^2fg^2-n^2g^3.\end{aligned}$$

Dans le même cas le polynome

$$Q=f^6-5nf^4g^2+3n^2f^2g^4-n^2g^6$$

se décomposera en deux facteurs, savoir:

$$\begin{aligned}C&=f^3-nf^2g+nfg^2+ng^3\\ D&=f^3+nf^2g+nfg^2-ng^3.\end{aligned}$$

De même dans le cas de $n=11$, les polynomes

$$\begin{aligned}P&=f^{10}-5n^2f^8g^2+30n^3f^6g^4-42n^4f^4g^6+15n^5f^2g^8-n^6g^{10}\\ Q&=f^{10}-15nf^8g^2+42n^2f^6g^4-30n^3f^4g^6+5n^4f^2g^8-n^4g^{10},\end{aligned}$$

se décomposeront, le premier en deux facteurs

$$\begin{aligned}A&=f^5+3nf^4g+2n^2f^3g^2+2n^2f^2g^3-n^3fg^4-n^3g^5\\ B&=f^5-3nf^4g+2n^2f^3g^2-2n^2f^2g^3-n^3fg^4+n^3g^5,\end{aligned}$$

le second en deux facteurs

$$C=f^5+nf^4g-2nf^3g^2-2n^2f^2g^3-3n^2fg^4-n^2g^5$$
$$D=f^5-nf^4g-2nf^3g^2+2n^2f^2g^3-3n^2fg^4+n^2g^5.$$

Au reste la similitude qu'il y a entre les fonctions P et Q permettrait de trouver aisément les facteurs de Q au moyen des facteurs de P et réciproquement. Il faudrait pour cela changer ng en f et f en g.

(668) Ces théorèmes relatifs aux puissances du degré n de $f+g\sqrt{n}$, peuvent s'appliquer aux puissances de $\cos.\varphi+\sqrt{-1}\sin.\varphi$, et il en résultera de nouvelles formules pour les sections angulaires. Nous allons faire voir comment on parvient à celles-ci d'une manière directe.

Par le développement de l'équation $(\cos.\varphi+\sqrt{-1}\sin.\varphi)^n=\cos.n\varphi+\sqrt{-1}\sin.n\varphi$, on a immédiatement les deux formules

$$\frac{\sin.n\varphi}{\sin.\varphi}=n\cos.^{n-1}\varphi-\frac{n.n-1.n-2}{1.2.3}\cos.^{n-3}\varphi\sin.^2\varphi$$
$$+\frac{n.n-1.n-2.n-3.n-4}{1.2.3.4.5}\cos.^{n-5}\varphi\sin.^4\varphi-\text{etc.}$$

$$\frac{\cos.n\varphi}{\cos.\varphi}=\cos.^{n-1}\varphi-\frac{n.n-1}{1.2}\cos.^{n-3}\varphi\sin.^2\varphi$$
$$+\frac{n.n-1.n-2.n-3}{1.2.3.4}\cos.^{n-5}\varphi\sin.^4\varphi-\text{etc.}$$

Or si n est un nombre premier quelconque, je dis que les polynomes formant les seconds membres de ces équations pourront toujours se décomposer en deux facteurs dont les coefficients ne contiendront d'autre irrationnelle que $\sqrt{n}$. Et parce que ces deux formules se déduisent l'une de l'autre en mettant simplement $\frac{\pi}{2}-\varphi$ à la place de φ, il suffira de faire voir comment se fait la décomposition de la première; mais pour cela il faut distinguer deux cas, selon que le nombre premier n est de la forme $4m+1$ ou de la forme $4m+3$.

Premier cas, $n=4m+1$.

(669) Nous avons fait voir que pour les nombres premiers de cette forme la fonction $X=\frac{x^n-y^n}{x-y}$ peut toujours se réduire à la forme $\frac{1}{4}(Y^2-nZ^2)$ composée des deux facteurs réels $\frac{1}{2}Y+\frac{1}{2}Z\sqrt{n}$, $\frac{1}{2}Y-\frac{1}{2}Z\sqrt{n}$, pour lesquels on aura

$$Y=\left\{\begin{array}{c} 2x^{2m}+x^{2m-1}y+a_2x^{2m-2}y^2+a_3x^{2m-3}y^3+\text{etc.} \\ +2y^{2m}+xy^{2m-1}+a_2x^2y^{2m-2}+a_3x^3y^{2m-3}+\text{etc.}\end{array}\right\}+a_mx^my^m$$

$$Z=\left\{\begin{array}{c} x^{2m-1}y+b_2x^{2m-2}y^2+b_3x^{2m-3}y^3+\text{etc.} \\ +xy^{2m-1}+b_2x^2y^{2m-2}+b_3x^3y^{2m-3}+\text{etc.}\end{array}\right\}+b_mx^my^m$$

Nous avons donné d'ailleurs les moyens de déterminer dans tous les cas les coefficients $a_2, a_3 \ldots a_m, b_2, b_3 \ldots b_m$.

Cela posé soit $x=\cos.\varphi+\sqrt{-1}\sin.\varphi$, $y=\cos.\varphi-\sqrt{-1}\sin.\varphi$, on aura $X=\frac{x^n-y^n}{x-y}=\frac{\sin.n\varphi}{\sin.\varphi}$ et les valeurs de $\frac{1}{2}Y$ et $\frac{1}{2}Z$ seront

$$\begin{aligned}\tfrac{1}{2}Y= {} & 2\cos.2m\varphi+\cos.(2m-2)\varphi+a_2\cos.(2m-4)\varphi \\ & +a_3\cos.(2m-6)\varphi\ldots+\tfrac{1}{2}a_m \\ \tfrac{1}{2}Z= {} & \cos.(2m-2)\varphi+b_2\cos.(2m-4)\varphi+b_3\cos.(2m-6)\varphi \\ & +b_4\cos.(2m-8)\varphi\ldots+\tfrac{1}{2}b_m.\end{aligned}$$

Faisant donc $A=\frac{1}{2}Y+\frac{1}{2}Z\sqrt{n}$, $B=\frac{1}{2}Y-\frac{1}{2}Z\sqrt{n}$, ce qui donne

$$\begin{aligned}A= {} & 2\cos.2m\varphi+(1+\sqrt{n})\cos.(2m-2)\varphi+(a_2+b_2\sqrt{n})\cos.(2m-4)\varphi \\ & +(a_3+b_3\sqrt{n})\cos.(2m-6)\varphi\ldots+\tfrac{1}{2}(a_m+b_m\sqrt{n}) \\ B= {} & 2\cos.2m\varphi+(1-\sqrt{n})\cos.(2m-2)\varphi+(a_2-b_2\sqrt{n})\cos.(2m-4)\varphi \\ & +(a_3-b_3\sqrt{n})\cos.(2m-6)\varphi\ldots+\tfrac{1}{2}(a_m-b_m\sqrt{n}),\end{aligned}$$

on aura en général $\frac{\sin.n\varphi}{\sin.\varphi}=AB$, de sorte que A et B seront les deux facteurs dont le produit est égal au polynome

$$n\cos.^{n-1}\varphi-\frac{n.n-1.n-2}{1.2.3}\cos.^{n-3}\varphi\sin.^2\varphi$$
$$+\frac{n.n-1.n-2.n-3.n-4}{1.2.3.4.5}\cos.^{n-5}\varphi\sin.^4\varphi-\text{etc.},$$

propriété d'autant plus remarquable qu'elle n'aurait pas lieu si le nombre n de forme $4m+1$ n'était pas un nombre premier.

Pour avoir semblablement la valeur de $\frac{\cos. n\varphi}{\cos.\varphi}$, il suffit de mettre $\frac{1}{2}\pi-\varphi$ à la place de φ dans les formules précédentes. Soit donc

$$\begin{aligned}
\mathrm{C}=&2\cos.2m\varphi-(1+\sqrt{n})\cos.(2m-2)\varphi+(a_2+b_2\sqrt{n})\cos.(2m-4)\varphi\\
&-(a_3+b_3\sqrt{n})\cos.(2m-6)\varphi\ldots+\tfrac{1}{2}(a_m+b_m\sqrt{n})(-1)^m\\
\mathrm{D}=&2\cos.2m\varphi-(1-\sqrt{n})\cos.(2m-2)\varphi+(a_2-b_2\sqrt{n})\cos.(2m-4)\varphi\\
&-(a_3-b_3\sqrt{n})\cos.(2m-6)\varphi\ldots+\tfrac{1}{2}(a_m-b_m\sqrt{n})(-1)^m,
\end{aligned}$$

et on aura $\frac{\cos. n\varphi}{\cos.\varphi}=\mathrm{CD}$, de sorte que C et D seront les deux facteurs dont le produit est égal au polynome

$$\cos.^{n-1}\varphi-\frac{n.n-1}{2}\cos.^{n-3}\varphi\sin.^2\varphi+\frac{n.n-1.n-2.n-3}{2.3.4}\cos.^{n-5}\varphi\sin.^4\varphi-\text{etc.}$$

(670) Si on fait $\frac{\sin. n\varphi}{\sin.\varphi}=0$, ou $\mathrm{AB}=0$, les valeurs de φ qui satisfont à cette équation sont en général $\varphi=\frac{k\pi}{n}$, k étant un entier quelconque non-divisible par n; car cette valeur rend $\sin. n\varphi=0$, sans qu'on ait en même temps $\sin.\varphi=0$. Soit $\cot.\varphi=z$, l'équation $\mathrm{AB}=0$ deviendra

$$0=nz^{n-1}-\frac{n.n-1.n-2}{1.2.3}z^{n-3}+\frac{n.n-1\ldots n-4}{1.2\ldots5}z^{n-5}-\text{etc.}$$

et les $n-1$ racines de cette équation seront

$$z=\pm\left(\cot.\frac{\pi}{n},\ \cot.\frac{2\pi}{n},\ \cot.\frac{3\pi}{n}\ldots\cot.\frac{2m\pi}{n}\right).$$

Il s'agit maintenant de faire voir comment ces $n-1$ racines se partagent entre les deux équations $\mathrm{A}=0$, $\mathrm{B}=0$.

Pour cela il faut reprendre la valeur

$$\mathrm{AB}=\frac{x^n-y^n}{x-y}=x^{n-1}+x^{n-2}y+x^{n-3}y^2\ldots+y^{n-1}.$$

Or on sait que ce polynome du degré $n-1$ ou $4m$ est le produit des $4m$ facteurs

$$(x-ry)(x-r^2y)(x-r^3y)\ldots(x-r^{4m}y),$$

dans lesquels on peut supposer $r=\cos.\frac{2\pi}{n}+\sqrt{-1}\sin.\frac{2\pi}{n}$, et si on désigne par g l'une des racines primitives de n, les mêmes facteurs pourront être rangés dans l'ordre suivant :

$$x-y\left(\cos.\frac{2\pi}{n}+\sqrt{-1}\sin.\frac{2\pi}{41}\right)$$
$$x-y\left(\cos.\frac{2g\pi}{n}+\sqrt{-1}\sin.\frac{2g\pi}{n}\right)$$
$$x-y\left(\cos.\frac{2g^2\pi}{n}+\sqrt{-1}\sin.\frac{2g^2\pi}{n}\right)$$
$$\vdots$$
$$x-y\left(\cos.\frac{2g^{4m-1}\pi}{n}+\sqrt{-1}\sin.\frac{2g^{4m-1}\pi}{n}\right).$$

Il résulte encore de la théorie déja exposée que le produit de ces $4m$ facteurs, désigné par $\frac{1}{4}(Y^2-nZ^2)$ se partage en deux groupes de $2m$ facteurs chacun, l'un composé des termes de rang impair, savoir :

$$x-y\left(\cos.\frac{2\pi}{n}+\sqrt{-1}\sin.\frac{2\pi}{n}\right)$$
$$x-y\left(\cos.\frac{2g^2\pi}{n}+\sqrt{-1}\sin.\frac{2g^2\pi}{n}\right)$$
$$x-y\left(\cos.\frac{2g^4\pi}{n}+\sqrt{-1}\sin.\frac{2g^4\pi}{n}\right)$$
$$\vdots$$
$$x-y\left(\cos.\frac{2g^{4m-2}\pi}{n}+\sqrt{-1}\sin.\frac{2g^{4m-2}\pi}{n}\right),$$

l'autre composé de termes de rang pair, savoir :

$$x-y\left(\cos.\frac{2g\pi}{n}+\sqrt{-1}\sin.\frac{2g\pi}{n}\right)$$
$$x-y\left(\cos.\frac{2g^3\pi}{n}+\sqrt{-1}\sin.\frac{2g^3\pi}{n}\right)$$
$$x-y\left(\cos.\frac{2g^5\pi}{n}+\sqrt{-1}\sin.\frac{2g^5\pi}{\pi}\right)$$
$$\vdots$$
$$x-y\left(\cos.\frac{2g^{2m-1}\pi}{n}+\sqrt{-1}\sin.\frac{2g^{2m-1}\pi}{n}\right).$$

Ces groupes de $2m$ facteurs sont les valeurs de A et B; mais ce ne sera que dans les cas particuliers qu'on pourra décider lequel des deux est égal à A, l'autre étant égal à B.

(671) Soit $x-y(\cos.2\alpha+\sqrt{-1}\sin.2\alpha)$ l'un des facteurs simples compris dans le groupe qui représente la valeur de A; puisqu'en rejetant les multiples de n, on a $g^{2m}=-1$, chaque valeur de $2\alpha=\frac{2g^k\pi}{n}$, où k est moindre que $2m$, sera accompagnée dans le même groupe d'une valeur $\frac{2g^{2m+k}\pi}{n}=-2\alpha$, de sorte qu'on aura à la fois les deux facteurs simples

$$x-y(\cos.2\alpha+\sqrt{-1}\sin.2\alpha)$$
$$x-y(\cos.2\alpha-\sqrt{-1}\sin.2\alpha),$$

d'où résulte le facteur réel du second ordre

$$x^2+y^2-2xy\cos.2\alpha.$$

Substituant les valeurs $x=\cos.\varphi+\sqrt{-1}\sin.\varphi$, $y=\cos.\varphi-\sqrt{-1}\sin.\varphi$, ce facteur devient

$$2\cos.2\varphi-2\cos.2\alpha.$$

Donc en faisant $2\cos.2\varphi=t$, l'un des facteurs A et B sera exprimé par le produit de m facteurs simples

$$\left(t-2\cos.\frac{2\pi}{n}\right)\left(t-2\cos.\frac{2g^2\pi}{n}\right)\left(t-2\cos.\frac{2g^4\pi}{n}\right)\ldots\left(t-2\cos.\frac{2g^{2m-2}\pi}{n}\right),$$

et l'autre le sera par le produit

$$\left(t-2\cos.\frac{2g\pi}{n}\right)\left(t-2\cos.\frac{2g^3\pi}{n}\right)\left(t-2\cos.\frac{2g^5\pi}{n}\right)\ldots\left(t-2\cos.\frac{2g^{2m-1}\pi}{n}\right).$$

Ces formes s'accordent très-bien avec les valeurs trouvées ci-dessus pour A et B; car en substituant pour $\cos.4\varphi$, $\cos.6\varphi$, etc. leurs valeurs connues en fonctions de $\cos.2\varphi=\frac{1}{2}t$, la valeur de A se réduira à la forme

$$A=t^m+\alpha t^{m-1}+6t^{m-2}+\text{etc.},$$

dont les coefficients ne contiennent d'autre irrationnelle que $\sqrt{n}$; il en est de même de la valeur de B.

Les équations $A=0$, $B=0$, ayant en général toutes leurs racines réelles, comprises dans les deux suites

$$t=\cos.\frac{2\pi}{n},\ \cos.\frac{2g^2\pi}{n},\ \cos.\frac{2g^4\pi}{n}\ldots\cos.\frac{2g^{2m-2}\pi}{n}$$

$$t=\cos.\frac{2g\pi}{n},\ \cos.\frac{2g^3\pi}{n},\ \cos.\frac{2g^5\pi}{n}\ldots\cos.\frac{2g^{2m-1}\pi}{n},$$

on connaîtra pour chaque suite la somme des puissances de même degré des différents termes qui la composent, laquelle sera exprimée par les coefficients de l'équation correspondante, et ne contiendra par conséquent d'autre irrationnelle que $\sqrt{n}$. C'est en cela que consistent les nouvelles formules relatives aux sections angulaires que nous avons annoncées dans le titre de ce paragraphe, et qui ne sont pas comprises parmi les formules connues.

De semblables résultats s'appliquent aux fonctions C et D dont le produit est égal à $\frac{\cos.n\varphi}{\cos.\varphi}$; mais les formules qu'on en déduit pour les sections angulaires, ne diffèrent pas de celles qui sont données par les fonctions A et B. Voici quelques applications de ces formules.

Exemple I.

(672) Soit $n=13$, on aura $m=3$; dans ce cas les valeurs de Y

et de Z prises dans le tableau de l'art. 512, donnent $a_2 = 4$, $a_3 = -1$, $b_2 = 0$, $b_3 = 1$; d'où résultent les valeurs

$$A = 2\cos.6\varphi + (1 + \sqrt{13})\cos.4\varphi + 4\cos.2\varphi - \tfrac{1}{2} + \tfrac{1}{2}\sqrt{13}$$
$$B = 2\cos.6\varphi + (1 - \sqrt{13})\cos.4\varphi + 4\cos.2\varphi - \tfrac{1}{2} - \tfrac{1}{2}\sqrt{13}.$$

Faisant $2\cos.2\varphi = t$, on aura

$$A = t^3 + \tfrac{1}{2}(1 + \sqrt{13})t^2 - t - \tfrac{3}{2} - \tfrac{1}{2}\sqrt{13}$$
$$B = t^3 + \tfrac{1}{2}(1 - \sqrt{13})t^2 - t - \tfrac{3}{2} + \tfrac{1}{2}\sqrt{13}.$$

Ensuite si l'on prend la racine primitive $g = 2$, on devra supposer

$$A = \left(t - 2\cos.\frac{4\pi}{n}\right)\left(t - 2\cos.\frac{10\pi}{n}\right)\left(t - 2\cos.\frac{12\pi}{n}\right)$$
$$B = \left(t - 2\cos.\frac{2\pi}{n}\right)\left(t - 2\cos.\frac{8\pi}{n}\right)\left(t - 2\cos.\frac{6\pi}{n}\right);$$

car de cette manière le dernier terme du premier produit, savoir: $-2^3\cos.\frac{4\pi}{n}\cos.\frac{10\pi}{n}\cos.\frac{12\pi}{n}$ est négatif et pourra être égalé au dernier terme de A, savoir: $-\frac{3}{2} - \frac{1}{2}\sqrt{13}$. En même temps le dernier terme du second produit, savoir: $-2^3\cos.\frac{2\pi}{n}\cos.\frac{8\pi}{n}\cos.\frac{6\pi}{n}$, sera positif et égal à $-\frac{3}{2} + \frac{1}{2}\sqrt{13}$, dernier terme de B.

De là on voit 1° que s'il s'agit de diviser la circonférence en 13 parties égales, le problème pourra être résolu soit au moyen de l'équation

$$0 = t^3 - \tfrac{1}{2}(\sqrt{13} - 1)t^2 - t - \tfrac{3}{2} + \tfrac{1}{2}\sqrt{13},$$

dont les trois racines sont $t = 2\cos.\frac{2\pi}{13}$, $t = -2\cos.\frac{5\pi}{13}$, $t = 2\cos.\frac{6\pi}{13}$, soit au moyen de l'équation

$$0 = t^3 + \tfrac{1}{2}(\sqrt{13} + 1)t^2 - t - \tfrac{3}{2} - \tfrac{1}{2}\sqrt{13},$$

dont les racines sont $t = 2\cos.\frac{4\pi}{13}$, $t = -2\cos.\frac{3\pi}{13}$, $t = -2\cos.\frac{\pi}{13}$.

2° Que les racines de ces équations, élevées successivement aux puissances 1, 2, 3, etc., donnent les formules

$$\cos.\frac{2\pi}{13}-\cos.\frac{5\pi}{13}+\cos.\frac{6\pi}{13}=\tfrac{1}{4}(\sqrt{13}-1)$$

$$\cos.^2\frac{2\pi}{13}+\cos.^2\frac{5\pi}{13}+\cos.^2\frac{6\pi}{13}=\tfrac{1}{8}(11-\sqrt{13})$$

$$\cos.^3\frac{2\pi}{13}-\cos.^3\frac{5\pi}{13}+\cos.^3\frac{6\pi}{13}=\tfrac{1}{4}(\sqrt{13}-1)$$

etc.

$$\cos.\frac{4\pi}{13}-\cos.\frac{3\pi}{13}-\cos.\frac{\pi}{13}=-\tfrac{1}{4}(\sqrt{13}+1)$$

$$\cos.^2\frac{4\pi}{13}+\cos.^2\frac{3\pi}{13}+\cos.^2\frac{\pi}{13}=\tfrac{1}{8}(11+\sqrt{13})$$

$$\cos.^3\frac{4\pi}{13}-\cos.^3\frac{3\pi}{13}-\cos.^3\frac{\pi}{13}=-\tfrac{1}{4}(\sqrt{13}+1)$$

etc.

EXEMPLE II.

(673) Soit $n=17$, $m=4$; les valeurs de Y et Z, prises dans le tableau du n° 512, donnent pour ce cas $a_2=5$, $a_3=7$, $a_4=4$, $b_2=1$, $b_3=1$, $b_4=2$, d'où résultent les valeurs

$$\begin{aligned}A&=2\cos.8\varphi+(1+\sqrt{17})\cos.6\varphi+(5+\sqrt{17})\cos.4\varphi\\&\quad+(7+\sqrt{17})\cos.2\varphi+2+\sqrt{17}\\B&=2\cos.8\varphi+(1-\sqrt{17})\cos.6\varphi+(5-\sqrt{17})\cos.4\varphi\\&\quad+(7-\sqrt{17})\cos.2\varphi+2-\sqrt{17},\end{aligned}$$

au moyen desquelles on aura $\sin.17\varphi=AB\sin.\varphi$.

Si l'on fait $2\cos.2\varphi=t$, les valeurs de A et B deviennent

$$A=t^4+\tfrac{1}{2}(1+\sqrt{17})t^3+\tfrac{1}{2}(\sqrt{17}-3)t^2+(2-\sqrt{17})t-1$$
$$B=t^4+\tfrac{1}{2}(1-\sqrt{17})t^3-\tfrac{1}{2}(\sqrt{17}+3)t^2+(2+\sqrt{17})t-1.$$

Dans ce même cas on pourra supposer $g=3$, ce qui donnera

$$A=\left(t-2\cos.\frac{6\pi}{n}\right)\left(t-2\cos.\frac{10\pi}{n}\right)\left(t-2\cos.\frac{12\pi}{n}\right)\left(t-2\cos.\frac{14\pi}{n}\right)$$
$$B=\left(t-2\cos.\frac{2\pi}{n}\right)\left(t-2\cos.\frac{4\pi}{n}\right)\left(t-2\cos.\frac{8\pi}{n}\right)\left(t-2\cos.\frac{16\pi}{n}\right).$$

Soit x le côté du polygone de 17 côtés, on aura $x^2=2-2\cos.\frac{2\pi}{n}$;

ainsi ce côté se déterminera par la plus grande racine positive de l'équation du 4e degré $B=0$; d'ailleurs on sait par la théorie précédente que cette équation peut se décomposer en deux équations du second degré.

Comparant les racines des équations $A=0$, $B=0$, avec leurs coefficients, on en déduira les formules suivantes :

$$\cos.\frac{2\pi}{17}+\cos.\frac{4\pi}{17}+\cos.\frac{8\pi}{17}-\cos.\frac{\pi}{17}=\tfrac{1}{4}(\sqrt{17}-1)$$

$$\cos.^2\frac{2\pi}{17}+\cos.^2\frac{4\pi}{17}+\cos.^2\frac{8\pi}{17}+\cos.^2\frac{\pi}{17}=\tfrac{1}{8}(15+\sqrt{17})$$

$$\cos.^3\frac{2\pi}{17}+\cos.^3\frac{4\pi}{17}+\cos.^3\frac{8\pi}{17}-\cos.^3\frac{\pi}{17}=\tfrac{1}{8}(\sqrt{17}-2)$$

$$\cos.\frac{\pi}{17}\cos.\frac{2\pi}{17}\cos.\frac{4\pi}{17}\cos.\frac{8\pi}{17}=\tfrac{1}{16}$$

$$\cos.\frac{3\pi}{17}+\cos.\frac{5\pi}{17}+\cos.\frac{7\pi}{17}-\cos.\frac{6\pi}{17}=\tfrac{1}{4}(\sqrt{17}+1)$$

$$\cos.^2\frac{3\pi}{17}+\cos.^2\frac{5\pi}{17}+\cos.^2\frac{7\pi}{17}+\cos.^2\frac{6\pi}{17}=\tfrac{1}{8}(15-\sqrt{17})$$

$$\cos.^3\frac{3\pi}{17}+\cos.^3\frac{5\pi}{17}+\cos.^3\frac{7\pi}{17}-\cos.^3\frac{6\pi}{17}=\tfrac{1}{8}(\sqrt{17}+2)$$

$$\cos.\frac{3\pi}{17}\cos.\frac{5\pi}{17}\cos.\frac{6\pi}{17}\cos.\frac{7\pi}{17}=\tfrac{1}{16}.$$

Second cas. $n=4m+3$.

(674) Alors le polynome $X=\dfrac{x^n-y^n}{x-y}$ prend la forme $\tfrac{1}{4}(Y^2+nZ^2)$, dans laquelle les fonctions Y et Z peuvent être ainsi représentées :

$$Y=\begin{cases}2x^{2m+1}+x^{2m}y+a_2x^{2m-1}y^2+a_3x^{2m-2}y^3+\text{etc.}\\ -2y^{2m+1}-xy^{2m}-a_2x^2y^{2m-1}-a_3x^3y^{2m-2}-\text{etc.}\end{cases}$$

$$Z=\begin{cases}x^{2m}y+b_2x^{2m-1}y^2+b_3x^{2m-2}y^3+\text{etc.}\\ +xy^{2m}+b_2x^2y^{2m-1}+b_3x^3y^{2m-2}+\text{etc.}\end{cases}$$

Soit $x=\cos.\varphi+\sqrt{-1}\sin.\varphi$, $y=\cos.\varphi-\sqrt{-1}\sin.\varphi$, on aura

$$X=\frac{\sin.n\varphi}{\sin.\varphi}=\left(\tfrac{1}{2}Z\sqrt{n}+\frac{\tfrac{1}{2}Y}{\sqrt{-1}}\right)\left(\tfrac{1}{2}Z\sqrt{n}-\frac{\tfrac{1}{2}Y}{\sqrt{-1}}\right)$$

$$\frac{\frac{1}{2}\mathrm{Y}}{\sqrt{-1}}=2\sin.(2m+1)\varphi+\sin.(2m-1)\varphi+a_2\sin.(2m-3)\varphi$$
$$+a_3\sin.(2m-5)\varphi+\text{etc.}$$
$$\tfrac{1}{2}\mathrm{Z}=\cos.(2m-1)\varphi+b_2\cos.(2m-3)\varphi+b_3\cos.(2m-5)\varphi+\text{etc.}$$

Soit donc

$$\begin{aligned}\mathrm{A}= {} & 2\sin.(2m+1)\varphi+\sin.(2m-1)\varphi+a_2\sin.(2m-3)\varphi\\ & +a_3\sin.(2m-5)\varphi+\text{etc.}\\ & +\sqrt{n}[\cos.(2m-1)\varphi+b_2\cos.(2m-3)\varphi+b_3\cos.(2m-5)\varphi+\text{etc.}]\\ \mathrm{B}= {} & -2\sin.(2m+1)\varphi-\sin.(2m-1)\varphi-a_2\sin.(2m-3)\varphi\\ & -a_3\sin.(2m-5)\varphi-\text{etc.}\\ & +\sqrt{n}[\cos.(2m-1)\varphi+b_2\cos.(2m-3)\varphi+b_3\cos.(2m-5)\varphi+\text{etc.}]\end{aligned}$$

et on aura en général $\frac{\sin.n\varphi}{\sin.\varphi}=\mathrm{AB}$.

Si l'on met $\frac{\pi}{2}-\varphi$ à la place de φ, on aura un second système de formules, savoir :

$$\begin{aligned}\mathrm{C}= {} & 2\cos.(2m+1)\varphi-\cos.(2m-1)\varphi+a_2\cos.(2m-3)\varphi\\ & -a_3\cos.(2m-5)\varphi+\text{etc.}\\ & +\sqrt{n}[\sin.(2m-1)\varphi-b_2\sin.(2m-3)\varphi+b_3\sin.(2m-5)\varphi-\text{etc.}]\\ \mathrm{D}= {} & -2\cos.(2m+1)\varphi+\cos.(2m-1)\varphi-a_2\cos.(2m-3)\varphi\\ & +a_3\cos.(2m-5)\varphi-\text{etc.}\\ & +\sqrt{n}[\sin.(2m-1)\varphi-b_2\sin.(2m-3)\varphi+b_3\sin.(2m-5)\varphi+\text{etc.}]\end{aligned}$$

$$\frac{\cos.n\varphi}{\cos.\varphi}=\mathrm{CD}.$$

Maintenant pour trouver une autre expression des deux facteurs de $\mathrm{X}=\frac{\sin.n\varphi}{\sin.\varphi}$, appelons de nouveau g une racine primitive de n et soit r^k une racine quelconque imaginaire de l'équation $r^n-1=0$, en sorte qu'on ait $r^k=\cos.\frac{2k\pi}{n}+\sqrt{-1}\sin.\frac{2k\pi}{n}$, k étant l'un des termes de la série $1, g, g^2, g^3 \ldots g^{4m+1}$; la fonction X sera égale au produit de tous les facteurs $x-yr^k$ dans lesquels on donnera successivement à k les $n-1$ valeurs précédentes, lesquelles représentent dans un autre ordre la suite des nombres naturels $1, 2, 3 \ldots n-1$.

Cela posé si on substitue les valeurs $x = \cos.\varphi + \sqrt{-1}\sin.\varphi$, $y = \cos.\varphi - \sqrt{-1}\sin.\varphi$, le facteur $x - r^k y$, dans lequel $r^k = \cos.\frac{2k\pi}{n} + \sqrt{-1}\sin.\frac{2k\pi}{n}$, deviendra $(1-r^k)\left(\cos.\varphi - \sin.\varphi\cot.\frac{k\pi}{n}\right)$, ou en faisant $\cot.\varphi = u$,

$$(1-r^k)\sin.\varphi\left(u - \cot.\frac{k\pi}{n}\right).$$

Prenons successivement pour k les $2m+1$ valeurs $1, g^2, g^4 \ldots g^{4m}$, et appelons α le produit correspondant de tous les coefficients $1-r^k$, nous aurons pour l'un des deux facteurs de X, l'expression

$$= \alpha(\sin.\varphi)^{2m+1}\left(u - \cot.\frac{\pi}{n}\right)\left(u - \cot.\frac{\pi g^2}{n}\right)\left(u - \cot.\frac{\pi g^4}{n}\right)\ldots\left(u - \cot.\frac{\pi g^{4m}}{n}\right)$$

De même en donnant à k les valeurs successives $g, g^3, g^5 \ldots g^{4m+1}$, et appelant β le produit correspondant des coefficients $1-r^k$, on aura pour l'autre facteur de X l'expression

$$= \beta(\sin.\varphi)^{2m+1}\left(u - \cot.\frac{\pi g}{n}\right)\left(u - \cot.\frac{\pi g^3}{n}\right)\left(u - \cot.\frac{\pi g^5}{n}\right)\ldots\left(u - \cot.\frac{\pi g^{4m+1}}{n}\right)$$

et parce qu'en rejetant les multiples de n dans les valeurs g, g^2, g^3, etc., on a $g^{2m+1} = -1$ et par suite $g^{2m+1-2h} = -g^{4m+2-2h}$, $g^{2m+1+2h} = -g^{2h}$, il s'ensuit que la valeur de Q peut encore s'exprimer ainsi :

$$= \beta(\sin.\varphi)^{2m+1}\left(u + \cot.\frac{\pi}{n}\right)\left(u + \cot.\frac{\pi g^2}{n}\right)\left(u + \cot.\frac{\pi g^4}{n}\right)\left(u + \cot.\frac{\pi g^{4m}}{n}\right),$$

c'est-à-dire que les racines de l'équation $Q = 0$ ne diffèrent que par le signe des racines de l'équation $P = 0$, ou que l'une de ces équations se déduit de l'autre en changeant seulement le signe de u.

Tels sont les deux facteurs dont le produit $PQ = X$, et comme dans le cas de $\varphi = 0$, qui donne $x = 1$ et $y = 1$, on doit avoir $X = n$, il s'ensuit qu'on aura $\alpha\beta = n$, et qu'ainsi on pourra supposer $\alpha = \beta = n^{\frac{1}{2}}$.

C'est aussi ce qu'on déduirait des valeurs de A et B; car en faisant $\varphi=0$, on a $A=B=\frac{1}{2}Z^0\sqrt{n}$, Z^0 étant la valeur de Z dans le cas de $\varphi=0$. Mais dans le même cas on a $X=n$, $Y=0$, et l'équation $4X=Y^2+nZ^2$ donne $Z^0=2$, d'où résulte $A=B=\sqrt{n}$.

(675) Les valeurs trouvées pour P et Q représentent celles des fonctions A et B que nous avons exprimées d'une manière linéaire par les sinus et cosinus des multiples impairs de l'angle φ; mais ce n'est que dans les cas particuliers qu'on pourra décider laquelle de ces deux valeurs doit être prise pour A et l'autre pour B. Cela sera toujours facile en égalant à P celle des valeurs de A et B dont le dernier terme est de même signe que $-\cot.\frac{\pi}{n}\cot.\frac{\pi g^2}{n}\cot.\frac{\pi g^4}{n}\ldots\cot.\frac{\pi g^{4m}}{n}$.

Soit en général $(u+\sqrt{-1})^a=F(a)+\sqrt{-1}\,G(a)$, ce qui donne

$$F(a)=u^a-\frac{a(a-1)}{1.2}u^{a-2}+\frac{a(a-1)(a-2)(a-3)}{1.2.3.4}u^{a-4}-\text{etc.}$$

$$G(a)=a\,u^{a-1}-\frac{a(a-1)(a-2)}{1.2.3}u^{a-3}+\frac{a(a-1)(a-2)(a-3)(a-4)}{1.2.3.4.5}u^{a-5}-\text{etc.}$$

Si au moyen des fonctions $F(a)$, $G(a)$, on détermine de nouvelles fonctions U et V, telles que

$$U=(u^2+1)F(2m-1)+b_2(u^2+1)^2F(2m-3)+b_3(u^2+1)^3F(2m-5)+\text{etc.}$$
$$V=2G(2m+1)+(u^2+1)G(2m-1)+a_2(u^2+1)^2G(2m-3)+\text{etc.},$$

la première étant une fonction impaire de u, du degré $\frac{1}{2}(n-1)$, ou $2m+1$, dont le premier terme est u^{2m+1}, et la seconde une fonction paire du degré $2m$, on aura les valeurs

$$A=\sin.^{2m+1}\varphi(U\sqrt{n}+V)$$
$$B=\sin.^{2m+1}\varphi(U\sqrt{n}-V).$$

Mais suivant l'art. 669 la valeur de AB est égale au produit de $\sin.^{n-1}\varphi$ ou $\sin.^{4m+2}\varphi$ par le polynome

$$G(n)=nu^{n-1}-\frac{n(n-1)(n-2)}{1.2.3}u^{n-3}+\frac{n(n-1)(n-2)(n-3)(n-4)}{1.2.3.4.5}u^{n-5}-\text{etc.}$$

donc le polynome en u du degré $n-1$ peut en général se décomposer en deux facteurs $U\sqrt{n}+V$, $U\sqrt{n}-V$, dont l'un sera représenté par le produit

$$n^{\frac{1}{2}}\left(u-\cot.\frac{\pi}{n}\right)\left(u-\cot.\frac{\pi g^2}{n}\right)\left(u-\cot.\frac{\pi g^4}{n}\right)\ldots\left(u-\cot.\frac{\pi g^{4m}}{n}\right),$$

et l'autre par le produit

$$n^{\frac{1}{2}}\left(u+\cot.\frac{\pi}{n}\right)\left(u+\cot.\frac{\pi g^2}{n}\right)\left(u+\cot.\frac{\pi g^4}{n}\right)\ldots\left(u+\cot.\frac{\pi g^{4m}}{n}\right).$$

Si l'on veut diviser la circonférence en n parties, on aura à résoudre l'équation $U\sqrt{n}\pm V=0$ du degré $2m+1$ et dont les racines sont, en déterminant convenablement le signe ambigu,

$$u=\cot.\frac{\pi}{n},\ \cot.\frac{\pi g^2}{n},\ \cot.\frac{\pi g^4}{n}\ \ldots\ \cot.\frac{\pi g^{4m}}{n}.$$

On pourrait résoudre directement la même question par l'équation $G(u)=0$, laquelle en faisant $u^2=v$, devient

$$0=nv^{2m+1}-\frac{n.n-1.n-2}{1.2.3}v^{2m}+\frac{n.n-1.n-2.n-3.n-4}{1.2.3.4.5}v^{2m-1}-\text{etc.}$$

de sorte qu'elle est aussi du degré $2m+1$; mais l'équation en u est plus simple, et ses racines, connues *a priori*, donnent lieu à de nouvelles propriétés, comme on va le voir dans les exemples suivants :

(676) *Exemple I.* Soit $n=7$ ou $m=1$, on aura par le tableau du n° 512, $a_2=0$, $b_2=0$, ce qui donne

$$\sin.7\varphi=\text{A B}\sin.\varphi\ \left\{\begin{array}{l}\text{A}=n^{\frac{1}{2}}\cos.\varphi+2\sin.3\varphi+\sin.\varphi\\ \text{B}=n^{\frac{1}{2}}\cos.\varphi-2\sin.3\varphi-\sin.\varphi.\end{array}\right.$$

Faisant ensuite $\cot.\varphi=u$, on aura

$$\begin{array}{l}U=(u^2+1)F(1)=u^3+u\\ V=2G(3)+(u^2+1)G(1)=7u^2-1\\ A=\sin.^3\varphi(n^{\frac{1}{2}}U+V)\\ B=\sin.^3\varphi(n^{\frac{1}{2}}U-V).\end{array}$$

Donc $\sin. 7\varphi = (\sin.\varphi)^7 (n^{\frac{1}{2}} U + V)(n^{\frac{1}{2}} U - V)$; mais on a aussi directement $\sin. 7\varphi = (\sin.\varphi)^7 G(n)$, en désignant par $G(n)$ le polynome

$$n u^6 - 5 n u^4 + 3 n u^2 - 1.$$

Donc ce polynome est le produit des deux facteurs

$$n^{\frac{1}{2}} U + V = n^{\frac{1}{2}} u^3 + n u^2 + n^{\frac{1}{2}} u - 1$$
$$n^{\frac{1}{2}} U - V = n^{\frac{1}{2}} u^3 - n u^2 + n^{\frac{1}{2}} u + 1,$$

ce qui est facile à vérifier.

Dans ce même cas on peut faire $g = 3$, ce qui donne $\cot.\frac{g^2\pi}{n} = \cot.\frac{2\pi}{n}$, $\cot.\frac{g^4\pi}{n} = \cot.\frac{4\pi}{n} = -\cot.\frac{3\pi}{n}$. Dès lors il est facile de voir qu'on aura les deux équations

$$n^{\frac{1}{2}} u^3 - n u^2 + n^{\frac{1}{2}} u + 1 = n^{\frac{1}{2}} \left(u - \cot.\frac{\pi}{n}\right)\left(u - \cot.\frac{2\pi}{n}\right)\left(u + \cot.\frac{3\pi}{n}\right)$$
$$n^{\frac{1}{2}} u^3 + n u^2 + n^{\frac{1}{2}} u - 1 = n^{\frac{1}{2}} \left(u + \cot.\frac{\pi}{n}\right)\left(u + \cot.\frac{2\pi}{n}\right)\left(u - \cot.\frac{3\pi}{n}\right)$$

qui se déduisent l'une de l'autre en changeant simplement le signe de u.

La division de la circonférence en 7 parties égales se fera donc au moyen de l'équation du troisième degré :

$$0 = 7^{\frac{1}{2}} u^3 - 7 u^2 + 7^{\frac{1}{2}} u + 1,$$

dont les racines sont $u = \cot.\frac{\pi}{7}$, $u = \cot.\frac{2\pi}{7}$, $u = -\cot.\frac{3\pi}{7}$, et il en résulte les propriétés suivantes :

$$\cot.\frac{\pi}{7} + \cot.\frac{2\pi}{7} - \cot.\frac{3\pi}{7} = 7^{\frac{1}{2}}$$
$$\cot.^2\frac{\pi}{7} + \cot.^2\frac{2\pi}{7} + \cot.^2\frac{3\pi}{7} = 5$$
$$\cot.\frac{\pi}{7}\cot.\frac{2\pi}{7}\cot.\frac{3\pi}{7} = 7^{-\frac{1}{2}},$$

qu'il est facile de vérifier par le calcul trigonométrique.

(677) *Exemple II.* Soit $n=11$ ou $m=2$, on aura suivant le tableau du n° 512, $a_2=-2$, $b_2=0$, ce qui donne

$$U=(u^2+1)F(3)=u^5-2u^3-3u$$
$$V=2G(5)+(u^2+1)G(3)-2(u^2+1)^2G(1)=nu^4-2nu^2-1$$
$$\sin.11\varphi=(\sin.\varphi)^{11}(U\sqrt{n}+V)(U\sqrt{n}-V).$$

Mais on a aussi $\sin.11\varphi=(\sin.\varphi)^{11}G(n)$, en désignant par $G(n)$ le polynome

$$nu^{10}-15nu^8+42nu^6-30nu^4+5nu^2-1.$$

Donc ce polynome est le produit des deux facteurs

$$M=n^{\frac{1}{2}}u^5+nu^4-2n^{\frac{1}{2}}u^3-2nu^2-3n^{\frac{1}{2}}u-1$$
$$N=n^{\frac{1}{2}}u^5-nu^4-2n^{\frac{1}{2}}u^3+2nu^2-3n^{\frac{1}{2}}u+1,$$

ce qui donnera $\sin.11\varphi=(\sin.\varphi)^{11}MN$.

Dans ce cas on peut supposer la racine primitive $g=2$, puisque cette valeur donne $g^5+1=\mathfrak{M}(11)$; ainsi l'une des équations $M=0$, $N=0$, aura les cinq racines $u=\cot.\frac{\pi}{n}$, $\cot.\frac{4\pi}{n}$, $\cot.\frac{5\pi}{n}$, $\cot.\frac{9\pi}{n}$, $\cot.\frac{3\pi}{n}$, dont quatre sont positives et la cinquième négative. Or la succession des signes de l'équation $N=0$, fait voir que c'est à cette équation que se rapporte la propriété dont il s'agit; donc on aura en général

$$N=n^{\frac{1}{2}}\left(u-\cot.\frac{\pi}{n}\right)\left(u-\cot.\frac{4\pi}{n}\right)\left(u-\cot.\frac{5\pi}{n}\right)\left(u+\cot.\frac{2\pi}{n}\right)\left(u-\cot.\frac{3\pi}{n}\right)$$
$$M=n^{\frac{1}{2}}\left(u+\cot.\frac{\pi}{n}\right)\left(u+\cot.\frac{4\pi}{n}\right)\left(u+\cot.\frac{5\pi}{n}\right)\left(u-\cot.\frac{2\pi}{n}\right)\left(u+\cot.\frac{3\pi}{n}\right).$$

Ainsi pour diviser la circonférence en 11 parties égales, il faudra résoudre l'équation

$$0=n^{\frac{1}{2}}u^5-nu^4-2n^{\frac{1}{2}}u^3+2nu^2-3n^{\frac{1}{2}}u+1,$$

dont les racines sont $u=\cot.\frac{\pi}{n}$, $u=\cot.\frac{3\pi}{n}$, $u=\cot.\frac{4\pi}{n}$, $u=\cot.\frac{5\pi}{n}$,

$u = -\cot.\frac{2\pi}{n}$; on en déduit les propriétés suivantes :

$$\cot.\frac{\pi}{11} + \cot.\frac{3\pi}{11} + \cot.\frac{4\pi}{11} + \cot.\frac{5\pi}{11} - \cot.\frac{2\pi}{11} = 11^{\frac{1}{2}}$$

$$\cot.^2\frac{\pi}{11} + \cot.^2\frac{3\pi}{11} + \cot.^2\frac{4\pi}{11} + \cot.^2\frac{5\pi}{11} + \cot.^2\frac{2\pi}{11} = 15$$

$$\cot.^3\frac{\pi}{11} + \cot.^3\frac{3\pi}{11} + \cot.^3\frac{4\pi}{11} + \cot.^3\frac{5\pi}{11} - \cot.^3\frac{2\pi}{11} = 11^{\frac{3}{2}}$$

$$\cot.^4\frac{\pi}{11} + \cot.^4\frac{3\pi}{11} + \cot.^4\frac{4\pi}{11} + \cot.^4\frac{5\pi}{11} + \cot.^4\frac{2\pi}{11} = 141$$

$$\cot.\frac{\pi}{11}\cot.\frac{2\pi}{11}\cot.\frac{3\pi}{11}\cot.\frac{4\pi}{11}\cot.\frac{5\pi}{11} = 11^{-\frac{1}{2}}.$$

Au reste la somme des puissances de degré pair se tirerait plus simplement de l'équation $G(n) = 0$ qui dans ce cas est

$$0 = u^{10} - 15u^8 + 42u^6 - 30u^4 + 5u^2 - \frac{1}{n}.$$

Elle donne immédiatement $\int u^2 = 15$, $\int u^4 = 141$, $\int u^6 = 1575$, etc.

(678) *Exemple III.* Soit $n = 19$ ou $m = 4$, on aura suivant le tableau du n° 512, $a_2 = -4$, $a_3 = 3$, $a_4 = 5$; $b_2 = 0$, $b_3 = -1$, $b_4 = 1$. ce qui donne

$$\begin{aligned}A = \sqrt{n}[&\cos.7\varphi - \cos.3\varphi + \cos.\varphi]\\ &+ 2\sin.9\varphi + \sin.7\varphi - 4\sin.5\varphi + 3\sin.3\varphi + 5\sin.\varphi\end{aligned}$$

$$\begin{aligned}B = \sqrt{n}[&\cos.7\varphi - \cos.3\varphi + \cos.\varphi]\\ &- 2\sin.9\varphi - \sin.7\varphi + 4\sin.5\varphi - 3\sin.3\varphi - 5\sin.\varphi\end{aligned}$$

$$\sin.n\varphi = AB\sin.\varphi.$$

On aura aussi sous une autre forme $\sin.n\varphi = (\sin.\varphi)^n(U\sqrt{n} + V)$ $(U\sqrt{n} - V)$,

$$U = (u^2+1)F(7) - (u^2+1)^3F(3) + (u^2+1)^4F(1)$$

$$\begin{aligned}V = 2G(9) + (u^2+1)G(7) - 4(u^2+1)^2G(5) + 3(u^2+1)^3G(3)&\\ + 5(u^2+1)^4G(1),&\end{aligned}$$

ou en faisant les substitutions,

$$U = u^9 - 16u^7 + 26u^5 + 40u^3 - 3u$$
$$V = nu^8 - 8nu^6 + 18nu^4 - 1.$$

On connaît donc en fonction de u, les deux facteurs $U\sqrt{n}+V$, $U\sqrt{n}-V$, dont le produit est égal à $\frac{\sin. n\varphi}{(\sin.\varphi)^n}$, ou à la fonction

$$G(n) = nu^{18} - 51nu^{16} + 612nu^{14} - 2652nu^{12} + 4862nu^{10}$$
$$- 3978nu^8 + 1428nu^6 - 204nu^4 + 9nu^2 - 1.$$

Dans le même cas on peut supposer $g = 2$, ce qui donne les neuf racines de l'équation $o = U\sqrt{n} \pm V$, savoir :

$$u = \cot.\frac{\pi}{n},\ \cot.\frac{4\pi}{n},\ \cot.\frac{5\pi}{n},\ \cot.\frac{6\pi}{n},\ \cot.\frac{7\pi}{n},\ \cot.\frac{9\pi}{n},\ -\cot.\frac{2\pi}{n},$$
$$-\cot.\frac{3\pi}{n},\ -\cot.\frac{8\pi}{n},$$

dont six sont positives et trois négatives. Par cette raison le dernier terme de l'équation devra être positif; cette équation sera donc $U\sqrt{n} - V = o$, ou

$$o = n^{\frac{1}{2}}(u^9 - 16u^7 + 26u^5 + 40u^3 - 3u) - n(u^8 - 8u^6 + 18u^4) + 1,$$

et le second membre sera le produit de $n^{\frac{1}{2}}$ par les neuf facteurs

$$\left(u - \cot.\frac{\pi}{n}\right)\left(u - \cot.\frac{4\pi}{n}\right)\left(u - \cot.\frac{5\pi}{n}\right)\left(u - \cot.\frac{6\pi}{n}\right)\left(u - \cot.\frac{7\pi}{n}\right)$$
$$\left(u - \cot.\frac{9\pi}{n}\right)\left(u + \cot.\frac{2\pi}{n}\right)\left(u + \cot.\frac{3\pi}{n}\right)\left(u - \cot\frac{8\pi}{n}\right);$$

c'est donc cette équation du 9e degré qu'on aurait à résoudre immédiatement pour diviser la circonférence en 19 parties égales; mais on a vu ci-dessus les moyens de réduire la difficulté à deux équations du 3e degré. Au reste cette équation donnerait, entre ses racines, des relations semblables à celles qu'on a vues dans d'autres exemples, mais elles deviennent moins intéressantes à mesure que le nombre n devient plus grand.

Nous avons suffisamment développé les propriétés de la fonction égale à $\frac{\sin. n\varphi}{\sin. \varphi}$; on pourrait développer semblablement celles de la fonction égale à $\frac{\cos. n\varphi}{\cos. \varphi}$; mais comme celle-ci résulte de la première en mettant simplement $\frac{\pi}{n} - \varphi$ à la place de φ, nous n'avons pas cru devoir entrer dans de nouveaux détails à ce sujet.

§ VI. *Nouvelle démonstration de la loi de réciprocité qui existe entre deux nombres premiers.*

(679) Soit p ou $2m+1$ un nombre premier quelconque, 2 excepté; soit g l'une des racines primitives qui répondent à ce nombre, de sorte qu'on ait $g^m+1=\mathfrak{M}(p)$; nous avons vu dans l'art. 509, que les $2m$ racines de l'équation $X=0$, où $X=\frac{x^p-1}{x-1}$, peuvent être représentées par la suite

$$(1), (g), (g^2), (g^3) \ldots\ldots (g^{2m-1}),$$

dont chaque terme (α) est l'expression de r^α, r étant une racine imaginaire quelconque de l'équation $x^p-1=0$.

Soit y la somme des termes de rang impair et z celle des termes de rang pair, en sorte qu'on ait

$$y=(1)+(g^2)+(g^4)+(g^6)\ldots\ldots+(g^{2m-2})$$
$$z=(g)+(g^3)+(g^5)+(g^7)\ldots\ldots+(g^{2m-1});$$

on a trouvé dans l'art. cité deux formules pour déterminer y et z, l'une qui suppose p de la forme $4i+1$, l'autre qui le suppose de la forme $4i+3$; ces deux formules s'appliquent aisément aux deux cas en leur donnant la forme suivante :

$$y=-\tfrac{1}{2}\pm\tfrac{1}{2}\sqrt{\left[p(-1)^{\frac{p-1}{2}}\right]}$$
$$z=-\tfrac{1}{2}\mp\tfrac{1}{2}\sqrt{\left[p(-1)^{\frac{p-1}{2}}\right]}.$$

Le signe ambigu qui s'y trouve dépend de la racine r qui peut être prise à volonté parmi toutes les racines de l'équation $X=0$; mais cette ambiguité n'a aucune influence sur le résultat que nous allons exposer.

Appelons P la différence $y-z$ ainsi exprimée

$$P=(1)-(g)+(g^2)-(g^3)\ldots+(g^{2m-2})-(g^{2m-1}),$$

nous aurons

$$P=\pm\sqrt{\left[p(-1)^{\frac{p-1}{2}}\right]}.$$

(680) Soit maintenant q un nombre premier quelconque, différent de p, et supposons qu'on veuille élever le polynome P à la puissance q. Cette puissance contiendra d'abord les puissances q des différents termes du polynome P pris séparement; et comme la puissance q du terme (α) ou r^α est $r^{q\alpha}$ ou $(q\alpha)$, on aura une première partie

$$Q=(q)-(qg)+(qg^2)-(qg^3)\ldots+(qg^{2m-2})-(qg^{2m-1}).$$

Elle contiendra ensuite un grand nombre de produits partiels qui seront tous de la forme qAr^x, A étant un nombre entier et x un exposant aussi entier qui pourra être supposé moindre que p, puisqu'on a $r^p=1$.

Désignons par $\Sigma(qAr^x)$ la somme de tous ces termes, tant positifs que négatifs, nous aurons l'équation

$$P^q=Q+\Sigma(qAr^x).$$

Maintenant, quel que soit le nombre premier q différent de p, on aura nécessairement $\left(\frac{q}{p}\right)=1$ ou $\left(\frac{q}{p}\right)=-1$; dans le premier cas q serait ce qu'on appelle un *résidu carré* de p, et on pourrait supposer $q=g^{2n}$; dans le second q serait un *non-résidu* et on aurait $q=g^{2n-1}$, valeurs qui ont lieu en négligeant les multiples de p.

(681) Soit 1° $\left(\frac{q}{p}\right)=1$ ou $q=g^{2n}$, l'exposant $2n$ étant toujours compris dans la suite $0, 2, 4, 6\ldots 2m-2$, on aura

$$Q=(g^{2n})-(g^{2n+1})+(g^{2n+2})\ldots-(g^{2m-1})+(1)-(g)+(g^2)\ldots-(g^{2n-1}).$$

quantité dont les termes forment une suite rentrante sur elle-même où l'on pourra prendre (1) pour premier terme et qui se réduira ainsi à $(1)-(g)+(g^2)\ldots-(g^{2m-1})$, de sorte qu'on aura $Q=P$.

Soit 2° $\left(\frac{q}{p}\right)=-1$, ou $q=g^{2n-1}$, on aura

$$Q=(g^{2n-1})-(g^{2n})+(g^{2n+1})\ldots+(g^{2m-1})-(1)+(g)-g^2\ldots-(g^{2n-2}),$$

ou $Q=-P$.

Donc on a dans les deux cas $Q=\left(\frac{q}{p}\right)P$, ce qui donne l'équation générale

$$P^q=\left(\frac{q}{p}\right)P+q\,\Sigma(A\,r^x)$$

ou

$$P^{q-1}-\left(\frac{q}{p}\right)=q.\frac{\Sigma(A\,r^x)}{P}.$$

Substituant dans le premier membre la valeur de P, il se réduit à

$$p^{\frac{q-1}{2}}(-1)^{\frac{p-1}{2}.\frac{q-1}{2}}-\left(\frac{q}{p}\right),$$

quantité toujours égale à un nombre entier. Quant au second membre $q.\frac{\Sigma(A\,r^x)}{P}$, il devra donc aussi se réduire à un nombre entier ; et comme l'irrationnelle $P=\pm\sqrt{\left[p(-1)^{\frac{p-1}{2}}\right]}$ n'est pas divisible par q, il faudra que $\frac{\Sigma(A\,r^x)}{P}$ se réduise généralement à un entier A', de sorte qu'on aura

$$p^{\frac{q-1}{2}}(-1)^{\frac{p-1}{2}.\frac{q-1}{2}}-\left(\frac{q}{p}\right)=q\,A'.$$

Supprimant de part et d'autre les multiples de q, ce qui réduit $p^{\frac{q-1}{2}}$ à l'expression $\left(\frac{p}{q}\right)$, on aura enfin l'équation

$$\left(\frac{p}{q}\right)(-1)^{\frac{p-1}{2}.\frac{q-1}{2}}=\left(\frac{q}{p}\right),$$

dans laquelle consiste la loi de réciprocité entre les deux nombres premiers p et q.

APPENDICE.

Section I. *Méthodes nouvelles pour la résolution approchée des équations numériques.*

Nous nous proposons de faire voir comment on peut trouver, avec tel degré d'approximation qu'on voudra, les racines réelles d'une équation proposée, sans qu'on ait aucune connaissance préliminaire de la grandeur et du nombre de ces racines. Les méthodes que nous donnerons pour cet objet, ne supposent que des préparations qui tiennent à la nature de ces méthodes, et peuvent s'appliquer directement à toute équation proposée. La première exige cependant qu'on connaisse une limite supérieure à la plus grande des racines; la recherche de cette limite est donc le premier objet dont nous allons nous occuper.

Limites des Racines réelles.

(1) Il suffira de chercher la limite des racines positives; car en mettant $-x$ à la place de x, ou changeant les signes des termes de rang pair, les racines qui étaient négatives deviendront positives à leur tour; de sorte que la règle trouvée pour les racines positives, s'appliquera également, *mutatis mutandis*, aux racines négatives.

Soit l'équation proposée du degré n,

$$x^n \pm A_1 x^{n-1} \pm A_2 x^{n-2} \pm A_3 x^{n-3} \ldots\ldots \pm A_n = 0,$$

dans laquelle 1 est le coefficient du premier terme, et A_r est le coefficient du terme affecté de la puissance x^{n-r}; pour avoir la limite supérieure des racines réelles et positives, il faut distinguer deux cas.

1° Si le second terme a un coefficient négatif qui ne soit surpassé par aucun des autres coefficients négatifs; je dis que ce coefficient, augmenté d'une unité, sera plus grand que la plus grande racine positive.

En effet, si une valeur positive de x pouvait être plus grande que $1 + A_1$, ce serait dans le cas où tous les coefficients seraient négatifs et égaux à A_1, en sorte que l'équation à résoudre fût

$$x^n - A_1 x^{n-1} - A_1 x^{n-2} - A_1 x^{n-3} \ldots\ldots - A_1 = 0.$$

Mais dans ce cas même, si l'on fait $x = 1 + A_1$, on aura $x^n - A_1 x^{n-1} = x^{n-1}$, $x^{n-1} - A_1 x^{n-2} = x^{n-2}$, etc., de sorte que le premier membre se réduit à $+1$; donc on a toujours $x < 1 + A_1$.

2° Si le plus grand coefficient négatif n'est pas celui du second terme, soient A_i et A_k, les deux coefficients négatifs pour lesquels $\sqrt[i]{A_i}$ et $\sqrt[k]{A_k}$ sont les plus grands possibles; je dis qu'on aura toujours $x < \sqrt[i]{A_i} + \sqrt[k]{A_k}$.

En effet, soit a le plus grand de ces deux radicaux, et b l'autre; il n'y aura, par hypothèse, qu'un seul terme négatif de l'équation représenté par $-a^i x^{n-i}$; tous les autres qu'on peut représenter généralement par $-c^r x^{n-r}$, seront tels qu'on a $c = b$ pour l'un au moins de ces termes, et $c < b$ pour tous les autres. Donc l'hypothèse qui rend x le plus grand est celle où l'équation à résoudre serait

$$\left.\begin{array}{l} x^n - bx^{n-1} - b^2 x^{n-2} - b^3 x^{n-3} \ldots\ldots - b^n \\ \qquad - x^{n-r}(a^r - b^r) \end{array}\right\} = 0.$$

Le premier membre se réduit à $x^n - x^{n-r}(a^r - b^r) - b\left(\frac{x^n - b^n}{x - b}\right)$, et si l'on fait $x = a + b$, il devient

$$\frac{b^{n+1}}{a} + \frac{a-b}{a}(a+b)^{n-r}\left[(a+b)^r - a\left(\frac{a^r - b^r}{a-b}\right)\right],$$

quantité toujours positive, puisqu'on suppose $a > b$, et qu'on a en général $(a+b)^r > a\left(\frac{a^r - b^r}{a-b}\right)$. Donc la plus grande racine positive de l'équation proposée est plus petite que $a + b$, ou $< \sqrt[i]{A_i} + \sqrt[k]{A_k}$.

Si l'équation proposée n'avait qu'un seul terme négatif $-A_k x^{n-k}$, la limite de x serait simplement $\sqrt[k]{A_k}$, ce qui peut se vérifier immédiatement.

Définition des fonctions omales.

(2) Nous appellerons *fonction omale* de x, toute fonction qui a la propriété d'être toujours croissante ou toujours décroissante à mesure que x augmente dans le sens positif, depuis $x=0$ jusqu'à $x=\infty$.

Nous supposerons toujours x positif, et cependant la fonction omale, considérée comme l'ordonnée d'une courbe, pourrait être positive dans une partie de la ligne des abscisses, et négative dans l'autre; mais nous ne considérerons que les fonctions omales qui demeurent constamment positives pour toute valeur de x, depuis $x=0$ jusqu'à $x=\infty$.

Il suit de notre définition, que pour toute fonction omale $\varphi(x)$, le coefficient différentiel $\frac{d\varphi(x)}{dx}$ est toujours de même signe, depuis $x=0$ jusqu'à $x=\infty$. Il sera positif pour les fonctions omales croissantes, et négatif pour les fonctions omales décroissantes.

(3) On peut donner, comme exemples des fonctions omales, les valeurs suivantes de $\varphi(x)$, dans lesquelles nous supposons tous les coefficients positifs,

$$\varphi(x)=Ax^m+Bx^{m-1}+Cx^{m-2}\ldots\ldots+K,$$

$$\varphi(x)=\frac{Ax^m+Bx^{m-1}+Cx^{m-2}\ldots\ldots+K}{1+\frac{a}{x}+\frac{b}{x^2}+\frac{c}{x^3}+\text{etc.}},$$

$$\varphi(x)=1+\frac{A}{a+x}+\frac{B}{b+x}+\frac{C}{c+x}.$$

La première et la seconde sont croissantes, l'une depuis $\varphi(0)=K$ jusqu'à $\varphi(\infty)=\infty$, l'autre depuis $\varphi(0)=0$ jusqu'à $\varphi(\infty)=\infty$; la troisième décroît continuellement depuis $\varphi(0)=1+\frac{A}{a}+\frac{B}{b}+\frac{C}{c}$ jusqu'à $\varphi(\infty)=1$.

Si on trace la courbe qui a pour équation $y=\varphi(x)$, cette courbe montera ou descendra graduellement, depuis la première ordonnée $\varphi(o)$ jusqu'à la dernière $\varphi(\infty)$, en sorte que la même ordonnée ne pourra jamais répondre à deux abscisses différentes.

Donc c étant un nombre positif donné compris entre $\varphi(o)$ et $\varphi(\infty)$, l'équation $c=\varphi(x)$ aura toujours une racine positive, mais elle n'en pourra avoir qu'une.

Si c n'était pas compris entre les limites $\varphi(o)$ et $\varphi(\infty)$, l'équation $c=\varphi(x)$ n'aurait aucune racine positive.

Résolution de l'Équation omale $c=\varphi(x)$.

(4) Imaginons qu'on décrive la courbe dont l'équation est $y=\varphi(x)$, et supposons d'abord que la fonction $\varphi(x)$ soit croissante, et qu'en même temps la courbe soit concave vers l'axe.

Fig. 1. Soit A le premier point de cette courbe, où l'on a $x=o$, $y=\varphi(o)$; à la distance c de l'axe des x menons la droite CM parallèle à cet axe, laquelle rencontre en C l'ordonnée prolongée du point A, et en M la courbe AM; il faut déterminer l'abscisse du point M qui sera la valeur de la racine cherchée.

Pour cela, menons en A la tangente Ak, qui rencontre en k la droite CM, et appelons k l'abscisse du point k; nous aurons en supposant $\frac{d\varphi(x)}{dx}=\varphi'(x)$,

$$k=\frac{c-\varphi(o)}{\varphi'(o)}.$$

Par le point k menons une perpendiculaire à Ck, qui rencontre la courbe en n; au point n menons la tangente nk', qui rencontre en k' la droite CM; si on appelle k' l'abscisse du point k', on aura de nouveau

$$k'=k+\frac{c-\varphi(k)}{\varphi'(k)}.$$

Déterminant de même k'' par l'équation

$$k''=k'+\frac{c-\varphi(k')}{\varphi'(k')},$$

et ainsi de suite, il est évident que la limite vers laquelle convergent les termes de la série croissante k, k', k'', etc. sera la valeur cherchée de x.

On voit donc que pour résoudre l'équation omale $c = \varphi(x)$, il faudra calculer successivement les quantités k, k', k'', etc. d'après les formules

$$
\begin{aligned}
k &= \frac{c - \varphi(o)}{\varphi'(o)},\\
k' &= k + \frac{c - \varphi(k)}{\varphi'(k)},\\
k'' &= k' + \frac{c - \varphi(k')}{\varphi'(k')},\\
&\text{etc.}
\end{aligned}
$$

et la dernière des quantités k, k', k'', etc., ou la limite vers laquelle elles tendent, sera la valeur de x.

(5) Il est bon de remarquer, 1° que les premiers termes de la suite k, k', k'', etc. n'ont pas besoin d'être calculés très-exactement; ce n'est que lorsqu'on est parvenu à deux termes peu différents l'un de l'autre, qu'il importe de continuer le calcul avec toute la précision qu'on veut obtenir dans le résultat.

2° Que si on sait d'avance que x doit être $> k$, alors il faudra supprimer la première des équations de l'article précédent, et partir de la valeur donnée k pour déterminer toutes les autres k', k'', etc., ce qui abrégera le calcul.

(6) Supposons maintenant que $\varphi(x)$ soit une fonction décroissante, Fig. 2.
telle cependant qu'on ait $\varphi(o)$ égale à une quantité finie; alors la construction se fera comme elle est indiquée dans la figure 2; et parce que $\varphi'(x)$ devient négatif dans ce cas, les formules pour calculer successivement k, k', k'', etc. devront être écrites comme il suit :

$$
\begin{aligned}
k &= \frac{\varphi(o) - c}{-\varphi'(o)},\\
k' &= k + \frac{\varphi(k) - c}{-\varphi'(k)},\\
k'' &= k' + \frac{\varphi(k') - c}{-\varphi'(k')},\\
&\text{etc.}
\end{aligned}
$$

On fera d'ailleurs, pour ce cas, les mêmes observations que dans l'article précédent.

Un troisième cas à considérer est celui où la fonction $\varphi(x)$ est décroissante, mais telle qu'à l'origine des x, on ait $\varphi(0)=\infty$. Dans ce cas, il faut qu'en supposant x infiniment petit, la valeur de $\varphi(x)$ se réduise à la forme $Ax^{-m}+$ etc. On aura donc $Ax^{-m}<c$, et par conséquent $x>\sqrt[m]{\frac{A}{c}}$. Cela posé, il faut prendre $k=\sqrt[m]{\left(\frac{A}{c}\right)}$, et partir de la première valeur $x=k$ pour calculer ensuite les termes k', k'', etc. par les formules de l'article précédent. La limite de ces termes sera la valeur cherchée de x.

Il peut y avoir d'autres cas que ceux qui sont représentés par les figures 1 et 2; nous les examinerons ci-après, article 75.

Méthode pour avoir la plus grande Racine positive d'une équation proposée.

(7) Pour écarter toute difficulté étrangère à notre objet, nous supposerons constamment que l'équation proposée n'a point de racines égales, et qu'elle n'est point divisible par x. Cela posé, on commencera par déterminer la limite supérieure des racines positives, comme il a été dit dans l'article 1. Soit α cette limite; on aura donc la racine cherchée $x<\alpha$.

Si on fait passer dans le second membre de l'équation proposée tous les termes négatifs, cette équation prendra la forme suivante:

$$x^n\left(1+\frac{f}{x}+\frac{g}{x^2}+\text{etc.}\right)=ax^{n-k}+bx^{n-k-1}+cx^{n-k-2}+\text{etc.},$$

où tous les coefficients sont positifs et où il faut observer que les deux polynomes ne peuvent être complets, sans quoi la même puissance de x se trouverait à-la-fois dans les deux membres.

Cela posé, si l'on fait

$$\varphi(x)=\frac{ax^{n-k}+bx^{n-k-1}+cx^{n-k-2}+\text{etc.}}{1+\frac{f}{x}+\frac{g}{x^2}+\frac{h}{x^3}+\text{etc.}},$$

la fonction $\varphi(x)$ sera une fonction omale croissante de x, et on aura à résoudre l'équation $x^n = \varphi(x)$.

Pour cela supposons que l'on construise sur la même ligne des abscisses, et dans le sens positif seulement, les deux courbes dont les équations sont $y = x^n$, $y = \varphi(x)$; désignons par P le point d'intersection de ces deux courbes qui répond à la plus grande racine $x = r$; la racine r étant plus petite que α, si on fait $x = \alpha$ dans $\varphi(x)$, on aura une ordonnée $\varphi(\alpha)$ plus grande que l'ordonnée r^n du point P; car $\varphi(x)$ étant une fonction omale croissante, si l'on a $\alpha > r$, il faut qu'on ait aussi $\varphi(\alpha) > \varphi(r)$, ou $\varphi(\alpha) > r^n$. Fig. 3.

Soit n le point de la courbe $y = \varphi(x)$ qui répond à l'abscisse $x = \alpha$; si on mène par le point n une parallèle à la ligne des abscisses qui rencontre en m la courbe $y = x^n$, l'abscisse correspondante au point m étant nommée α', l'ordonnée en m sera $(\alpha')^n$; ainsi on aura $(\alpha')^n = \varphi(\alpha)$, et par conséquent $\alpha' = \sqrt[n]{\varphi(\alpha)}$.

Comme on a $\varphi(\alpha) > r^n$, il s'ensuit qu'on a aussi $\alpha' > r$; mais α' est plus approchée de r que α.

L'abscisse α' détermine sur la courbe $y = \varphi(x)$ un second point n' dont l'ordonnée est $\varphi(\alpha')$; si par ce point on mène une parallèle à la ligne des abscisses qui rencontre en m' la courbe $y = x^n$, l'abscisse correspondante au point m' étant nommée α'', on aura $\alpha'' = \sqrt[n]{\varphi(\alpha')}$, et l'abscisse α'' sera encore plus grande que celle qui répond au point d'intersection P, mais elle doit en approcher plus que α'.

Il est inutile d'entrer dans de plus grands détails, et on voit qu'en partant de la limite supérieure $\alpha > x$, si on calcule les termes successifs α', α'', etc. par les formules

$$\alpha' = \sqrt[n]{\varphi(\alpha)}, \qquad \alpha'' = \sqrt[n]{\varphi(\alpha')}, \qquad \alpha''' = \sqrt[n]{\varphi(\alpha'')}, \quad \text{etc.},$$

la plus grande racine positive r de l'équation proposée sera la limite vers laquelle convergent les termes de la série décroissante α, α', α'', α''', etc.

Cette suite devra être plus ou moins prolongée, selon qu'on veut obtenir une plus ou moins grande approximation ; mais en général la convergence deviendra manifeste après un petit nombre de termes.

(8) Les premiers termes de la suite α, α', α'', etc. pouvant être fort éloignés de la racine que l'on cherche, il ne sera pas nécessaire de calculer avec beaucoup de précision ces premiers termes ; mais lorsque deux termes consécutifs commenceront à différer peu l'un de l'autre, il faudra augmenter progressivement le nombre des décimales, jusqu'à ce qu'on obtienne deux termes consécutifs qui ne diffèrent que dans l'ordre de décimales qu'on veut négliger. Pour parvenir plus promptement au résultat, on pourra employer le moyen suivant.

Désignons par $\alpha, \alpha', \alpha''$ les trois dernières valeurs approchées de r; aux points de l'axe qui correspondent à ces abscisses, menons des ordonnées p, p', p'' égales respectivement aux distances mn', $m'n''$, $m''n'''$, qui ont pour expression $\alpha^n - \varphi(\alpha)$, $\alpha'^n - \varphi(\alpha')$, $\alpha''^n - \varphi(\alpha'')$; faisons passer une courbe parabolique par les extrémités de ces ordonnées, et soit $y = A - Bz + Cz^2$ l'équation de cette courbe, z étant l'abscisse comptée du point où $x = \alpha$. On aura, pour déterminer A, B, C, les équations

$$p = A,$$
$$p' = A - B(\alpha - \alpha') + C(\alpha - \alpha')^2,$$
$$p'' = A - B(\alpha - \alpha'') + C(\alpha - \alpha'')^2.$$

Faisant ensuite $y = 0$, on aura

$$z = \frac{2A}{B + \sqrt{(B^2 - 4AC)}};$$

d'où l'on tire l'abscisse cherchée du point d'intersection $r = \alpha - z$.

(9) Si l'équation proposée ne devait avoir aucune racine positive, on trouverait que la suite α, α', α'', α''', etc. n'a point de limite, et que les termes décroissent successivement jusqu'à devenir nuls. On n'en conclura cependant pas qu'il y a une racine égale à zéro, car cette racine est toujours exclue.

On peut d'ailleurs, pour abréger le calcul, chercher d'avance la limite inférieure des racines positives. Il faut pour cela faire

$x = \frac{1}{z}$, et après avoir trouvé, par la méthode de l'article 1, la limite supérieure de z, qu'on appellera λ, on en conclura que la plus petite valeur positive de x est $> \frac{1}{\lambda}$. Donc, dès que la suite $\alpha, \alpha', \alpha''$, etc. descendra jusqu'à un terme $< \frac{1}{\lambda}$, on sera sûr que la racine cherchée n'existe pas. Ce procédé s'applique au cas où, ayant déja déterminé toutes les racines positives r, r', r'', r''', etc., la recherche d'une racine de plus doit conduire à une impossibilité.

Manière de trouver les autres racines positives de la même équation.

(10) La plus grande racine r étant trouvée, nous chercherons d'abord celle qui la suit immédiatement par ordre de grandeur, et que nous désignerons par r'.

Pour cela, le moyen le plus simple est de revenir à l'équation primitive $X = 0$, et de diviser son premier membre par $x - r$; on aura l'équation du degré $n - 1$ qui contient les autres racines, parmi lesquelles celle que nous cherchons maintenant, et que nous avons désignée par r', est la plus grande.

La nouvelle équation à résoudre pourra être mise sous la forme $x^{n-1} = \psi(x)$, $\psi(x)$ étant une fonction omale de x. On procédera donc à sa résolution par la même méthode qui a été suivie pour l'équation $x^n = \varphi(x)$, et en observant que la limite des racines est connue d'avance, puisqu'on doit avoir $r' < r$.

Il est clair qu'en continuant ces opérations on trouvera successivement les autres racines positives r'', r''', etc., s'il en existe : et lorsque la racine cherchée n'existe pas, le calcul en manifestera de lui-même l'impossibilité, comme nous l'avons remarqué dans l'article 9.

(11) La division de l'équation proposée par $x - r$ peut s'exécuter de la manière suivante.

En prenant la même valeur de $\varphi(x)$ que dans l'article 7, l'équation proposée $x^n = \varphi(x)$, exprimée de la manière ordinaire, est

$$x^n + fx^{n-1} + gx^{n-2} + \text{etc.} = ax^{n-k} + bx^{n-k-1} + cx^{n-k-2} + \text{etc.}$$

Soit le premier membre $= P(x-r) + p$, et le second $= Q(x-r) + q$, p et q étant les restes de la division des deux membres par $x - r$; puisque la valeur $x = r$ satisfait à l'équation, on devra avoir $p = q$, et par conséquent l'équation du degré $n - 1$ qui reste à résoudre. est $P = Q$.

Soit

$$P = x^{n-1} + f'x^{n-2} + g'x^{n-3} + h'x^{n-4} + \text{etc.},$$
$$Q = a'x^{n-k-1} + b'x^{n-k-2} + c'x^{n-k-3} + \text{etc.};$$

on aura évidemment

$$\begin{array}{ll} f' = f + r, & a' = a, \\ g' = g + f'r, & b' = b + a'r, \\ h' = h + g'r, & c' = c + b'r, \\ \text{etc.} & \text{etc.} \end{array}$$

Nous aurons donc l'équation

$$x^{n-1} + f'x^{n-2} + g'x^{n-3} + \text{etc.} = a'x^{n-k-1} + b'x^{n-k-2} + c'x^{n-k-3} + \text{etc.},$$

que l'on peut mettre sous la forme $x^{n-1} = \varphi_1(x)$, en prenant une nouvelle fonction omale $\varphi_1(x)$, ainsi exprimée :

$$\varphi_1(x) = \frac{a'x^{n-k-1} + b'x^{n-k-2} + c'x^{n-k-3} + \text{etc.}}{1 + \frac{f'}{x} + \frac{g'}{x^2} + \text{etc.}}.$$

Il faut observer cependant que comme le polynome $x^{n-1} + f'x^{n-2} + g'x^{n-3} + \text{etc.}$, contiendra nécessairement toutes les puissances de x inférieures à $n-1$, il y aura des réductions à effectuer entre les derniers termes de ce polynome et ceux du polynome $a'x^{n-k-1} + b'x^{n-k-2} + \text{etc.}$ En général, dans la valeur de $\varphi_1(x)$ il faudra réduire le terme Mx^{n-k-i}, pris dans le numérateur, avec le terme Nx^{-k-i}, pris dans le dénominateur, et porter la différence des coefficients où il y aura excès, c'est-à-dire mettre $(M-N)\,x^{n-k-i}$ dans le numérateur, si on a $M > N$, et $(N-M)\,x^{-k-i}$ dans le dénominateur, si on a $M < N$.

Cette opération étant faite, on aura à résoudre l'équation $x^{n-1}=\varphi_1(x)$, dont on sait que la plus grande racine r' doit être $< r$. Connaissant cette seconde racine r', on procédera semblablement pour avoir la troisième r'', et les suivantes, s'il y a lieu.

(12) La méthode que nous venons d'indiquer s'applique de même aux racines négatives; ainsi on peut trouver par son moyen toutes les racines réelles d'une équation numérique: peut-être cette méthode est-elle ce qu'on peut proposer de plus simple et de plus général pour la résolution des équations numériques, au moins tant qu'il n'y a pas de circonstance particulière qui puisse aider à trouver les racines.

On pourrait, sans changer la forme de l'équation proposée $x^n=\varphi(x)$, trouver successivement toutes ses racines, au moyen d'une construction géométrique qui ferait connaître les divers points d'intersection P, P′, P″, etc. des deux courbes $y=x^n$, $y=\varphi(x)$; mais la détermination du second point P′, et en général de tous ceux qui ont un rang pair, serait beaucoup moins facile que celle du premier point P et de tous ceux dont le rang est impair. Et puisque tout embarras peut être évité par les divisions successives ou les opérations équivalentes que nous avons indiquées, nous nous abstiendrons d'entrer dans d'autres détails sur ces recherches.

Seconde méthode pour la résolution des équations numériques.

(13) Étant proposé l'équation du degré n,

$$x^n+fx^{n-1}+gx^{n-2}+hx^{n-3}+\text{etc.}=0,$$

dont nous désignerons le premier membre par $F(x)$, prenons un nombre n de facteurs $1+x$, $2+x$, $3+x$, $\ldots n+x$, et supposons que le premier membre soit divisé par le produit de tous ces facteurs; on aura d'abord le quotient 1 égal au coefficient du premier terme, ensuite on pourra supposer que le reste est décomposé en fractions partielles, de manière que l'équation proposée prendra la forme

$$1+\frac{(1)}{1+x}+\frac{(2)}{2+x}+\frac{(3)}{3+x}\ldots\ldots+\frac{(n)}{n+x}=0,$$

dans laquelle (1), (2), (3), etc. sont des coefficients qu'on déterminera de la manière suivante.

Soit en général $x+k$ l'un des facteurs $x+1$, $x+2\ldots.x+n$, et $Q(x)$ le produit de tous les autres; on pourra faire

$$\frac{F(x)}{(x+k)Q(x)}=1+\frac{(k)}{x+k}+\frac{P}{Q(x)},$$

ce qui donne $k=\frac{F(x)-(x+k)P-(x+k)Q(x)}{Q(x)}$. Soit, dans cette équation, $x=-k$, on aura

$$(k)=\frac{F(-k)}{Q(-k)};$$

c'est l'expression générale du numérateur de la fraction partielle qui a pour dénominateur $k+x$.

Dans cette expression, $Q(-k)$ est le produit de tous les facteurs $(1-k)(2-k)(3-k)\ldots.(n-k)$, excepté celui qui devient zéro pour une valeur déterminée de k. Ainsi on aura successivement

$$Q(-1)=1.2.3\ldots.n-1,$$

$$Q(-2)=-\frac{1}{n-1}Q(-1),$$

$$Q(-3)=\frac{1.2}{n-1.n-2}Q(-1),$$

$$Q(-4)=-\frac{1.2.3}{n-1.n-2.n-3}Q(-1),$$

etc.

De sorte que $Q(-k)$ sera positif pour toutes les valeurs impaires de k, et négatif pour les valeurs paires.

Si $F(x)$ reste constamment positif pour toutes les suppositions $x=-1, -2, -3\ldots.-n$, il est visible que le coefficient (k) aura le même signe que $Q(-k)$, c'est-à-dire qu'il sera positif pour toutes les valeurs impaires de k, et négatif pour toutes les valeurs paires.

Le contraire aura lieu si $F(x)$ reste constamment négatif dans toutes ces suppositions.

Mais cet ordre sera troublé si $F(x)$ ne conserve pas le même signe, dans les diverses suppositions $x=-1, -2, -3 \ldots -n$; en général, si $F(-k)$ et $F(-k-1)$ sont de signes contraires, ce qui indiquerait une racine négative entre $x=-k$ et $x=-k-1$, les coefficients (k), $(k+1)$ seront de même signe; et ils seront toujours de signes différents si $F(-k)$ et $F(-k-1)$ sont de même signe.

(14) Désignons en général par $\frac{A}{a+x}$, $\frac{A'}{a'+x}$, $\frac{A''}{a''+x}$, etc. les termes $\frac{(k)}{k+x}$, dans lesquels (k) est positif, et par $-\frac{B}{b+x}$, $-\frac{B'}{b'+x}$, $-\frac{B''}{b''+x}$, etc. ceux dans lesquels (k) est négatif; si on fait

$$\varphi(x)=\frac{A}{a+x}+\frac{A'}{a'+x}+\frac{A''}{a''+x}+\text{etc.},$$

$$\psi(x)=\frac{B}{b+x}+\frac{B'}{b'+x}+\frac{B''}{b''+x}+\text{etc.},$$

l'équation proposée se réduira à la forme

$$1+\varphi(x)=\psi(x),$$

où $\varphi(x)$ et $\psi(x)$ sont deux fonctions omales décroissantes de x.

Cette équation peut aussi être représentée par

$$1+\int\frac{A}{a+x}=\int\frac{B}{b+x},$$

en désignant par $\int\frac{A}{a+x}$ la somme des termes qui composent $\varphi(x)$, et par $\int\frac{B}{b+x}$ une somme semblable pour $\psi(x)$.

Suivant ce qui a déja été dit, on voit, 1° que les diverses valeurs de a seront tous les nombres impairs, et les diverses valeurs de b tous les nombres pairs moindres que n, si $F(-k)$ est constamment positif; 2° que l'inverse aura lieu si $F(-k)$ est constamment négatif; 3° que cet ordre ne peut être troublé que lorsque $F(-k)$ et $F(-k-1)$ sont de signes différents, auquel cas les deux termes qui ont pour dénominateurs $k+x$, $k+1+x$ appartiennent à une même fonction $\varphi(x)$ ou $\psi(x)$. Donc quand il arrive que deux dénominateurs consécutifs $k+x$, $k+1+x$ se trouvent dans la même fonction $\varphi(x)$ ou $\psi(x)$, on en doit conclure qu'il y a une racine négative entre $x=-k$ et $x=-k-1$. C'est d'ailleurs ce qu'on peut démontrer immédiatement. En effet, supposons, par exemple, que dans $\varphi(x)$ se trouvent les deux termes $\frac{A''}{3+x}+\frac{A'''}{4+x}$; si on fait successivement $x=-3-\omega$, $x=-4+\omega$, ω étant infiniment petit, on obtient deux résultats, dont l'un est infini positif et l'autre infini négatif. Donc il y a une racine entre -3 et -4.

(15) Maintenant pour procéder à la résolution de l'équation ainsi exprimée par deux fonctions omales simples, il faut imaginer qu'on construise, dans le sens des x positifs seulement, les deux courbes qui ont pour équations $y=1+\varphi(x)$, $y=\psi(x)$, et les diverses intersections de ces courbes donneront les diverses racines positives qu'on veut déterminer. Prenons d'abord une idée de la figure de ces courbes.

Fig. 4 et 5. Soit OX la ligne des abscisses commune aux deux courbes, O l'origine des x; la première et la plus grande ordonnée de la courbe $y=1+\varphi(x)$ est représentée par $OA=1+\varphi(0)$. Passé le point A, l'ordonnée diminue de plus en plus, à mesure que l'abscisse augmente; elle finit par être égale à 1, lorsqu'on fait $x=\infty$. Ainsi en prenant $OC=1$, et menant par le point C une parallèle à la ligne des abscisses, cette parallèle CL sera l'asymptote de la courbe $y=1+\varphi(x)$.

L'autre courbe $y=\psi(x)$, représentée par BPL, a pour première et plus grande ordonnée $BO=\psi(0)$. Passé le point B, l'ordonnée diminue continuellement et devient zéro lorsque $x=\infty$. Cette courbe a donc pour asymptote la ligne des x.

(16) De cette description sommaire on peut déja tirer plusieurs conséquences relatives au nombre et à la limite supérieure des racines positives.

1° Si l'on veut déterminer le point L où la courbe $y=\psi(x)$ rencontre la droite CL qui est l'asymptote de l'autre courbe $y = 1 + \varphi(x)$, il faudra résoudre l'équation omale

$$1 = \psi(x).$$

Soit λ la valeur de x tirée de cette équation, par la méthode de l'art. 6; il est évident que s'il y a des intersections entre les deux courbes, elles ne peuvent avoir lieu qu'en-deçà du point L. Donc λ est plus grande que la plus grande racine de l'équation proposée.

Si donc l'équation proposée doit avoir m racines positives, il faut que l'arc BL soit coupé en m points par l'autre courbe. Ces intersections ne peuvent guère être rendues sensibles dans la construction graphique des deux courbes, convexes d'un même côté, à moins d'opérer sur une très-grande échelle, mais il suffit pour notre objet d'en concevoir la possibilité.

2° Si l'ordonnée du point B est plus grande que celle du point A, c'est-à-dire, si l'on a $\psi(0) > 1 + \varphi(0)$, il y aura nécessairement au moins une intersection. En général le nombre des intersections, qui est celui des racines positives de l'équation proposée, devra être impair, puisque la courbe BL, qui d'abord est élevée au-dessus de l'autre courbe, passe nécessairement au-dessous dans la région du point L. Fig. 4.

3° On ne peut avoir $\psi(0) = 1 + \varphi(0)$, c'est-à-dire que le point B ne peut pas coïncider avec le point A, parce qu'alors on aurait la racine $x = 0$, cas qui est exclu, ainsi que celui où l'équation proposée aurait des racines égales.

4° Il ne reste donc à considérer que le cas de $\psi(0) < 1 + \varphi(0)$. Alors le point B étant situé au-dessous de A, s'il y a une première intersection, il y en aura nécessairement une seconde, et en général le nombre des intersections devra être pair. Fig. 5

5° S'il arrivait qu'on eût $\psi(0) < 1$, le point B tomberait au-dessous de C; il n'y aurait donc alors aucune intersection, ni par conséquent aucune racine positive.

(17) Voici donc les symptômes des différents cas généraux qui peuvent avoir lieu.

1° Si l'on a $\psi(o) > 1 + \varphi(o)$, l'équation proposée aura au moins une racine positive; elle pourra en avoir trois, cinq, et en général un nombre impair.

2° Si l'on a $\psi(o) < 1 + \varphi(o)$, l'équation proposée n'aura aucune racine positive, ou elle en aura un nombrs pair.

3° Si l'on a $\psi(o) < 1$, l'équation proposée n'aura aucune racine positive.

Venons maintenant à la résolution effective de l'équation proposée: elle consiste à déterminer les valeurs numériques des racines positives, ou à prouver qu'il n'existe aucune de ces racines.

Il y a deux manières de faire ces calculs; l'une en commençant par la plus grande racine, l'autre en commençant par la plus petite. Nous allons exposer ces deux moyens successivement.

Recherche de la plus grande racine.

Fig. 6. (18) On connaît déja la limite λ de la plus grande racine, par la résolution de l'équation omale $1 = \psi(x)$; cette limite est l'abscisse du point L.

Soit k le point de la courbe $y = 1 + \varphi(x)$ qui a la même abscisse que le point L; si par le point k on mène une parallèle à l'axe qui rencontre en i la courbe $y = \psi(x)$, et qu'on appelle α l'abscisse du point i, on déterminera α en résolvant l'équation $1 + \varphi(\lambda) = \psi(\alpha)$.

Soit ensuite k' le point de la courbe Pk qui a la même abscisse que le point i, et dont l'ordonnée est par conséquent $1 + \varphi(\alpha)$; si par le point k' on mène une parallèle à l'axe qui rencontre en i' la courbe $y = \psi(x)$, et qu'on appelle α' l'abscisse du point i', on déterminera α' par l'équation $1 + \varphi(\alpha) = \psi(\alpha')$.

De là on voit qu'il faut calculer successivement les quantités λ, α, α', α'', etc. par la résolution des équations

$$1 = \psi(\lambda);$$
$$1 + \varphi(\lambda) = \psi(\alpha),$$
$$1 + \varphi(\alpha) = \psi(\alpha'),$$
$$1 + \varphi(\alpha') = \psi(\alpha''),$$
etc.,

et le dernier terme de la suite décroissante $\lambda, \alpha, \alpha', \alpha''$, etc. sera la valeur de la racine cherchée r.

Nous remarquerons comme ci-dessus, que le calcul des termes $\lambda, \alpha, \alpha', \alpha''$, etc. n'exige beaucoup de précision que lorsqu'on est parvenu à deux termes consécutifs très-peu différents l'un de l'autre.

Nous remarquerons encore qu'au moyen du dernier terme trouvé, qui approche déja beaucoup de la valeur de x, on peut achever le calcul de la manière suivante.

Soit p ce dernier terme, et soit $x = p - \omega$, ω ne pouvant être qu'une très-petite quantité, si on substitue cette valeur dans l'équation proposée $1 + \varphi(x) = \psi(x)$, le résultat sera de la forme

$$\varepsilon = F\omega + G\omega^2,$$

où l'on a fait, pour abréger,

$$\varepsilon = 1 + \varphi(p) - \psi(p),$$
$$F = \int \frac{B}{(b+p)^2} - \int \frac{A}{(a+p)^2},$$
$$G = \int \frac{B}{(b+p)^3} - \int \frac{A}{(a+p)^3}.$$

On aura donc, en négligeant seulement les quantités de l'ordre ε^3,

$$\omega = \frac{E}{F} - \frac{G\varepsilon^2}{F^3},$$

et de là $x = p - \omega$.

Détermination de la plus petite racine.

(19) Il y a deux cas à considérer, selon que $1 + \varphi(0)$ est plus petit ou plus grand que $\psi(0)$.

Premier cas, $1 + \varphi(0) < \psi(0)$. Alors le point A, origine de la courbe $y = 1 + \varphi(x)$, étant situé au-dessous du point B, origine de la courbe $y = \psi(x)$, je mène A b parallèle à l'axe qui rencontre en b l'autre courbe. Soit α l'abscisse du point b, on trouvera α en résolvant l'équation omale $1 + \varphi(0) = \psi(\alpha)$, et α sera une première approxi- Fig. 4.

mation vers la moindre racine $x = r$ qui est l'abscisse du premier point d'intersection P.

L'ordonnée menée au point b coupe la courbe inférieure en un point a dont l'ordonnée $= 1 + \varphi(\alpha)$. Par le point a menons une parallèle à l'axe qui rencontre la courbe supérieure en b'; si on appelle α' l'abscisse du point b', on trouvera α' par la résolution de l'équation $1 + \varphi(\alpha) = \psi(\alpha')$. Continuant ainsi indéfiniment, on voit que l'abscisse qui convient au point d'intersection P, sera le dernier terme de la suite $\alpha, \alpha', \alpha''$, etc.

Donc pour avoir la plus petite racine $x = r$, il faut déterminer successivement les termes $\alpha, \alpha', \alpha''$, etc. par la résolution des équations omales

$$1 + \varphi(0) = \psi(\alpha),$$
$$1 + \varphi(\alpha) = \psi(\alpha'),$$
$$1 + \varphi(\alpha') = \psi(\alpha''),$$
$$\text{etc.},$$

et la dernière des quantités croissantes $\alpha, \alpha', \alpha''$, etc., ou la limite vers laquelle tendent ces quantités, sera la racine cherchée $x = r$.

Fig. 5. (20) *Second cas*, $1 + \varphi(0) > \psi(0)$. Alors le point B étant situé au-dessous de A, on mènera par le point B une parallèle à l'axe qui rencontrera en a la courbe supérieure AP. Soit α l'abscisse du point a, on trouvera α en résolvant l'équation omale $\psi(0) = 1 + \varphi(\alpha)$, et α sera une première approximation vers la racine cherchée.

L'ordonnée au point a rencontre la courbe inférieure en un point b dont l'ordonnée $= \psi(\alpha)$. Par le point b menons une parallèle à l'axe qui rencontre en a' la courbe supérieure; si l'on appelle α' l'abscisse du point a', on trouvera α' en résolvant l'équation omale $\psi(\alpha) = 1 + \varphi(\alpha')$.

On voit maintenant, sans entrer dans de plus grands détails, que si on détermine successivement les termes $\alpha, \alpha', \alpha''$, etc., par les équations

$$\psi(0)-1=\varphi(\alpha),$$
$$\psi(\alpha)-1=\varphi(\alpha'),$$
$$\psi(\alpha')-1=\varphi(\alpha''),$$
$$\text{etc.},$$

le dernier terme de la suite α, α', α'', etc. sera la valeur cherchée de la plus petite racine $x=r$.

(21) Dans les deux cas, la difficulté se réduit toujours à résoudre un certain nombre d'équations omales simples, par les formules de l'art. 6. Nous avons d'ailleurs observé que les premiers termes de la suite α, α', α'', etc. n'ont pas besoin d'être calculés avec beaucoup de précision; ainsi, à cet égard, les calculs peuvent être notablement abrégés. On voit ensuite par la nature de ces opérations, que les points a, a', a'', s'approchent rapidement du point d'intersections P; de sorte qu'on n'aura jamais à résoudre qu'un petit nombre d'équations omales simples. D'ailleurs la détermination de la limite pourra être abrégée, si on le juge à propos, par le procédé de l'art. 18.

Il pourra arriver aussi qu'on sache d'avance que la racine cherchée r est plus grande qu'une quantité connue λ; dans ce cas, on partira de la valeur $\alpha=\lambda$ pour déterminer toutes les autres α', α'', etc., ce qui abrègera le calcul.

Nous observerons encore que dans le second cas, il pourrait arriver qu'on ne trouvât pas de solution; alors la suite $\psi(\alpha)$, $\psi(\alpha')$, $\psi(\alpha'')$, etc., dont le premier terme est >1, en offrirait bientôt un <1, ce qui prouverait qu'il n'y a aucune intersection entre les deux courbes, ni par conséquent aucune racine positive de l'équation proposée.

La détermination de la plus petite racine peut être effectuée par une suite plus convergente que celle dont nous venons de montrer l'usage; mais avant d'exposer cette seconde solution, nous avons à résoudre le problème suivant.

De l'intersection d'une droite quelconque avec la courbe omale $y=\psi(x)$.

Fig. 7. (22) Soit BNG la courbe décrite d'après l'équation $y=\psi(x)$; $\psi(x)$ étant une fonction omale simple qu'on peut représenter par $\int\frac{B}{b+x}$. Soit F un point donné sur le prolongement de l'ordonnée du point N; si par le point F on mène sous un angle donné NFG, la droite FG qui rencontre la courbe au point G, il s'agit de déterminer l'abscisse du point G.

Soit f l'abscisse donnée du point F, la distance donnée $FN=c$, et m la tangente de l'angle que fait la droite FG avec l'axe; si on appelle x l'abscisse du point G, on aura pour déterminer x, l'équation

$$m=\frac{c+\psi(f)-\psi(x)}{x-f}.$$

Or je remarque que le second membre de cette équation est une fonction omale décroissante de x; car à mesure que x augmente, ou à mesure que le point G avance sur la courbe dans le sens des x, il est visible que le second membre qui représente la tangente de l'angle que fait FG avec la parallèle à l'axe menée par le point F, diminue continuellement. Au reste cette fonction peut être présentée sous une forme entièrement développée; car ayant fait $\psi(x)=\int\frac{B}{b+x}$, si on observe que $\frac{B}{b+x}=\frac{B}{b+f}-\frac{B(x-f)}{(b+f)(b+x)}$, on pourra faire

$$\psi(x)=\int\frac{B}{b+f}-(x-f)\int\frac{B}{(b+f)(b+x)};$$

et comme $\int\frac{B}{b+f}$ est la même chose que $\psi(f)$, l'équation à résoudre se réduira à cette forme

$$(1) \qquad m=\frac{c}{x-f}+\int\frac{C}{b+x},$$

où l'on a fait, pour abréger, $C=\frac{B}{b+f}$.

Comme x doit être plus grand que f, on voit que le second membre de cette équation est en effet une fonction omale simple de x, à compter de $x=f$; j'observe de plus que cette fonction étant infinie lorsque $x=f$, et nulle lorsque $x=\infty$, l'équation sera toujours possible, quel que soit m, pourvu qu'il soit positif; c'est-à-dire, pourvu que la droite F G soit menée par le point F, de manière à rencontrer l'axe dans la partie indéfinie fX.

Nous remarquerons encore que si l'on a $c=0$, ou si le point F coïncide avec le point N, alors l'équation à résoudre devient

$$(2) \qquad m=\int\frac{C}{b+x};$$

c'est l'équation qui détermine le point d'intersection de la courbe $y=\psi(x)$, avec la droite menée par un point N de cette courbe, en sorte qu'elle fasse avec l'axe des x, un angle dont la tangente $=m$.

(23) Dans le cas où c n'est pas nulle, la résolution de l'équation (1) se rapporte à l'art. 6, et il faudra, pour effectuer la solution, connaître une première valeur approchée de x. Or puisqu'on doit avoir $m>\frac{c}{x-f}$, il en résulte $x>f+\frac{c}{m}$: on peut donc partir du premier terme $k=f+\frac{c}{m}$, pour calculer successivement les autres termes k', k'', etc., dont la limite est la valeur cherchée de x.

(24) On peut encore déterminer l'abscisse du point d'intersection G par le procédé suivant.

Par le point N menez une parallèle à l'axe qui rencontre la droite F G en I; du point I abaissez une perpendiculaire à l'axe qui rencontrera la courbe au point N'; par le point N' menez de même N'I' parallèle à l'axe, puis I'N'' perpendiculaire, et ainsi de suite. Soit f' l'abscisse du point N', f'' celle du point N'', etc., on calculera les termes successifs f', f'', etc. par les formules

$$f'=f+\frac{c}{m},$$

$$f''=f'+\frac{\psi(f)-\psi(f')}{m},$$

$$f'''=f''+\frac{\psi(f')-\psi(f'')}{m},$$

etc.

et il est visible que la limite vers laquelle tendent les termes de la suite f, f', f'', etc. sera la valeur cherchée de l'abscisse du point G.

Cette méthode est plus simple que la précédente; mais elle ne peut être employée lorsque $c=0$; elle ne peut pas l'être non plus lorsque $m=0$, c'est-à-dire lorsque la droite FG est parallèle à l'axe, parce qu'il n'y a point d'intersection dans le sens où x est $>f$.

Seconde manière de déterminer la plus petite racine.

(25) Nous supposerons qu'on a $\psi(0) > 1 + \varphi(0)$, parce que, dans ce cas, l'équation $1 + \varphi(x) = \psi(x)$ a toujours au moins une racine positive.

Fig. 8. Par le premier point B de la courbe $y=\psi(x)$, soit menée la tangente Ba qui rencontre en a la courbe $y=1+\varphi(x)$, et soit α l'abscisse du point a, on trouvera, par la formule de l'art. 22, que α est la racine de l'équation

$$-\psi'(0)=\frac{c}{x}+\int\frac{A}{a(a+x)},$$

dans laquelle on a $c=\psi(0)-1-\varphi(0)$, et où la fonction omale $\int\frac{A}{a(a+x)}$ est déduite de la fonction $\varphi(x)=\int\frac{A}{a+x}$, en divisant chaque terme de celle-ci par la valeur correspondante de a.

On appliquera donc à cette équation les formules de l'art. 5, en prenant pour première valeur de k, d'après l'art. 6, $k=\frac{c}{-\psi'(0)}$.

Par le point a ainsi déterminé, menez une perpendiculaire à l'axe qui rencontre la courbe supérieure en b; au point b menez la tangente ba' qui rencontre la courbe inférieure en a', et ainsi de suite.

Si on appelle α', α'', etc. les abscisses des points a', a'', etc., on trouvera que les différents termes $\alpha, \alpha', \alpha''$, etc. se déterminent par la résolution des équations successives

$$-\psi'(0)=\frac{\psi(0)-1-\varphi(0)}{x}+\int\frac{A:a}{a+x}; \qquad \text{d'où } x=\alpha,$$

$$-\psi'(\alpha)=\frac{\psi(\alpha)-1-\varphi(\alpha)}{x-\alpha}+\int\frac{A:(a+\alpha)}{a+x}, \qquad \text{d'où } x=\alpha',$$

$$-\psi'(\alpha')=\frac{\psi(\alpha')-1-\varphi(\alpha')}{x-\alpha'}+\int\frac{A:(a+\alpha')}{a+x}, \qquad \text{d'où } x=\alpha'',$$

etc.

et la limite vers laquelle convergent les termes de la suite croissante α, α', α'', etc., sera la valeur de la plus petite racine cherchée.

Au reste ces formules étant moins simples que celle de l'art. 19, nous nous bornerons au cas qui vient d'être résolu, et nous n'examinerons pas celui où l'on aurait $\psi(0) < 1 + \varphi(0)$.

Connaissant la plus grande ou la plus petite racine positive, déterminer toutes les autres.

(26) On pourrait chercher successivement toutes les racines par les intersections des deux courbes que nous avons tracées, sans changer la forme de l'équation proposée qui détermine ces courbes. Mais il est beaucoup plus simple, après avoir trouvé la racine $x=r$, de supprimer de l'équation proposée le facteur $x-r$, afin d'avoir l'équation du degré immédiatement inférieur, qui contient les autres racines, et dans laquelle r sera la limite de la racine r' qui doit suivre immédiatement r. Voici le procédé qu'il convient de mettre en usage pour cet objet.

Nous avons supposé que l'équation proposé du degré n est divisée par le produit $(1+x)(2+x)\ldots(n+x)$, afin de mettre cette équation sous la forme $1+\varphi(x)=\psi(x)$. Lorsque le degré de l'équation se réduit à $n-1$, on doit donc faire disparaître le plus grand dénominateur $n+x$, afin que le plus grand de ceux qui restent soit $n-1+x$, conformément au degré de l'équation. Pour cela il faut multiplier par $n+x$ les différents termes de l'équation $1+\varphi(x)=\psi(x)$, et faire en sorte que le produit soit divisible par $x-r$.

Or on a $\frac{A(n+x)}{a+x}=\frac{A(n+r)}{a+r}+\frac{A(n-a)(r-x)}{(a+r)(a+x)}$; donc si on fait $\frac{A(n-a)}{a+r}=A_1$, on aura

$$\varphi(x)=\int\frac{A}{a+x}=(n+r)\int\frac{A}{a+r}+(r-x)\int\frac{A_1}{a+x}.$$

De même en faisant $\frac{B(n-b)}{b+r}=B_1$, on aura

$$\psi(x)=\int\frac{B}{b+x}=(n+r)\int\frac{B}{b+r}+(r-x)\int\frac{B_1}{b+x}$$

Substituant ces valeurs et observant qu'on a $\int \frac{A}{a+r} = \varphi(r)$ et $\int \frac{B}{b+r} = \psi(r)$, l'équation $1+\varphi(x)=\psi(x)$ deviendra

$$n+x+(n+r)\varphi(r)+(r-x)\int \frac{A_1}{a+x} = (n+r)\psi(r)+(r-x)\int \frac{B_1}{b+x}.$$

Mais puisque la valeur $x=r$ satisfait à l'équation $1+\varphi(x)=\psi(x)$, on a $1+\varphi(r)=\psi(r)$; effaçant donc dans l'équation précédente les termes qui se détruisent, et divisant le reste par $r-x$, il viendra

$$1+\int \frac{B_1}{b+x} = \int \frac{A_1}{a+x}.$$

Cette équation qu'on peut mettre sous la forme $1+\psi_1(x)=\varphi_1(x)$, est entièrement semblable à la proposée; mais elle a un terme de moins, car par les valeurs des coefficients A_1, B_1, on voit que le terme qui avait pour dénominateur $n+x$, disparaîtra, soit qu'il appartienne à la fonction $\varphi(x)$ ou à $\psi(x)$.

D'ailleurs on doit observer que comme n est le plus grand des nombres a et b, les coefficients A_1 et B_1 seront toujours positifs, de sorte que le passage de l'équation proposée $1+\varphi(x)=\psi(x)$, à la suivante $1+\psi_1(x)=\varphi_1(x)$, qui contient une racine de moins, ne fait qu'ôter un terme de l'une des fonctions $\varphi(x)$, $\psi(x)$, sans en faire passer aucun de l'une dans l'autre, comme cela aurait lieu si quelqu'un des coefficients A_1, B_1 devenait négatif. Il n'y a que le terme constant 1 qui change de signe ou qui passe d'un membre dans l'autre.

(27) On voit donc que la division de l'équation proposée, par $x-r$, s'exécute par un procédé très-simple qui consiste à transposer le terme constant 1, et à remplacer dans chacun des termes $\frac{A}{a+x}$ et $\frac{B}{b+x}$, le coefficient A par $\frac{A(n-a)}{a+r}$, et le coefficient B par $\frac{B(n-b)}{b+r}$.

Maintenant nous n'avons aucune règle nouvelle à donner pour la résolution de l'équation $1+\psi_1(x)=\varphi_1(x)$. On appliquera à cette équation les formules des articles 19 et suivants; et sachant d'avance que la plus petite racine r' est $>r$, on parviendra plus facilement encore au résultat. Après avoir trouvé la racine r' qui est la seconde de l'équation proposée, on formera semblablement une troisième équation $1+\varphi_2(x)=\psi_2(x)$, qui contiendra les $n-2$ autres racines.

On aura donc ainsi successivement, par des équations qui se simplifient de plus en plus, les diverses racines positives r, r', r'', etc. de l'équation proposée, et ce calcul sera terminé lorsqu'on sera parvenu à une transformée qui n'est plus résoluble, ce qu'on reconnaîtra aux conditions que nous avons indiquées dans la solution générale.

(28) La même méthode fera connaître les racines négatives en partant de l'équation proposée, dans laquelle on changera le signe de x, et que l'on mettra ensuite sous la forme $1+\varphi(x)=\psi(x)$. Mais il sera plus simple de prendre la dernière des transformées $1+\psi_1(x)=\varphi_1(x)$, $1+\varphi_2(x)=\psi_2(x)$, etc., laquelle ne contient plus de racines positives, mais peut en contenir de négatives. Pour obtenir celles-ci on réduira cette transformée à la forme ordinaire, débarrassée de fractions, et après avoir changé le signe de x, on lui appliquera la méthode du n° 13, pour la réduire de nouveau à la forme $1+\varphi(x)=\psi(x)$, dont il faudra chercher les racines positives.

(29) Il reste donc à faire voir comment on peut résoudre une équation qui n'a que des racines imaginaires; mais ce problème est beaucoup plus difficile que celui qui consiste à trouver les racines réelles, et nous ne nous flattons pas que les méthodes précédentes fournissent de grands secours pour sa solution. Il est vrai qu'on pourrait trouver les racines imaginaires d'une équation du degré n, au moyen des racines réelles d'une équation du degré $\frac{n(n-1)}{2}$. Mais pour peu que n surpasse 4, l'extrême complication d'une telle transformée et des calculs nécessaires pour y parvenir, rend l'usage de ce moyen tout-à-fait illusoire. C'est donc dans l'équation proposée elle-même, et non dans une transformée d'un ordre plus élevé, qu'il faut chercher les moyen d'obtenir les valeurs numériques des racines imaginaires. Nous avons déja indiqué, art. 119 du Traité précédent, une méthode qui aurait l'avantage de conduire assez facilement à ce but,

si on pouvait donnér quelques lumières au calculateur sur le choix de la première valeur hypothétique de la racine exprimée par $\alpha + 6\sqrt{-1}$ ou $r(\cos.\theta + \sqrt{-1}\sin.\theta)$. Mais en attendant que cette méthode reçoive les améliorations dont elle est susceptible, nous allons donner les formules qui, dans l'application de la méthode précédente, conviennent au cas des racines imaginaires; et d'abord une racine imaginaire étant représentée par $r(\cos.\theta + \sqrt{-1}\sin.\theta)$, nous chercherons les limites de la quantité r, qui est en quelque sorte la mesure de grandeur ou le *module* de cette racine, puisque la valeur d'une puissance quelconque m de x ne peut jamais surpasser r^m, mais peut en différer aussi peu qu'on voudra.

Limites de la quantité réelle qui sert de module aux racines imaginaires.

(30) L'équation proposée dont toutes les racines sont imaginaires étant désignée par

$$x^n \pm A_1 x^{n-1} \pm A_2 x^{n-2} \pm A_3 x^{n-3} \ldots\ldots + A_n = 0,$$

si on suppose $x = r(\cos.\theta + \sqrt{-1}\sin.\theta)$, cette équation se partage en deux autres, savoir,

$$r^n \cos.n\theta \pm A_1 r^{n-1} \cos.(n-1)\theta \pm A_2 r^{n-2} \cos.(n-2)\theta \ldots + A_n = 0,$$
$$r^n \sin.n\theta \pm A_1 r^{n-1} \sin.(n-1)\theta \pm A_2 r^{n-2} \sin.(n-2)\theta \ldots \pm A_{n-1}.r\sin.\theta = 0.$$

Multipliant la première par $\cos.n\theta$, la seconde par $\sin.n\theta$, et ajoutant les produits, on a

$$r^n \pm A_1 r^{n-1} \cos.\theta \pm A_2 r^{n-2} \cos.2\theta \ldots + A_n \cos.n\theta = 0.$$

Or il est visible que l'hypothèse qui rendra r^n le plus grand, est celle où l'on aurait

$$r^n = A_1 r^{n-1} + A_2 r^{n-2} + A_3 r^{n-3} \ldots + A_n,$$

les coefficients A_1, A_2, A_3, etc. étant tous pris positivement dans le second membre, et alors en appliquant ce qui a été trouvé dans le cas des racines réelles, art. 1, on pourra en conclure,

1° Que si A_1, coefficient du second terme, n'est surpassé en grandeur par aucun des autres coefficients $A_2, A_3 \ldots A_n$, on a

$$r < 1 + A_1.$$

2° Que si A_i et A_k sont les deux coefficients pour lesquels $\sqrt[i]{A_i}$ et $\sqrt[k]{A_k}$ sont les plus grands, on aura

$$r < \sqrt[i]{A_i} + \sqrt[k]{A_k}:$$

telle est donc, dans ce cas, la limite supérieure de la quantité r qui sert de module aux racines imaginaires.

(31) Pour avoir la limite inférieure de cette même quantité, j'observe que l'équation proposée n'ayant, par hypothèse, que des racines imaginaires, son dernier terme A_n doit être le produit de toutes les quantités r^2, r'^2, r''^2, etc., qui résultent des différentes couples de racines imaginaires. Soit donc r la plus grande des quantités r, r', r'', etc., et r^μ ou ρ la plus petite, on aura

$$r > \sqrt[n]{A_n} \text{ et } \rho < \sqrt[n]{A_n}:$$

le plus grand des modules r doit donc être compris entre les limites suivantes :

$$r > \sqrt[n]{A_n}, \quad r < \sqrt[i]{A_i} + \sqrt[k]{A_k}.$$

Quant aux limites du plus petit module ρ, nous n'avons encore que la supérieure $\rho < \sqrt[n]{A_n}$; mais il est aisé d'avoir la limite inférieure.

Pour cela il faut, dans l'équation proposée, faire $x = \frac{1}{z}$, ce qui donnera une équation de la forme

$$z^n \pm B_1 z^{n-1} \pm B_2 z^{n-2} \ldots\ldots + B_n = 0,$$

et il faudra considérer deux cas.

1° Si B_1, coefficient du second terme, est au moins aussi grand qu'aucun autre coefficient, on aura, en prenant B_1 positivement $z < 1 + B_1$.

2° Si B_i et B_k sont les deux coefficients pour lesquels $\sqrt[i]{B_i}$ et $\sqrt[k]{B_k}$ sont les plus grands, on aura, en appelant a et b ces deux radicaux, $z < a + b$.

Donc, dans le premier cas, on aura $\rho > \frac{1}{1+B_1}$, et dans le second $\rho > \frac{1}{a+b}$.

Forme des équations à résoudre dans le cas des racines imaginaires.

(32) Soit $F(x) = 0$ l'équation proposée du degré n, dont toutes les racines sont imaginaires; si on substitue pour x une valeur quelconque $x = k$, le premier membre $F(k)$ sera toujours une quantité positive. Il suit de là que si on procède comme dans l'article 13, et qu'on divise l'équation proposée par le produit des facteurs $1+x$, $2+x \ldots n+x$, afin de lui donner la forme $1 + \varphi(x) = \psi(x)$, ou $1 + \int \frac{A}{a+x} = \int \frac{B}{b+x}$; les différentes valeurs de a seront les nombres impairs $1, 3, 5 \ldots n-1$, tandis que celles de b seront les nombres pairs $2, 4, 6 \ldots n$.

Ainsi, dans le cas des racines imaginaires, les fonctions $\varphi(x)$, $\psi(x)$ sont constamment de la forme suivante :

$$\varphi(x) = \frac{(1)}{1+x} + \frac{(3)}{3+x} + \frac{(5)}{5+x} \ldots + \frac{(n-1)}{n-1+x},$$

$$\psi(x) = \frac{(2)}{2+x} + \frac{(4)}{4+x} + \frac{(6)}{6+x} \ldots + \frac{(n)}{n+x},$$

de sorte qu'elles ont le même nombre de termes.

(33) Cela posé, si l'on fait $x = r(\cos.\theta + \sqrt{-1}\sin.\theta)$, on aura

$$\frac{A}{a+x} = \frac{A}{a + r(\cos.\theta + \sqrt{-1}\sin.\theta)} = \frac{A(a + r\cos.\theta - \sqrt{-1}.r\sin.\theta)}{a^2 + 2ar\cos.\theta + r^2}.$$

et par conséquent

$$\int \frac{A}{a+x} = \int \frac{Aa}{a^2 + 2ar\cos.\theta + r^2} + r(\cos.\theta - \sqrt{-1}\sin.\theta) \int \frac{A}{a^2 + 2ar\cos.\theta + r^2}.$$

De là on voit que l'équation $1+\int\frac{A}{a+x}=\int\frac{B}{b+x}$ se partagera en deux autres, savoir,

$$(\alpha)\quad\begin{cases} 1+\int\frac{Aa}{a^2+2ar\cos.\theta+r^2}=\int\frac{Bb}{b^2+2br\cos.\theta+r^2}, \\ \int\frac{A}{a^2+2ar\cos.\theta+r^2}=\int\frac{B}{b^2+2br\cos.\theta+r^2}. \end{cases}$$

Dans le premier membre, a aura toutes les valeurs impaires $1, 3, 5\ldots n-1$, et dans le second, b aura toutes les valeurs paires $2, 4, 6\ldots n$.

Telles sont donc les deux équations qu'il faut résoudre pour trouver les valeurs de r et de θ qui appartiennent à chaque couple de racines imaginaires.

Le nombre r est toujours positif : quant au nombre $r\cos.\theta$, il peut être positif ou négatif ; et à cet égard, on pourrait distinguer deux sortes de racines imaginaires, les unes positives lorsque la partie réelle $r\cos.\theta$ est positive, les autres négatives lorsque cette partie est négative.

(34) Les équations précédentes peuvent être censées formées dans la supposition de $r\cos.\theta$ positif. On pourrait en former de semblables dans la supposition de $r\cos.\theta$ négatif. Pour cela il faudrait changer le signe de x dans l'équation proposée, et procéder de même, après ce changement, pour réduire l'équation sous la forme $1+\int\frac{A}{a+x}=\int\frac{B}{b+x}$; ensuite on ferait $x=r(\cos.\theta+\sqrt{-1}\sin.\theta)$, ce qui donnerait deux équations semblables aux équations (α), mais dont les coefficients seraient différents.

Ce qui semble nécessiter cette distinction, c'est que si on laissait les équations (α) sous la même forme lorsque $\cos.\theta$ est négatif, la fonction $\int\frac{A}{a^2+2ar\cos.\theta+r^2}$ ne serait plus une fonction omale de r. En effet, cette fonction étant différentiée par rapport à r, donnerait le coefficient différentiel

$$-\int\frac{2A(r+a\cos.\theta)}{(a^2+2ar\cos.\theta+r^2)^2},$$

lequel ne conserverait pas le même signe depuis $r=0$ jusqu'à $r=\infty$, contre la nature des fonctions omales.

Il faudra donc, pour la solution complète de l'équation proposée, considérer deux systèmes semblables au système (α), et dans chacun desquels cos. θ sera supposé positif.

(35) Soit maintenant $r\cos.\theta=p$, $r^2=q$, les deux équations à résoudre seront

$$1+\int\frac{\mathrm{A}a}{a^2+2ap+q}=\int\frac{\mathrm{B}b}{b^2+2bp+q},$$
$$\int\frac{\mathrm{A}}{a^2+2ap+q}=\int\frac{\mathrm{B}}{b^2+2bp+q};$$

on peut même les représenter plus simplement par

$$(\alpha')\qquad \begin{aligned} 1+\int\frac{\mathrm{A}a}{a^2+2ap+q}&=0,\\ \int\frac{\mathrm{A}}{a^2+2ap+q}&=0,\end{aligned}$$

en convenant que A sera toujours positive pour toute valeur impaire $a=1, 3, 5\ldots\ldots n-1$, et négative pour toute valeur paire $a=2, 4, 6\ldots\ldots n$.

Ces équations sont d'une forme assez simple; cependant comme elles contiennent deux inconnues p et q, il ne paraît pas qu'on puisse les résoudre par une méthode analogue à celles que nous avons données pour le cas des racines réelles, qui n'offre qu'une inconnue.

Si donc on veut éviter les longueurs de l'élimination, par laquelle on pourrait réduire les deux inconnues à une seule, il faudra se borner à résoudre ces équations par une sorte de tâtonnement, en ne supposant autre chose, sinon que q ou r^2 est compris entre des limites données, et qu'on a toujours $p<\sqrt{q}$.

On pourrait ne trouver aucune solution pour les équations précédentes qui représentent le système (α); mais alors les deux équations semblables qui représentent l'autre système, dans la supposition que les racines imaginaires, c'est-à-dire leurs parties réelles, sont négatives, contiendraient nécessairement toutes les n racines imaginaires de l'équation proposée; de sorte que si la résolution ne réussissait pas dans un cas, elle réussira nécessairement dans l'autre.

On peut même ne point changer la forme des équations précédentes, et se contenter de changer le signe de p, ce qui reviendra au second système. En effet, la dernière forme (α'), sous laquelle nous avons mis les équations à résoudre, en employant les inconnues p et q au lieu de r et θ, n'a plus l'inconvénient remarqué dans l'art. 34, et les quatre fonctions

$$\int\frac{\mathrm{A}a}{a^2-2ap+q},\quad \int\frac{\mathrm{A}}{a^2-2ap+q},\quad \int\frac{\mathrm{B}b}{b^2-2bp+q},\quad \int\frac{\mathrm{B}}{b^2-2bp+q},$$

considérées tant par rapport à p que par rapport à q, sont toujours des fonctious omales, puisque p doit toujours être renfermé entre les limites $p=0$, $p=\sqrt{q}$.

(36) Supposons qu'après quelques essais on a trouvé des valeurs de p et q qui approchent de satisfaire aux équations (α'). Soient ces valeurs $p=f$, $q=g$, et supposons qu'elles donnent

$$1+\int\frac{\mathrm{A}a}{a^2+2af+g}=\mu,$$
$$\int\frac{\mathrm{A}}{a^2+2af+g}=\nu;$$

μ et ν étant des quantités assez petites. Pour avoir des valeurs plus approchées on fera $p=f+\delta f$, $q=g+\delta g$, et on aura pour déterminer δf et δg, les équations

$$2\delta f\int\frac{\mathrm{A}a^2}{(a^2+2af+g)^2}+\delta g\int\frac{\mathrm{A}a}{(a^2+2af+g)^2}=-\mu,$$
$$2\delta f\int\frac{\mathrm{A}a}{(a^2+2af+g)^2}+\delta g\int\frac{\mathrm{A}}{(a^2+2cf+g)^2}=-\nu.$$

Soit, pour abréger,

$$\mathrm{F}=\int\frac{\mathrm{A}}{(a^2+2af+g)^2},$$
$$\mathrm{G}=\int\frac{\mathrm{A}a}{(a^2+2af+g)^2},$$
$$\mathrm{H}=\int\frac{\mathrm{A}a^2}{(a^2+2af+g)^2},$$

on aura

$$2H\delta f + G\delta g = -\mu,$$
$$2G\delta f + F\delta g = -\nu,$$

d'où l'on tire

$$\delta f = \frac{1}{2}\cdot\frac{F\mu - G\nu}{G^2 - FH}, \quad \delta g = \frac{H\nu - G\mu}{G^2 - FH}.$$

Ainsi les valeurs corrigées de p et q sont

$$p = f + \frac{1}{2}\cdot\frac{F\mu - G\nu}{G^2 - FH},$$
$$q = g + \frac{H\nu - G\mu}{G^2 - FH}.$$

Il faut observer, à l'égard des quantités F, G, H, qu'on a

$$Fg + 2Gf + H = \int\frac{A}{a^2 + 2af + g} = \nu,$$

faisant donc $H = -gF - 2fG + \nu$, et négligeant les termes qui contiendraient deux dimensions des quantités μ et ν, on aura

$$p = f + \frac{1}{2}\cdot\frac{F\mu - G\nu}{G^2 + 2fFG + gF^2}.$$
$$q = g - \left(\frac{G\mu + (gF + 2fG)\nu}{G^2 + 2fFG + gF^2}\right).$$

Ces valeurs serviront à leur tour à en faire connaître de plus approchées, s'il est nécessaire.

(37) Appelons de nouveau f et g les valeurs corrigées de p et q, on en déduira les deux racines imaginaires $x = f \pm \sqrt{(f^2 - g)}$. Pour avoir ensuite les autres racines de la même équation, il faut former l'équation qui les contient.

Soient $x = r'$, $x = r''$ les deux racines qu'on vient de déterminer, il faudra dans l'équation proposée $1 + \int\frac{A}{a+x} = 0$, remplacer le coefficient A par un nouveau coefficient

$$A_1 = \frac{(n-a)(n-1-a)}{(a+r')(a+r'')}A.$$

C'est en effet la conséquence qui résulte des formules de l'article 26;

et comme on a $(a+r')(a+r'')=a^2+2af+g$, la valeur de A_1 sera

$$A_1=\frac{(n-a)(n-a-1)}{a^2+2af+g}A.$$

Cela posé, la nouvelle équation du degré $n-2$ à résoudre sera

$$1+\int\frac{A_1}{a+x}=0;$$

et par la substitution $x=p\pm\sqrt{(p^2-q)}$, cette équation se partage en deux autres, savoir,

$$1+\int\frac{A_1 a}{a^2+2ap+q}=0,$$

$$\int\frac{A_1}{a^2+2ap+q}=0.$$

Ces équations sont entièrement semblables à celles de l'art. 35, mais elles contiennent chacune deux termes de moins, puisque les valeurs de A_1 qui répondent aux valeurs $a=n$, $a=n-1$, sont nulles. Ainsi la dernière des valeurs de a sera $n-2$, parce qu'en effet l'équation à résoudre n'est que du degré $n-2$.

(38) Au moyen de cette analyse, on forme avec beaucoup de facilité les diverses équations qui restent successivement à résoudre, à mesure qu'on trouve deux des racines imaginaires de l'équation proposée. Le procédé pour passer d'un système au suivant, consiste à supprimer deux termes dans chacune des deux équations du système, et à modifier les coefficients des autres termes suivant une loi constante. Ce procédé donne immédiatement le résultat qu'on obtiendrait en divisant l'équation proposée par le facteur correspondant aux deux racines trouvées, et mettant ensuite le quotient sous la forme qui convient à notre méthode.

Lorsque les opérations nécessaires pour obtenir les racines réelles sont terminées, et qu'il ne reste plus à résoudre qu'une équation de degré pair dont toutes les racines sont imaginaires, on est assuré d'avance que la résolution est possible. Si donc la recherche qu'elle occasionne devient longue par les tâtonnements qu'on ne peut guère éviter, au moins elle ne sera jamais infructueuse. D'ailleurs à mesure que les opérations avancent, elles se simplifient progressivement par la diminution du nombre des termes qui devient successivement $n-2$, $n-4$, $n-6$, etc., comme le degré de l'équation; et lorsqu'on est parvenu à une transformée du quatrième degré, la solution peut être achevée sans tâtonnement.

(39) La méthode que nous venons de développer est encore fort imparfaite; mais elle a quelques avantages particuliers qu'elle doit à la simplicité et à l'élégance des formules. Le plus considérable de ces avantages consiste en ce que, si l'on substitue différentes valeurs pour p ou q, afin d'en trouver qui satisfassent aux équations, la substitution se fait dans chaque dénominateur $a^2+2ap+q$, sans exiger aucune opération complexe.

Il n'en est pas de même lorsqu'en faisant $x=r(\cos.\theta+\sqrt{-1}\sin.\theta)$, on a à substituer une nouvelle valeur de r ou une de θ, dans les équations dont ces inconnues dépendent, art. 119. Ces substitutions exigent des opérations compliquées, surtout pour avoir les sinus et cosinus des multiples de θ: ce premier avantage est déja très-grand.

Il y en a un second qui n'est pas moins remarquable. Il consiste en ce que les deux équations à vérifier se forment simultanément d'une manière très-simple. En effet, si en attribuant des valeurs particulières à p et q, on trouve chaque terme $\frac{Aa}{a^2+2ap+q}=\pm F(a)$, savoir, $+F(a)$ si a est impair, et $-F(a)$ si a est pair, la première des deux équations (α') étant ainsi formée,

$$\left.\begin{array}{l} 1+F(1)+F(3)+F(5)\ldots\ldots+F(n-1) \\ \quad -F(2)-F(4)-F(6)\ldots\ldots-F(n) \end{array}\right\}=0,$$

on en déduit immédiatement la seconde qui est

$$\left.\begin{array}{l} F(1)+\frac{1}{3}F(3)+\frac{1}{5}F(5)\ldots\ldots+\frac{1}{n-1}F(n-1) \\ -\frac{1}{2}F(2)-\frac{1}{4}F(4)-\frac{1}{6}F(6)\ldots\ldots-\frac{1}{n}F(n) \end{array}\right\}=0.$$

Il devient donc très-facile de vérifier les deux équations à la fois.

(40) Nous croyons avoir expliqué les méthodes précédentes avec assez de détails, pour qu'il soit superflu de produire des exemples de leur usage. Nous ferons seulement une observation générale qui pourra être utile dans les applications; c'est que si la grandeur des coefficients de l'équation proposée, ou le calcul de la limite supérieure des racines, indique que ces racines doivent être de grands nombres, il conviendra de les réduire à une grandeur médiocre, en faisant $x=my$, m étant 10, 100, ou tel autre nombre qu'on voudra, au moyen duquel les valeurs de y ne puissent contenir que des unités ou des dixaines au plus. De même si les coefficients de l'équation proposée étaient tellement petits qu'on dût en conclure que les racines sont beaucoup plus petites que l'unité, il faudrait faire $x=\frac{y}{m}$, et prendre m de manière que la plus grande valeur de y pût aller jusqu'à un ou deux chiffres en nombres entiers. La transformation est utile dans le second cas surtout, pour éviter que les racines ne soient rapprochées dans un trop petit espace, et qu'on n'en omette quelqu'une dans les approximations successives.

(41) Nous terminerons ces Recherches par une remarque nécessaire pour compléter la résolution de l'équation omale $c=\varphi(x)$, donnée dans les art. 4 et suiv.

On a supposé tacitement, dans ces articles, que la courbe décrite d'après l'équation $y=\varphi(x)$, était toute concave ou toute convexe vers l'axe, dans la partie soumise au calcul, savoir, depuis $x=0$ ou $x=k$, jusqu'à $x=r$, r étant l'abscisse du point d'intersection M. Cette propriété en vertu de laquelle la suite k, k', k'', etc. est continuellement croissante vers la limite cherchée r, a lieu dans une infinité de fonctions omales, et notamment dans toutes celles dont on fait usage dans notre seconde méthode. Mais en général la définition des fonctions omales n'exige qu'une seule condition, savoir, que le coefficient différentiel $\frac{d\varphi(x)}{dx}$ conserve le même signe dans toute l'étendue des x positives. Il peut donc arriver que le coefficient du second ordre $\frac{dd\varphi(x)}{dx^2}$ change une ou plusieurs fois de signe dans la même étendue, et alors la courbe $y=\varphi(x)$ éprouvera une ou plusieurs inflexions ou changements de courbure. Supposons, par exemple, qu'un changement de cette sorte ait lieu entre les deux points k' et k'', ce qu'on reconnaîtra par les deux différences $\varphi(k')-c$ et $\varphi(k'')-c$ qui devront être de signes différents; si on continue les calculs d'après les formules des art. 4 et 6, afin d'obtenir la valeur du terme suivant k''', on trouvera $k'''<k''$, de sorte que la suite k, k', k'', k''' cesse d'être croissante après le terme k''.

Cependant si l'on a en même temps $k'''>k'$, on pourra continuer le calcul des termes suivants par les mêmes formules, et on arrivera également au résultat, qui est la limite des termes k'', k'''. k^{IV}, etc.

Mais il pourrait arriver qu'on eût $k'''<k'$, et alors en continuant le calcul par les mêmes formules, on s'éloignerait de plus en plus du vrai résultat que l'on cherche. Pour obvier à cet inconvénient, le moyen le plus simple est de joindre les deux points k', k'' par une droite qui coupera la droite CM en un point dont il est facile de déterminer la position. Soit k''' l'abscisse de ce point, on aura

$$k'''=k'+\frac{c-\varphi(k')}{\varphi(k'')-\varphi(k')}(k''-k'),$$

et k''' sera une valeur très-approchée de la racine r. On continuera ensuite par les formules ordinaires le calcul des termes suivants k^{IV}, k^{V}, etc., et la limite de cette suite sera la racine cherchée.

En général les exceptions dont nous venons de parler ne se rencontrent que dans des cas où la résolution se simplifie d'elle-même, puisque sachant que la racine cherchée doit être comprise entre k' et k'', il est facile ensuite de resserrer ces limites à volonté.

SECTION II. *De quelques équations dont la propriété est telle qu'une racine connue sert à déterminer rationnellement toutes les autres.*

(42) Nous supposerons que la racine x étant connue, une autre racine x' est déterminée par la formule très-simple $x'=\frac{a+bx}{1+cx}$, où a, b, c sont des coefficients connus, cette propriété devant être générale pour toutes les racines. Il faudra qu'en substituant $\frac{a+bx}{1+cx}$ au lieu de x dans l'équation à résoudre, on retombe sur la même équation. Et la loi qui permet de déduire la racine x' de la racine x, permettra semblablement de déduire une troisième racine x'' de x', une quatrième x''' de x'', et ainsi de suite, ce qui se fera par les équations successives

$$x'=\frac{a+bx}{1+cx},\quad x''=\frac{a+bx'}{1+cx'},\quad x'''=\frac{a+bx''}{1+cx''},\text{ etc.}$$

Donc si l'équation proposée est du degré n, il faudra que la $n^{\text{ième}}$ des racines x', x'', x'''... désignée par $x^{(n)}$ soit égale à la racine primitive x.

Voyons comment cette condition générale peut être exprimée analytiquement.

(43) Soit x^k un terme quelconque de la suite x', x'', x''' ... $x^{(n-1)}$, le terme suivant x^{k+1} se trouvera par la formule

$$x^{k+1}=\frac{a+bx^k}{1+cx^k}.$$

Supposons x^k exprimée par la formule $\frac{p}{q}$ où p et q sont de la forme $A+Bx$ et $C+Dx$, nous désignerons en même temps x^{k+1} par $\frac{p'}{q'}$, et nous aurons

$$\frac{p'}{q'}=\frac{aq+bp}{q+cp},$$

ce qui permet de supposer

$$p'=aq+bp$$
$$q'=\ q+cp,$$

et par suite

$$p'+\mu q'=(b+c\mu)p+(a+\mu)q.$$

Déterminons la constante μ de manière qu'on ait

$$a+\mu=(b+c\mu)\mu,$$

et nous aurons

$$p'+\mu q'=(b+c\mu)(p+\mu q).$$

(44) Appelons $\varphi(k)$ la fonction $p+\mu q$, nous aurons

$$\varphi(k+1)=(b+c\mu)\varphi(k),$$

ou $\frac{\varphi(k+1)}{(b+c\mu)^{k+1}}=\frac{\varphi(k)}{(b+c\mu)^k}$; d'où l'on voit que chaque membre de cette équation doit être une constante et qu'ainsi on aura

$$\varphi(k)=A(b+c\mu)^k=p+q\mu.$$

Si on appelle μ' la seconde racine de l'équation $a+\mu=(b+c\mu)\mu$, on aura de même

$$p+q\mu'=A'(b+c\mu')^k.$$

De là

$$p=\frac{A\mu'(b+c\mu)^k-A'\mu(b+c\mu')^k}{\mu'\mu}$$
$$q=\frac{A'(b+c\mu')^k-A(b+c\mu)^k}{\mu'-\mu}.$$

Donc $\frac{p}{q}$, ou

$$x^k=\frac{\mu' A(b+c\mu)^k-\mu A'(b+c\mu')^k}{A'(b+c\mu')^k-A(b+c\mu)^k}.$$

Maintenant lorsque l'indice $k=0$, on a $x^k=x$, donc

$$x=\frac{\mu' A-\mu A'}{A'-A},\quad \frac{A'}{A}=\frac{x+\mu'}{x+\mu},$$

et enfin

$$x^k = \frac{\mu'(x'+\mu)(b+c\mu)^k - \mu(x+\mu')(b+c\mu')^k}{(x+\mu')(b+c\mu')^k - (x+\mu)(b+c\mu)^k}.$$

(45) Il faut maintenant exprimer la condition $x^n = x$, au moyen de laquelle l'équation donnée du degré n aura n racines $x, x', x'' \ldots x^{(n-1)}$, qui forment une suite rentrante dont chaque terme x^k se déduit du précédent x^{k-1} au moyen de la formule

$$x^k = \frac{a + b x^{k-1}}{1 + c x^{k-1}}.$$

La condition dont il s'agit se réduit en général à cette équation

$$(b + c\mu')^n = (b + c\mu)^n.$$

Or en vertu de l'équation $c\mu^2 + (b - 1)\mu = a$, on a les deux racines

$$c\mu = \frac{1-b}{2} - \tfrac{1}{2}\sqrt{[(1-b)^2 + 4ac]}$$

$$c\mu' = \frac{1-b}{2} + \tfrac{1}{2}\sqrt{[(1-b)^2 + 4ac]}.$$

Donc

$$b + c\mu' = \frac{1+b}{2} + \tfrac{1}{2}\sqrt{[(1-b)^2 + 4ac]}$$

$$b + c\mu = \frac{1+b}{2} - \tfrac{1}{2}\sqrt{[(1-b)^2 + 4ac]}.$$

Soit pour abréger $R = \sqrt{[(1-b)^2 + 4ac]}$, il faudra en général qu'on ait

$$(1 + b + R)^n = (1 + b - R)^n.$$

(46) Soit 1° $n = 3$, cette équation donnera $3(1+b)^2 + R^2 = 0$, d'où résulte

$$1 + b + b^2 + ac = 0.$$

Soit 2° $n = 4$, l'équation générale donnera $(1+b)^2 + R^2 = 0$, ou

$$1 + b^2 + 2ac = 0.$$

Soit 3° $n = 5$, on aura

$$5(1+b)^4 + 10(1+b)^2 R^2 + R^4 = 0,$$

équation qui se réduit à la forme

$$o = a^2c^2 + ac(3 + 4b + 3b^2) + 1 + b + b^2 + b^3 + b^4,$$

ou

$$o = (2ac + 3 + 4b + 3b^2)^2 - 5(1 + b)^4.$$

On voit dans ces trois cas que R^2 est négatif, ce qui aura lieu généralement pour toute valeur de n. Car si R était réel, comme b est supposé l'être ainsi que a et c, il est visible que les quantités réelles $1 + b + R$, $1 + b - R$ étant inégales, leurs puissances du degré n seraient inégales aussi.

(47) Puisque R^2 est négatif, on pourra faire

$$\frac{1+b}{2} + \tfrac{1}{2}\sqrt{[(1-b)^2 + 4ac]} = \rho(\cos.\theta + \sqrt{-1}\sin.\theta),$$

ce qui donnera

$$\rho^2 = b - ac$$
$$\cos.\theta = \frac{1+b}{2\rho}.$$

Cela posé la condition dont il s'agit exige qu'on ait

$$\rho^n(\cos.n\theta + \sqrt{-1}\sin.n\theta) = \rho^n(\cos.n\theta - \sqrt{-1}\sin.n\theta).$$

Par conséquent cette condition se réduit à l'équation

$$\sin.n\theta = o, \text{ ou } \theta = \frac{i\pi}{n},$$

i étant un nombre entier quelconque. Cette condition peut être mise sous la forme

$$(b - ac)\cos.^2\frac{i\pi}{n} = \tfrac{1}{4}(1 + b)^2.$$

Lorsque $n = 3$, on a la seule valeur $i = 1$, parce que i ne doit pas surpasser $\frac{n}{2}$; il s'ensuit $\cos.\frac{\pi}{3} = \frac{1}{2}$, et la condition devient

$$o = 1 + b + b^2 + ac.$$

Lorsque $n = 4$, il faut faire encore $i = 1$, ce qui donne $\cos.^2\frac{\pi}{4} = \frac{1}{2}$, et la condition est

$$o = 1 + b^2 + 2ac.$$

Lorsque $n = 5$, on peut faire $i = 1$ et $i = 2$, de sorte qu'il faut que l'une des deux équations suivantes soit satisfaite,

$$b - ac = (1 + b)^2 \left(\frac{1 + \sqrt{5}}{2}\right)^2$$

$$b - ac = (1 + b)^2 \left(\frac{1 - \sqrt{5}}{2}\right)^2.$$

Développement du 3e degré.

(48) L'équation de condition est $1 + b + b^2 + ac = o$, ou $b - ac = (1 + b)^2 = m$.

L'équation $x' = \frac{a + bx}{1 + cx}$ étant mise sous la forme $(cx' - b)(cx + 1) = ac - b = -m$, si on fait $cx' - b = y$, $cx + 1 = z$, ou

$$x' = \frac{y + b}{c}, \quad x = \frac{z - 1}{c},$$

on aura $yz = -m$. Soit l'équation en x

$$x^3 - Ax^2 + Bx - C = o,$$

elle devra être satisfaite en y substituant pour x les valeurs $x = \frac{y + b}{c}$, $x = \frac{z - 1}{c}$, de sorte que si on fait pour abréger $cA = \alpha$, $c^2 B = \beta$, $c^3 C = \gamma$, la substitution des deux valeurs de cx dans l'équation proposée qui devient alors

$$c^3 x^3 - \alpha c^2 x^2 + \beta c x - \gamma = o,$$

donnera les deux équations

$$o = z^3 - (3 + \alpha) z^2 + (3 + 2\alpha + \beta) z - (1 + \alpha + \beta + \gamma)$$

$$o = y^3 + (3b - \alpha) y^2 + (3b^2 - 2b\alpha + \beta) y + b^3 - b^2\alpha + b\beta - \gamma.$$

Maintenant comme on a $yz = -m$, si on substitue dans l'équation en z la valeur $z = -\frac{m}{y}$, ce qui donne le résultat

$$0 = m^3 + (3+\alpha)m^2 y + (3+2\alpha+\beta)my^2 + (1+\alpha+\beta+\gamma)y^3,$$

il faudra que cette équation s'accorde avec l'équation en y déjà trouvée.

(49) Soit pour abréger $M = b^3 - b^2\alpha + b\beta - \gamma$, et l'identité de ces deux équations donnera les trois équations de condition

$$m^3 = M(1+\alpha+\beta+\gamma)$$
$$m^2(3b-\alpha) = M(3+2\alpha+\beta)$$
$$m(3b^2 - 2b\alpha + \beta) = M(3+\alpha).$$

Des deux dernières on tire, en faisant $M = m^{\frac{3}{2}}N$, et se rappelant que $m^{\frac{1}{2}} = 1 + b$,

$$\alpha = \frac{3(b-N)}{1+N}, \quad \beta = \frac{3(b^2+N)}{1+N}.$$

Ces valeurs substituées dans la première donneront

$$\gamma = \frac{(1+b)^3}{N} - 1 - \frac{3(b+b^2)}{1+N},$$

et enfin substituant les valeurs de α, β, γ, dans l'équation $M = b^3 - b^2\alpha + b\beta - \gamma = (1+b)^3 N$, on aura pour déterminer N l'équation

$$N^3 + 1 = 0,$$

d'où résulte $N = -1$, car si on prenait pour N l'une des deux valeurs imaginaires données par cette équation, les coefficients de l'équation à résoudre deviendraient imaginaires, ce qui est un cas dont on peut faire abstraction.

(50) Maintenant la valeur $N = -1$ rendant infinies celles de α, β, γ, il faut en conclure que les équations du premier degré d'où on a déduit les valeurs de α, β, γ, ne sont pas indépendantes entre elles et qu'il y en a une comprise dans les deux autres, de sorte qu'il restera l'un des coefficients α, β, γ indéterminé.

En effet les deux équations

$$m^2(3b-\alpha)=M(3+2\alpha+\beta)$$
$$m(3b^2-2b\alpha+\beta)=M(3+\alpha),$$

dans lesquelles on substituera les valeurs $M=-(1+b)^3$, $m=(1+b)^2$, se réduisent à la seule équation

$$0=3(1+b+b^2)+\alpha(1-b)+\beta,$$

d'où l'on déduit

$$\beta=-3(1+b+b^2)+(1-b)\alpha=3ac-(1-b)\alpha;$$

ensuite on aura $\gamma=-1-\alpha-\beta-(1+b)^3$, ou

$$\gamma=1-b^3-b\alpha.$$

L'équation cherchée $c^3x^3-\alpha c^2x^2+\beta cx-\gamma=0$ deviendra donc de la forme

$$0=c^3x^3+3c^2ax-1+b^3-\alpha(c^2x^2+(1-b)cx-b),$$

où α reste indéterminé.

On voit par là qu'il y a une infinité d'équations du troisième degré qui sont telles qu'une racine x' se déduit d'une autre racine x par la formule

$$x'=\frac{a+bx}{1+cx},$$

dans laquelle les trois coefficients a, b, c, satisfont à la condition $1+b+b^2+ac=0$.

Les trois racines de cette équation, désignées par x, x', x'', seront donc telles qu'on aura

$$x'=\frac{a+bx}{1+cx},\quad x''=\frac{a+bx'}{1+cx'}=\frac{a-x}{cx-b}.$$

(51) Soit par exemple $a=3$, $b=-2$, $c=-1$, l'équation cherchée sera en général

$$0=x^3-9x+9+\alpha(x^2-3x+2),$$

d'où résultent une infinité d'équations particulières, telles que

$$0=x^3-9x+9$$
$$0=x^3-3x^2+3$$
$$0=x^3+3x^2-18x+15$$
etc.

Elles jouissent toutes de la même propriété, en vertu de laquelle une racine connue x sert à déterminer rationnellement les deux autres x et x' par les formules $x'=\frac{3-2x}{1-x}$, $x''=\frac{3-x}{x+2}$.

(52) Puisque l'équation du troisième degré à laquelle nous sommes parvenus, contient trois indéterminées c, b, α, il semble qu'on peut réduire à cette forme toute équation proposée du même degré telle que

$$0=x^3-px^2+qx-r.$$

Pour cet effet il faudra déterminer les quantités α, b, c, par les équations

$$\frac{\alpha}{c}=p$$
$$\frac{3a}{c}-(1-b)\frac{\alpha}{c^2}=q$$
$$\frac{1-b^3}{c^3}-\frac{b\alpha}{c^3}=r.$$

Et parce qu'on a $ac=-1-b-b^2$, si l'on fait pour abréger

$$n=\frac{(9r-pq)^2}{(p^2-3q)(q^2-3pr)},$$

on aura pour déterminer b l'équation

$$b^2+b\left(\frac{n+2}{n-1}\right)+1=0,$$

d'où résulte

$$b=\frac{-n-2\pm\sqrt{[3n(4-n)]}}{2(n-1)}.$$

b étant connu, on aura c et α par les formules

$$c=\frac{(1-b)(p^2-3q)}{9r-pq},\quad \alpha=cp.$$

Pour que la valeur de b soit réelle, il faut que n soit positif et <4, conditions qui seront remplies si en faisant

$$H=p^2q^2-4p^3r+18pqr-4q^3-27r^2,$$

on a $H>0$.

De plus si, en supposant p, q, r rationnels, la quantité H est un carré, on voit que b sera rationnelle ainsi que c et α, de sorte que la formule

$$x'=\frac{a+bx}{1+cx}$$

donnera l'expression rationnelle de la seconde racine x' par le moyen de la première x, et semblablement celle de la troisième x'' par le moyen de la seconde x'. Les trois racines seront donc rationnelles s'il y en a une qui le soit.

(53) Soit proposé, par exemple, l'équation $x^3+x^2-6x-7=0$, on aura $p=-1$, $q=-6$, $r=7$, ce qui donne $n=3$, $b=-\frac{1}{2}$ ou $b=-2$. Soit d'abord $b=-\frac{1}{2}$, on aura $c=\frac{(1-b)(p^2-3q)}{9r-pq}=\frac{1}{2}$, $\alpha=cp=-\frac{1}{2}$, $ac=-1-b-b^2=-\frac{3}{4}$, $a=-\frac{3}{2}$. Ainsi la racine x' se déduira de x par l'équation

$$x'=\frac{-3-x}{2+x}.$$

Soit en second lieu $b=-2$, on aura $c=1$, $\alpha=-1$, $a=-3$ et

$$x'=\frac{-3-2x}{1+x}.$$

Au reste cette solution revient à la précédente, car de celle-ci on déduit $x''=\frac{-3-x'}{2+x'}=\frac{-3-2x}{1+x}$, c'est-à-dire qu'au lieu de considérer les trois racines dans l'ordre x, x', x'', on les considère dans l'ordre inverse x, x'', x'.

(54) Toutes les fois que la quantité H sera positive, les valeurs de a, b, c sont réelles; ainsi, en partant de la racine x qu'on peut toujours supposer réelle, les deux autres x' et x'' seront exprimées par les formules

$$x' = \frac{a+bx}{1+cx}, \quad x'' = \frac{a+bx'}{1+cx'},$$

et par conséquent seront réelles. Nous sommes donc conduits par cette analyse, à une démonstration très-rigoureuse de la propriété qu'ont les équations du troisième degré, d'avoir leurs trois racines réelles dans le cas irréductible. On a en même temps deux formules très-simples pour exprimer deux de ces racines par le moyen de la troisième.

Soit par exemple l'équation $x^3 - 3x^2 - 10x + 24 = 0$, dont on sait d'avance que les racines sont 2, -3, et 4; les formules précédentes donneront $b = -\frac{64}{29}$, $c = -\frac{39}{58}$, $a = \frac{158}{29}$, d'où résulte la formule

$$x' = \frac{316 - 128x}{58 - 39x}.$$

Soit $x = 2$, on aura $x' = -3$; soit $x = -3$, on aura $x'' = 4$.

Développement du quatrième degré.

(55) L'équation de condition est $1 + b^2 + 2ac = 0$, d'où résulte

$$b - ac = \tfrac{1}{2}(1 + b)^2 = m.$$

Soit l'équation cherchée

$$0 = c^4x^4 - \alpha c^3x^3 + \beta c^2x^2 - \gamma cx + \delta,$$

on doit y satisfaire par les deux valeurs $cx = z - 1$, $cx = y + b$, ce qui donnera deux équations en y et en z, savoir:

$$\left.\begin{aligned} 0 = y^4 + (4b - \alpha)y^3 + (6b^2 - 3\alpha b + \beta)y^2 + (4b^3 - 3b^2\alpha + 2b\beta - \gamma)y \\ + b^4 - b^3\alpha + b^2\beta - b\gamma + \delta \end{aligned}\right\}$$

$$\left.\begin{aligned} 0 = z^4 - (4 + \alpha)z^3 + (6 + 3\alpha + \beta)z^2 - (4 + 3\alpha + 2\beta + \gamma)z \\ + 1 + \alpha + \beta + \gamma + \delta. \end{aligned}\right\}$$

Et puisqu'on a $z = -\frac{m}{y}$, il faudra rendre identiques les deux équations

$$\begin{aligned} o = y^4 + (4b - \alpha)y^3 + (6b^2 - 3b\alpha + \beta)y^2 + (4b^3 - 3b^2\alpha + 2b\beta - \gamma)y \\ + b^4 - b^3\alpha + b^2\beta - b\gamma + \delta \end{aligned}$$

$$\begin{aligned} o = m^4 + (4 + \alpha)m^3 y + (6 + 3\alpha + \beta)m^2 y^2 + (4 + 3\alpha + 2\beta + \gamma)m y^3 \\ + (1 + \alpha + \beta + \gamma + \delta)y^4 \end{aligned}$$

Soit pour abréger $b^4 - b^3\alpha + b^2\beta - b\gamma + \delta = m^2 N$, et on aura les quatre équations de condition

$$\begin{aligned} m^2 &= N(1 + \alpha + \beta + \gamma + \delta) \\ m(4b - \alpha) &= N(4 + 3\alpha + 2\beta + \gamma) \\ 6b^2 - 3b\alpha + \beta &= N(6 + 3\alpha + \beta) \\ 4b^3 - 3b^2\alpha + 2b\beta - \gamma &= mN(4 + \alpha). \end{aligned}$$

Delà on tirera

$$\begin{aligned} \alpha &= \frac{4b(2N+1) - 4N(N+2)}{N^2 + 4N + 1} \\ \beta &= \frac{6[N^2 + (1 - 2b + b^2)N + b^2]}{N^2 + 4N + 1} \\ \gamma &= \frac{-4N^2 - 2(1-b)^3 N + 4b^3}{N^2 + 4N + 1} \\ \delta &= \frac{m^2}{N} + \frac{N^2 - 2b(1 + b^2)N - (1+b)^4 + b^4}{N^2 + 4N + 1}. \end{aligned}$$

Substituant ces valeurs dans l'équation $b^4 - b^3\alpha + b^2\beta - b\gamma + \delta = m^2 N$, on aura pour déterminer N l'équation

$$N^4 - 1 = 0,$$

qui a les deux racines réelles $N = 1$, $N = -1$.

(56) La racine $N = 1$ donne $\alpha = -2(1 - b)$, $\beta = 2(1 - b + b^2)$, $\gamma = -1 + b - b^2 + b^3$, $\delta = \frac{1}{4}(1 + b^2)^2$. Mais l'équation qui résulte de ces valeurs n'est pas véritablement du quatrième degré, car elle n'est autre chose que le carré de l'équation du second degré

$$o = c^2x^2 + (1 - b)cx + \tfrac{1}{2}(1 + b^2).$$

Il n'y a donc que la racine $N=-1$ qui puisse donner une solution; on en tire les valeurs

$$\begin{aligned}\alpha&=-2(1-b)\\ \beta&=-6b\\ \gamma&=1+3b-3b^2-b^3\\ \delta&=-\tfrac{1}{4}(1-6b^2+b^4).\end{aligned}$$

Ces coefficients sont, comme on voit, fonctions de b seule; ainsi prenant b arbitrairement et déterminant a et c par la condition $ac=-\frac{1}{2}(1+b^2)$, les valeurs de $\alpha, \beta, \gamma, \delta$, que nous venons de trouver dans la seule hypothèse admissible donneront généralement l'équation

$$0=c^4x^4-\alpha c^3x^3+\beta c^2x^2-\gamma cx+\delta,$$

dont une racine étant désignée par x, les trois autres x', x'', x''' seront données par les formules

$$x'=\frac{a+bx}{1+cx},\quad x''=\frac{a+bx'}{1+cx'}=\frac{2a+(b-1)x}{1-b+2cx},\quad x'''=\frac{x-a}{b-cx}.$$

(57) Soit par exemple $b=3$, $a=-5$, $c=1$, valeurs qui satisfont à l'équation $1+b^2+2ac=0$, on aura l'équation

$$0=x^4-4x^3-18x^2+44x-7,$$

dont une racine étant nommée x, les trois autres x', x'', x''', seront

$$x'=\frac{-5+3x}{1+x},\quad x''=\frac{x-5}{x-1},\quad x'''=\frac{x+5}{3-x}.$$

Par le calcul numérique on trouve des relations entre les racines qui prouvent que l'équation proposée se décompose en deux du second degré, savoir :

$$\begin{aligned}&0=x^2-6x+1 \quad \text{d'où résulte} \quad x=3\pm2\sqrt{2}\\ &0=x^2+2x-7 \qquad\qquad\qquad\quad x=-1\pm2\sqrt{2}.\end{aligned}$$

Voici l'ordre qu'elles suivent d'après nos formules

$$x=3-2\sqrt{2},\ x'=-1-2\sqrt{2},\ x''=3+2\sqrt{2},\ x'''=-1+2\sqrt{2}.$$

Dans cet ordre elles se déduisent chacune de la précédente comme il suit :

$$x' = \frac{-5+3x}{1+x},\quad x'' = \frac{-5+3x'}{1+x'},\quad x''' = \frac{-5+3x''}{1+x''},\quad x^{\text{iv}} = x.$$

(58) En général l'équation à laquelle on est parvenu par la solution précédente, savoir :

$$0 = c^4x^4 + 2(1-b)c^3x^3 - 6bc^2x^2 - (1+3b-3b^2-b^3)cx$$
$$-\tfrac{1}{4}(1-6b^2+b^4)$$

est le produit des deux équations du second degré

$$0 = c^2x^2 - 2bcx - \tfrac{1}{2}(1+2b-b^2)$$
$$0 = c^2x^2 + 2cx + \tfrac{1}{2}(1-2b-b^2),$$

dont les racines sont

$$cx = b \pm (1+b)\sqrt{\tfrac{1}{2}}$$
$$cx = -1 \pm (1+b)\sqrt{\tfrac{1}{2}}.$$

On n'obtient donc pour le quatrième degré que des solutions très-limitées et qui n'appartiennent proprement qu'au second degré.

Développement du cinquième degré.

(59) Alors on devra faire $b - ac = \tfrac{1}{4}(1+b)^2(1\pm\sqrt{5})^2 = m$, $m^{\frac{1}{2}} = (1+b)\mu$, $\mu = \frac{1\pm\sqrt{5}}{2}$ ou $\mu^2 - \mu = 1$, et pour former l'équation cherchée que nous représenterons ainsi

$$0 = c^5x^5 - \alpha c^4x^4 + \beta c^3x^3 - \gamma c^2x^2 + \delta cx - \varepsilon,$$

il faudra résoudre les six équations suivantes :

$$m^{\frac{5}{2}}\mathrm{N} = b^5 - \alpha b^4 + \beta b^3 - \gamma b^2 + \delta b - \varepsilon \ldots\ldots\ldots\ldots (1)$$
$$m^{\frac{5}{2}} = \mathrm{N}(1+\alpha+\beta+\gamma+\delta+\varepsilon) \ldots\ldots\ldots\ldots\ldots\ldots (2)$$
$$m^{\frac{3}{2}}(5b-\alpha) = \mathrm{N}(5+4\alpha+3\beta+2\gamma+\delta) \ldots\ldots\ldots (3)$$
$$m^{\frac{1}{2}}(10b^2-4b\alpha+\beta) = \mathrm{N}(10+6\alpha+3\beta+\gamma) \ldots\ldots (4)$$
$$10b^3 - 6b^2\alpha + 3b\beta - \gamma = m^{\frac{1}{2}}\mathrm{N}(10+4\alpha+\beta) \ldots\ldots (5)$$
$$5b^4 - 4b^3\alpha + 3b^2\beta - 2b\gamma + \delta = m^{\frac{3}{2}}\mathrm{N}(5+\alpha) \ldots\ldots (6)$$

(60) Des équations (4) et (5) on déduit $\beta = \frac{F + G\alpha}{D}$, en supposant

$$F = 10N(1 - b + b^2) - 10\mu(N^2 + b^2)$$
$$G = 6N(1 - b) - 4\mu(N^2 - b)$$
$$D = -3N + \mu(N^2 + 1).$$

Les mêmes équations donnent

$$\gamma = 10b^3 - 10\mu N(1 + b) - \alpha[6b^2 + 4\mu N(1 + b)] \\ + \beta[3b - \mu N(1 + b)].$$

Si on élimine δ des équations (3) et (6) et qu'on mette $(1 + b)^3\mu^3$ à la place de $m^{\frac{3}{2}}$, on aura entre α, β et γ l'équation

$$(1 + b)^2\frac{\mu^3}{N}(5b - \alpha) - (1 + b)^2\mu^3 N(5 + \alpha)$$
$$= 5(1 - b + b^2 - b^3) + 4\alpha(1 - b + b^2) + 3\beta(1 - b) + 2\gamma.$$

Substituant la valeur trouvée pour γ, on aura entre α et β cette seconde équation

$$(1 + b)\frac{\mu^3}{N}(5b - \alpha) - (1 + b)\mu^3 N(5 + \alpha)$$
$$= 5(1 - 2b + 3b^2) - 20\mu N + 4\alpha(1 - 2b - 2\mu N) + \beta(3 - 2\mu N),$$

d'où en éliminant β et substituant les valeurs $\mu^2 = \mu + 1$, $\mu^3 = 2\mu + 1$, on tire la valeur de $\frac{\alpha}{5}$, savoir :

$$\frac{\alpha}{5} = \frac{(3\mu + 2)b - (b + \mu)N - (1 + b\mu)N^2 + (3\mu + 2)N^3}{(1 - N)(3\mu + 2 + (1 + 4\mu)N + (3\mu + 2)N^2)}.$$

Ensuite β se déterminera semblablement par l'équation $\beta = \frac{F + G\alpha}{D}$, et on trouvera après beaucoup de réductions,

$$\frac{\beta}{5} = \frac{\begin{matrix}(6\mu + 4)b^2 + [4\mu + 2 + 4b(\mu + 1) + 2\mu b^2]N \\ -[2\mu + 4b(\mu + 1) + (4\mu + 2)b^2]N^2 - (6\mu + 4)N^3\end{matrix}}{(1 - N)[3\mu + 2 + (4\mu + 1)N + (3\mu + 2)N^2]}.$$

Substituant ces deux valeurs dans l'expression de γ, on aura

$$\frac{\gamma}{5}=\frac{\begin{array}{l}(6\mu+4)b^3-(6+12b+6b^2+2b^3)N-(2+6b+12b^2+6b^3)N^2\\+(6\mu+4)N^3-\mu(10+18b+12b^2+2b^3)N-\mu(2+12b+18b^2+10b^3)N^2\end{array}}{(1-N)[(3\mu+2)+(4\mu+1)N+(3\mu+2)N^2]}.$$

Enfin l'équation (6) dans laquelle on substituera les valeurs de α, β, γ donnera la valeur de $\frac{\delta}{5}$, comme il suit :

$$\frac{\delta}{5}=\frac{\begin{array}{l}(3\mu+2)b^4+(8+20b+18b^2+8b^3+b^4)N-(1+8b+18b^2+20b^3+8b^4)N^2\\+\mu(13+32b+30b^2+12b^3+2b^4)N-\mu(2+12b+30b^2+32b^3+13b^4)N^2\\-(3\mu+2)N^3\end{array}}{(1-N)[3\mu+2+(4\mu+1)N+(3\mu+2)N^2]}.$$

La même valeur se trouverait plus simplement au moyen de l'équation (3) qui donne

$$\frac{\delta}{5}=(1+b)^3\mu^3.\frac{b-\frac{1}{5}\alpha}{N}-1-\frac{4\alpha}{5}-\frac{3\beta}{5}-\frac{2\gamma}{5}.$$

(61) Il reste à éliminer ε des équations (1) et (2), ce qui donnera l'équation

$$(1+b)^5\mu^5\left(N+\frac{1}{N}\right)=1+b^5+(1-b^4)\alpha+(1+b^3)\beta+(1-\beta^2)\gamma+(1+b)\delta.$$

Substituant d'abord les valeurs de α, β, γ, δ dans la partie.... $(1-b^4)\frac{\alpha}{5}+(1+b^3)\frac{\beta}{5}+(1-b^2)\frac{\gamma}{5}+(1+b)\frac{\delta}{5}$, on trouve qu'en faisant pour abréger $b+2b^2+2b^3+b^4=B$, cette partie se réduit à l'expression assez simple

$$\frac{(3\mu+2)B(1+N+N^2)+(3\mu+2)2N(1+b^5)+BN(19+31\mu)}{(3\mu+2)(1+N^2)+(4\mu+1)N}.$$

L'inconnue qui reste à déterminer étant N, il convient de faire $1+N^2=\zeta N$ et la quantité précédente deviendra

$$\frac{\mu^4 B(1+\zeta)+2\mu^4(1+b^5)+(31\mu+19)B}{(3\mu+2)\zeta+4\mu+1}.$$

Cette quantité doit en vertu de notre équation, être l'équivalent de

$\frac{1}{5}(1+b)^5\mu^5\zeta - \frac{1}{5}(1+b^5)$; on aura donc pour déterminer ζ l'équation

$$(3\mu+2)\mu^5(1+b)^5\zeta^2-(3\mu+2)(1+b^5)\zeta-(4\mu+1)(1+b^5) \\ +(4\mu+1)(1+b)^5\mu^5\zeta \\ =5\mu^4 B\zeta+10\mu^4(1+b^5)+5B(\mu^4+31\mu+19).$$

Mettant à la place de 5 B sa valeur $(1+b)^5-1-b^5$, le second membre deviendra

$$\mu^4\zeta(1+b)^5+10\mu^4(1+b^5)+(\mu^4+31\mu+19)(1+b)^5 \\ -\mu^4\zeta(1+b^5)-(\mu^4+31\mu+19)(1+b^5),$$

et on trouve que l'équation se réduit à cette forme très-simple,

$$\zeta^2+\zeta=1,$$

d'où résulte $\zeta=\frac{-1\pm\sqrt{5}}{2}$. Ces deux valeurs de ζ étant moindres que 2, l'équation $N^2+1=N\zeta$ ne donnerait que des valeurs imaginaires de N qui doivent être rejetées. Mais il faut observer que le facteur $1-N$ qui se trouve dans le dénominateur des valeurs de α, β, γ, a disparu dans la suite des opérations, et qu'ainsi ce facteur égalé à zéro doit satisfaire à l'équation finale. Il nous reste donc à examiner la valeur $N=1$.

(62) Alors les valeurs de $\alpha, \beta, \gamma, \delta, \varepsilon$, deviendraient infinies, ce qui prouve que ces quantités ne peuvent pas être toutes déterminées, et qu'il en reste nécessairement une d'indéterminée, comme nous l'avons déja expérimenté dans le troisième degré.

Prenant donc α pour cette indéterminée et faisant $N=1$, on trouvera que toutes nos équations sont satisfaites par les valeurs suivantes des coefficients $\beta, \gamma, \delta, \varepsilon$,

$$\beta = f + g\alpha \quad \begin{cases} f = -10(1+b+b^2) - 10\mu(1+2b+b^2) \\ g = -2+2b \end{cases}$$

$$\gamma = f' + g'\alpha \quad \begin{cases} f' = 10 - 10b^3 + 10\mu(1+b-b^2-b^3) \\ g' = -6b - \mu(2+4b+2b^2) \end{cases}$$

(7)
$$\delta = f'' + g''\alpha \quad \begin{cases} f'' = \begin{cases} 5+35b+45b^2+35b^3+5b^4 \\ +10\mu(1+5b+8b^2+5b^3+b^4) \end{cases} \\ g'' = \begin{cases} 1+3b-3b^2-b^3 \\ +\mu(2+2b-2b^2-2b^3) \end{cases} \end{cases}$$

$$\varepsilon = f''' + g'''\alpha \quad \begin{cases} f''' = \begin{cases} -3-10b-5b^2+5b^3+10b^4+3b^5 \\ -\mu(5+15b+10b^2-10b^3-15b^4-5b^5 \end{cases} \\ g''' = \begin{cases} b+3b^2+b^3 \\ +\mu(2b+4b^2+2b^3). \end{cases} \end{cases}$$

(63) D'après ces valeurs on aura l'équation générale

$$(8) \quad \begin{aligned} 0 = c^5x^5 - \alpha c^4x^4 + (f+g\alpha)c^3x^3 - (f'+g'\alpha)c^2x^2 \\ + (f''+g''\alpha)cx - (f'''+g'''\alpha), \end{aligned}$$

qui jouit de cette propriété que la racine x étant connue, une seconde racine x' sera exprimée par la formule

$$x' = \frac{a+bx}{1+cx},$$

et la même loi aura lieu entre deux termes consécutifs de la suite des cinq racines x, x', x'', x''', x^{IV}, de sorte que la racine connue servira à calculer les quatre autres racines d'une manière rationnelle.

Les trois nombres a, b, c, que nous supposons réels, doivent satisfaire à l'équation $b - ac = (1+b)^2\mu^2$, μ étant une racine de l'équation $\mu^2 - \mu - 1 = 0$; ainsi on peut prendre à volonté pour μ l'une des deux valeurs $\frac{1}{2}(1+\sqrt{5})$, $\frac{1}{2}(1-\sqrt{5})$.

(64) On pourra aussi faire $c = 1$ sans diminuer la généralité des résultats, ce qui donnera la formule $x' = \frac{a+bx}{1+x}$. En effet, c étant pris à volonté, si on fait $cx = y$, $ac = a'$, l'équation $x' = \frac{a+bx}{1+cx}$,

deviendra $y' = \frac{a' + by}{1+y}$. Ainsi l'équation en x se ramème immédiatement à une équation en y où l'on a $c = 1$.

On peut donc supposer que le type des équations du cinquième degré qui jouissent de la propriété mentionnée est réduit à la forme

$$(9) \qquad \begin{aligned} 0 = x^5 - \alpha x^4 + (f + g\alpha)x^3 - (f' + g'\alpha)x^2 \\ + (f'' + g''\alpha)x - (f''' + g'''\alpha). \end{aligned}$$

Et on voit qu'il y a une infinité d'exemples à produire de cette classe d'équations, puisque même en supposant $c = 1$, il reste deux indéterminées α et b auxquelles on peut donner telles valeurs qu'on voudra. Le choix d'une valeur de b, combinée avec l'une des deux valeurs de μ, détermine immédiatement tous les coefficients f, g, f', g', etc. qui ne dépendent que de b et de μ; on a en même temps la valeur de a, savoir :

$$a = b - (1 + b)^2 \mu^2;$$

on a donc ainsi le type général d'une infinité d'équations du cinquième degré qui ont leurs cinq racines réelles, pour toutes valeurs des indéterminées α et b.

(65) Soit par exemple $\alpha = 1$, $b = 1$, $\mu = \frac{1 - \sqrt{5}}{2}$, on aura l'équation

$$\begin{aligned} 0 = x^5 - x^4 - (50 - 20\sqrt{5})x^3 + (10 - 4\sqrt{5})x^2 \\ + 25(9 - 4\sqrt{5})x - (9 - 4\sqrt{5}), \end{aligned}$$

qui étant multipliée par $9 + 4\sqrt{5}$, prend cette forme

$$(10) \qquad 0 = A(x^5 - x^4) - 5Bx^3 + Bx^2 + 25x - 1,$$

où l'on a

$$\begin{aligned} A &= 9 + 4\sqrt{5}, \quad \log. A = 1.25392\,58415 \\ B &= 10 + 4\sqrt{5}, \quad \log. B = 1.27747\,79186. \end{aligned}$$

Si l'on procède à la résolution de cette équation on trouvera la plus petite racine

$$x = 0.03907\,08255,$$

d'où résulte la seconde racine $x' = \frac{x-n}{1+x}$ dans laquelle $n = 5 - 2\sqrt{5}$ $= 0.52786\,40450\,0042$. On formera donc ainsi les quatre autres racines et de plus la cinquième qui devra coïncider avec la première x:

$$(11)\qquad \begin{aligned} x' &= \frac{x-n}{1+x} = -0.47041\,37653 \\ x'' &= \frac{x'-n}{1+x'} = -1.88501\,46492 \\ x''' &= \frac{x''-n}{1+x''} = 2.72637\,14742 \\ x^{\text{iv}} &= \frac{x'''-n}{1+x'''} = 0.58998\,61150 \\ x^{\text{v}} &= \frac{x^{\text{iv}}-n}{1+x^{\text{iv}}} = 0.03907\,08255 = x, \end{aligned}$$

et par ce dernier résultat les calculs précédents sont confirmés de la manière la plus satisfaisante.

(66) L'équation particulière du cinquième degré dont nous venons de nous occuper, peut être résolue algébriquement par une méthode semblable à celle dont nous avons fait usage pour résoudre l'équation en p du § V de la cinquième partie. C'est ce que nous allons faire voir avec tous les détails que mérite une solution dont il n'y a encore d'exemple que dans les équations relatives à la division de la circonférence.

Nous avons à résoudre l'équation

$$0 = x^5 - x^4 - 5x^3 + x^2 - \frac{1}{A}(5x^3 - x^2 - 25x + 1),$$

dont la propriété est telle que ses cinq racines étant désignées par $x, x', x'', x''', x^{\text{iv}}$, on a entre deux termes consécutifs de cette suite rentrante, les équations de forme semblable

$$x' = \frac{x-n}{1+x},\ x'' = \frac{x'-n}{1+x'},\ x''' = \frac{x''-n}{1+x''},\ x^{\text{iv}} = \frac{x'''-n}{1+x'''},\ x = \frac{x^{\text{iv}}-n}{1+x^{\text{iv}}},$$

dans lesquelles $n = 5 - 2\sqrt{5} = 0.52786\ 40450\ 00420\ 6072$.

Soit R une racine imaginaire de l'équation $R^5 - 1 = 0$, pour laquelle on peut prendre $R = \cos.\mu + \sqrt{-1}\sin.\mu$ et $\mu = \frac{2\pi}{5} = 72°$. Nous supposerons, conformément à la méthode citée,

$$T = x + R x' + R^2 x'' + R^3 x''' + R^4 x^{\text{IV}}$$
$$T' = x + R^2 x' + R^4 x'' + R^6 x''' + R^8 x^{\text{IV}},$$

et faisant $T^2 = M T'$, on prouvera aisément que M est une fonction de R seule, indépendante des racines x, x', etc. En effet la loi qui existe entre deux racines permet d'exprimer d'une manière linéaire, les carrés et les produits deux à deux des racines, ce dont on va bientôt s'assurer; il en serait de même des puissances plus élevées des racines et de leurs produits de plusieurs dimensions.

On peut donc supposer que le carré du polynome T sera représenté par la formule

$$T^2 = \alpha x + \beta x' + \gamma x'' + \delta x''' + \varepsilon x^{\text{IV}},$$

dont tous les coefficients sont fonctions de R, et où il n'entre point de terme sans x, car si un terme constant C se trouvait dans la valeur de T^2, on pourrait, à la place de ce terme, mettre...... $C(x + x' + x'' + x''' + x^{\text{IV}})$, puisque la somme des racines de l'équation proposée est égale à 1, coefficient du second terme.

Maintenant comme on peut donner à T la forme

$$T = R(x' + R x'' + R^2 x''' + R^3 x^{\text{IV}} + R^4 x),$$

il est visible que le carré de ce polynome sera égal à R^2 multiplié par ce que devient la valeur précédente de T^2 lorsqu'on avance d'un rang les lettres x, x', x'', x''', x^{IV}, en regardant la première comme suivant la dernière. On aura donc aussi

$$T^2 = R^2(\alpha x' + \beta x'' + \gamma x''' + \delta x^{\text{IV}} + \varepsilon x).$$

Comparant cette seconde expression à la première, on en tire $\beta = \alpha R^2$, $\gamma = \alpha R^4$, $\delta = \alpha R^6$, $\varepsilon = \alpha R^8$, et par conséquent

$$T^3 = \alpha(x + R^2x' + R^4x'' + R^6x''' + R^8x^{\text{iv}}),$$

ce qui prouve que la quantité désignée par M est la même que α, et qu'ainsi elle est fonction de R seule. Il s'agit maintenant de déterminer la valeur de cette quantité, mais d'abord il faut faire voir comment on peut trouver l'expression sous forme linéaire, des carrés des racines et de leurs produits deux à deux.

(67) Reprenons pour cet effet les deux équations

$$x' = \frac{x-n}{1+x}, \quad x'' = \frac{x'-n}{1+x'} = \frac{x(1-n)-2n}{1-n+2x},$$

on en déduira immédiatement les valeurs linéaires des produits de deux racines, comme il suit :

$$\begin{array}{lll} & x'x = x - x' - n & xx'' = \frac{1-n}{2}(x - x'') - n \\ & x''x' = x' - x'' - n & x'x''' = \frac{1-n}{2}(x' - x''') - n \\ (12) & x'''x'' = x'' - x''' - n & x''x^{\text{iv}} = \frac{1-n}{2}(x'' - x^{\text{iv}}) - n \\ & x^{\text{iv}}x''' = x''' - x^{\text{iv}} - n & x'''x = \frac{1-n}{2}(x''' - x) - n \\ & xx^{\text{iv}} = x^{\text{iv}} - x - n & x^{\text{iv}}x' = \frac{1-n}{2}(x^{\text{iv}} - x') - n. \end{array}$$

Il conviendra cependant de remplacer, conformément à l'observation déja faite, le terme $-n$ de ces formules par son équivalent $-n(x + x' + x'' + x''' + x^{\text{iv}})$.

Supposons qu'on ait trouvé semblablement pour valeur linéaire de x^2 la formule $x^2 = ax + bx' + cx'' + dx''' + ex^{\text{iv}}$, d'où résultent les cinq expressions

$$\begin{array}{ll} & x^2 = ax + bx' + cx'' + dx''' + ex^{\text{iv}} \\ & x'^2 = ax' + bx'' + cx''' + dx^{\text{iv}} + ex \\ (13) & x''^2 = ax'' + bx''' + cx^{\text{iv}} + dx + ex' \\ & x'''^2 = ax''' + bx^{\text{iv}} + cx + dx' + ex'' \\ & x^{\text{iv}2} = ax^{\text{iv}} + bx + cx' + dx'' + ex''', \end{array}$$

il deviendra très-facile de trouver le coefficient M au moyen de l'équation $T^2 = MT'$; en effet M ne sera autre chose que le coefficient de x dans la valeur de T^2 réduite à la forme linéaire, sans aucun terme constant.

Or dans l'expression de T^2 on trouve d'abord la partie

$$x^2 + R^2 x'^2 + R^4 x''^2 + R^6 x'''^2 + R^8 x^{\text{iv}2},$$

dans laquelle le développement des carrés donne pour coefficient de x la suite

$$a + eR^2 + dR^4 + cR^6 + bR^8.$$

Ensuite la partie comprenant les produits des termes pris deux à deux, donnera dans M les termes suivants dans lesquels on a désigné provisoirement par $(x^\mu x^\nu)$ le coefficient de x dans le produit développé $x^\mu x^\nu$:

$$\begin{aligned} &2R(xx') + 2R^2(xx'') + 2R^3(xx''') + 2R^4(xx^{\text{iv}}) \\ &+ 2R^3(x'x'') + 2R^4(x'x''') + 2R^5(x'x^{\text{iv}}) \\ &+ 2R^5(x''x''') + 2R^6(x''x^{\text{iv}}) \\ &+ 2R^7(x'''x^{\text{iv}}). \end{aligned}$$

Substituant au lieu de chaque symbole $(x^\mu x^\nu)$ sa valeur donnée par le tableau (13) et réunissant cette seconde partie à la première déja trouvée, on aura

$$\begin{aligned} M = \ & a + eR^2 + dR^4 + cR^6 + bR^8 \\ & -n(2R + 2R^2 + 4R^3 + 4R^4 + 4R^5 + 2R^6 + 2R^7) \\ & + 2R - 2R^4 + \frac{1-n}{2}(2R^2 - 2R^3). \end{aligned}$$

Pour réduire cette quantité, j'observe que R devant être imaginaire, on peut mettre à la place de R l'une des racines R, R^2, R^3, R^4, mais non R^5 qui serait égale à l'unité; dès-lors on peut toujours supposer $0 = 1 + R + R^2 + R^3 + R^4$, ce qui réduit à zéro le coefficient de $-n$; on aura donc plus simplement

$$(14) \qquad \begin{aligned} M = a + eR^2 + dR^4 + cR^6 + bR^8 \\ + 2R - 2R^4 + (1-n)(R^2 - R^3). \end{aligned}$$

Ainsi tout se réduit à trouver la valeur linéaire de x^2 qui fera connaître celle des coefficients a, b, c, d, e.

(68) Nous avons $x' = \frac{x-n}{1+x} = 1 - \left(\frac{n+1}{1+x}\right)$; pour convertir cette valeur en une fonction entière de x, il faut diviser par $x+1$ l'équation proposée

$$0 = Ax^5 - Ax^4 - 5(A+1)x^3 + (A+1)x^2 + 25x - 1,$$

on aura pour quotient

$$0 = A(x^4 - 2x^3) - (3A+5)x^2 + (4A+6)x + 19 - 4A + \frac{4A-20}{x+1}.$$

Le dernier terme de cette nouvelle équation

$$= \frac{4A-20}{x+1} = \frac{4A-20}{n+1}(1-x') = 8(2+\sqrt{5})(1-x') = (2A-2)(1-x').$$

On aura donc en divisant tout par A et substituant au lieu de A sa valeur $9+4\sqrt{5}$,

$$0 = x^4 - 2x^3 - (48 - 20\sqrt{5})x^2 + (58 - 24\sqrt{5})x \\ + 151 - 68\sqrt{5} - 8(\sqrt{5}-2)x'.$$

En second lieu on a l'équation $x'' = \frac{n+x}{1-x} = -1 + \frac{n+1}{1-x}$, et en divisant l'équation proposée par $x-1$, on en déduit

$$0 = Ax^4 - 5(A+1)x^2 - 4(A+1)x + 21 - 4A + \frac{20-4A}{x-1}.$$

Mettant au lieu du dernier terme sa valeur $\frac{4A-20}{1+n}(1+x'')$, et divisant tout par A, on aura

$$0 = x^4 - (50 - 20\sqrt{5})x^2 - (20 - 16\sqrt{5})x + 169 - 76\sqrt{5} \\ + 8(\sqrt{5}-2)x''.$$

Une troisième équation se tirera de la valeur $x'' = \frac{x'-n}{1+x'} = \frac{1-n}{2}$ $- \frac{\left(\frac{1+n}{2}\right)^2}{x + \frac{1-n}{2}}$, et on obtiendra ainsi les trois résultats suivants :

$$0 = x^4 - 2x^3 - (48 - 20\sqrt{5})x^2 + (58 - 24\sqrt{5})x$$
$$+ 151 - 68\sqrt{5} - 8(\sqrt{5} - 2)x'$$
$$0 = x^4 - (50 - 20\sqrt{5})x^2 - (40 - 16\sqrt{5})x + 169 - 76\sqrt{5}$$
$$+ 8(\sqrt{5} - 2)x^{\text{IV}}$$
$$0 = x^4 - (\sqrt{5} - 1)x^3 - (43 - 17\sqrt{5})x^2 + (73\sqrt{5} - 161)x$$
$$+ 71\sqrt{5} - 158 + 8(9 - 4\sqrt{5})x''.$$

Il ne s'agit plus que d'éliminer de ces équations les termes x^3 et x^4, et on aura la valeur de x^2 sous forme linéaire, laquelle sera

$$x^2 = 22 - 9\sqrt{5} + (\sqrt{5} - 1)(x + x') + (2\sqrt{5} - 4)x'' - (3 - \sqrt{5})x^{\text{IV}}.$$

Ensuite au lieu du terme constant $22 - 9\sqrt{5}$, il faudra mettre sa valeur $(22 - 9\sqrt{5})(x + x' + x'' + x''' + x^{\text{IV}})$, ce qui donnera

$$x^2 = (21 - 8\sqrt{5})(x + x') + (18 - 7\sqrt{5})x'' + (22 - 9\sqrt{5})x'''$$
$$+ (19 - 8\sqrt{5})x^{\text{IV}}.$$

Si cette équation est appliquée successivement aux carrés x'^2, x''^2, x'''^2, $x^{\text{IV}2}$, et qu'on fasse la somme de toutes on aura

$$\int x^2 = (101 - 40\sqrt{5})\int x = 101 - 40\sqrt{5}.$$

En effet la somme des carrés des racines de l'équation proposée $0 = x^5 - x^4 - 5\left(1 + \frac{1}{A}\right)x^3 - \text{etc.}$, est $1 + \frac{10(A+1)}{A} = 10 + 10(9 - 4\sqrt{5})$ $= 101 - 40\sqrt{5}$.

(69) La valeur de x^2 étant connue, on aura les coefficients

$$a = 21 - 8\sqrt{5}$$
$$b = 21 - 8\sqrt{5}$$
$$c = 18 - 7\sqrt{5}$$
$$d = 22 - 9\sqrt{5}$$
$$e = 19 - 8\sqrt{5}$$

qui étant substitués dans la valeur de M, donnent

(15) $M = (\sqrt{5} - 1)R - (6 - 2\sqrt{5})R^2 - (2\sqrt{5} - 4)R^3 - (1 + \sqrt{5})R^4.$

Cette formule donnera non-seulement la valeur de la fonction M, mais encore celles des fonctions M′, M″, M‴, qui se déduisent de M en mettant successivement R^2, R^3, R^4 à la place de R.

Soit maintenant $M = r(\cos.\theta + \sqrt{-1}\sin.\theta)$, si on substitue cette valeur et celle de $R = \cos.\mu + \sqrt{-1}\sin.\mu)$ dans l'équation (15), on aura pour déterminer r et θ, les deux équations

$$r\cos.\theta = (\sqrt{5}-1)\cos.\mu - (6-2\sqrt{5})\cos.2\mu - (2\sqrt{5}-4)\cos.3\mu$$
$$-(1+\sqrt{5})\cos.4\mu = -2\cos.\mu - 2\cos.2\mu = 1$$
$$r\sin.\theta = (\sqrt{5}-1)\sin.\mu - (6-2\sqrt{5})\sin.2\mu - (2\sqrt{5}-4)\sin.3\mu$$
$$-(1+\sqrt{5})\sin.4\mu = 2\sqrt{5}\sin.\mu + (4\sqrt{5}-10)\sin.2\mu.$$

Delà on tire

$$r^2 = 126 - 50\sqrt{5} = 14.19660\ 11250\ 10515\ 18$$
$$\cos.\theta = \frac{1}{r},\ \text{tang}.\theta = 5^{\frac{5}{4}}(\sqrt{5}-2)^{\frac{1}{2}} = 5^{\frac{5}{4}}(2\cos.\mu)^{\frac{3}{2}}$$
$$\log.r = 0.57609\ 21901\ 7251$$
$$\log.\cos.\theta = 9.42390\ 78098\ 2749$$
$$\log.\text{tang}.\theta = 0.56023\ 10450\ 4510$$
$$\log.\sin.\theta = 9.98413\ 88548\ 7259$$
$$\theta = 74°.36'\,32''.49907\ 66973.$$

Si dans la valeur de M on met R^2 à la place de R ou 2μ à la place de μ, on aura la valeur de $M' = r'(\cos.\theta' + \sqrt{-1}\sin.\theta')$, d'où l'on déduira

$$r'\cos.\theta' = (\sqrt{5}-1)\cos.2\mu - (6-2\sqrt{5})\cos.4\mu - (2\sqrt{5}-4)\cos.6\mu$$
$$-(1+\sqrt{5})\cos.8\mu = -2\cos.\mu - 2\cos.2\mu = 1$$
$$r'\sin.\theta' = (\sqrt{5}-1)\sin.2\mu - (6-2\sqrt{5})\sin.4\mu - (2\sqrt{5}-4)\sin.6\mu$$
$$-(1+\sqrt{5})\sin.8\mu = 2\sqrt{5}\sin.2\mu + (10-4\sqrt{5})\sin.\mu.$$

La valeur $r'\sin.\theta'$ se trouvant être la même que celle de $r\sin.\theta$, puisque $r'\cos.\theta'$ est égal aussi à $r\cos.\theta$, on en conclut que $r'=r$, et $\theta'=\theta$; par conséquent $M'=M$.

Si l'on met encore R^3 à la place de R, ou 3μ à la place de μ, M se change en M″, et faisant $M''=r''(\cos.\theta''+\sqrt{-1}\sin.\theta'')$, on aura

$$r''\cos.\theta''=(\sqrt{5}-1)\cos.3\mu-(6-2\sqrt{5})\cos.6\mu-(2\sqrt{5}-4)\cos.9\mu$$
$$-(1+\sqrt{5})\cos.12\mu=-2\cos.2\mu-2\cos.\mu=1$$
$$r''\sin.\theta''=(\sqrt{5}-1)\sin.3\mu-(6-2\sqrt{5})\sin.6\mu-(2\sqrt{5}-4)\sin.9\mu$$
$$-(1+\sqrt{5})\sin.12\mu=(4\sqrt{5}-10)\sin.\mu-2\sqrt{5}\sin.2\mu$$
$$=-r'\sin.\theta'=-r\sin.\theta.$$

Donc $r''=r$ et $\theta''=-\theta$, ce qui donne $M''=r(\cos.\theta-\sqrt{-1}\sin.\theta)$ et par conséquent $M''M'=r^2$.

Enfin si on met R^4 à la place de R ou 4μ à la place de μ, on aura la valeur de $M'''=r'''(\cos.\theta'''+\sqrt{-1}\sin.\theta''')$, au moyen des équations

$$r'''\cos.\theta'''=(\sqrt{5}-1)\cos.4\mu-(6-2\sqrt{5})\cos.8\mu-(2\sqrt{5}-4)\cos.12\mu$$
$$-(1+\sqrt{5})\cos.16\mu=-2\cos.\mu-2\cos.2\mu=1$$
$$r'''\sin.\theta'''=(\sqrt{5}-1)\sin.4\mu-(6-2\sqrt{5})\sin.8\mu-(2\sqrt{5}-4)\sin.12\mu$$
$$-(1+\sqrt{5})\sin.16\mu=(10-4\sqrt{5})\sin.2\mu-2\sqrt{5}\sin.\mu$$
$$=-r\sin.\theta.$$

Donc $r'''=r$, et $\theta'''=-\theta$, par conséquent .... $M'''=M''=r(\cos.\theta-\sqrt{-1}\sin.\theta)$ et $M'''M=r^2$.

(70) Il faut procéder maintenant à la détermination des fonctions T, or l'équation $T^2=MT'$, jointe aux trois autres qu'on en peut déduire, forme la série

$$(16)\quad T^2=MT',\ T'^2=M'T''',\ T''^2=M''T,\ T'''^2=M'''T'',$$

d'où l'on tire les valeurs des quantités T′, T″, T‴, en fonctions de T, savoir :

$$T'=\frac{T^2}{M},\ T'''=\frac{T'^2}{M'}=\frac{T^4}{M^2M'},\ T''=\frac{T'''^2}{M'''}=\frac{T^8}{M^4M'^2M'''},$$
$$T=\frac{T''^2}{M''}=\frac{T'^6}{M^8M'^4M'''^2M'}.$$

La dernière donne $T^{15}=M^8M'^4M'''^2M''=r^6M^9$, ou plus simplement $T^5=r^2M^3=r^3(\cos.3\theta+\sqrt{-1}\sin.3\theta)$; soit donc $\frac{3\theta}{5}=\omega$, et on aura

$$T = r(\cos.\omega + \sqrt{-1}\sin.\omega).$$

Ainsi on voit que les fonctions M et T, ainsi que toutes celles qui en dérivent, ont le même module r, ce qui est une propriété fort remarquable. On aura en particulier

$$\begin{aligned} T &= r(\cos.\omega + \sqrt{-1}\sin.\omega) \\ T' &= r[\cos.(2\omega - \theta) + \sqrt{-1}\sin.(2\omega - \theta)] \\ T''' &= r[\cos.(4\omega - 3\theta) + \sqrt{-1}\sin.(4\omega - 3\theta)] \\ T'' &= r[\cos.(3\omega - 2\theta) + \sqrt{-1}\sin.(3\omega - 2\theta)]. \end{aligned}$$

Il résulte de ces valeurs qu'on a les deux équations

$$(17) \qquad TT''' = r^2, \quad T'T'' = r^2,$$

propriétés analogues à celles des fonctions M, puisque nous avons déja trouvé

$$MM''' = r^2 = M'M''.$$

(71) Il ne reste plus qu'à trouver la valeur d'une racine quelconque x; pour cela il faut faire une somme des cinq équations

$$\begin{aligned} 1 &= x + x' + x'' + x''' + x^{\text{iv}} \\ T &= x + Rx' + R^2x'' + R^3x''' + R^4x^{\text{iv}} \\ T' &= x + R^2x' + R^4x'' + R^6x''' + R^8x^{\text{iv}} \\ T'' &= x + R^3x' + R^6x'' + R^9x''' + R^{12}x^{\text{iv}} \\ T''' &= x + R^4x' + R^8x'' + R^{12}x''' + R^{16}x^{\text{iv}}, \end{aligned}$$

et on aura par les propriétés connues de la fonction R,

$$5x = 1 + T + T' + T'' + T'''.$$

Mais les valeurs trouvées donnent $T + T''' = 2r\cos.\omega$, et $T' + T'' = 2r\cos.(2\omega - \theta)$, donc

$$x = \frac{1}{5} + \frac{2r}{5}[\cos.\omega + \cos.(2\omega - \theta)].$$

D'après un premier essai fondé sur les valeurs approchées de r, θ

et ω, on trouve que cette formule désigne la plus grande racine positive x'''; et si on met $\omega+\mu$ au lieu de ω, la même formule désignera la plus grande racine négative x''; on aura donc les cinq racines de l'équation proposée ainsi exprimées :

$$x'''=\frac{1}{5}+\frac{2r}{5}[\cos.\omega+\cos.(2\omega-\theta)]$$

$$x''=\frac{1}{5}+\frac{2r}{5}[\cos.(\omega+\mu)+\cos.(2\omega+2\mu-\theta)]$$

$$x'=\frac{1}{5}+\frac{2r}{5}[\cos.(\omega+2\mu)+\cos.(2\omega+4\mu-\theta)]$$

$$x=\frac{1}{5}+\frac{2r}{5}[\cos.(\omega+3\mu)+\cos.(2\omega+6\mu-\theta)]$$

$$x^{\text{IV}}=\frac{1}{5}+\frac{2r}{5}[\cos.(\omega+4\mu)+\cos.(2\omega+8\mu-\theta)].$$

Maintenant pour calculer les valeurs numériques de ces racines, nous prendrons dans les résultats précédents les données nécessaires, comme il suit :

$r=(126-50\sqrt{5})^{\frac{1}{2}}$	$\log.r=0.57609\ 21901\ 7251$
$\cos.\theta=\frac{1}{r}$	$\log.\cos.\theta=9.42390\ 78098\ 2749$
$\tan g.^2\theta=25\sqrt{5}(\sqrt{5}-2)$	
$=5^{\frac{5}{2}}(2\cos.\mu)^3$	$\log.\tan g.\theta=0.56023\ 10450\ 4510$
$=25n$	$\log.\sin.\theta=9.98413\ 88548\ 7259$

$$\theta=74^\circ\ 36'\ 32''.49907\ 66970$$

$$2\omega-\theta=\tfrac{1}{5}\theta=14^\circ 55'\ 18''.49981\ 53394$$

$$\omega=\tfrac{3}{5}\theta=44^\circ 45'\ 55''.49944\ 60182$$

(72) Avec ces données nous allons faire le calcul de la racine x. Soit pour abréger $\alpha=\mu-\frac{1}{5}\theta=3^\circ 4' 41''.50018\ 46606$, si on observe que $\cos.(\omega+3\mu)+\cos.(2\omega+6\mu-\theta)=\sin.\alpha-\sin.3\alpha=-2\sin.\alpha\cos.2\alpha$, la formule à calculer sera

$$x=\frac{1}{5}-\frac{4r\sin.\alpha\cos.2\alpha}{5};$$

or α étant un angle fort petit il conviendra d'appliquer la formule

$\log.\sin.a = \log.a - pa^2 - p'a^4 - p''a^6 -$ etc., dans laquelle

$$\log.p = 8.85963\ 30609\ 17,\quad \log.p' = 7.38251\ 18062,$$
$$\log.p'' = 6.18523\ 125,$$

on trouvera

$$\log.\sin.\alpha = 8.72996\ 44848\ 00033;$$

et parceque $\log.\cos.2\alpha = \log.(1 - 2\sin.^2\alpha) = -mp\left(1 + \frac{p}{2} + \frac{p^2}{3} + \text{etc.}\right)$, en faisant $p = 2\sin.^2\alpha$, et $\log.m = 9.63778\ 43113$, on aura

$$\log.\cos.2\alpha = -0.00251\ 18783\ 9441,$$

de là

$$\log.(4r\sin.\alpha\cos.2\alpha) = 9.90560\ 47879\ 0609$$
$$4r\sin.\alpha\cos.2\alpha = 0.80464\ 58725\ 5856,$$

et enfin

$$x = 0.03907\ 08254\ 8829.$$

D'après cette valeur de x on trouve celles des quatre autres racines au moyen des formules algébriques propres à la question, savoir :

$$x' = \frac{x - n}{1 + x} = -0.47041\ 37653\ 7777$$
$$x'' = \frac{x' - n}{1 + x'} = -1.88501\ 46493\ 9000$$
$$x''' = \frac{x'' - n}{1 + x''} = 2.72637\ 14742\ 5017$$
$$x^{\text{IV}} = \frac{x''' - n}{1 + x'''} = 0.58998\ 61150\ 2954$$

et semblablement de la valeur de x^{IV} on déduirait celle de x au moyen de la formule

$$x = \frac{x^{\text{IV}} - n}{1 + x^{\text{IV}}} = 0.03907\ 08254\ 8829.$$

Cette valeur est la même qu'on a supposée, cependant si on ajoute les cinq racines on trouve que leur somme excède l'unité de 23 unités décimales du quatorzième ordre. Cet excès s'applique aisément par l'erreur des tables à 14 décimales dont on a fait usage, erreur qui influe sur la 13e décimale dans les valeurs de x'' et x''', composées de

15 chiffres significatifs. Mais d'ailleurs il est facile de faire disparaître l'excès dont il s'agit en corrigeant d'une quantité très-petite la valeur que nous avons attribuée à x; supposant que cette valeur corrigée soit $x + dx$, on trouvera aisément, par la loi qui existe entre deux racines consécutives, les corrections à faire aux autres racines, ces corrections sont :

$$dx' = \frac{1+n}{(1+x)^2}\,dx = dx(1.1415)$$
$$dx'' = \frac{1+n}{(1+x')^2}\,dx' = dx(7.7105)$$
$$dx''' = \frac{1+n}{(1+x'')^2}\,dx'' = dx(15.0362)$$
$$dx^{\text{iv}} = \frac{1+n}{(1+x''')^2}\,dx''' = dx(1.6544).$$

Il en résulte $dx + dx' + dx'' + dx''' + dx^{\text{iv}} = dx(26.5426)$; donc pour faire disparaître l'erreur $+ 23$ dans la somme des x, il faut faire $dx(26.5426) = -23$, ce qui donnera

$$dx = -0.8665,\ dx' = -0.9891,\ dx'' = -6.6814$$
$$dx''' = -13.0293,\ dx^{\text{iv}} = -1.4336,$$

ou en nombres entiers

$$dx = -1,\ dx' = -1,\ dx'' = -7,\ dx''' = -13,\ dx^{\text{iv}} = -1.$$

On aura donc finalement

$$\begin{aligned} x &= 0.03907\ 08254\ 8828 \\ x' &= -0.47041\ 37653\ 7778 \\ x'' &= -1.88501\ 46493\ 9007 \\ x''' &= 2.72637\ 14742\ 5004 \\ x^{\text{iv}} &= 0.58998\ 61150\ 2953 \end{aligned}$$

valeurs dont la somme est égale à l'unité.

(73) Dans la théorie qui vient d'être développée, nous avons choisi une formule très-simple pour exprimer la loi suivant laquelle un terme quelconque de la série des racines se déduit du terme pré-

cédent. Supposons maintenant qu'étant proposée l'équation

$$0 = x^n - (1)x^{n-1} + (2)x^{n-2} - \text{etc.},$$

dont le degré n est un nombre premier, les racines forment une série $x, x', x'' \ldots x^{(n-1)}$, dans laquelle chaque terme soit une fonction rationnelle quelconque du précédent, en sorte qu'on ait

$$x' = \varphi(x),\ x'' = \varphi(x'),\ x''' = \varphi(x'') \ldots x^{(n-1)} = \varphi(x^{(n-2)}),$$

et de plus $x = \varphi(x^{(n-1)})$ afin que la série soit rentrante et qu'on puisse prendre un terme quelconque pour le premier terme.

La fonction $\varphi(x)$, quand même elle serait fractionnaire, pourra toujours se réduire à une fonction entière, c'est-à-dire à un polynome en x qui ne surpassera pas le degré $n-1$, puisque l'équation proposée donne le moyen d'éliminer x^n et les puissances supérieures à x^n. Ainsi on pourra supposer

$$x' = A + Bx + Cx^2 \ldots\ldots + Lx^{n-1},$$

A, B, C... L étant des coefficients connus, et la substitution de cette valeur à la place de x, dans l'équation proposée, donnera n équations de condition entre les coefficients de la valeur de x', et les coefficients de la proposée.

Si dans la valeur de x' on met x' à la place de x, on aura la valeur de x'' exprimée en fonction de x'; mais ensuite on pourra mettre la valeur de x' en x, et l'expression de x'' deviendra une fonction entière de x, où l'on peut éliminer la puissance x^n et les puissances plus élevées, de sorte que la racine x'' sera encore exprimée par un polynome en x du degré $n-1$. Il en est de même des autres racines, d'où il suit qu'on pourra former les $n-1$ équations suivantes qui déterminent les racines $x', x'' \ldots x^{(n-1)}$ en fonctions de la première x :

$$\begin{aligned}
x' &= A + Bx + Cx^2 + Dx^3 \ldots + Lx^{n-1} \\
x'' &= A' + B'x + C'x^2 + D'x^3 \ldots + L'x^{n-1} \\
x''' &= A'' + B''x + C''x^2 + D''x^3 \ldots + L''x^{n-1} \\
&\cdot \\
&\cdot \\
x^{(n-1)} &= A^{(n-2)} + B^{(n-2)}x + C^{(n-2)}x^2 + D^{(n-2)}x^3 \ldots + L^{(n-2)}x^{n-1}.
\end{aligned}$$

Réciproquement de ces équations on peut déduire les valeurs de $x, x^2, x^3 \ldots x^{n-1}$ exprimées d'une manière linéaire par les racines $x', x'', \ldots x^{(n-1)}$. La valeur de x est inutile à chercher, puisqu'on sait d'après l'équation proposée, qu'elle doit être $(1) - x' - x'' - x''' \ldots - x^{(n-1)}$; mais il importe surtout d'avoir la valeur de x^2 que nous mettrons sous la forme

$$x^2 = ax + bx' + cx'' + dx''' \ldots + lx^{(n-1)},$$

dans laquelle il n'y a pas de terme constant; car si un pareil terme c^0 en faisait partie, on pourrait mettre à sa place

$$\frac{c^0}{(1)}(x + x' + x'' + x''' \ldots + x^{(n-1)}).$$

Maintenant il est facile de voir que les produits de deux racines $xx', xx'', x'x''$, etc. et en général les produits de plusieurs racines ou de leurs puissances, s'exprimeront d'une manière linéaire par les racines simples, comme on vient de le faire pour x^2. D'ailleurs il est évident que la valeur connue de x^2, donne celle des autres carrés x'^2, x''^2, x'''^2, etc. en avançant successivement d'un rang les termes compris dans l'expression du carré précédent; ce qu'on pourra pratiquer également pour la valeur de xx' qui donnera celle de $x'x''$, $x''x'''$, $x'''x^{\text{iv}}$, etc., et semblablement pour les autres produits.

(74) Sans entrer dans d'autres détails, on voit qu'en désignant par R une racine imaginaire de l'équation $R^n - 1 = 0$, et en donnant aux fonctions T et M, et à leurs dérivées T′, M′, T″, M″, etc. les mêmes significations qui ont été employées dans toutes nos recherches, on aura d'abord l'équation $T^2 = MT'$, qui en fournit plusieurs autres semblables telles que $T'^2 = M'T'''$, $T'''^2 = M''T^{\text{v}}$, etc., ensuite la valeur de M sera donnée par une fonction de R, d'où l'on déduira également celles de M′, M″, etc. Soit en général...... $M = r(\cos.\theta + \sqrt{-1}\sin.\theta)$, $M' = r'(\cos.\theta' + \sqrt{-1}\sin.\theta')$, $M'' = r''(\cos.\theta'' + \sqrt{-1}\sin.\theta'')$, etc., toutes valeurs qui seront connues par le moyen d'une seule et même formule; on déduira de là toutes les valeurs de T, T′, T″, etc., désignées en général par........

$T^{(k)} = \rho^{(k)}(\cos.\omega^{(k)} + \sqrt{-1}\sin.\omega^{(k)})$; on déduira en particulier les modules ρ des modules r, par les équations $\rho^2 = r\rho'$, $\rho'^2 = r'\rho'''$, $\rho''^2 = r''\rho^{v}$, etc.; et s'il arrive que tous les modules r, r', r'', etc. soient égaux entre eux, on aura pareillement $\rho = \rho' = \rho'' = \rho''' \ldots = r$. Enfin connaissant toutes les valeurs de T, on aura une racine quelconque x de l'équation proposée, au moyen de la formule générale

$$x = \frac{(1) + 2\rho\cos.\omega + 2\rho'\cos.\omega' + 2\rho''\cos.\omega'' + \text{etc.}}{n}.$$

(75) Nous ne pousserons pas plus loin ces recherches sur les cas où il est possible de résoudre algébriquement une équation proposée, et nous invitons à consulter sur cette matière l'excellent Mémoire de M. Abel, imprimé dans le Journal de Crelle, an. 1829, n° 8. L'auteur y donne les bases d'après lesquelles on pourrait former dans chaque degré, diverses classes d'équations résolubles algébriquement ou décomposables (si le degré n'est pas un nombre premier) en équations d'un degré inférieur; d'où il résulte que les équations non comprises dans ces catégories doivent être regardées comme insolubles, et qu'ainsi il n'existe point de formules générales pour la résolution des équations passé le quatrième degré.

Il est fort à regretter que M. Abel, enlevé prématurément aux sciences qu'il avait déja enrichies de plusieurs belles découvertes, n'ait pas eu le temps de développer complètement ses idées sur la théorie dont il a posé les bases; mais on peut espérer que les travaux ultérieurs des géomètres confirmeront les résultats annoncés par M. Abel, et qu'on obtiendra la résolution effective des équations algébriques dans tous les cas où elle est possible. Il est à croire aussi qu'un examen approfondi de cette matière conduira à la conclusion, que dans chaque degré le nombre des équations résolubles ou décomposables est infiniment plus petit que celui des équations qui ne sont ni résolubles algébriquement ni décomposables.

FIN.

www.ingramcontent.com/pod-product-compliance
Lightning Source LLC
Chambersburg PA
CBHW031623210326
41599CB00021B/3282
* 9 7 8 2 0 1 2 7 7 2 4 3 4 *